Schnittpunkt 2

Mathematik für Realschulen
Baden-Württemberg

Serviceband

Bernd-Jürgen Frey
Heidemarie Frey

Ernst Klett Verlag
Stuttgart · Leipzig

Begleitmaterial:
Service-CD (ISBN 978-3-12-740364-0).
Mathetrainer, Netzlizenz (ISBN 978-3-12-114825-7)

1. Auflage   1 5 4 3 | 09 08 07

Alle Drucke dieser Auflage sind unverändert und können im Unterricht nebeneinander verwendet werden. Die letzten Zahlen bezeichnen jeweils die Auflage und das Jahr des Druckes.

Autoren: Bernd-Jürgen Frey, Heidemarie Frey
unter Mitarbeit von: Roland Eberle, Klaus Wellpott
Illustrationen / Zeichnungen: Dorothee Wolters, Köln; Rudolf Hungreder, Leinfelden-Echterdingen; mediaoffice gmbh, Kornwestheim; Petra Götz, Augsburg
Titelbild: Klaus Mellenthin, Stuttgart

Entstanden in Zusammenarbeit mit dem Projektteam des Verlags.

Reproduktion: Meyle + Müller, Medien Management, Pforzheim
DTP / Satz: mediaoffice gmbh, Kornwestheim;
Meyle + Müller, Medien Management, Pforzheim
Druck: Gutmann, Heilbronn
Printed in Germany
ISBN 978-3-12-740362-6

Das Fachwerk des Schnittpunkt

Mit dem neuen Bildungsplan ist der Mathematikunterricht vielfältigen neuen Anforderungen ausgesetzt. Um Sie im Umgang mit den neuen Aspekten des Unterrichts zu unterstützen und Ihnen die Unterrichtsvorbereitung und -durchführung zu erleichtern, bieten wir Ihnen neben dem neu entwickelten Schülerbuch ein umfangreiches und differenziertes Begleitmaterial. Das neue **Schülerbuch**, das nach wie vor die solide Grundlage des Unterrichts darstellt, wird ergänzt durch den vorliegenden **Serviceband**, eine **Service-CD** und ein **Lösungsheft**. Alle vier Materialien sind passgenau aufeinander abgestimmt und bilden somit ein Gesamtgebäude, das **Fachwerk**, für den modernen Mathematikunterricht in der Realschule.

Das Schülerbuch

In den letzten Jahren hat sich die Sicht auf den Erwerb von Wissen, Kenntnissen und Fähigkeiten verändert. Im Vordergrund stehen
- die Kompetenzen, die die Lernenden im Umgang mit exemplarischen Inhalten erwerben, statt der Inhalte an sich.
- die Vernetzung des Wissens und eine flexible Verfügbarkeit in unterschiedlichen Situationen, statt isolierter Kenntnisse im Detail.

Der Mathematikunterricht soll sich verändern. Dazu trägt der neue Schnittpunkt bei, indem er folgende Aspekte berücksichtigt:
- Die Grundlage der Vernetzung von Wissen ist eine klare Struktur und eine sichere Orientierung:
  Die Struktur des Bandes (Kapitel, Lerneinheiten, innermathematische Struktur) und der sorgfältig durchdachte Lehrgang sichern das Basiswissen und ermöglichen Querverbindungen.
- Sinnstiftendes, verständnisorientiertes Mathematiklernen rückt in den Vordergrund:
  Dazu werden größere thematische Einheiten (in Lerneinheiten und Themenblöcken) geschaffen und – wo sinnvoll – Kleinschrittigkeit (von der Lerneinheit bis in einzelne Aufgaben) aufgelöst.
- Der Erwerb von Kompetenzen und das Methodenlernen wird übergeordnetes Ziel:
  Die Schülerinnen und Schüler werden nicht mehr nur zum Algorithmen-Abarbeiten, sondern zur Einsicht, warum welcher Algorithmus und welche Methode sinnvoll eingesetzt werden kann, hingeführt (Methodenecken und Aufgabenstellungen).

- Die Eigenverantwortung der Lernenden wird gestärkt:
  Selbstständiges Lernen wird gefördert und unterstützt (schülergerechte Formulierung der Lernziele, Aufgaben mit Selbstkontrolle, Zusammenfassungsseiten, Rückspiegel in zwei Niveaus).
- Das Basiswissen wird gesichert:
  Grundfertigkeiten und -kenntnisse behalten einen hohen Stellenwert (vielfältige Aufgaben, Zusammenfassungsseiten, Rückspiegel).
- Das erworbene Wissen wird innermathematisch und außermathematisch vernetzt:
  Mathematische Inhalte knüpfen aneinander an und außermathematische Bezüge haben einen Platz im Standardlehrgang (Auftaktseiten, Üben. Anwenden. Nachdenken, Themenblöcke u. Ä., aber auch Standardaufgaben).

Die Elemente des Schülerbuchs

Die **Kapitel** arbeiten ein mathematisches Thema auf und sind in einzelne **Lerneinheiten** untergliedert.

Der doppelseitige **Kapitelauftakt** bietet vielfältige Anregungen und Angebote, die Schüler aktiv auf das neue Thema einzustimmen, das Vorwissen zu aktivieren und zu bündeln und einen Ausblick auf die Kapitelinhalte zu geben.

Die Einstiege in die **Lerneinheiten** beginnen mit einer **Einstiegsaufgabe**, die anhand verschiedener Fragen und Anregungen auf ein Problem hinführt und Möglichkeiten zum Mathematisieren bietet. **Lehrtext** und **Merkkasten** sowie wichtige Beispiele folgen.

Der Aufgabenteil ist entsprechend den Anforderungen der neuen Aufgabenkultur gestaltet und prinzipiell nach Schwierigkeitsgrad und Komplexität ansteigend geordnet. Eine Kennzeichnung schwieriger Aufgaben unterbleibt aus didaktischen Gründen.

In den Aufgabenteil der Lerneinheiten sind **Kästen** mit unterschiedlichen Angeboten integriert:

> **Thema**
>
> Ein Thema wird durch Texte, Bilder und Diagramme präsentiert, Aufgaben und Fragen zum Thema regen zum Modellieren an, insbesondere kumulative und komplexere Aufgaben finden hier Platz.

Schaufenster

Hier sind folgende Fenster zu finden:

Knobeln   Basteln

Spielen   Staunen

Information   Gedankenexperimente

Die Schaufenster können zur Differenzierung genutzt werden.

Zeitfenster

Sie bieten die Möglichkeit, historische Aspekte in den Mathematikunterricht zu integrieren.

Methode

Hier werden fachspezifische Methoden und Situationen, in denen sie sinnvoll genutzt werden können, vorgestellt. Die Methoden haben Werkzeugcharakter und vermitteln den Schülern Handlungskompetenz.
Methodenkästen des Schülerbuches
- Aufgabe? Skizze?! Lösung!
(Schülerbuchseite 59)
- Tabellenkalkulation I (Schülerbuchseite 139)
- Variablen festlegen (Schülerbuchseite 141)
- Tabellenkalkulation II (Schülerbuchseite 145)
- Säulen- und Bilddiagramme zeichnen
(Schülerbuchseite 173)
- Kreis- und Streifendiagramme zeichnen
(Schülerbuchseite 174)

Anstoß

Themen, die zum Entdecken, Weiterfragen und Weiterdenken anregen und sich besonders für eine ausführliche Behandlung im Rahmen eines Projektes eignen.

Am Kapitelende greifen drei Elemente ineinander:
- Die **Zusammenfassung** stellt im Lexikonstil (Begriff, Erklärung, Beispiel) die neuen Inhalte des Kapitels dar. Die Seite ist farbig hervorgehoben, um das Nachschlagen zu erleichtern. So können die Schülerinnen und Schüler kleinere Wissenslücken jederzeit füllen.
- **Üben • Anwenden • Nachdenken** bietet Aufgaben zur Sicherung von Basiswissen (Üben), zur Verknüpfung mit außermathematischen Inhalten (Anwenden) und zur weiterführenden Lösung von Problemen (Nachdenken).
- Der **Rückspiegel** fordert die Schülerinnen und Schüler zu eigenverantwortlichem Lernen auf. Differenziert in zwei Niveaus können sie individuell Wissen, Fertigkeiten und Kompetenzen testen sowie Lücken aufspüren und aufarbeiten. Die Lösungen finden sie zur Selbstkontrolle am Ende des Buches.

Sammelpunkt

Die umfassende Aufgabensamlung am Ende des Buches deckt alle Leitideen der Bildungsstandards ab und bietet die Möglichkeit, am Ende der Klasse noch einmal zu überprüfen, inwieweit alle Kompetenzen erreicht wurden und wo noch Übungsbedarf besteht. Da die Lösungen zu allen Aufgaben im Anhang stehen, sind die Aufgaben auch zum eigenständigen Wiederholen und Üben geeignet. Die Aufgaben haben bewusst kumulativen Charakter, um auch vernetztes Wissen einzufordern. Sie sind immer der Leitidee zugeordnet, in der sie einen Schwerpunkt haben. Jede Aufgabe hat drei Teilaufgaben in steigendem Niveau.

Der Serviceband

Der Serviceband möchte Ihnen mit seinen Kommentaren und Hinweisen, den 100 Kopiervorlagen und den Lösungen des Schülerbuches einen zuverlässigen und weitreichenden Service für Ihren Unterricht bieten und Sie sowohl bei Ihrer Unterrichtsvorbereitung als auch in der Durchführung eines zielgerichteten und den Bildungsstandards entsprechenden Unterrichts entlasten. Entsprechend der unterschiedlichen Nutzen für die Unterrichtsvorbereitung und -durchführung haben wir den Serviceband in drei Teile gegliedert, die durch eine an der Seite sichtbare Griffmarke und eine differenzierte Seitennummerierung leicht zu finden sind.

Im ersten Abschnitt finden Sie den **Kommentarteil**, der Ihnen wertvolle Hinweise für Ihre Unterrichtsvorbereitung bietet. Der zweite beinhaltet die 100 **Serviceblätter** mit Hinweisen und den zugehörigen Lösungen. Die Serviceblätter können im Unterricht als Kopiervorlage an die Lernenden verteilt werden. Im dritten Abschnitt finden Sie zur schnellen Kontrolle im Unterricht die **Lösungen** des Schülerbuches.

Der **Übersichtstabelle** auf den Seiten VII bis X können Sie jeweils die entsprechenden Kommentarseiten, Serviceblätter und Lösungsseiten zu der gerade im Unterricht behandelten Lerneinheit entnehmen.

Der Kommentarteil (Seite K1 bis K89)

Der Kommentarteil ist wie das Schülerbuch strukturiert. Sie finden zu jedem Kapitel Kommentare, die unterschiedlichen Rubriken zugeordnet sind und Antworten auf die folgenden Fragen geben können:

Kommentare zum Kapitel

- **Intention und Schwerpunkt des Kapitels**
  Welche Hauptintentionen verfolgt das Kapitel?
- **Bezug zu den Bildungsstandards**
  Welchen Leitideen und Kompetenzen können die Inhalte des Kapitels zugeordnet werden?
- **Vorwissen aus der Grundschule**
  Welche Vorerfahrungen und Kenntnisse bringen die Lernenden aus der Grundschule mit?
- **Weiterführende Hinweise**
  (nicht zwingend vorhanden) Wo finde ich passende Literatur, was kann ich bei der Bearbeitung des Kapitels beachten?

Kommentare zur Auftaktseite

- Was ist das Ziel der Auftaktseite? Wo wird an Vorwissen angeknüpft? Wie werden die Inhalte vorbereitet? Welches weiterführende Informationsmaterial kann ich mir anschauen? Auf welche Probleme könnten die Lernenden stoßen?

Kommentar zu den Lerneinheiten

- **Intention der Lerneinheit**
  Was sind die Hauptintentionen der Lerneinheit?
- **Einstiegsaufgabe**
  Wie bereitet die Aufgabe die Inhalte der Lerneinheit vor? Was ist zu beachten, was zu fordern?
- **Alternativer Einstieg**
  (nicht zwingend vorhanden) Bietet sich für meine Schülerinnen und Schüler in dieser Lerneinheit ein anderer Einstieg als der im Schülerbuch vorgeschlagene an? Warum?
- **Tipps und Anregungen für den Unterricht**
  (nicht zwingend vorhanden) Gibt es weiterführende Literatur, Internetadressen? Welche ► Serviceblätter finde ich wo mit welchem Inhalt?
- **Aufgabenkommentare**
  Hier finden Sie Kommentare zu ausgewählten Aufgaben, unter anderem weiterführende Fragestellungen, mögliche Lösungsstrategien, Hinweise auf potenzielle Fehlerquellen, Anregungen für besondere Unterrichtsformen und Verweise auf entsprechende ► Serviceblätter. Insbesondere finden Sie auch Hinweise auf die den Bildungsstandards zugrundeliegenden Leitideen, die neue Aufgabenkultur (offene, kumulative Aufgaben etc.) und die Niveaudifferenzierung.
- Die Anstöße des Schülerbuches werden besonders ausführlich kommentiert, sodass projektar-

tiges Arbeiten ermöglicht wird. Meist werden auch entsprechende Serviceblätter angeboten.

Exemplarischer Kommentar

In den *Exemplarischen Kommentaren* finden Sie detaillierte Beschreibungen und Erläuterungen zu verschiedenen Themen des Bildungsplans und der Mathematikdidaktik. Auf die Inhalte dieser *Exemplarischen Kommentare* wird im weiteren Verlauf des Kommentarteils bei unterschiedlichen Aufgaben, die das Thema wieder aufgreifen oder ansprechen, häufiger verwiesen.
Damit Sie die *Exemplarischen Kommentare* im Serviceband leichter finden, hier eine Übersicht über die behandelten Themen:
- Die Auftaktseite (Seite K1)
- Begriffslernen (Seite K2)
- Geometrie-Diktate (Seite K7)
- Zahlenstrahl (Seite K16)
- Abgrenzung eines Begriffs gegenüber dem Alltagsverständnis (Seite K17)
- Regellernen (Seite K24)
- Multiplikation von Brüchen (Seite K28)
- Division eines Bruches durch eine natürliche Zahl (Seite K30)
- Addition und Subtraktion von Dezimalbrüchen (Seite K41)
- Multiplikation von Dezimalbrüchen (Seite K44)
- Runden und Überschlagen bei Dezimalzahlen (Seite K47)
- Raumvorstellung (Seite K53)

Neben diesem Sonderelement finden Sie im Kommentarteil auch einige Exkurse:

Exkurs

Zu einigen Aufgaben bieten wir mathematische Lösungen, die über die schülergerechten Lösungen des Lösungsteils hinausgehen. Außerdem finden Sie in den Exkursen weiterführende Sachinformationen oder didaktische Hinweise zu den auf den Auftaktseiten oder in den Aufgaben angesprochenen außer- und innermathematischen Themen.

Der Serviceteil (Seite S1 – S103)

Zu Beginn des Serviceteils befinden sich einige Vorbemerkungen zu den verschiedenen Arten der Serviceblätter und zu ihrem möglichen Einsatzgebiet (vgl. Seite S1 – S3). Im mittleren Teil befinden sich die Serviceblätter selbst (Seite S 4 – S 103) und am Ende haben wir die Lösungen der Serviceblätter zusammengestellt (Seite S 104 – S 118).

Der Serviceteil beinhaltet etwa 100 Serviceblätter, von denen 85 direkt den einzelnen Kapiteln des Schülerbuches zuzuordnen und auch in einer entsprechenden Abfolge zu finden sind. Die Serviceblätter wurden im Unterricht erprobt und sind als Erweiterung, Variation und Differenzierung der Inhalte des Schülerbuches zu verstehen. Sie finden hier weiterführende Übungen, Spiele, Knobeleien, Bastelanleitungen und viele Aufgaben zur Förderung der Kompetenzen Begründen und Argumentieren. Die meisten Serviceblätter sind selbsterklärend. Der Kommentarteil beinhaltet jeweils einen Verweis auf das Serviceblatt (durch das ► Pfeil-Symbol leicht zu finden), der auch einen Hinweis auf den optimalen Einsatz der Kopiervorlage bietet.

Neben diesen kapitelbezogenen Serviceblättern befinden sich am Ende des Serviceteils auch 18 kapitelübergreifende Kopiervorlagen, die das vermittelte Basiswissen wachhalten. Die **Fitnesstests** und **Kopfrechenblätter** können immer wieder in den Unterricht integriert werden, um die bereits erlernten Inhalte und Fähigkeiten zu wiederholen und zu festigen. In den Vorbemerkungen des Serviceteils befindet sich eine genaue Aufstellung über den möglichen Einsatz dieser Serviceblätter (vgl. Seiten S 2/3).

Am Ende finden Sie die Lösungen derjenigen Serviceblätter, die keine Selbstkontrolle (etwa durch ein Lösungswort oder eine Partnerkontrolle) enthalten.

Der Lösungsteil (Seite L 1 – L 87)

Der dritte und letzte Teil des Servicebandes beinhaltet alle Lösungen des Schülerbuches. Die Reihenfolge ist die des Schülerbuches: Aufgaben der Auftaktseite, Einstiegsaufgaben der Lerneinheiten, Aufgaben, Sonderelemente wie Schaufenster und Methodenkästen, Aufgaben der Randspalte.

Bei offenen Aufgaben haben wir meist beispielhafte Fragen und/oder Lösungen angegeben, die keinen Anspruch auf Vollständigkeit erheben. Bei einigen Aufgaben, die individuelle Lösungen einfordern und ermöglichen, haben wir auf die Angabe einer Lösung verzichtet.

Der Lösungsteil des Servicebandes ist identisch mit den Inhalten des Lösungsheftes.

Die Service-CD

Der Einzug des Computers in den Unterricht und die Entwicklung grundlegender Fähigkeiten im Umgang mit neuen Medien ist nicht mehr allein Aufgabe eines speziellen Lehrgangs. Die informationstechnische Grundbildung soll im Zusammenspiel der verschiedenen Fächer und Fächerverbünde erworben werden. Diesem Ansatz will die Service-CD als ein weiterer passgenau abgestimmter Baustein des Fachwerks Rechnung tragen. Die CD bietet demzufolge eine Fülle von Materialien, die Sie in der Vorbereitung und Durchführung Ihres Unterrichts unterstützen können:

- **Die Serviceblätter**: Identisch mit den Serviceblättern, die auch im Serviceband zu finden sind. Auf der CD finden Sie diese jedoch im praktikablen Word-Format, so dass Sie die angebotenen Inhalte nach Ihren Bedürfnissen verändern oder aus vorhandenen Aufgaben neue Kopiervorlagen zusammenstellen können.
- **Interaktive Arbeitsblätter** in den Datei-Formaten Word, Excel, html oder auf Basis der interaktiven Mathematiksoftware Geonext (im Lieferumfang enthalten). Die Arbeitsblätter sind für den Einsatz im Unterricht konzipiert und technisch so auf der CD abgelegt, dass sie schnell auch ins Schulnetz überspielt werden können.
- **Werkzeuge**, die Ihnen beim Erstellen von **Vorlagen** behilflich sind. So können Sie beispielsweise einen Zahlenstrahl, verschiedene Koordinatensysteme oder Netzdarstellungen von Körpern erstellen und als Kopiervorlagen ausdrucken.
- **Simulationen**, **Animationen** und **Fotos**, die Gesprächsanlass bieten, um komplexe Fragestellungen anschaulich aufzugreifen.

Bewusst wurde beim Erstellen der Medien auf Modularität einerseits und die Nutzung von Standardprogrammen andererseits geachtet, da dies den Einzug von IT-Bestandteilen in den Mathematikunterricht unterstützen soll.

Die Service-CD ist so aufgebaut, dass Sie die Medien, die zu der momentanen Unterrichtssituation passen, problemlos und schnell finden können. Eine komfortable Suchfunktion, Vorschaugrafiken auf die Medien und die Nutzung der freigeschalteten Medien im Schulnetz runden das Konzept ab.

Das Lösungsheft

Im Sinne des eigenverantwortlichen und selbstständigen Lernens bieten wir für die Schülerinnen und Schüler und die Eltern ein Lösungsheft an, das ohne den Schulstempel im freien Verkauf erhältlich ist. Es ist identisch mit dem Lösungsteil des Servicebandes.

Lerneinheit	Kommentarteil	Exemplarische Kommentare und Exkurse	Serviceblatt	Lösungen des Serviceblattes	Lösungen Aufgaben
5 Rechnen mit Dezimalbrüchen					
		– Kardinalzahlen, K 40			
Ab in Schullandheim	K 40				L 47
1 Addieren und Subtrahieren	K 41	– Addition und Subtraktion von Dezimalbrüchen, K 41 – Typische Fehler bei der Addition und Subtraktion von Dezimalbrüchen, K 42	► Tandembogen Addition und Subtraktion, S 45		L 47
2 Multiplizieren und Dividieren mit Zehnerpotenzen	K 42		► Multiplikation mit Zehnerpotenzen, S 46 ► Division durch Zehnerpotenzen, S 47	S 108	L 49
3 Multiplizieren	K 44	– Multiplikation von Dezimalbrüchen, K 44 – Typische Fehler bei der Multiplikation von Dezimalbrüchen, K 46	► Vervielfachen von Dezimalbrüchen, S 48 ► Multiplikation von Dezimalbrüchen, S 49	S 108 S 108	L 51
4 Dividieren	K 46	– Runden und Überschlagen bei Dezimalzahlen, K 47 – Typische Fehler bei der Division durch Dezimalbrüche, K 48	► Tandembogen: Division, S 50		L 52
5 Verbindung der Rechenarten	K 48	– Typische Fehler beim Lösen von Termen, K 49	► Die Vierschanzentournee – Wertungskarten, S 51 ► Die Vierschanzentournee – Aufgabenkarten, S 52 ► Die Vierschanzentournee – Wertung Oberstdorf, S 53 ► Die Vierschanzentournee – Wertung Garmisch-Partenkirchen, S 54 ► Die Vierschanzentournee – Wertung Innsbruck, S 55 ► Die Vierschanzentournee – Wertung Bischofshofen, S 56	S 109 S 109 S 109 S 109 S 109 S 109	L 54
Üben • Anwenden • Nachdenken	K 50				L 56
6 Körper					
Schöner als ein Quader!	K 52	– Raumvorstellung, K 53			L 58
1 Prisma	K 53		► Ein aufgeblasener Würfel, S 57 ► Einen offenen Würfel falten, S 58 ► Ein Prisma bauen und zeichnen (1) und (2), S 59 – S 60	S 110	L 58
2 Pyramide	K 55		► Die schnelle Pyramide, S 61		L 60
3 Schrägbilder	K 55		► Mit Pyramiden experimentieren, S 62 ► Baupläne und Schrägbilder von Würfelkörpern, S 63	S 110 S 110	L 60
4 Zylinder. Kegel. Kugel	K 56				L 63
Üben • Anwenden • Nachdenken	K 57		► Die geviertelte Pyramide, S 64 ► Aus Drei mach' Einen!, S 65	S 110 S 110	L 64

Lerneinheit	Kommen-tarteil	Exemplarische Kommentare und Exkurse	Serviceblatt	Lösungen des Serviceblattes	Lösungen Aufgaben
7 Terme. Variablen. Gleichungen					
Mit Buchstaben rechnen	K 61		► Rechtecke aus Draht, S 66	S 110	L 68
1 Terme mit Variablen	K 62	– Der Sinn von Termen und Formeln, K 62	► Noch mehr Rechtecke, S 67 ► Zahlenrätsel und Terme, S 68	S 111 S 111	L 68
2 Berechnen von Termwerten	K 63		► Rauten und mehr, S 69	S 111	L 69
3 Aufstellen von Termen	K 64		► Rund um den Würfel, S 70 ► Das Termspiel, S 71	S 111	L 70
4 Einfache Gleichungen	K 66	– Lösen von Gleichungen, K 66	► Verschnürungen, S 72	S 111	L 71
Üben • Anwenden • Nachdenken	K 68				L 72
8 Proportionale Zuordnungen					
Sommerfest	K 71		► Temperaturunterschiede in Fantasiedorf, S 73 ► Das Schneckenrennen, S 74 – S 78	S 113	L 74
1 Zuordnungen und Schaubilder	K 72	– Zwei Aspekte von Funktionen, K 72	► Schraubenpreise – Graphen interpretieren, S 79	S 113	L 74
2 Proportionale Zuordnungen	K 74	– Proportionale Funktion, K 74			L 76
3 Schaubilder proportionaler Zuordnungen	K 75				L 78
4 Dreisatz	K 76		► Verständnisaufgaben, S 80	S 113	L 81
Üben • Anwenden • Nachdenken	K 77				L 82
9 Daten erfassen und auswerten					
Tag für Tag	K 79	– Explorative Daten-analyse, K 79			L 85
1 Daten erfassen	K 80		► Ein Klassen-Fragebogen, S 81		L 85
2 Daten darstellen	K 81		► Schülerumfrage – Was fällt euch beim Lernen leicht?, S 82 ► Zahlen in Bildern – Diagramme (1) und (2), S 83 – S 84 ► Im Tierreich – Diagramme, S 85	S 113 S 114	L 86
3 Daten auswerten	K 82				L 89
Üben • Anwenden • Nachdenken	K 83				L 91
Kapitelübergreifendes					
			► Kopfrechenblätter 1 – 8, S 86 – S 93	ab S 114	
			► Fitnesstest 1 – 10, S 94 – S 103	ab S 116	

1 Kreis und Winkel

Kommentare zum Kapitel

Der Kreis ist für die Lernenden eine wohlbekannte und vertraute Figur. Der Begriff ist als mentale Einheit ohne genaue sprachliche Definition schon ausgebildet. Das bedeutet, die Lernenden erkennen die Figur und können sie aus einer Vielzahl ähnlicher Figuren diskriminieren.

Intention und Schwerpunkt des Kapitels

Beim Kreis sind drei Schwerpunkte zu nennen:
- die für den Kreis relevante Eigenschaft erfahren und formulieren (gleiche Entfernung aller Punkte des Kreises zum Mittelpunkt),
- die Fertigkeit, Kreise sauber zu zeichnen,
- die notwendigen Fachbegriffe *Radius, Durchmesser, Kreisfläche, Kreisausschnitt* kennen und richtig anwenden – Begriffe wie Kreisabschnitt und Sehne haben dabei nur ergänzenden Charakter (siehe Schülerbuchseite 10).

Beim Winkel stehen die Begriffsbildung und eine sichere Verankerung im Vordergrund. Die Fertigkeiten beim Schätzen, Zeichnen und Messen von Winkeln und die Kenntnisse über Winkel an sich schneidenden Geraden sind wesentliche Grundlagen. Die unterschiedlichen Winkelarten und die Kreisausschnitte werden im Zusammenhang mit einfachen Bruchteilen von Ganzen betrachtet.

Bezug zu den Bildungsstandards

Leitidee Messen: Die Schülerinnen und Schüler können
- die Prinzipien der Winkelmessung nutzen.
- ein „Gefühl" für Größenordnungen und Zusammenhänge entwickeln.
- Messergebnisse und berechnete Größen in sinnvoller Genauigkeit darstellen.
- Größen mithilfe von Vorstellungen über geeignete Repräsentanten schätzen.

Leitidee Raum und Form: Die Schülerinnen und Schüler können
- geometrische Strukturen in ihrer Umwelt erkennen und beschreiben.
- Eigenschaften und Beziehungen geometrischer Figuren anhand definierender Merkmale beschreiben und begründen.

Weiterführende Hinweise

Das Verwenden des Zirkels zum Zeichnen eines Kreises ist jedem Lernenden bestens bekannt und sollte deshalb als Werkzeug zunächst ausgeschlossen werden. Die eigene Suche nach geeigneten Werkzeugen fördert die Kreativität und das Vorstellungsvermögen. Das Legen von Kreisen mit Gegenständen bzw. das Aufstellen im Kreis bietet neue und andersartige Verankerungspunkte. Mit einem ausgewählten zusätzlichen Angebot an zulässigen Hilfsmitteln wird im Anschluss an die Experimentierphase eine fruchtbare Diskussion über Beispiel und Gegenbeispiel, über relevante und irrelevante Eigenschaften in Gang gesetzt. Es eignen sich folgende Gegenstände, die in jeder Schülergruppe ausgegeben werden: Gummiring, Wolle, Schnur, Büroklammer, Münze.

Auftaktseite: Jetzt geht's rund

Könnt ihr Kreise zeichnen?

Das Zeichnen von Kreisen bietet einen hervorragenden Ausgangspunkt für vielfältige Untersuchungen, die handlungsorientiert zum relevanten Merkmal der Kreisfigur führen.

Die Ausdehnung des Aktionsradius über das Heft hinaus zu Dimensionen, in denen sich die Schülerinnen und Schüler selbst in diese Figur einbringen müssen, fördert die Bildung und die Verankerung des neuen Begriffs maßgeblich.

Exemplarischer Kommentar
Die Auftaktseite

Die Auftaktseite knüpft mit ihren *advanced organizers* an die Vorerfahrungen und das Vorwissen der Lernenden an. Diese *advanced organizers* (Vorstrukturierungen) geben eine Aussicht auf Thematik und Lernziel der Unterrichtseinheit. Sie stellen die Verbindung her zu den in den kognitiven Strukturen schon vorhandenen relevanten Kenntnissen und Vorstellungen. Und sie lenken zusätzlich die Aufmerksamkeit auf die wichtigen Gesichtspunkte des neuen Lernstoffes. Nach Zech, Friedrich: Mathematik erklären und verstehen, Cornelsen Verlag, Berlin 1995, S. 43 ff., wirkt eine Vorstrukturierung dann besonders motivierend, wenn die Schülerinnen und Schüler daraus deutlich den Sinn des Lernstoffes erfahren und zudem noch attraktive Tätigkeiten, die im Kapitel eine Rolle spielen, angesprochen werden. Dabei ist es nicht das Ziel der Auftaktseite, genaue Lernziele zu formulieren oder unbekannte Begriffe einzuführen. Die Begrifflichkeiten der Auftaktseite stützt sich vorwiegend auf (noch undifferenzierte) Alltagsbegriffe.

Untersuchungen haben eindeutig gezeigt, dass vor allem lernschwächere Schüler von solchen Vororientierungen profitieren. Leistungsstärkere Schülerinnen und Schüler hingegen sind häufig in der Lage, sich selbst den Sinn des Lehrstoffes zu erschließen.

Gesichtsfelder

Die Gesichtsfelder sind lebensrelevante Beispiele mit hoher Motivationskraft. Sie führen über die Figur eines Kreisausschnitts zum Winkel. Eigene Versuche zum Gesichtsfeld erweitern die Figur vom Segment zum Winkel. Mit diesem praktischen Beispiel kann der Übergang von der geschlossenen Figur eines Kreisausschnitts zum nur teilweise begrenzten Winkelfeld einsichtig gemacht werden.

Gelenke

Die Erzeugung von Winkeln mit den eigenen Gelenken unterstützt eine genetische Begriffsbildung (vgl. folgenden Exemplarischen Kommentar *Begriffslernen*) und lässt erste Aussagen über Größenvergleiche zu.

Exemplarischer Kommentar
Begriffslernen

Sinn und Zweck der Begriffsbildung ist es, eine Struktur und Ordnung in die Welt der realen und gedachten Objekte zu bringen. Ziel des Begriffslernens ist es, auf verschiedene Reize gleich zu reagieren, die aufgrund gewisser übereinstimmender Merkmale mit einem gemeinsamen Namen belegt wurden. In der Mathematik gibt es verschiedene Arten von Begriffen:

Eigenschaftsbegriffe

Objekten werden ganz bestimmte Merkmale (Eigenschaften) zugeordnet.
Beispiel: Kreis, Primzahl, Prisma

Relationsbegriffe

Sie werden Paaren (Trippeln, ...) von Objekten zugesprochen.
Beispiel: ... ist Scheitelwinkel von ...
　　　　　 ... ist Stufenwinkel zu ...

Einfache Begriffe

Sie werden häufig unmittelbar durch Abstraktion von Beispielen aus der Lebenswelt gewonnen. In der axiomatischen Mathematik werden sie als Grundbegriffe bezeichnet und bedürfen keiner weiteren Erläuterung.
Beispiel: ... sich kreuzen
　　　　　 Kugel
　　　　　 Fläche

Zusammengesetzte Begriffe

Sie werden auf andere Begriffe zurückgeführt.
Beispiel: Trapez als Viereck mit ...

Je nach Begriffsart sollte eine der folgenden Lernbedingungen stärker gewichtet werden:
- Kontiguität der Objekte (eine Anzahl positiver Beispiele wird nebeneinander vorgestellt)
- (zeichnerische und verbale) Hervorhebung der relevanten Merkmale an verschiedenen Beispielen
- vielfältigste Variation der irrelevanten Merkmale
- mit Gegenbeispielen eine Übergeneralisierung verhindern

Dabei ist nicht die Anzahl von Beispielen und Gegenbeispielen für das Lernen eines Begriffs ausschlaggebend, sondern eine gute Auswahl und Erläuterung der Beispiele. Sie sollten sich möglichst stark in den irrelevanten Merkmalen unterscheiden, die Gegenbeispiele in möglichst wenigen relevanten Merkmalen.

Grundlage für die Einführung eines Begriffs ist die Wahl der Definition. Bei operativen (d.h. aus Handlungen zu gewinnenden) Begriffen ist die genetische Definition gegenüber der sonst üblichen Ist-Definition vorzuziehen. Der genetischen Definition liegt die Entstehung aus der Handlung zugrunde und die Fragestellung lautet: „Wie entsteht ein ... ?", und nicht: „Was ist ein ...?" Das kommt den lernpsychologischen Voraussetzungen der Schülerinnen und Schüler dieser Altersstufe sehr entgegen, da sie noch stark auf der konkret-operationalen Stufe verhaftet sind und das Erfassen eines Begriffs durch aktives Operieren besser gelingt.
Beispiel: Winkel
Genetische Definition: Ein Winkel entsteht durch die Drehung einer Halbgeraden um seinen Anfangspunkt.
Ist-Definition: Ein Winkel ist die von zwei von einem Punkt ausgehenden Halbgeraden begrenzte Figur.

---

1 Kreis

Intention der Lerneinheit

- Begriff *Kreis* erfassen
- Begriffe *Radius, Durchmesser, Mittelpunkt* kennen und richtig anwenden
- Kreise und Kreisfiguren mit dem Zirkel sauber zeichnen können

Tipps und Anregungen für den Unterricht
Der Begriff Kreis ist bei den Lernenden mental schon vorhanden. Sie können angeben, welche Objekte unter den Begriff fallen und welche nicht. Die sprachliche Fassung und das genaue Abgrenzen innerhalb der kognitiven Struktur ist noch wenig ausgebildet. Deshalb sollte bei der Begriffseinführung und -verankerung auf das Hervorheben des typischen Merkmals ein besonderer Schwerpunkt gelegt werden (vgl. Kommentar zur Auftaktseite und Einstiegsaufgabe, Seite K 1).

Einstiegsaufgabe
Die in den Experimenten der Auftaktseite gewonnenen Erkenntnisse und Erfahrungen werden in dieser Aufgabe konsequent aufgegriffen und mit einem lebensnahen Beispiel verknüpft. Mit diesem anschaulichen Beispiel wird die wesentliche Eigenschaft des Kreises in neuem Zusammenhang wiederholt und damit gefestigt.
Die Beispiele zeigen in vertrauter Umgebung des Gitternetzes die sprachlich korrekte Anwendung der neuen Begriffe.

Aufgabenkommentare

2 und **3** sind notwendige Übungen zur Verbesserung der Zeichenfertigkeit und zum besseren Verständnis der Zeichenanweisungen.
Aufgabe 3 enthält zusätzlich einen kumulativen Aspekt. Die Wiederholung des Quadratgitters muss vor dem Hintergrund der Jahresarbeiten gesehen werden und erfolgt immer wieder (z.B. auch in Lerneinheit *3 Winkel*).

4 Diese Aufgabe gehört zu den produktiven Übungen, die den Schülerinnen und Schülern Spaß machen und ihre Zeichenfertigkeit verbessern. Die Schülerinnen sind in der Regel gern bereit, diese und eigene Figuren besonders schön zu färben, während die Jungen sich oftmals auf Schwarz-Weiß-Zeichnungen mit komplizierten Mustern einlassen. Beide „Werke" lassen sich auf unliniertem Papier auf Farbkarton im Klassenzimmer ausstellen und damit würdigen.

5 und **6** Diese Aufgaben eignen sich zur Differenzierung nach Interessenlage: Wer gerne bastelt und Spaß an der Herstellung eines schön gestalteten Gegenstandes hat, kann in Kleingruppen einen Schmuck für das Klassenzimmer herstellen. Schülerinnen oder Schüler, die feinmotorisch weniger begabt und ausdauernd sind, können sich mit der Zeichnung des Freiwurffeldes beschäftigen.

7 Die Fragestellung sollte präzisiert werden um triviale Lösungen auszuschließen. Das heißt: Wie viele Münzen müssen mindestens weggenommen werden, damit die übrigen hineinpassen.
Die Aufgabe stellt ein Problem der Niveaustufe A (einfache Probleme lösen und zum Lösen experimentelle Verfahren wie systematisches Probieren anwenden).

> **Kreispuzzles**
>
> Die Lernenden sollten sich die Schnitte und das anschließende Aneinanderfügen zuerst vorstellen und so ihr Vorstellungsvermögen trainieren. Die Kontrolle erfolgt durch das Ausschneiden und Legen der Teilfiguren. Das ► Serviceblatt auf Seite S 4 bietet eine Kopiervorlage für die Kreisfiguren.

2 Kreisausschnitt

Intention der Lerneinheit
- Kreisausschnitte erkennen und zeichnen
- den Kreisausschnitt als Bruchteil eines Kreises sehen

Tipps und Anregungen für den Unterricht
Kreisausschnitte sind den Lernenden als ein Repräsentant bei der Bildung des Bruchbegriffs geläufig. Diese Verknüpfung wird sowohl im Einstieg als auch im Aufgabenbereich betont. Hinzukommen die Fachbegriffe der Begrenzungslinie (Kreisbogen) der Figur und eine erste intuitive Erfahrung des Zusammenhangs Mittelpunktswinkel und Größe der Fläche.

Einstiegsaufgabe
Die aktive Herstellung des Kreisausschnitts durch Falten und die damit verbundene Verknüpfung mit dem Bruchbegriff sind Grundlage für eine gute Diskussion über Entstehung, Größe und typische Merkmale dieser Figur.

Aufgabenkommentare

2 Im Sinne einer produktorientierten Übung lassen sich auch hier mit der Herstellung von Legefiguren aus farbigem Tonpapier kleine Ausstellungsstücke für das Klassenzimmer herstellen. Das Herstellen solcher aus Kreisausschnitten zusammengesetzten Figuren schult das Auge im Hinblick auf das Erkennen von berechenbaren Teilfiguren in den oberen Klassen.

3 Diese Aufgabe ist für die Abgrenzung des Begriffs wichtig. Mit den Gegenbeispielen b), d), f) wird eine Übergeneralisierung (d.h. eine Anwendung des Begriffs auch auf Objekte, die nicht alle relevanten Merkmale besitzen) verhindert. Die Aufgabe sollte im Unterricht mündlich bearbeitet werden. Dazu bietet sich eine Murmelrunde an, in der die Schülerinnen und Schüler zunächst der Partnerin oder dem Partner ihre Entscheidung begründen. Im anschließenden Unterrichtsgespräch ist die Beteiligung meist höher und qualitativ besser.

5 und **6** erinnern an den in Band 1 eingeführten Bruchbegriff; einerseits auf der enkativen (Herstellen eines Bruchteils, Aufgabe 6) und andererseits der ikonischen Ebene (Erkennen von Bruchteilen, Aufgabe 5)

10 Die Bruchteile, die in Aufgabe 9 anschaulich angegeben waren, müssen jetzt in der Vorstellung erzeugt und erkannt werden.

11 In dieser Aufgabe wird auf einem den Lernenden angemessenen Niveau eine Verbindung zum Lesen und Interpretieren von Schaubildern hergestellt. Mit der zusätzlichen Forderung nach (unterschiedlichen bzw. mehreren) Begründungen wird die Kompetenz, mathematisch zu argumentieren, gefördert.

3 Winkel

Intention der Lerneinheit

Ziel der Lerneinheit ist die Gewinnung des Winkelbegriffes sowie die Bezeichnung der Winkel. Winkel werden als Gebiete definiert, die bei einer Drehung überstrichen werden. Besonderer Wert sollte auf die Unterscheidung des Winkels als besondere geometrische Figur und der Winkelgröße gelegt werden.

- *Winkelbegriff* erfassen
- Begriffe *Schenkel* und *Scheitel* kennen
- Winkel mithilfe von griechischen Buchstaben bezeichnen
- Winkel nach ihrer Größe ordnen

Tipps und Anregungen für den Unterricht

- Bei der Winkelbezeichnung wird auf die Bezeichnung über die beiden Schenkel verzichtet, da hier die Reihenfolge berücksichtigt werden müsste.
- Das ► Serviceblatt „Winkelgrößen", Seite S5, bietet zusätzliches Material und kann als handlungsorientierter Einstieg verwendet werden. Da-

bei wird der *Winkelbegriff* konstruktiv über eine Drehbewegung gewonnen.
Der *Größenbegriff* bei Winkeln ist problematisch, weil für viele Schülerinnen und Schüler die Flächengröße des sichtbaren Teils und nicht die Größe des Drehbetrages entscheidend ist. Eine Aufgabe zur Thematisierung bietet der zweite Teil dieses Serviceblattes an.

Einstiegsaufgabe

Die Einstiegsaufgabe beinhaltet ein vertrautes Beispiel aus dem Alltag, bei dem ein Winkelfeld durch das Überstreichen eines Zeigers entsteht. Diese Vorstellung kann durch das Erzeugen von Winkeln mit den unterschiedlichsten Gegenständen (Schere, Nussknacker, Fächer …) sehr handlungsorientiert und schüleraktiv unterstützt und ausgebaut werden. Mit sorgfältig ausgewähltem Material können die Lernenden selbstständig Zusammenhänge erkennen und formulieren.
Zum Beispiel: bei jedem Gegenstand entstehen immer mindestens zwei Winkel und einer der Winkel wird größer, während der andere immer kleiner wird.
Bei der Schere entstehen vier Winkel.
Bei Fächern mit unterschiedlichen Radien und unterschiedlich starker Auffächerung ist der Zusammenhang zwischen sichtbarer Fläche und tatsächlicher Winkelgröße leicht zu entdecken. Dieses Vorgehen entspricht einer genetischen Begriffsbildung (vgl. Exemplarischer Kommentar *Begriffslernen*, Seite K2).

Aufgabenkommentare

4 Kumulative Aufgabe. Das Quadratgitter wurde in Band 1 behandelt und anhand der Aufgabe 3 in Lerneinheit 1 wiederholt. Solch kumulative Aufgaben halten das Gelernte im Hinblick auf die Jahresarbeiten wach.

5 Die Aufgabe ist als Vorbereitung auf die Lerneinheit *5 Winkel an sich schneidenden Geraden* zu sehen.

6 Verbindungen zum Alltag vertiefen Begriffe und schaffen Stützgrößen für die Vorstellung der Winkelgröße.

7 Lässt man den Baum in mehreren Lagen zeichnen und die Änderung des Schattenwurfes betrachten, gewinnen die Schüler vertiefte Einsichten. Diese Aufgabenstellung wirkt propädeutisch (Strahlensatz, Physik).

7 und **8** Das ► Serviceblatt auf Seite S 4 bietet im unteren Teil eine Kopiervorlage für diese beiden Aufgaben.

9 Die Aufgabe sollte ohne Winkelmessung durch Abschätzen gelöst werden. Übereinanderlegen knüpft an den zweiten Teil des ► Serviceblattes „Winkelgrößen", Seite S 5, an.

4 Winkelmessung. Einteilung der Winkel

Intention der Lerneinheit
– Winkel mit dem Geodreieck messen
– Winkel zeichnen
– die Begriffe *spitze*, *rechte*, *stumpfe*, *gestreckte*, *überstumpfe* und *volle Winkel* kennen und die entsprechenden Winkelgrößen zuordnen

Tipps und Anregungen für den Unterricht
– Nach der Behandlung der Gradskala anhand der Einführungsaufgabe bietet sich ein selbsttätiges Übertragen auf die Winkelmessung mit dem Geodreieck an. Die Schülerinnen und Schüler versuchen, einen spitzen Winkel zu messen. Nach erfolgter Diskussion und Bewertung der Vorschläge wird das Messverfahren auf stumpfe und überstumpfe Winkel ausgedehnt. Eine Bewertung der beiden möglichen Messverfahren bei überstumpfen Winkeln arbeitet die Vor- und Nachteile heraus (sehr große Winkel: Subtraktionsverfahren, ansonsten Additionsverfahren).
– Das Schätzen der Winkelgrößen ist zur Vermeidung von Messfehlern (Verwechslung der Skalen!) wichtig. Zusätzlich zum Aufgabenteil findet sich im ► Serviceblatt „Volltreffer – Wer trifft ins Schwarze? " Seite S 6 weiteres Trainingsmaterial.
– Schätz- und Messübungen an der Tafel sollten immer wieder in den Unterricht integriert werden. Ein Wettbewerbscharakter erhöht die Attraktivität der Übungen.

Einstiegsaufgabe
Die Einstiegsaufgabe führt die Gradskala anhand eines Kompasses ein und bereitet somit eine Übertragung der vom Kompass möglicherweise bereits vertrauten Maßzahlen auf die Winkelmessung vor. Die Richtungen sollten dabei nur geschätzt und nicht gemessen werden (vgl. *Tipps und Anregungen für den Unterricht*).

Exkurs — **Winkelmessung**

Winkel können im Gradmaß, Neugrad oder im Bogenmaß angegeben werden.

1 Gradmaß (Altgrad)
Diese Maßeinheit ist die älteste unter den drei möglichen Angaben. Hier wird der Vollkreis in 360 gleich große Teile unterteilt. Jeder Teil wird ein Grad genannt. Jedes Grad kann in Minuten ($1° = 60'$), jede Minute in 60 Sekunden ($1' = 60''$) unterteilt werden.

2 Neugrad
Bei dieser Einteilung wird der Vollwinkel in 400 gleiche Teile geteilt. Ein Teil wird als ein Gon bezeichnet. Jedes Gon kann weiter in 100 Neuminuten unterteilt werden. Das Neugrad wird im Vermessungswesen verwendet.

3 Bogenmaß
Diese Maßzahl ergibt sich aus dem Verhältnis der Bogenlänge zur Länge des zugehörigen Radius. Wählt man als Radius $r = 1$ (Einheitskreis), so ist die Bogenlänge direkt ein Maß für die Winkelgröße. Man bezeichnet den Bogen eines beliebigen Winkels β mit arc β (lat.: arcus, der Bogen). Für den Vollkreis gilt:
arc $360° = 2\pi \cdot$ arc $1°$. Als Maßeinheit für Winkel im Bogenmaß ist ein Radiant (1 rad) festgelegt. Da das Bogenmaß als einziges Winkelmaß keine künstliche Teilung ist, sondern direkt aus den bei den Winkeln auftretenden Längen abgeleitet werden kann, ist es in der Mathematik von besonderer Bedeutung.

Aufgabenkommentare

1 Die ineinander geschobenen Kreise unterstützen die Vorstellungen der Lernenden beim Erzeugen von Winkeln. Sie können zum Schätzen von Winkeln und zum Üben und Wiederholen der Winkelarten immer wieder eingesetzt werden. Wird eine Seite der Scheibe mit einer Gradskala versehen, lassen sich Aufgaben wie z. B. Aufgabe 1 ohne weitere Messgeräte bearbeiten. Das ► Serviceblatt „Die Winkelscheibe – Ein Spiel für zwei", Seite S 7, bietet eine Kopiervorlage zum Basteln und Spielen.

4 Hier sollte es bei Vermutungen und einem Hinweis auf spätere Untersuchungen bleiben.

5 und **6** fördern das Vorstellungsvermögen und bilden „Stützgrößen" aus.

7 Die Aufgabe kann als Anlass für spitzfindige Betrachtungen dienen. Ist der Kreis ein Vollwinkel oder nicht (wo sind die Schenkel)? Wo müssen die Partnerwinkel beachtet werden, wo nicht (im Haus!)? Solch knifflige Diskussionen können das Begriffsverständnis erhöhen.

8 Das aus Band 1 bekannte und dort hergestellte Arbeitsmaterial wird wieder aufgegriffen. Eine Bauanleitung für das Nagelbrett findet sich im Serviceband 1 auf Seite S 32.

9 und **10** kumulative Aufgaben: der Zusammenhang zur Bruchvorstellung wird hergestellt.

11 und **12** Durch die Angabe eines Lösungsbeispiels können diese Aufgaben auch ohne vorherige Besprechung im Unterricht gelöst werden.

13 Mit dieser Aufgabe üben die Schülerinnen und Schüler, Richtung und Winkel richtig miteinander zu verbinden. Diese Vorübung ermöglicht die Lösung der komplexeren Aufgaben 13 und 14 unter *Üben • Anwenden • Nachdenken*. Bei Teilaufgabe b) bietet sich die Forderung nach einer Begründung an, um die Kompetenz des mathematischen Argumentierens zu schulen.

5 Winkel im Schnittpunkt von Geraden

Intention der Lerneinheit
– wissen, dass Stufen- und Wechselwinkelsatz nur bei parallelen Geraden gelten
– Winkelsätze kennen und zu Berechnungen verwenden

Tipps und Anregungen für den Unterricht
– Das Entdecken von Beziehungen zwischen Winkeln ist zunächst ungewohnt. Besonders in schwächeren Klassen empfiehlt sich eine getrennte Behandlung der unterschiedlichen Winkelbeziehungen. Zuerst werden an einer Faltung (zwei Faltlinien) die Winkelbeziehungen behandelt, die zu den Begriffen *Neben-* und *Scheitelwinkel* führen. Nach ersten Übungen kann anschließend die Einstiegsaufgabe im Schülerbuch selbstständig bearbeitet werden.
– Die Begriffe *Scheitelwinkel*, *Nebenwinkel* usw. stehen nicht für besondere Winkel und sind somit keine Eigenschaftsbegriffe. Es handelt sich um Relationsbegriffe: Man kann immer nur von zwei Winkeln sagen, ob sie Nebenwinkel, Scheitelwinkel usw. sind (vgl. Exemplarischer Kommentar: *Begriffslernen*, Seite K 2).

– Die Hauptintention dieser Lerneinheit ist das Lösen von Berechnungsaufgaben. Anhand eines oder mehrerer gegebener Winkel müssen an besonderen geometrischen Figuren weitere Winkel berechnet werden. Dies impliziert folgende Vorgehensweise:
  1. Erkennen der Besonderheit der Figur
  2. Anwendung des entsprechenden Satzes
– Um eine Übergeneralisierung der Sätze zu vermeiden, müssen frühzeitig genügend Gegenbeispiele (keine parallelen Geraden!) behandelt werden. Das ► Serviceblatt „Winkel berechnen", Seite S 8, enthält entsprechende Aufgaben und trainiert zusätzlich mathematisches Begründen.
– Die Lerneinheit ist für die folgenden Klassen von großer Bedeutung. Im Rahmen der Trigonometrie wird im zehnten Schuljahr auf die hier gewonnenen Erkenntnisse zurückgegriffen. Die Fähigkeit, solche Berechnungsaufgaben zu lösen, ist auch eine Voraussetzung für viele Beweisaufgaben.
– Das ► Serviceblatt „Winkelmemory", Seite S 9, wiederholt und sichert die wesentlichen Begriffe. Es kann als Einstieg in eine Übungsstunde verwendet werden.

Einstiegsaufgabe
Die Einstiegsaufgabe knüpft an die aus Band 1 gewohnten Verfahren (Papierausrisse) an. Die offene Fragestellung bietet Raum für eigene Vermutungen und Begründungen.

Aufgabenkommentare

1 bis **7** Die operativen Aufgabenstellungen fördern die Beweglichkeit des Denkens und vermitteln vertiefte Einsichten in die Winkelsätze (vgl. Exemplarischer Kommentar: *Operative Prinzipien*, Seite K 13 in Schnittpunkt Serviceband 1, Klett Verlag, Stuttgart 2004, ISBN 3-12-740352-6).

7 Die erste Teilfrage entspricht noch Niveau A, weil zur Lösung nur der Wechselwinkelsatz verwendet werden muss und den Lernenden die Figur vertraut ist. Die zweite Frage enthält viele Elemente aus Niveau B, insbesondere dann, wenn noch begründet werden muss. Die Lernenden begründen die Schnittseite oft unterschiedlich. Hier können Kompetenzen der Stufe C erreicht werden:
– logisch schließen und begründen
– mathematische Argumentationen (Begründungen) stichhaltig entwickeln
– verschieden Arten von Argumentationsketten bewerten

8 und 9 Die Aufgabenstellung entspricht bei selbstständiger Bearbeitung Niveau B, vor allem dann, wenn zusätzlich Begründungen verlangt werden (vgl. auch Exemplarischer Kommentar *Niveaustufen*, Serviceband 1, ISBN 3-12-740352-6, Seite K5)
– Zusammenhänge, Ordnungen und Strukturen müssen erkannt und beschrieben, der Lösungsweg muss begründet werden.
– Geeignete Hilfsmittel, Strategien und Prinzipien zum Problemlösen auswählen und anwenden.
– Mit tiefergehenden Begründungen können wieder Kompetenzen der Niveaustufe C erreicht werden.

Üben • Anwenden • Nachdenken

Aufgabenkommentare

1 Bei dieser Aufgabe wird nicht nur die Zeichenfertigkeit geschult. Von den Lernenden werden ebenso auch Ausdauer, Geduld und genaues Hinsehen gefordert, um beim Abzeichnen die Lage der Mittelpunkte zu finden. Man könnte die Schülerinnen und Schüler dazu auffordern, eigene Mandalas zu entwickeln und zu gestalten.

2 Die Aufgabe kann für die Lernenden als Alternativangebot zu Aufgabe 1 gesehen werden, die weniger Interesse an kreativem Gestalten haben und dennoch die Technik im Umgang mit dem Zirkel verbessern sollen.

3 Die Aufgabe wird von den Lernenden häufig falsch interpretiert und deshalb ist es ratsam, den Lernenden gleich zu Beginn der Bearbeitung den entscheidenden Hinweis zu geben: Die „Lage" der Kreise sollte sich nicht nur auf die einfache Anordnung der Kreise auf dem Papier (z. B. horizontal nebeneinander oder vertikal untereinander) beschränken, sondern auch mögliche Schnittpunkte beachten.

4 Die Propädeutik der Aufgabe liegt im Zusammenhang zwischen Mittelpunktswinkel und Einteilung der Kreisfläche in beliebig viele gleich große Anteile. Damit können die Schülerinnen und Schüler später beim Umgang mit Brüchen leichter Darstellungen zeichnen, die den Kreis als Repräsentanten des Ganzen haben.

5 Hier sind Elemente der Wahrscheinlichkeitsrechnung anschaulich mit der Bruchvorstellung verknüpft. So lassen sich Aussagen auf unterschiedlichen Niveaus begründen. Zum Beispiel nur qualitative Aussagen: Für die Zahlen in den blauen Feldern ist die Chance doppelt so groß wie für die braunen Felder. Oder quantitative Aussagen: Blaue Felder entsprechen einem Anteil von $\frac{4}{10}$, während gelb nur dem Anteil $\frac{1}{10}$ entspricht.

9 Eine Begründung über die Winkelsumme wäre hier verfrüht. Die Lernenden argumentieren mit dem Wissen, das auf ihren Erfahrungen über die Lage von Geraden und den daraus sich ergebenden Aussagen zu den Schnittpunkten beruht.

10 Die Motivation der Aufgabe liegt im Herstellen und im Anwenden des Messgerätes. Im Serviceteil findet sich eine Kopiervorlage, die das Basteln des Gerätes vereinfacht (► Serviceblatt „Ein Messgerät für Steigungswinkel", Seite S10). Eine dazu passende Aufgabenstellung wäre die Aufforderung, fünf Gegenstände im eigenen Zimmer (auf dem Schulhof, im Schulhaus) zu vermessen und aufzuschreiben.

> **Exemplarischer Kommentar**
> ### Geometrie-Diktate
>
> Die beiden Geometriediktate führen die Grundkonstruktionen der Mittelsenkrechten und der Winkelhalbierenden ein. Dabei wird durch das wiederholte Abarbeiten der Anweisungen mit jeweils neuen Repräsentanten ein Schwerpunkt auf den Algorithmus der Konstruktion gelegt. Das Verständnis der Zweikreisfigur, die beiden Konstruktionen zugrunde liegt, fehlt zunächst und kann im Anschluss in einem Unterrichtsgespräch vorgestellt werden. Dies entspricht einem induktiven Vorgehen.
> Die Vorkenntnisse und Erfahrungen der Schülerinnen und Schüler über und mit der Kreisfigur bieten jedoch auch die Möglichkeit eines deduktiven Zugangs, bei dem die Lernenden in einem offenen Problemkontext und weitgehend selbstständig die Zusammenhänge entdecken und für die Konstruktion nutzen können. Die Problemstellung kann in eine fiktive oder reale Situation verpackt werden. (Beispiel: Schatzsuche oder Errichten eines Materiallagers, zu dem zwei Gruppen denselben Weg haben sollen.) Die Aufgabenstellung bleibt immer dieselbe: „Finde möglichst viele Standorte, die von A und B dieselbe Entfernung haben."
> Die Lernenden sind bei der Entwicklung der unterschiedlichen Lösungswege meist sehr kreativ. Das Vorstellen und die anschließende Diskussion über die Lösungsstrategien der einzelnen Gruppen fördert ein vertieftes Verständnis der einzelnen Konstruktionsschritte.

13 und **14** Die in Lerneinheit *4 Winkelmessung. Einteilung der Winkel*, Aufgabe 13 gewonnenen Kenntnisse im Umgang mit dem Kompass werden in diesen beiden Aufgaben angewendet.

Die Komplexität der Aufgabenstellung ist im richtigen Erfassen und Übersetzen des Textes zu sehen. Vor allem die Verkettung mehrerer Richtungsänderungen ist zeichentechnisch sehr anspruchsvoll. Die zwei Beispiele zeigen deutlich die Verbindung von Richtung und Winkel. Um beide Aufgaben selbstständig zu lösen, würde ein (neues) Beispiel an der Tafel ausreichen, bei dem die Lernenden erkennen, dass die Nordrichtung bei jeder Änderung erneut gezeichnet werden muss.

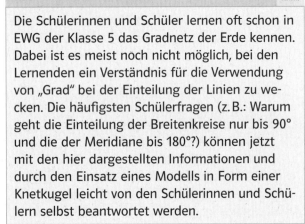

Das Gradnetz der Erde

Die Schülerinnen und Schüler lernen oft schon in EWG der Klasse 5 das Gradnetz der Erde kennen. Dabei ist es meist noch nicht möglich, bei den Lernenden ein Verständnis für die Verwendung von „Grad" bei der Einteilung der Linien zu wecken. Die häufigsten Schülerfragen (z. B.: Warum geht die Einteilung der Breitenkreise nur bis 90° und die der Meridiane bis 180°?) können jetzt mit den hier dargestellten Informationen und durch den Einsatz eines Modells in Form einer Knetkugel leicht von den Schülerinnen und Schülern selbst beantwortet werden.

2 Teilbarkeit und Brüche

Kommentare zum Kapitel

Das Kapitel beinhaltet zwei unterschiedliche Schwerpunktthemen: Teilbarkeit und Brüche. Dabei stellt die Teilbarkeitslehre ein Bindeglied zwischen dem Unterrichtsstoff der fünften Klasse (natürliche Zahlen) und dem Bruchrechnen dar. Sie bildet nicht nur den Abschluss der Behandlung der natürlichen Zahlen, sondern stellt auch wichtige Hilfsmittel für das Bruchrechnen zur Verfügung. Im Themenschwerpunkt Brüche wird das Vorwissen aus Band 1 aufgegriffen und erweitert, so dass die Lernenden im Anschluss mit dem Bruchrechnen beginnen können.

Intention und Schwerpunkt des Kapitels
Die Bedeutung der Teilbarkeitslehre liegt vor allem in den folgenden drei Aspekten:
1. Vorbereitung auf spätere Themen (Bruchrechnen, Kürzen von Bruchtermen in der Algebra etc.)
2. Schaffung einer vertieften Einsicht in die Struktur der natürlichen Zahlen (nützliche Beziehungen zwischen den Zahlen)
3. Schulung wichtiger Kompetenzen (systematisches mathematisches Denken und Arbeiten; mathematische Probleme selbstständig lösen; argumentieren; mit symbolischen Elementen der Mathematik wie etwa >, <, *Mengenklammern* umgehen etc.)

Bezug zu den Bildungsstandards
Leitidee Zahl: Die Schülerinnen und Schüler können
- Zahlen vergleichen und ordnen.
- Algorithmen und Kalküle zum Lösen von Standardaufgaben reflektiert einsetzen.
- bereits erworbenes Wissen in kumulativen Aufgaben flexibel einsetzen.
- unterschiedliche Lösungsstrategien anwenden, verbalisieren und hinterfragen.

Weiterführende Hinweise
Die Teilbarkeitslehre ist keine notwendige Voraussetzung für den Einstieg in die Bruchrechnung. So besteht durchaus die Möglichkeit, die Teilbarkeit relativ kurz zu fassen. Die Behandlung der Themen muss in diesem Fall nicht zwingend der Anordnung im Schülerbuch folgen. Es könnte vorteilhaft sein, die Teilbarkeitslehre erst an der Stelle in den Unterrichtsgang zu integrieren, an der sie auch inhaltlich motiviert ist, wie beispielsweise bei der Suche nach gemeinsamen Teilern von Zähler und Nenner (Kürzen) oder bei der Suche nach dem Hauptnenner (kgV).

Allerdings werden ggT und kgV in den Bildungsstandards nicht mehr explizit gefordert. Aus diesem Grund werden beide nicht ausdrücklich vorgestellt und eingeführt, sondern nur in Aufgaben verdeckt thematisiert. Dies führt in der Folge dazu, dass bei der Bruchaddition und -subtraktion auf die sonst so strenge Forderung nach dem kgV verzichtet wird. Oftmals reicht ein schnell zu sehender größerer gemeinsamer Nenner.

Auch die Primfaktorzerlegung ist nicht mehr in den Bildungsstandards enthalten und wird auch nicht mehr detailliert behandelt. Damit entfällt auch die Bestimmung des ggT und kgV mithilfe dieser Zerlegung. In Aufgabe 16 auf Schülerbuchseite 28 wird jedoch ein effektives Verfahren zur Bestimmung des kgV vorgestellt.

Da die Teilbarkeitslehre nicht nur „dienende" Funktion hat (vgl. Intention des Kapitels), ist eine ausführliche Behandlung jedoch gerechtfertigt. Das Schülerbuch ermöglicht durch ausführliche Einführungen und ein breites Aufgabenspektrum beide Varianten.

Auftaktseite: Zahlen zu verteilen

Zahlenharfe
Das Eindringen in den Aufbau der Zahlenharfe ermöglicht den Lernenden vielseitige eigene Zugangsweisen und Interpretationen. Dabei werden bekannte Gesetzmäßigkeiten (Kommutativgesetz der Multiplikation) und Begriffe (Vielfache, Teiler) wiederholt und visualisiert. Erste intuitive Erfahrungen zu Teiler- und Vielfachenmenge werden möglich:
- Der Bauplan führt auf den Begriff der *Vielfachen* bzw. *Vielfachenmenge*. Hier kann auch schon die Frage der korrekten Notation thematisiert werden.
- Die Häufigkeit des Auftauchens einer Zahl hängt davon ab, in wie vielen Vielfachenmengen sie vorkommt. Eine Begründung hierfür führt zum Begriff *Teiler*. Beispiel: 18 kommt öfter als 19 vor, weil 18 mehr Teiler hat.
- Ebenso kann der Ort des Auftauchens mithilfe des *Teilerbegriffs* erklärt werden: 18 kommt in der dritten Spalte und in der sechsten Zeile vor, weil 18 die Teiler 3 und 6 hat und weil $3 \cdot 6 = 18$ ist (Partnerteiler).
- Auch die Erklärung dafür, weshalb eine Zahl genau 4-mal vorkommt, kann mithilfe der Teiler erfolgen: 8 kommt 4-mal vor, weil $T_8 = \{1;\ 2;\ 4;\ 8\}$. Somit muss die 8 in den Reihen V_1, V_2, V_4 und V_8 vorkommen.

Gerecht teilen

Mit dieser Aufgabenstellung wird das entscheidende Merkmal von Brüchen, nämlich die Einteilung in gleich große Teile, wiederholt. Das Rechteck als Repräsentant ist den Lernenden aus Band 1 bekannt, was eine selbstständige Bearbeitung der Aufgaben ermöglicht. Im Anschluss daran führt das Aufzeigen der Gemeinsamkeiten der Zahlenharfe und der Aufteilung der Tafel zu einer sinnvollen Vernetzung: Je mehr Teiler die Rippchenanzahl der gesamten Tafel Schokolade besitzt, desto mehr Möglichkeiten gibt es, die Tafel gerecht aufzuteilen. Auch in der Zahlenharfe lässt sich ein ähnlicher Zusammenhang formulieren: Zahlen die häufiger vorkommen, besitzen mehr Teiler.

Zahlenspiel für 3 bis 5 Spieler

In diesem Spiel werden wichtige Elemente des Kapitels vorbereitet (das ► Serviceblatt auf den Seiten S 11 und S 12 bietet eine entsprechende Kopiervorlage):
Vielfachenmenge, Teilermenge, Primzahlen.
Bei der späteren Behandlung der einzelnen Kapitel ist es sinnvoll, an diese intuitiven Erfahrungen anzuknüpfen und erneut – in Verbindung mit den mathematischen Fachbegriffen – die Zusammenhänge erläutern und begründen zu lassen.

1 Teiler und Vielfache

Intention der Lerneinheit

- Begriffe *Teiler* und *Vielfache* kennen
- entscheiden, ob eine Zahl Teiler einer anderen ist
- Mengenschreibweise für Teilermengen verwenden
- alle Teiler einer natürlichen Zahl bestimmen
- Vielfachenmengen bestimmen
- gemeinsame Teiler und Vielfache bestimmen

Da die Teilbarkeit eine Relation und keine Operation darstellt, wird in der Lerneinheit auf die Begriffe *Dividend* und *Divisor* weitestgehend verzichtet. Es wäre wünschenswert, dass die Lernenden nach der Bearbeitung der Lerneinheit Vielfache und Teiler erkennen, ohne aktiv eine Division durchführen zu müssen.

Exkurs	Bestimmung aller Teiler

Zur Teilerbestimmung einer Zahl x können zwei Strategien angewendet werden:
1. Es wird für jede Zahl von 1 bis x geprüft, ob sie Teiler von x ist.

2. Es wird beginnend mit 1 der Reihe nach geprüft, allerdings wird zu jedem Teiler a sofort der Partnerteiler a' bestimmt (mit a mal a' = x).
Bei diesem Verfahren wird für die Lernenden einsichtig, dass man bei der Zahl abbrechen kann, deren Quadrat größer oder gleich x ist. Dies ermöglicht eine große Zeitersparnis.

Einstiegsaufgabe

Das Ziel der Einstiegsaufgabe ist die Einsicht, dass bei der Zerlegung einer Zahl in ein Produkt alle Faktoren auch Teiler der Zahl sind („Partnerteiler"). Daraus lässt sich anschaulich das im obigen Exkurs genannte zweite Verfahren entwickeln.
Durch tatsächliches Legen können leicht alle Möglichkeiten handlungsorientiert gefunden werden. Als Nebeneffekt wird die Einsicht in die Flächenberechnung von Rechtecken wieder aktiviert. Auf diesen Aspekt kann ausführlich eingegangen werden.

Aufgabenkommentare

1 Auf die Verwendung der Symbole für teilt (|) bzw. teilt nicht (∤) kann verzichtet werden.

7, 8 und **10** Die Aufgaben stellen höhere Anforderungen und fördern die unter den Kapitelintentionen genannten Kompetenzen (systematisches mathematisches Arbeiten, eigenständiges Problemlösen).

11 und **12** Hier werden vertiefte Einsichten in den Aufbau der natürlichen Zahlen vermittelt. Zusätzlich werden Kompetenzen der Niveaustufe B (vgl. Exemplarischer Kommentar: *Niveaustufen*, Schnittpunkt Serviceband 1, Seite K 5, ISBN 3-12-740352-6) trainiert:

13 und **14** Durch die Angabe eines Lösungsbeispiels können die Schülerinnen und Schüler die gemeinsamen Teiler bzw. Vielfachen in eigenständiger Arbeit (z. B. als Hausaufgabe) bestimmen.

16 Die Aufgabe führt zum kgV. Diese Art der kgV-Bestimmung kann später beim Bruchrechnen für das Finden des kleinsten gemeinsamen Nenners verwendet werden.

17 bis **20** Textaufgaben, die mithilfe des kgV oder ggT gelöst werden können, sind kein zwingend notwendiges Fundament für den folgenden Stoff. Sie zeigen jedoch auf, dass es für solche zahlentheoretische Betrachtungen auch Anwendungsaufgaben gibt.

2 Endziffernregeln

Intention der Lerneinheit
Endziffernregeln für die Zahlen 2, 4, 5, 10, 25 kennen und anwenden können

Tipps und Anregungen für den Unterricht
– Nachdem der Begriff des Teilers einer natürlichen Zahl geklärt ist, können die Lernenden die Endstellenregeln anhand von Aufgaben selbst erarbeiten.
– Lernende fragen oft nach, für welche Zahlen es Endstellenregeln gibt. In leistungsstarken Klassen kann der Versuch einer Klärung mithilfe der im Schülerbuch angegebenen Zerlegungen unternommen werden. Diese Regeln hängen von der Darstellung der Zahl im Zehnersystem ab. Entscheidend für das Vorhandensein einer Endstellenregel ist, dass der Teiler in einer Stufenzahl ohne Rest enthalten ist (vgl. folgender Exkurs).

Exkurs   **Teilbarkeitsregeln**

Um herauszufinden, ob es für eine Zahl Teilbarkeitsregeln gibt, betrachtet man die Reste, die bei der Zerlegung der Stufenzahlen im Zehnersystem entstehen.

Beispiel 1: Teilbarkeit durch 8

$$1 = 0 \cdot 8 + 1$$
$$10 = 1 \cdot 8 + 2$$
$$100 = 12 \cdot 8 + 4$$
$$1000 = 125 \cdot 8 + 0$$
$$10\,000 = 1250 \cdot 8 + 0$$

Ist 6732 durch 8 teilbar? Für die Untersuchung werden die Reste der Zerlegung benötigt:

$2 = \mathbf{2} \cdot 0 \cdot 8$	$+ \, \mathbf{2} \cdot 1$
$30 = \mathbf{3} \cdot 1 \cdot 8$	$+ \, \mathbf{3} \cdot 2$
$700 = \mathbf{7} \cdot 12 \cdot 8$	$+ \, \mathbf{7} \cdot 4$
$6000 = \mathbf{6} \cdot 125 \cdot 8$	$+ \, \mathbf{6} \cdot 0$
Dieser Teil ist sicher durch 8 teilbar!	Dieser Teil entscheidet, ob die Zahl durch 8 teilbar ist.

$2 + 6 + 28 + 0 = 36$; d.h. die Zahl ist nicht durch 8 teilbar.

Man erkennt, dass ab Tausendern immer null addiert wird. Dies bedeutet, es gibt eine Endstellenregel, bei der die aus den letzten drei Ziffern gebildete Zahl betrachtet wird.

Beispiel 2: Teilbarkeit durch 7
Teilt 7 die Zahl 3707?

$1 = 0 \cdot 7 + 1$	$7 = 7 \cdot 0 \cdot 7 + \mathbf{7} \cdot 1$
$10 = 1 \cdot 7 + 3$	
$100 = 14 \cdot 7 + 2$	$700 = 7 \cdot 14 \cdot 7 + \mathbf{7} \cdot 2$
$1000 = 142 \cdot 7 + 6$	$3000 = 3 \cdot 142 \cdot 7 + \mathbf{3} \cdot 6$
$10\,000 = 1428 \cdot 7 + 4$	

Entscheidend ist der Teil $7 \cdot 1 + 7 \cdot 2 + 3 \cdot 6 = 39$; d.h. 7 ist kein Teiler von 3707.
Da die Reste (anscheinend) nie null werden, erhöhen sie laufend die für die Teilbarkeit entscheidende Zahl. Es kann für 7 somit keine Endstellenregel geben.

Beispiel 3: Teilbarkeit durch 3
Teilt 3 die 2306 ?

$1 = 0 \cdot 3 + 1$	$6 = 6 \cdot 0 \cdot 3 + \mathbf{6} \cdot 1$
$10 = 3 \cdot 3 + 1$	
$100 = 33 \cdot 3 + 1$	$300 = 3 \cdot 33 \cdot 3 + \mathbf{3} \cdot 1$
$1000 = 333 \cdot 3 + 1$	$2000 = 2 \cdot 333 \cdot 3 + \mathbf{2} \cdot 1$
$10\,000 = 3333 \cdot 3 + 1$	

Entscheidend ist der Teil $\mathbf{6} \cdot 1 + \mathbf{3} \cdot 1 + \mathbf{2} \cdot 1 = 11$; d.h. 3 ist kein Teiler von 2306.
Es fällt auf, dass der Rest bei den Stufenzahlen immer 1 ist. Der Beitrag zur entscheidenden Zahl ist also immer die Ziffer der Stelle multipliziert mit 1 (bei der Zahl 2306 also: $\mathbf{6} \cdot 1 + \mathbf{3} \cdot 1 + \mathbf{2} \cdot 1$). Man muss für die Teilbarkeitsentscheidung somit nur die einzelnen Ziffern der Zahl addieren. Das führt zur Quersummenregel.

Einstiegsaufgabe
Die Endstellenregeln werden experimentell anhand der durch die Zahlenkärtchen vorgegebenen Zahlen erfasst. Die Regeln für die Teilbarkeit durch 2 bzw. 5 sind den Lernenden meist intuitiv bekannt und bereiten keine Probleme. Die Formulierung einer Regel für die Teilbarkeit durch 4 wird durch die Aufgabenstellung vorbereitet. Eine Analyse der Kartenanordnung in der letzten Teilaufgabe zeigt, dass nicht die letzte, sondern die aus den letzten beiden Ziffern gebildete Zahl für die Teilbarkeit durch 4 entscheidend ist.

Aufgabenkommentare

4 Die Aufgabe knüpft an die Zahlenkärtchen der Einstiegsaufgabe an.

5 Je nach Bearbeitung können unterschiedliche Niveaus erreicht werden:

Niveau A: Die möglichen Zahlen werden durch (systematisches) Probieren gefunden.
Niveau B: Die Lernenden erkennen und begründen den Zusammenhang zu V_4 und notieren diese Menge.

7 und **8** Diese beiden Aufgaben vertiefen das Verständnis für die Endstellenregeln. Aufgrund der Gleichheit der Reste erkennen die Lernenden, dass es nur auf die aus den beiden letzten Ziffern gebildete Zahl ankommt. An diese Aufgaben kann sich eine systematische Betrachtung der Reste und die Begründung für das Vorhandensein einer Endsummenregel (vgl. Exkurs *Teilbarkeitsregeln*) anschließen.

9 Die gefundenen Regeln (Aufgaben 7 und 8) werden zur selbstständigen mathematischen Erkenntnisgewinnung verwendet. Das Vorhandensein einer Endsummenregel kann begründet werden (Niveau B).
Zur Vertiefung kann sich die Frage nach einer Endstellenregel für 150 anschließen. Das Beispiel zeigt, dass nicht für jede Zahl eine Endstellenregel zu finden ist. Wenn die Lernenden noch begründen können, dass 150 kein Teiler einer Zehnerpotenz ist und es deshalb auch keine Endstellenregel geben kann, erfüllen sie Kompetenzen aus Niveau C.

11 Eine Anwendungsaufgabe mit großem Alltagsbezug. Sie regt zu der Frage nach dem Grund für Schaltjahre an (vgl. hierzu Exkurs *Gregorianischer Kalender*, Serviceband 1, Seite K 46).

3 Quersummenregeln

Intention der Lerneinheit
Die Quersummenregeln für 3 und 9 kennen und anwenden.

Tipps und Anregungen für den Unterricht
Das ► Serviceblatt „Teilbarkeiten, Primzahlen und Zahlenpaare", Seite S 14, enthält offene Aufgabenstellungen zu den erlernten Teilbarkeitsregeln.

Einstiegsaufgabe
Die Aufgabe zeigt, dass bei jeder Verschiebung die ursprüngliche Zahl um eine durch 9 teilbare Zahl (99; 999) vermindert wird. Dies ist die Grundlage für die Begründung der Quersummenregel (vgl. Exkurs *Teilbarkeitsregeln*, Seite K 11).

Alternativer Einstieg
Die Quersummenregeln werden von den Lernenden meist nicht ohne Hilfestellung gefunden. Vor der Beschäftigung mit der Einstiegsaufgabe könnten die Schülerinnen und Schüler mit dem ► Serviceblatt „Teilbarkeit durch 3 und 9", Seite S 13, in Partner- oder Kleingruppenarbeit Erfahrungen im Umgang mit dem verwendeten Material sammeln und selbstständig erste Erkenntnisse gewinnen. Das Legen der Plättchen verbunden mit dem Eintrag in die Tabelle verdeutlicht den Lernenden den Zusammenhang zwischen Anzahl der Plättchen und der Teilbarkeit durch 3 bzw. durch 9. Eigenes Experimentieren mit selbstgewählten Zahlen bestätigt die Vermutung. (Als Plättchen werden einfache, aus farbigem Papier hergestellte kleine Rechtecke oder kleine runde Plastikchips verwendet.) Die Deutung der Anzahl der Plättchen als Quersumme der Zahl schaffen nur wenigen Schülergruppen selbstständig. Mit entsprechender Hilfestellung im Unterrichtsgespräch kann jedoch die Einsicht geweckt werden.

Aufgabenkommentare

3 bis **5**, **7** und **8**, **10** und **11** Operative Übungen schaffen vertiefte Einsichten und fördern die Beweglichkeit des Denkens (vgl. Exemplarischer Kommentar *Operative Prinzipien*, Serviceband 1, Seite K 13).

9 bis **11** Die Aufgaben beinhalten dieselbe Thematik und sollten deshalb im Block bearbeitet werden. Die Erkenntnis, dass durch die Kombination von zwei Teilbarkeitsregeln eine neue entsteht, ist für die Lernenden ungewohnt. Um ein langes, sinnloses Suchen nach einer neuen Endstellen- bzw. Quersummenregel zu verhindern, kann eine Bearbeitung dieser Aufgabe im Unterricht notwendig sein. Hier kann nach einiger Zeit die Suche nach einer neuen Regel abgebrochen werden und einige leistungsstarke Schülerinnen und Schüler schaffen die Kombination der beiden bekannten Regeln. Nach einer Überprüfung an den vorgegebenen Beispielen schließt sich die Fragestellung nach anderen Kombinationen an. Zum Beispiel: Welche Zahlen sind durch 15 teilbar? Man kann die Lernenden auffordern, eigene Kombinationen zu formulieren.

4 Primzahlen

Intention der Lerneinheit
– Überprüfung einer Zahl auf Primzahleigenschaft
– Primzahlen bis 50 kennen

Tipps und Anregungen für den Unterricht
Das schon in Band 1 erwähnte Buch: Enzensberger, Hans Magnus: Zahlenteufel, Carl Hanser Verlag,

München 1997 lässt Robert im dritten Traum die ersten Erfahrungen mit den „prima Zahlen" und dem Sieb des Eratosthenes machen. Der Zahlenteufel bietet zahlreiche Anregungen für den Einsatz im eigenen Mathematikunterricht, sei es zur Wiederholung, Vertiefung oder als Einstieg in ein neues Thema.

Einstiegsaufgabe

Die Sachsituation führt auf das Problem, dass nicht jede Anzahl in Form eines Rechtecks angeordnet werden kann $(A = a \cdot b)$. Die Besonderheit der Zahlen, für die ein Produkt nicht gebildet werden kann (Primzahlen), wird herausgestellt.

Aufgabenkommentare

Exkurs	Primzahlzwillinge

Primzahlzwillinge kommen recht häufig vor. Bis heute ist noch nicht bewiesen, ob es unendlich viele Primzahlzwillinge gibt. Ein Grund für den Zweifel ist, dass die Primzahlen weniger dicht verteilt sind, je größer die Zahlen werden.
Für alle Primzahlzwillinge p_1 und p_2, mit Ausnahme des kleinsten Primzahlzwillings (3; 5) gilt, dass p_1 der Form $6n - 1$ und p_2 der Form $6n + 1$ ist.
Mit Ausnahme von $n = 1$ muss die letzte Ziffer eines jeden n eine der folgenden sein: 0; 2; 3; 5; 7 oder 8. Sonst wäre eine der beiden Zahlen $(6n + 1)$ oder $(6n - 1)$ durch 5 teilbar.
Alle Primzahlzwillinge bis $n = 100$:

n	6n−1	6n+1		n	6n−1	6n+1
1	5	7		2	11	13
3	17	19		5	29	31
7	41	43		10	59	61
12	71	73		17	101	103
18	107	109		23	137	139
25	149	151		30	179	181
32	191	193		33	197	199
38	227	229		40	239	241
45	269	271		47	281	283
52	311	313		58	347	349
70	419	421		72	431	433
77	461	463		87	521	523
95	569	571		100	599	601

Primzahldrillinge:
Sind unter vier aufeinander folgenden ungeraden Zahlen drei Primzahlen, so spricht man von Primzahldrillingen.

Beispiele: (5; 7; 11); (7; 11; 13); (13; 17; 19); (17; 19; 23); (37; 41; 43).

Primzahlvierlinge:
Bilden von fünf aufeinander folgenden ungeraden Zahlen die ersten beiden und die letzten beiden jeweils einen Primzahlzwilling, dann spricht man von Primzahlvierlingen. Die ersten vier sind: (5; 7; 11; 13); (11; 13; 17; 19); (101; 103; 107; 109); (191; 193; 197; 199).

5 Die Aufgabe zeigt, dass es keine Beziehung zwischen der Größe einer Zahl und ihrer Teilerzahl gibt. Schon bald stellen die Lernenden fest, dass die Teilerbestimmung und damit auch die Primzahlbestimmung schwieriger wird. Damit wird die Motivation für Aufgabe 6 vorbereitet.
Die Aufgabe ist auch unter der *Leitidee Daten* zu sehen (Daten sammeln und darstellen).

7 Die beiden Teile der Aufgabe unterscheiden sich deutlich im Niveau:
Zur Überprüfung der Behauptung genügen einfache Rechnungen (Niveau A).
Die Begründung aber erfordert logisches Schließen und das selbstständige Entwickeln einer relativ schwierigen Argumentationskette (Niveau C).
Ein mögliches Beispiel verdeutlicht das Niveau:
1. Alle Vielfache von 6 haben die Teiler 2, 3 und 6.
2. Werden die Elemente von V_6 um 2 oder 4 verkleinert $(6n - 2; 6n - 4)$, ergeben sich gerade Zahlen. Diese haben aber mindestens die Teiler 1, sich selber und 2 und sind somit keine Primzahlen.
3. Werden die Elemente von V_6 um 3 verkleinert $(6n - 3)$, haben sie immer noch den Teiler 3, sind also auch keine Primzahlen.
4. Werden sie um 5 verkleinert, ist es dasselbe wie wenn sie um 1 erhöht werden $(6n - 5 = 6(n - 1) + 1)$. Dieser Fall muss also nicht gesondert betrachtet werden.
5. Werden sie um 1 erhöht oder um 1 verringert, entstehen ungerade und nicht durch 3 teilbare Zahlen. Primzahlen sind somit möglich.

9 und **10** vgl. obigen Exkurs *Primzahlzwillinge*

Exkurs	Primzahlen in der Natur

Im Sommer 2003 war es wieder so weit. Riesige Mengen von Zikaden wurden in den USA zum Problem. 2004 konnten die Menschen wieder aufatmen. Die Zikaden treten je nach Art erst in

7, 13 oder 17 Jahren wieder in Massen auf. Dies sind Primzahlen und das ist kein Zufall. Wieso? Die Theorie besagt, dass die Zikaden durch diesen Rhythmus ihren Fressfeinden entkommen. Nehmen wir an, die Räuber haben sich in einem Zikadenjahr vollgefressen und stark vermehrt. Wenn nun die Räuberart jedes zweite Jahr erscheint, kommt sie in den Jahren 2, 4, 6, 8, 10, also in der zikadenlosen Zeit und hat nur wenig Nahrung. Erst nach 14 Jahren würden sie (die „siebenjährigen") Zikaden antreffen. Die Räuber sterben aus. Auch wenn sie in einem drei- oder vierjährigen Rhythmus erscheinen, verpassen sie ihre Nahrungsquelle (kgV von 4 und 7 ist 28; von 4 und 13 ist er sogar 52!). Hätten die Zikaden einen zwölfjährigen Rhythmus, würden sie bei jedem Auftreten von den Räubern erwischt und wären wahrscheinlich bereits ausgestorben. Im Internet finden sich unzählige Artikel zu diesem Thema. Werden in eine Suchmaschine die Begriffe „Zikade" und „Primzahlen" eingegeben, stößt man auf viele interessante Links.

5 Brüche

Intention der Lerneinheit

- Festigung und Vernetzung des Bruchbegriffs
- erkennen und erzeugen von Brüchen
- Brüche als Maßzahlen bei Größen
- Brüche als Quotienten

Tipps und Anregungen für den Unterricht

- Der *Bruchbegriff* wurde in Band 1 auf der Grundlage einer genetischen Definition eingeführt. Deshalb ist die Wiederholung mit selbst hergestellten Beispielen naheliegend.
- Das Beispiel der Auftaktseite und das Nagelbrett ermöglichen einen raschen Übergang auf die ikonische oder sogar enaktive Ebene. Dennoch ist ein Wechsel zwischen den unterschiedlichsten Repräsentanten entscheidend für eine breit angelegte Vernetzung des Bruchbegriffs.
- Die in Band 1 eventuell schon hergestellten Bruchdominos (► Serviceblatt „Bruchdomino", Serviceband 1, ISBN 3-12-740352-6, Seite S 62) können hier zur Übung erneut verwendet werden.
- Das ► Serviceblatt „Gemischte Zahlen", Seite S 15, bietet Übungen zur gemischten Schreibweise.

Einstiegsaufgabe

Die Aufgabenstellung ist sehr offen gehalten und ermöglicht damit Betrachtungen auf unterschiedlichem Niveau. Außer der rot (blau) umrandeten Figur sind noch eine Vielzahl von Teilfiguren enthalten: z. B. die Schnittmenge der beiden Figuren oder die restlichen Teile der roten (blauen) Figur, die nicht zur Schnittmenge gehören. Schätzen und Abzählen, Zerlegen und Zusammenfügen von Figuren sind heuristische Strategien, die hier zur Lösung angewendet werden können.

Der Übergang zur Zeichnung und damit zur Herstellung eigener Bruchteile lässt jeden Lernenden auf dem individuellen Lernstand starten.

Beim Arbeiten mit dem Nagelbrett lässt sich die Umkehraufgabe sehr gut einbauen, wie beispielsweise: Stelle ein Viertel auf unterschiedliche Weisen dar.

Falls bei der Arbeit mit Band 1 das Nagelbrett gebastelt wurde, bietet es sich an, dieses wieder einzusetzen, um mit den Lernenden handlungsorientiert zu arbeiten (siehe Serviceband 1, ISBN 3-12-740352-6, Seite S 32).

Aufgabenkommentare

1 Ziel der Aufgabe ist die Verbindung von Sprache und der symbolischen Schreibweise der Mathematik. Wird die Aufgabe durch die Forderung nach einer zeichnerischen Lösung ergänzt, kommt die Veranschaulichung hinzu und fördert damit zusätzlich das Verständnis des Bruchbegriffs. Es ist dann sinnvoll, den einmal gewählten Repräsentanten beizubehalten.

Beispiel: Zeichne drei Brüche in einem Rechteck mit den Maßen 4,5 cm · 6 cm.

2 bis **6** Trainieren die Fertigkeit, Brüche in den verschiedenen Bruchdarstellungen zu erkennen bzw. zu zeichnen.

Brüche als Quotienten

Diese Bruchvorstellung ist neu und abstrakter als die bisher eingeführten. Der Bezug zu einem konkreten Ganzen fehlt, der Bruch wird jetzt als Teil von mehreren Ganzen aufgefasst. Deshalb sollte die Einführung erst nach der Wiederholung und Sicherung der mit Band 1 behandelten Vorstellungen, also nach Aufgabe 14, erfolgen. Die im Schülerbuch vorgeschlagene Situation lässt sich mit Kreisscheiben in Kleingruppen mit unterschiedlicher Schülerzahl nachspielen. Beim Vorstellen der Lösungen ergibt sich der Zusammenhang von Bruchteil und Quotient ganz natürlich und einsichtig.

---

7 Die entdeckten Fehler sollten im Unterrichtsgespräch deutlich verbalisiert und gut begründet

werden. Hier werden zwei wichtige Aspekte des Begriffslernens vereint:
1. verbale Hervorhebung der relevanten Eigenschaften
2. Vermeidung einer Übergeneralisierung durch einschränkende Gegenbeispiele

10 Die Aufgabe ist über zwei unterschiedliche Zugänge lösbar:
1. Drei Viertel von 24 cm². Der „*von*-Ansatz" ist mathematisch schwierig (vgl. Exkurs *Typische Fehler bei der Multiplikation*, Seite K 29). Die Lernenden gehen zurück auf den Bruchherstellungsakt und übertragen diesen auf die zugehörige Größe: 24 cm² in vier gleiche Teile geteilt = 6 cm² und davon drei Stück ergeben 18 cm². Die Grundvorstellung wird durch die Zeichnung im Buch unterstützt und zur Begründung der Rechenschritte notwendig.
2. Die Zerlegung der Figur in zwei Rechtecke ermöglicht eine einfache Berechnung auf der Ebene der Größen. 12 cm² plus die Hälfte von 12 cm² ergeben 18 cm².

11 Die Aufgabe beinhaltet die Möglichkeit, dass die Lernenden von verschiedenen Aufteilungen der Gesamtfläche ausgehen wie zum Beispiel bei a) eine Einteilung in Achtel (je zwei Kästchen) oder eine Einteilung in Sechzehntel (je ein Kästchen). Die unterschiedlichen Lösungen sollten beispielgebunden von den Lernenden in eigenen Worten hinterfragt und begründet werden. Dies ist als propädeutische Übung zu Lerneinheit *7 Erweitern* und *Kürzen* sinnvoll.

13 Die Aufgabe wiederholt und sichert wesentliche Grundvorstellungen, die mit Band 1 bereits vermittelt wurden. Wichtig ist die Verbindung mit dem Bruchherstellungsakt: $\frac{2}{5}$m bedeutet zwei Fünftel von 1m, d.h. 1m wird in fünf gleich große Stücke aufgeteilt (10 dm : 5 = 2 dm); zwei Stücke sind (2 dm · 2 =) 4 dm. Die Lernenden scheuen diese ausführliche Kommentierung. Sie unterstützt jedoch die Entwicklung des Verständnisses und den Aufbau von Grundvorstellungen weit mehr als die reine Berechnung vieler Beispiele. Diese Vorstellung ist für die in Aufgabe 15 folgende Abgrenzung zur Vorstellung „Bruch als Teil mehrerer Ganzer" eine wichtige Voraussetzung.

14 Die Aufgabe ist in engem Zusammenhang mit Aufgabe 13 zu bearbeiten. Die Umkehraufgabe fördert die Beweglichkeit der Vorstellungen und eine bessere Vernetzung.

15 Die Aufgabe knüpft an die neue Bruchvorstellung (Bruch als Teil mehrerer Ganzer) an und stellt den Zusammenhang mit den bisherigen Bedeutungen (Bruch als Teil eines Ganzen) her.
Dieser Zusammenhang ist für die Schülerinnen und Schüler nicht evident und kann anhand dieser Aufgabe geklärt werden.
1. Hinter $\frac{5h}{6}$ steckt die Vorstellung von Brüchen als Quotient. 5 h werden in sechs gleich große Teile geteilt (5 · 60 min) : 6. Dazu ist ein Rückgriff auf die auf Schülerbuchseite 36 dargestellte Vorstellung vom Aufteilen mehrerer Ganzer nötig.
2. $\frac{5}{6}$h bedeutet $\frac{5}{6}$ von einer Stunde; d.h., 1 Stunde = 60 min wird in sechs gleich große Teile geteilt und davon werden fünf Teile genommen: (60 min : 6) · 5.

16 und **17** Die Aufgaben über die Umwandlung von gemischten Zahlen in Brüche. Das ► Serviceblatt „Gemischte Zahlen", Seite S 15, bietet Übungen zum Umwandeln in beide Richtungen. Zusätzlich kann das ► Serviceblatt „Übungen zur gemischten Schreibweise" aus dem Serviceband 1, Seite S 66, eingesetzt werden (Umwandlung von Größen).

18 Eine kumulative Aufgabe, bei der die Ermittlung und die Darstellung von Bruchteilen geübt wird.

6 Brüche am Zahlenstrahl

Intention der Lerneinheit
- zu einem Bruch den zugehörigen Punkt auf dem Zahlenstrahl angeben und umgekehrt
- entscheiden, ob zwei Brüche dieselbe Bruchzahl darstellen

Die Lerneinheit behandelt drei wesentliche Aspekte:
1. den Skalenwertaspekt der Bruchzahlen
2. den Zahlcharakter
3. verschiedene Brüche als unterschiedliche Namen für dieselbe Bruchzahl
Diese Aspekte werden in einer Lerneinheit behandelt, weil wichtige Querverbindungen bestehen.
Aus dem Skalenwertaspekt (Brüche als Bezeichnungen für bestimmte Punkte am Zahlenstrahl) und der Einbettung der natürlichen Zahlen ergibt sich für die Lernenden die Erkenntnis, dass durch Brüche Zahlen beschrieben werden.
Mehrere mögliche Schreibweisen für dieselbe Bruchzahl erhält man auf natürliche Weise durch das Markieren der Brüche am Zahlenstrahl. Dadurch werden wichtige Voraussetzungen für die nachfolgende Lerneinheit (Erweitern und Kürzen) geschaffen. Voraussetzung für das Verständnis

dieser Rechentechniken ist die Einsicht, dass eine Bruchzahl auf mehrfache Weise durch einen Bruch bezeichnet werden kann. Erst im Anschluss daran kann die Technik des Erweiterns sinnvoll eingeführt werden.

Exemplarischer Kommentar
Zahlenstrahl

Die Ordnung der natürlichen Zahlen wurde in der Grundschule und im fünften Schuljahr am Zahlenstrahl veranschaulicht. Dies lässt sich entsprechend auf Bruchzahlen übertragen. Bei der Behandlung der Bruchzahlen sollte der Zahlenstrahl jedoch nicht zu früh zur Veranschaulichung verwendet werden. Die Darstellung am Zahlenstrahl basiert auf der in Lerneinheit *5 Brüche* behandelten Größenvorstellung eines Bruches (Bruch als Teil eines konkreten Ganzen, vgl. Exemplarischer Kommentar *Bruchbegriff*, Serviceband 1, Seite K 58). Den Längen $\left(\frac{m}{n}\right) \cdot k$ einer Einheitsstrecke k wird jeweils ein Punkt zugeordnet. Sie setzt eine intensive Beschäftigung auf der konkret anschaulichen Ebene voraus. Eine zu frühe Behandlung führt zu Problemen bei der Identifizierung der Längeneinheit: Die amerikanische Repräsentativerhebung NAEP ergab, dass nur 58 % der 13-jährigen Schülerinnen und Schüler die Zahl $\frac{1}{2}$ und sogar nur 43 % die Zahl $1\frac{3}{4}$ annähernd richtig am Zahlenstrahl markieren konnten (vgl. Padberg, Friedhelm: Didaktik der Bruchrechnung, Spektrum Akademischer Verlag, Heidelberg 1995, Seite 77).
Der Zahlenstrahl ist gut geeignet, die Unterschiede und Gemeinsamkeiten zwischen Bruchzahlen und natürlichen Zahlen herauszuarbeiten:
– Die Bruchzahlen liegen „dicht", d.h., wir können beliebig viele Zahlen angeben, die zwischen zwei Bruchzahlen liegen.
– Als Folge der Dichtheit ergibt sich, dass Bruchzahlen keinen Vorgänger und keinen Nachfolger haben und wir stets eine Bruchzahl finden können, die genau in der Mitte von zwei beliebigen Bruchzahlen liegt.
– Im Gegensatz zu den natürlichen Zahlen gibt es keine kleinste positive Bruchzahl.
– Ein Vergleich des Zahlenstrahls für Bruchzahlen mit dem für natürliche Zahlen legt nahe, die natürlichen Zahlen als spezielle Bruchzahlen aufzufassen.

Einstiegsaufgabe

Die offene Aufgabenstellung der Einstiegsaufgabe führt zu interessanten Diskussionen, in denen die oben aufgeführten Intentionen erreicht werden können.
Es bietet sich an, die Zahlenkärtchen nicht alle auf einmal aufzuhängen. Ein sukzessives Aufhängen (je nach Klassengröße je fünf bis acht Kärtchen) ist übersichtlicher und bietet mehr Raum für Diskussionen.

Aufgabenkommentare

7 Die Lösung sollte nicht über Rechenkalküle, sondern auf der ikonischen Ebene erfolgen. Dazu lässt sich der Zahlenstrahl im Schülerbuch verwenden.

8 bis 10 Die Aufgaben wiederholen den in Lerneinheit *5 Brüche* behandelten Größenaspekt der Bruchzahlen auf erhöhtem Niveau.

Teile wie du willst

Eine handlungsorientierte Aufgabe, die deutlich macht, dass der Wert von $\frac{1}{2}$ abhängig von der zugrunde liegenden Einheit ist. Die Bruchzahlen $\frac{1}{2}$, $\frac{1}{4}$ usw. bleiben jedoch in ihrer Bedeutung erhalten.

Randspalte

Die Aufgabe vermittelt den Lernenden, dass die Bruchzahlen dicht liegen (vgl. Exemplarischer Kommentar *Zahlenstrahl*). Die beiden letzten Fälle können Probleme bereiten, da die Technik des Erweiterns noch nicht zur Verfügung steht. Hier kann man sich auch mit Vermutungen und der Feststellung, dass es eine solche Zahl geben muss, zufrieden geben. Der Hinweis auf eine Klärung in den Folgestunden macht neugierig und motiviert. Auf keinen Fall sollte die Aufgabe über den Erweiterungskalkül erklärt werden. Möglich ist jedoch eine Klärung auf der ikonischen Ebene anhand der Zahlenstrahldarstellung im Schülerbuch. Die Lernenden erkennen, dass $\frac{1}{3}$ und $\frac{4}{12}$ denselben Punkt des Zahlenstrahls bezeichnen. Für die Lösung der Aufgabe ist Partnerarbeit sinnvoll, weil die dabei entstehenden Diskussionen für beide Partner sehr gewinnbringend sein können.

7 Erweitern und Kürzen

Intention der Lerneinheit
– Erweiterungs- und Kürzungsregel kennen und verstehen
– Brüche erweitern und kürzen
– Brüche durch Erweitern gleichnamig machen

Für die Einsicht in das Erweitern und Kürzen sollte den Lernenden der Begriffskern anschaulich vor Augen geführt werden. Den mathematikdidaktischen Kern des Erweiterns trifft die folgende Aussage: „Erweitern heißt beispielsweise, den Bruchteil eines Kuchens in mehr, aber entsprechend kleinere Teile zu zerlegen" (vgl. Zech, Friedrich: Mathematik erklären und verstehen, Cornelsen Verlag, Berlin 1995, Seite 28). Durch eine anschauliche Erarbeitung sollte den Lernenden deutlich werden, dass Erweitern und Kürzen eines Bruches nur ein Übergang zu einem anderen Namen für dieselbe Bruchzahl bedeutet. Eine Automatisierung erfolgt erst dann, wenn das Verständnis für diesen Vorgang gefestigt wurde.

Exemplarischer Kommentar
Abgrenzung eines Begriffes gegenüber dem Alltagsverständnis

Dieser Gesichtspunkt ist beim Begriffslernen oft besonders wichtig, weil die Begriffsbildung an die jeweils vorhandenen Vorstellungen anschließt. Eine saubere Begriffsbildung ist erst nach einer Entfernung bzw. Modifizierung der falschen oder unpräzisen Vorstellungen möglich. So ist der hier einzuführende Begriff „Erweitern" im Alltagsverständnis mit „größer werden" gekoppelt. Entsprechend wird das Kürzen mit Verkleinern verbunden (z. B. Gehaltskürzung). Eine solche Bindung erschwert die Begriffsbildung und erfordert die Behandlung mehrerer, gut kommentierter Beispiele.

Tipps und Anregungen für den Unterricht
– Wer auf die ausführliche Behandlung der Teilbarkeitslehre <u>vor</u> der Bruchrechnung verzichtet hat, kann jetzt die Teilbarkeitsregeln als geeignetes Werkzeug zum Kürzen von Brüchen einbauen.
– Nach dem Einführungsbeispiel im Schülerbuch sollten noch weitere Aufgaben zum Verständnis folgen. Das ► Serviceblatt „Übungen zum Erweitern", Seite S 16, macht Vorschläge für weitere Aufgaben zur Ausbildung der Grundvorstellung. Der ► „Tandembogen Erweitern", Seite S 17, übt die wichtigsten Einsichten (Partnerarbeit).

Einstiegsaufgabe

Die Einstiegsaufgabe ermöglicht den Lernenden, an dem vertrauten Bruchteil $\frac{3}{4}$ die Veränderung durch eine feinere Einteilung zu beobachten und zu beschreiben. Die unterschiedlichen Schülerformulierungen tragen wesentlich zur Entwicklung des Verständnisses bei. Die zunächst sehr eng am Beispiel

verhafteten Erläuterungen können schrittweise auf neue Beispiele übertragen bzw. allgemein formuliert werden:
Beispiel: $\frac{6}{8}$ ist gleich viel wie $\frac{3}{4}$. Die Stücke sind halb so groß, aber dafür sind es doppelt so viele.
Bei der letzten Teilaufgabe erläutern die Lernenden am eigenen Beispiel, wie die Verfeinerung der Aufteilung ohne die konkrete Handlung aussieht. Die Erläuterungen führen vom konkreten Beispiel zu den allgemein gültigen Aussagen. Als Verständniskontrolle bietet sich folgende Fragestellung an: „Wie viele Stücke erhält man, wenn das Ganze in 64 (128; ...) Teile geteilt wurde?" Oder als Umkehrung der Frage: „Du hast noch neun Stücke. In wie viele Teile wurde das Ganze zerlegt? Begründe."

Aufgabenkommentare

5 und **6** sind wichtige Vorübungen für die Addition und Subtraktion.

4, 9 und **10** Durch die operative Aufgabenstellung werden typische Fehler verringert (vgl. folgenden Exkurs).

Exkurs Typische Fehler beim Erweitern und Kürzen

Fehler treten beim Erweitern und Kürzen zwar relativ selten auf, jedoch sollte man sich folgende Fehlertypen bewusst machen (vgl. Padberg, Friedhelm: Didaktik der Bruchrechnung, Spektrum Akademischer Verlag, Heidelberg 1995, Seite 70 ff.):
1. Assoziationsfehler: Beispiel: $\frac{9}{18} = \frac{1}{9}$. Hier ist die gefundene Kürzungszahl so dominant, dass sie den Lernenden im Gedächtnis bleibt und im Nenner notiert wird.
2. Strategiefehler: So wird beim Lösen der Aufgabe $\frac{1}{2} = \frac{2}{n}$ folgendermaßen erweitert:
$\frac{1+1}{2+1} = \frac{2}{3}$
Dieser Fehler tritt vor allem bei zu frühem Mechanisieren auf und deutet auf fehlendes Verständnis hin.
3. Beim Erweitern treten zusätzlich Probleme im Zusammenhang mit der Einbettung der natürlichen Zahlen in die Menge der Bruchzahlen auf. Beispiel: $3 = \frac{n}{4}$ (Die natürliche Zahl 3 sollte als Bruchzahl $\frac{12}{4}$ geschrieben werden.)

7 Kumulative und operative Aufgabe. Die Suche nach mehreren Möglichkeiten vertieft das Verständnis. Die Aufgabe ist auch propädeutisch für das spätere Zeichnen von Kreisschaubildern zu sehen.

Kürzen bis zum Schluss i

Für die Lernenden ist es anfangs nicht selbstverständlich, dass unterschiedliche Kürzungswege immer zum selben Ergebnis führen. Das gut gewählte Beispiel zeigt unterschiedliche Wege auf und kann zu interessanten Diskussionen führen. Dieses Info-Fenster stellt die Verbindung zur Teilbarkeitslehre her und bietet eine Möglichkeit, diejenige Kürzungszahl zu bestimmen, die am schnellsten zur Grunddarstellung führt. Anschließend sollte diskutiert werden, ob die schnellste Methode auch die vorteilhafteste ist.

13 ist im Zusammenhang mit dem Zahlenstrahl zu sehen. Eine passende Zeichnung verdeutlicht und wiederholt wichtige Einsichten.

8 Brüche ordnen

Intention der Lerneinheit
- Bruchzahlen vergleichen
- den Zusammenhang zwischen dem Größenvergleich und der Lage auf dem Zahlenstrahl herstellen

Einstiegsaufgabe
Die Einstiegsaufgabe führt den Größenvergleich über eine neue Bruchvorstellung ein, die Bruchzahl als absoluter Anteil. Sie stellt somit eine Verbindung zur Statistik her. Die Erklärung erfolgt jedoch über den Größenaspekt (Grund: vgl. folgenden Exkurs *Bruchzahlen als absoluter Anteil*. Man vergleicht entsprechende Größen (Flächeninhalte) und überträgt die Relation „hat die kleinere Fläche als" auf die zugehörigen Bruchzahlen („ist kleiner als").

Exkurs   **Bruchzahl als absoluter Anteil**

$\frac{4}{20}$ bedeutet hier: vier von zwanzig. Diese Deutung der Bruchschreibweise ist bei statistischen Erhebungen üblich. Eine Vertiefung dieser Sichtweise ist an dieser Stelle jedoch nicht unproblematisch, weil in der Statistik andere Rechengesetze gelten. Man sollte deshalb diese Deutung im nächsten Kapitel (Rechnen mit Bruchzahlen) nicht mehr verwenden. So dürfte nach dieser Vorstellung folgendermaßen gerechnet werden: $\frac{2}{3} + \frac{2}{5} = \frac{4}{8}$ denn: zwei von drei plus zwei von fünf ergibt vier von 8.

Alternativer Einstieg
Der Einstieg mithilfe der in den Serviceblättern angebotenen Lerntheke bietet eine hohe, eigenständige Schülertätigkeit. Kompetenzen wie Entwickeln von Lösungsstrategien, Erproben von eigenen Lösungswegen und eigenständiges Problemlösen werden hier in hohem Maße gefördert. Der Unterrichtsgang geht weg von der Isolierung der Schwierigkeiten hin zu einer komplexen Problemstellung, die von den Lernenden aufgrund ihrer Voraussetzungen und der angebotenen Medien (Kreisteile) sehr selbstständig bewältigt werden kann.
Die in dieser Einheit eingesetzten Medien sind bekannt und finden bei der Einführung der Addition und Subtraktion erneut Anwendung. Es ist ratsam, die Kreisteile (► Serviceblatt „Kreisteile", Seite S 18) durch die Lernenden herstellen zu lassen. Dazu ist das Kopieren auf unterschiedlich farbigem Papier sinnvoll. Nach dem Ausschneiden können die Schülerinnen und Schüler untereinander austauschen, so dass jeder Lernende verschiedenfarbige Kreisteile besitzt.

Der **Einstieg** umfasst vier Unterrichtsstunden:
1. Einführung in die Problemstellung an einfachen Beispielen (► Serviceblatt „Vergleichen von Bruchteilen 1", Seite S 19). Das Serviceblatt wird in Partnerarbeit oder Kleingruppen gelöst und am Ende der Stunde werden die Ergebnisse in der Klasse präsentiert. Ein wichtiger Aspekt, der zum Gelingen dieses Unterrichtsprojekts beiträgt, ist die Zurückhaltung der Lehrperson. Die Erfahrung zeigte, dass die Schülerinnen und Schüler nach der Bearbeitung des ersten Arbeitsblattes zwar diese Beispiele verstanden haben, sie jedoch noch keinen Lösungsplan entwickeln konnten und sich deshalb hilfesuchend an den Lehrer wandten. Hier können die Schüler dann lernen, sich selbst zu vertrauen und die endgültige Klärung in der Folgestunde selbst in Angriff zu nehmen.

2. Lerntheke (Doppelstunde)
► Serviceblätter „Vergleichen von Bruchteilen 2, 3, 4 und 5", Seite S 20 bis S 21.
Methodisches Vorgehen bei der Lerntheke:
Das ► Serviceblatt „Vergleichen von Bruchzahlen 2", Seite S 20 wird an alle Schülerinnen und Schüler ausgeteilt. Jede Schülergruppe arbeitet jetzt selbstständig weiter und holt sich nach und nach die Folgeblätter vom Pult. Das letzte Arbeitsblatt ist als quantitative Differenzierung anzusehen. Es wird so lange bearbeitet, bis alle Schüler das Serviceblatt 4 beendet haben.
In dieser Doppelstunde arbeiten die Lernenden in Partnerarbeit in eigenem Lerntempo die angebotene Lerntheke der Reihe nach ab. Dabei ist das

Legen der Kreisteile entscheidend für den Aufbau des Verständnisses und sollte deshalb unbedingt eingefordert werden. Lernende mit rascher Auffassungsgabe können ohne die Zusatzaufgaben sofort zum nächsten Blatt weitergehen und sind am Ende der Arbeitszeit beim Bearbeiten der angebotenen Zusatzübungen, während die schwächeren Schülerinnen und Schüler genügend Zeit haben, das Vergleichen von Bruchzahlen in eigenem Lerntempo zu erfassen.

3. Erste Übungen und Sicherung

Erst in der folgenden Stunde werden im Unterrichtsgespräch die Zusammenhänge und das Vorgehen beim Vergleichen von Bruchzahlen weitgehend von den Lernenden selbst sprachlich formuliert und an neuen Beispielen erläutert (Aufgaben im Schülerbuch).

Tipps und Anregungen für den Unterricht

Nach Behandlung der Kleinerrelation bei gleichnamigen Brüchen erfolgt in der Regel sofort die Behandlung des Gleichnamigmachens. Damit wird jedoch eine Chance zur Vertiefung des Bruchverständnisses ausgelassen. So kann z.B.

1. eine kombinierte Betrachtung von Zähler und Nenner den Größenvergleich ohne Erweitern und damit schneller ermöglichen: $\frac{2}{5} < \frac{3}{4}$, denn Fünftel sind kleiner als Viertel und $2 < 3$.
2. ein Vergleich mit 1 gemacht werden: $\frac{8}{9} < \frac{9}{10}$, denn $\frac{8}{9}$ ist um $\frac{1}{9}$ weniger als 1; $\frac{9}{10}$ ist jedoch nur um $\frac{1}{10}$ kleiner als 1.
3. ein Vergleich mit $\frac{1}{2}$ zur Entscheidung benutzt werden: $\frac{2}{5} < \frac{4}{7}$, denn $\frac{2}{5}$ ist kleiner als $\frac{1}{2}$, während $\frac{4}{7}$ größer als $\frac{1}{2}$ ist.
4. die gemischte Schreibweise genutzt werden.

Das Schülerbuch bietet viele passende Aufgaben für solche Betrachtungsweisen.

Aufgabenkommentare

> **Exkurs** **Typische Fehler beim Ordnen**
>
> Der häufigste Fehler ist die unreflektierte Übertragung der Ordnung in $\mathbb{N}$ auf die Bruchzahlen (vgl. Padberg, Friedhelm: Didaktik der Bruchrechnung, Spektrum Akademischer Verlag, Heidelberg 1995, Seite 75): $\frac{1}{2} < \frac{1}{3}$, weil $2 < 3$.

1 und **2**, **5** bis **8** und **12** Wichtige Übungen, die die unter *Tipps und Anregungen für den Unterricht* aufgeführten Vergleiche initiieren.

Diese Aufgaben gehören zu Niveau B (Vorstellungen von Zahlen und Größen in qualitativen und quantitativen Zusammenhängen nutzen; einen

Lösungsweg begründen und mathematische Argumentationsketten erläutern; vorgegebene Probleme bearbeiten; geeignete Strategien zum Problemlösen auswählen und anwenden; die Plausibilität von Ergebnissen prüfen).

10 und **11** Übungen, die das „dicht liegen" der Bruchzahlen veranschaulichen (vgl. Exemplarischer Kommentar *Zahlenstrahl*, Seite K16).

> **Wo gehört mein Bruch hin?**
>
> Hier wird der Zusammenhang zum Zahlenstrahl deutlich. Zusätzlich zum Größenaspekt vertieft der dem Zahlenstrahl zugrunde liegende Skalenwertaspekt die Einsicht in die Kleinerrelation. Die Lernenden verbinden die Beziehung „liegt links von" mit der Größenvorstellung „ist kleiner als". Diese Sichtweise wird in Band 3 bei der Behandlung der negativen Zahlen erneut aufgegriffen. Das Aufhängen der Kärtchen ist vor der Behandlung der Einheit am sinnvollsten. Denn zunächst sollten die Lernenden intuitiv und aufgrund eigener Bruchvorstellungen ihren Bruch in der Reihe platzieren. Mit dem Voranschreiten des Unterrichts ändert sich die Sichtweise und die Lernenden können immer sicherer entscheiden und auch begründen, warum ihr Bruch an der falschen Stelle hängt bzw. warum er genau an dieser Stelle hängen sollte.

9 Prozent

Intention der Lerneinheit

- Prozentschreibweise für Hundertstelbrüche kennen
- Prozentangabe als Hundertstelbrüche schreiben
- gewöhnliche Brüche durch Erweitern oder Kürzen auf den Nenner 100 bringen und in Prozent angeben
- an Flächen veranschaulichte Bruchteile in Prozent angeben und Prozente an Flächen veranschaulichen

> **Exkurs** **Prozentbegriff**
>
> Das Wort „Prozent" stammt aus der Kaufmannssprache des Mittelalters. Die Prozentrechnung entstand ursprünglich im Bankwesen. Heute hat sie sich zu einer in vielen Gebieten anwendbaren Methode des Vergleichens entwickelt. Absolute Zahlenwerte, die aufgrund des Sachzusammenhangs nicht vergleichbar sind, können mithilfe

des Prozentbegriffs gewichtet werden. Es gibt zwei unterschiedliche Auffassungen des Prozentbegriffs.

1 Prozent als Hundertstel

Der Vergleich erfolgt mithilfe eines Vergleichsbruches. Beispiel: Sieben von 20 Schülern haben eine Urkunde erhalten, dies sind $\frac{7}{20} = \frac{35}{100} = 35\%$. Ein Teil (sieben) wird in Beziehung zu einem Ganzen (ganze Klasse) gesetzt. Hier steht die Bruchzahl wieder für einen absoluten Anteil (vgl. Exkurs *Bruchzahl als absoluter Anteil*, Seite K18). Diese Vorstellung wird im Schülerbuch verwendet.

2 Prozent wird als „von Hundert" aufgefasst

Bei dieser Deutung muss das vorhandene Wertepaar (sieben von 20) in Beziehung zu einem hypothetischen Wertepaar (entsprechender Teil zu 100) gesetzt werden. Die dazu notwendige Rechnung ist nicht mehr das Erweitern, sondern als eine Schlussrechnung (Dreisatz) zu interpretieren. In unserem Beispiel: von 20 Kindern haben sieben eine Urkunde erhalten; von 100 Kindern wären das x Kinder.

Dieser Ansatz ist für die Schülerinnen und Schüler gedanklich meist wesentlich schwieriger.

Einstiegsaufgabe

Die Aufgabenstellung führt zuerst zu einem absoluten Vergleich. Erst die Frage nach den Anteilen führt direkt zu Hundertstelbrüchen und damit zum Prozentbegriff. Erweitern sowie ein relativer Vergleich ist unnötig. Dieser Einstieg ist deshalb vor allem für leistungsschwächere Klassen geeignet.

Besonders interessant ist das unter den Beispielen aufgeführte Beispiel c). Es wird ein relativer Vergleich durchgeführt (vgl. *Alternativer Einstieg*) und der Prozentsatz der Radfahrer ausgerechnet: 100 % – (35 % + 40 %) = 25 %. Dass so mit Prozentsätzen gerechnet werden darf, ist in höheren Klassen oft unklar. Hier bietet sich im folgenden Kapitel *3 Rechnen mit Brüchen*, Lerneinheit *2 Addieren und Subtrahieren ungleichnamiger Brüche*, durch einen Rückgriff die Gelegenheit, Verständnis für die entsprechende Bruchrechenaufgabe aufzubauen.

Alternativer Einstieg

Dieser ist über eine komplexere Sachaufgabe möglich, die aufzeigt, welche Aussagen beim absoluten bzw. relativen Vergleich Gültigkeit haben. Er ist allerdings schwieriger und meist zeitaufwändiger als der im Schülerbuch angebotene Einstieg. Dafür bietet er den Lernenden die Möglichkeit, sich zunächst selbstständig mit der Thematik auseinander zu setzen und Einsichten in die Verwendung von absoluten und relativen Vergleichen zu gewinnen. Unterrichtliche Umsetzung:

1. Die Lernenden bearbeiten in Kleingruppen die folgende Aufgabe:
In der Klasse 6a (20 Schüler) haben sieben beim Sportfest eine Ehrenurkunde erhalten. In der Klasse 6b (25 Schüler) erhielten acht Schüler diese Urkunde. Frank (6b) behauptet: „Wir sind die besseren Sportler, weil wir eine Urkunde mehr haben." Was meint ihr? Begründet eure Antwort.

2. Die anschließende Diskussion macht die Notwendigkeit eines relativen Vergleichs einsichtig. Die Bedeutung des Ganzen und der Bruchteilaspekt werden besonders deutlich (vgl. obigen Exkurs *Prozentbegriff*).

Aufgabenkommentare

1 und **2** Die Anknüpfung an Schreib- und Redeweisen aus dem Alltag ist ein wichtiger Zugang zum Prozentbegriff. Das Vorwissen der Lernenden wird mit der präzisen mathematischen Bedeutung des Prozentbegriffs gekoppelt.

7 und **8** Hier wird die Prozentauffassung als Bruchteil und der Zusammenhang zum Bruchbegriff besonders deutlich. Die Aufgaben dienen auch zur Vorbereitung der Aufgaben 9 bis 11.

10 Mit dieser Aufgabe lassen sich Lösungswege initiieren, die nicht einem bestimmten Rechenkalkül folgen. Eine Aufforderung an die Lernenden, die Aufgabe ohne eine Berechnung zu lösen, führt zu alternativen Lösungsstrategien. So genügt in Teilaufgabe a) eine verbale Begründung:
40 % sind etwas weniger als die Hälfte, aber mehr als ein Drittel, während acht Schüler und $\frac{14}{50}$ weniger sind als ein Drittel. Also ist Fußball die beliebteste Sportart. Dieser Lösungsweg entspricht Niveau B, während das Umrechnen aller Anteile in dieselbe Darstellung Niveau A entspricht.
Teilaufgabe b) beinhaltet unterschiedliche Lösungswege, wie z. B. die Verwendung der absoluten Zahlen in einem Balkendiagramm, die Verwendung der Bruchteile in einem Kreisdiagramm oder die Verwendung der Prozentsätze in einem Kreis- oder Streifendiagramm. Eine anschließende Bewertung der verschiedenen Lösungen fördert die im Bildungsplan geforderten Kompetenzen *Urteilsfähigkeit* und *kritisches Reflektieren*.

11 Die offene Aufgabenstellung lässt mehrere Lösungen (Kreis- und Streifendiagramme unterschiedlicher Einteilung) zu. Eine systematische Behandlung der Diagramme muss an dieser Stelle noch nicht erfolgen. Sie wird in Kapitel *9 Daten erfassen und auswerten* thematisiert.

Die Aufgaben sind unter den *Leitideen Daten* und *Modellieren* zu sehen (Daten systematisch sammeln und darstellen; Erhebungen in Bezug zu einer Fragestellung aus der eigenen Erfahrungswelt machen; Situationen angemessen modellieren). Hier bietet sich auch der Einsatz eines Tabellenkalkulationsprogramms *(Leitidee Modellieren)* an.

Üben • Anwenden • Nachdenken

Aufgabenkommentare

1 bis **5** operative Übungen

7 Dieses „Sieb" besteht aus einer Tabelle, die eine unendliche Anzahl unendlicher Folgen beinhaltet. Das zweite Glied der ersten Folge ist der Beginn einer neuen Folge. Wenn für m in die Formel $2m + 1$ nacheinander alle Zahlen eingesetzt werden, die in der Tabelle nicht vorkommen, erhält man alle Primzahlen außer 2.
Beispiele:
Zahl 3 fehlt → $2m + 1 = 7$ ist eine Primzahl
Zahl 6 fehlt → $2m + 1 = 13$ ist eine Primzahl
Zahl 12 kommt vor → $2m + 1 = 25$ ist keine Primzahl
Den Beweis dafür, wann $2m + 1$ eine Primzahl und wann es eine zusammengesetzte Zahl ist, findet man im Internet unter der Adresse [www.primzahlsuche.de/beweis1.html].

8 Teilaufgabe a) beinhaltet Routineaufgabe, während das Finden der unterschiedlichsten Kombinationen in Teilaufgabe b) eine Herausforderung darstellt und in der Zusammenfassung der Bruchteile die Addition gleichnamiger Brüche vorbereitet.

9 Die Wahl eines geeigneten Repräsentanten erfordert die Entwicklung einer Vorstellung von dem darzustellenden Bruch. Die Zusatzaufgabe, für jeden Bruch eine neue Figur als Repräsentant zu wählen, verstärkt diesen Effekt noch.

10 Bei der Besprechung der Lösung bietet es sich an, die Dichte der Bruchzahlen auf dem Zahlenstrahl nochmals zu thematisieren.

12 Die Aufgabe ist im Hinblick auf die Jahrgangsarbeiten ein gutes Training, weil hier kumulativ verschiedene Inhalte verknüpft werden.

13 und **14** Einfache Übungen zur Wiederholung und Sicherung des Prozentbegriffs.

15 und **16** Diese Aufgaben verhindern ein routinemäßiges Vorgehen beim Vergleichen von Bruchzahlen. Je nach Fragestellung sind andere Strategien notwendig und die Begründung und Erläuterung dieser Strategien sind von gleicher Wichtigkeit wie die reine Lösung der Aufgabe.

17 Diese Aufgabe kann in Partnerarbeit gelöst werden, weil jeder Lernende seine Begründung dem Partner oder der Partnerin erläutern muss. Die Ergebniskontrolle im anschließenden Unterrichtsgespräch geht dann sehr schnell und mit hoher Beteiligung aller Schülerinnen und Schüler.

18 Bietet die Chance, im Unterrichtsgespräch die unterschiedlichen Lösungsstrategien der Lernenden noch einmal vorstellen und erläutern zu lassen.

19 Diese sehr komplexe Aufgabe beinhaltet die Addition ungleichnamiger Bruchzahlen, die an dieser Stelle nicht vom Lehrer erläutert werden sollte. Lösungsmöglichkeiten von leistungsstarken Schülerinnen und Schülern sind allerdings durch den Einsatz geeigneter Medien möglich, wie zum Beispiel durch das Legen mit den Kreisteilen.

Gangschaltung

In diesem Anstoß wird am Beispiel der Übersetzung am Fahrrad einer technischen Situation die passende Mathematik zugeordnet. Schwerpunkt der Betrachtung ist das Verhältnis zwischen der Zähnezahl der Kettenblätter und der des Ritzels (Übersetzung). Der Anstoß kann mit geringer Vorbereitung und einigen zusätzlichen Materialien (siehe unten) zu einem kleinen Projekt „Ich lerne mein Rad kennen" ausgebaut werden. Dieses Projekt ermöglicht eine vertiefte Auseinandersetzung mit dem Thema „Gangschaltung" und fördert

- die Sozialkompetenz
- das eigenständige Verfassen von Aufzeichnungen
- den Umgang mit inhaltlichem und formalem Feedback beim Präsentieren der Ergebnisse
- die Kompetenzen der *Leitidee Modellieren* (Fragestellungen die passende Mathematik zuordnen; Situationen angemessen modellieren; Probleme in ihrer Komplexität verstehen und sie durch die Wahl geeigneter Modelle beschreiben und bearbeiten).

„Lerne dein Rad genauer kennen"
Das Projekt kann in zwei Abschnitten durchgeführt werden.

1. Abschnitt: Erstellen eines Steckbriefes
Vorüberlegung
Es wirkt für Schülerinnen und Schüler zunächst motivierend, ihr eigenes Fahrrad genauer kennen zu lernen. Der in den ► Serviceblättern vorgeschlagene Steckbrief („Lerne dein Rad genauer kennen – ein Steckbrief", Seite S 22) hilft, wesentliche Eigenschaften des eigenen Fahrrades von unwesentlichen zu unterscheiden. Die Schüler finden sich in Kleingruppen zusammen und jede Gruppe untersucht ihr Fahrrad. Werden dann die erfragten Eigenschaften des eigenen Fahrrads – Anzahl der Zähne am Kettenblatt, Anzahl der Zähne am Ritzel, Durchmesser und Umfang des Rades, Übersetzung, Entfaltung (Strecke, die ein Fahrrad bei einer Pedalumdrehung zurücklegt) – mit denen der Mitschülerinnen und Mitschüler verglichen, wird eine intensive Auseinandersetzung mit dem Thema eingefordert und gefördert. Das ► Serviceblatt „Lerne dein Rad genauer kennen – Übersetzungs-Domino", Seite S 23, der Hinweis auf Informationsbeschaffung beim Fahrradhändler, sowie die in den Serviceblättern aufgezeigten Internetquellen stellen eine Hilfe zum eigenständigen Erarbeiten dar.

Material
Eine Schülergruppe benötigt jeweils
- ein ► Serviceblatt „Lerne dein Rad genauer kennen – ein Steckbrief", Seite S 22
- ein ► Serviceblatt „Lerne dein Rad genauer kennen – Übersetzungs-Domino", Seite S 23
- ein Fahrrad
- ein Bandmaß und Kreide zum Abmessen der Radien und des Umfangs
- einen Plakatkarton für die Ausarbeitung des eigenen Steckbriefes
- Pinnwände bzw. Tafelmagnete für die abschließende Präsentation.

Unterrichtsverlauf
Jede Gruppe erstellt arbeitsteilig den Fahrradsteckbrief:
- Anlegen/Layout des Steckbriefes auf einem Plakatkarton
- Ausmessen von Raddurchmesser, -umfang und Entfaltung (Schulhof)
- Berechnung der Übersetzung des eigenen Fahrrads (Übungshilfe: ► „Lerne dein Rad genauer kennen – Übersetzungs-Domino", Seite S 23).

Anschließend werden alle Ergebnisse im vorbereiteten Steckbrief festgehalten.
Nach der Bearbeitungsphase präsentiert jede Gruppe „ihr" Fahrrad anhand des Steckbriefes. Die z.T. unterschiedlichen Ergebnisse werden besprochen.

Erweiterungen
a) Zur Vertiefung dieses Abschnitts im Sinne einer Hausaufgabe kann auf die Internetadressen für die eigene Recherche hingewiesen werden.
b) Jedes Gruppenmitglied erstellt den kleinen Fragebogen, der auf dem Steckbrief gefordert wird (Hausaufgabe).

Zeitbedarf
ca. 2–3 Stunden

2. Abschnitt: Versuch

Exkurs	Kraftübertragung an Wellrädern

Eine vertiefte Beschäftigung mit dem Fahrrad muss über ein intuitives Erfassen („Kleiner Gang am Berg"; „Wenig treten in der Ebene"; ...) hinausgehen, auch wenn die zugrundeliegende Physik sich in ihrer Exaktheit und mathematischen Formulierung natürlich nicht in diesem Alter erschließen kann. Hier einige wenige Anmerkungen zur zugrundeliegenden Physik:
Die erbrachte Leistung bei einer Fahrt mit dem Rad ist das Produkt aus der unmittelbar notwendigen Kraft, durch die das Rad angetrieben wird und Geschwindigkeit des Rades (Leistung = Kraft · Geschwindigkeit). Wird die für den Antrieb des Rades notwendige Kraft zum Beispiel bei einer Bergfahrt größer (zusätzlich zur Rollreibung des Fahrrades und zum Luftwiderstand kommt nun die Hangabtriebskraft hinzu), muss sich notwendigerweise die Geschwindigkeit verringern. Damit man nicht vollständig stehen bleibt, weil die notwendige Kraft nicht mehr aufzubringen ist, wählt man eine kleine Getriebeübersetzung und verringert dadurch den Kraftaufwand.
Wichtig ist in diesem Zusammenhang die Tatsache, dass die Übersetzung nur mittelbar mit der Kraftübertragung zu tun hat, da hier die Verhältnisse der Wellräderradien (Verhältnis von Pedale zu Kettenblatt und von Hinterrad zu Ritzel) ausschlaggebend sind: Das Pedal, das Kettenblatt, das Ritzel und das Hinterrad bilden sozusagen das Getriebe des Rades, deren Maße bestimmen, wie das Getriebe wirkt.

Beispiel:

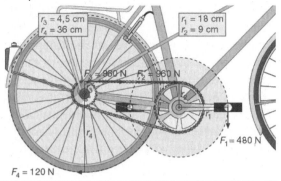

Man tritt mit einem Kraftaufwand von 480 N auf das Pedal. Die Kette überträgt dann eine Kraft von 960 Newton (Radienverhältnis 18 cm : 9 = 2; 480 · 2 = 960 N) auf das Ritzel. Die Kraft verringert sich jedoch im Verhältnis Radius von Ritzel zu Hinterrad, so dass die Kraftübertragung auf die Straße schließlich 120 Newton (Radienverhältnis 4,5 cm : 36 cm) beträgt. Diese Kraft (120 N) ist die für die Fortbewegung entscheidende Kraft. Sie kann durch die Wahl einer geeigneten Übersetzung geändert werden, da durch die Wahl eines kleineren Ganges der Ritzeldurchmesser vergrößert wird.

Vorüberlegung

Diese im obigen Exkurs genannten Zusammenhänge können von den Lernenden nur durch eigenes Probieren erahnt werden. Eigene Versuche und die anschließende Auswertung und Bewertung der Ergebnisse auf dem ► Serviceblatt „Lerne dein

Rad genauer kennen – Versuchsbogen", Seite S 24 kann hierbei helfen. Die Begriffe *großer Gang* und *kleiner Gang* werden mit den Vorstellungen über Kraft, Geschwindigkeit, Übersetzung, Entfaltung und Pedalumdrehungen verknüpft.

So erschließt sich:

Kleiner Gang – wenig Entfaltung, geringe Kraft, häufiges Treten → geeignete Wahl für Bergfahrten.

Großer Gang – viel Entfaltung, größere Kraft, wenig Treten → geeignete Wahl für Talfahrten bzw. Fahrten in der Ebene

Material

Eine Schülergruppe benötigt jeweils
- ein ► Serviceblatt „Lerne dein Rad genauer kennen – Versuchsbogen", Seite S 24
- ein Fahrrad
- ein Bandmaß und Kreide
- eine Stoppuhr

Unterrichtsverlauf

siehe Versuchsbogen

Auswertung des Versuchs

Die Gruppen tauschen ihre Beobachtungen und Überlegungen aus und versuchen, diese in eigenen Worten zu begründen.

Zeitbedarf

ca. 1–2 Stunden

3 Rechnen mit Brüchen

Kommentare zum Kapitel

Ein übergeordnetes Ziel des Mathematikunterrichts ist das einsichtige Lernen. Das Einschleifen zum Teil unverstandener Rechenoperationen mit immer schwierigerem Zahlenmaterial gehört der Vergangenheit an. Um Einsichten in die Rechenverfahren zu vermitteln, genügt die Beschränkung auf einfache Fälle. Aus diesem Grund hat man sich in diesem Kapitel auf Brüche mit einfachen Nennern beschränkt. Entscheidend für das Verstehen einer Rechenoperation ist der Aufbau verlässlicher Vorstellungen. Es empfiehlt sich, prinzipiell die verbale Formulierung der Regel erst dann zu fordern, wenn die Lernenden sie unausgesprochen schon benutzen.

Exemplarischer Kommentar
Regellernen

Regellernen ist (nach Zech, Friedrich: Grundkurs Mathematikdidaktik, Beltz Verlag, Weinheim 1998, Seite 152 ff.) die einsichtsvolle Erfassung einer Verknüpfung mehrerer Begriffe in einem Satz, Gesetz, in einer Gesetzmäßigkeit oder in einem inhaltlichen Verfahren. Beispiele dafür sind:
- Teilbarkeitsregel für die Teilbarkeit durch 9
- Regel zur Addition ungleichnamiger Bruchzahlen

Für das Lernen mathematischer Regeln ist die sorgfältige Klärung vorgeordneter Begriffe und Regeln unerlässliche Bedingung. Dabei sollte die Analyse der Voraussetzungen all das einbeziehen, was der Lernende für den Lernprozess mitbringt. Das sind nicht nur die früher gelernten Begriffe und Regeln, sondern auch
- persönliche Vorerfahrungen bezüglich der zu lernenden Regel (z. B. Bruchvorstellung)
- Vertrautheit mit bestimmten Arbeitstechniken (z. B. der Umgang mit den Kreisausschnitten im Bereich der Bruchrechnung).

Das Ziel beim Regellernen ist das Verstehen der Regel und ihre sichere Anwendung in neuen Situationen. Das Verstehen einer Regel kann durch unterschiedliche Teilziele erreicht werden, wie z. B.
- die vorgeordneten Begriffe und Regeln verstehen
- die Teilschritte, die zur Regel führen, verstehen
- die Teilschritte, die zur Regel führen, logisch verbinden
- die Regel in eigenen Worten präzise formulieren
- die Regel ggf. anhand einer ikonischen Darstellung erläutern
- die Regel in eine symbolische Form übertragen
- die Regel an einem Spezialfall demonstrieren

Zur Überprüfung des Verständnisses eignen sich Wissensfragen (Wiederholung des Wortlautes der Regel) oder einfache Anwendungen der Regel bei Routineproblemen meist nicht. Nur der Einsatz von Verständnisaufgaben ermöglicht eine echte Überprüfung:
- Anwendungsbeispiele reproduzieren und selbst ähnliche Beispiele angeben
- typische Anwendungsfälle auf ähnliche Anwendungsfälle generalisieren
- die Regel und deren Anwendung zum Gegenstand von (logischen) Analysen machen
- Anwendungsfälle von Nichtanwendungsfällen begründet unterscheiden
- die Regel beim Aufbau übergeordneter Regeln anwenden

Ganz entscheidend ist die Zurückhaltung beim Anbieten der Regelformulierung auf abstraktem Niveau. Hier sind die Lernenden sehr schnell bereit, sich der Anstrengung des Verstehens zu entziehen und stattdessen die Regel gedankenlos anzuwenden.

Intention und Schwerpunkt des Kapitels
- alle vier Rechenoperation in der Menge der Bruchzahlen ausführen
- Gesetze und Regeln beim Rechnen von Termen mit Bruchzahlen anwenden

Bezug zu den Bildungsstandards
Leitidee Zahl: Die Schülerinnen und Schüler können Rechenoperationen im erweiterten Zahlbereich sicher ausführen, einschließlich dafür notwendiger Überschlagsrechnungen (Brüche – Beschränkung auf sinnvolle Nenner).

Weiterführende Hinweise
Die Verwendung der schon beim Ordnen von Bruchzahlen verwendeten Kreisteile (vgl. ► Serviceblatt „Kreisteile", Seite S 18) ist hier bei allen Rechenoperationen möglich. Der Kreis als Repräsentant

der Einheit unterstützt das Verstehen der Rechenoperationen, weil die Einteilung (Form der Stücke) immer gleich ist und damit in der Vorstellung leichter manipulierbar ist.

Auftaktseite: Mit Kreisen rechnen

Kreisausschnitte herstellen

Das Herstellen der Kreisteile reaktiviert noch einmal den Bruchherstellungsakt. Das Falten genau dieser vier Bruchteile macht deren Zusammenhang deutlich und unterstützt damit die für das Lösen der Aufgaben notwendigen Vorstellungen.

Mit Kreissauschnitten rechnen

Die Lernenden können alle vier Rechenoperationen mithilfe der hier ausgewählten Repräsentanten selbstständig lösen. Drei Aspekte sind dabei von entscheidender Bedeutung:
- Die Schüler führen konkrete Handlungen durch.
- Die Repräsentanten sind so ausgewählt, dass die Bilder der Lösungen in der Vorstellung der Lernenden vorhanden sind.
- Es sollten noch keine Regeln formuliert werden, vielmehr sollten die Lernenden durch Operieren an konkretem Material erste Erfahrungen mit den neuen Regeln sammeln (vgl. Exemplarischer Kommentar: *Die Auftaktseite*, Seite K 1). Dabei schafft das Einbringen von Vorerfahrungen eine Basis für ein Verständnis der Regeln (vgl. Exemplarischer Kommentar: *Regellernen*, Seite K 24).

Mit Kreisausschnitten spielen

Die Vorstellung von Halben, Vierteln und Achteln in der Kreisfigur ist bei den Lernenden aus der Alltagserfahrung vorhanden (Kuchen, Pizza etc.). Dieses Spiel unterstützt den Aufbau der Vorstellungen, die für die Addition und Subtraktion von Brüchen von Bedeutung sind. Die Erweiterung des Spiels durch Fünftel, Zehntel, Zwanzigstel bzw. Drittel, Sechstel und Zwölftel bereitet einen ersten Transfer vor.

1 Addieren und Subtrahieren gleichnamiger Brüche

Intention der Lerneinheit
- Entwicklung verschiedener Grundvorstellungen für die Regeln zur Addition und Subtraktion von Brüchen
- gleichnamige Brüche aufgrund dieser Vorstellungen addieren bzw. subtrahieren

Vor dem Rechnen anhand der Regeln werden zunächst anschauliche Grundvorstellungen geschaffen

(vgl. Exemplarischer Kommentar *Regellernen* Seite K 24). Dies geschieht im Schülerbuch mithilfe der Analogie zum Rechnen mit natürlichen Zahlen (2 Fünftel + 1 Fünftel = 3 Fünftel; quasikardinaler Aspekt).

Tipps und Anregungen für den Unterricht

In leistungsstärkeren Klassen ist ein relativ schneller Übergang zu unterschiedlichen Nennern möglich (vgl. *Alternativer Einstieg* in Lerneinheit *2 Addieren und Subtrahieren ungleichnamiger Brüche*, Seite K 26).

Einstiegsaufgabe

Mit dem Streifen als Repräsentant lässt sich die Grundvorstellung „Addieren als Zusammenfügen auffassen" gut visualisieren. Die drei Bruchteile werden in unterschiedlicher Reihenfolge zusammengefügt. Diese Tätigkeit kann in Anlehnung an das Rechnen in $\mathbb{N}$ als Addition gedeutet werden. Der Übergang zum Zahlenstrahl ist damit vorbereitet und ebenso die Entwicklung einer weiteren Grundvorstellung: Addieren als Vorwärtsschreiten und Subtrahieren als Rückwärtsschreiten. Auch diese Deutung lässt sich für die Lernenden einsichtig auf die Bruchzahlen übertragen. Zum Beispiel kann man die Rechnung 1 Zehntel + 3 Zehntel am Zahlenstrahl als Vorwärtsschreiten in Zehntelschritten auffassen. Das ► Serviceblatt „Bruchstreifen", Seite S 25, bietet eine Kopiervorlage für die Papier- und die Bruchstreifen.

Aufgabenkommentare

Die Aufgaben dienen dem Ausbau und der Verankerung der Vorstellungen zur Addition von Brüchen und nicht dem reinen Trainings der Rechenfertigkeit.

1 und **9** nutzen den quasikardinalen Aspekt und die Vorstellung des Voranschreitens als Deutung für die Addition.

2 und **10** unterstützen die Vorstellung des Hinzufügens bzw. des Wegnehmens von Bruchteilen auf dem Hintergrund bildlicher Darstellungen verschiedener Repräsentanten.

4, 5 und **7** verbinden Inhalte vorangegangener Lerneinheiten mit dem neuen Stoff. Wichtig bleibt die Verknüpfung mit Vorstellungen und nicht das schematische Abarbeiten von Lösungsalgorithmen.

2 Addieren und Subtrahieren ungleichnamiger Brüche

Intention der Lerneinheit
- Entwickeln verschiedener Grundvorstellungen für die Regeln zur Addition und Subtraktion von ungleichnamigen Brüchen und diese Regeln verstehen
- Brüche auf dem Hintergrund gut verankerter Grundvorstellungen addieren bzw. subtrahieren

Tipps und Anregungen für den Unterricht
- Die Vorkenntnisse und Vorerfahrungen der Lernenden sind ausreichend für eine eigenständige Erarbeitung der Regel zur Addition ungleichnamiger Brüche. Dies wird im folgenden alternativen Einstieg ausgenutzt. Die Lernenden sollten gewohnt sein, eigenverantwortlich und selbstständig in offenen Unterrichtssituationen zu arbeiten.
- Zum Üben der Rechenfertigkeit eignen sich die folgenden Serviceblätter: Legespiel für zwei Schüler mit einfachen Übungsaufgaben: ► Serviceblatt „Additions- und Subtraktionsdomino", Seite S 28. Als Spiel für eine Gruppe von drei bis vier Spielern bietet sich das ► Serviceblatt „Mathematisches Parkett", Seite S 29, an.
- Das ► Serviceblatt „3 zusammen ergeben 2", Seite S 30, verbindet Bewegung, Kommunikation und Üben in einem motivierenden Rahmen. Das Spiel bietet außer der mathematischen Herausforderung noch eine aufschlussreiche Beobachtung des Sozialgefüges einer Klasse. Das Serviceblatt wird von der Lehrperson auf DIN A3 vergrößert (und evtl. auf Pappe geklebt) und die Bruch-Kärtchen werden ausgeschnitten. Jeder Schüler der Klasse erhält ein solches Kärtchen. Die Schülerinnen und Schüler bilden nun so Dreiergruppen, dass die Summe ihrer Brüche 2 ergeben.
  Beispiel: $\frac{1}{4} + \frac{5}{12} + 1\frac{1}{3} = 2$
  Spielmöglichkeit in Kleingruppen: Eine Gruppe erhält ein Serviceblatt und schneidet die Kärtchen aus. Die Kärtchen werden offen ausgelegt und es gewinnt der Spieler, der die meisten Trippel mit dem Summenwert 2 findet.

Einstiegsaufgabe
Die Aufgabe knüpft an vertraute Verfahren an: Bruchherstellungsakt, Kennzeichnen von Bruchteilen, Zusammenfassen gleicher Bruchteile. Die Aufteilung des Ganzen in Achtel visualisiert den Zusammenhang 1 Viertel = 2 Achtel. Es ermöglicht damit ein sofortiges Ablesen der Lösung und weist auf das Lösungsverfahren hin. Nachdem der Text in eine Additions- bzw. Subtraktionsaufgabe übersetzt

wurde, ist der Zusammenhang zwischen bildlicher Darstellung und Rechenoperation hergestellt. Weitere Beispiele helfen beim Aufbau von Grundvorstellungen für die Regel (andere Repräsentanten).

Alternativer Einstieg
(Doppelstunde)
Wenn die Grundvorstellungen zum *Bruchbegriff* in der Klasse gut ausgebildet sind, ist es nicht zwingend notwendig, dass die Lerneinheit zum Addieren gleichnamiger Brüche vorausgeht.
Die Lernenden starten mit dem Ausfüllen der Zauberquadrate (► Serviceblatt „Zauberquadrate", Seite S 26). Die dabei geforderte Addition/Subtraktion gleichnamiger Brüche bewältigen die Lernenden meist problemlos. In der Regel entwickelt sich die neue Problemstellung (Addition von ungleichnamigen Brüchen) von selbst. Neugierig und motiviert lassen sie sich auf die Forderung ein, die Vorgehensweise selbst zu entdecken. Die Lernenden arbeiten zu zweit und erhalten je ein ► Serviceblatt „Einführung der Addition ungleichnamiger Brüche", Seite S 27, und gemeinsam das nötige Arbeitsmaterial (ein Paar erhält das ► Serviceblatt „Kreisteile", Seite S 18 zwei Mal; das erste Blatt dient als Vorlage, auf der die Kreisteile gelegt werden, das zweite dient zum Ausschneiden der einzelnen Kreisteile).
Die Lernenden suchen nun zu jedem Aufgabenblock eine Kreisscheibe, in der die Aufgabe gelegt und das Ergebnis abgelesen werden kann.
Es hat sich in der Praxis als vorteilhaft erwiesen, an einem gut vorstellbaren Beispiel wie $\frac{1}{2} + \frac{1}{4}$ an der Tafel (Folie) die Vorgehensweise mit der Bruchscheibe zu erläutern. Ein Gegenbeispiel $\left(\frac{1}{2} + \frac{1}{3}\right)$ zeigt rasch, dass sich jetzt dieselbe Bruchscheibe nicht mehr eignet, um das Ergebnis korrekt abzulesen. Jetzt arbeiten die Teams in eigenem Tempo weiter, bis sie durch die Vielzahl von Veranschaulichungen ohne visuelle Hilfe eine Additionsaufgabe lösen können.

Exkurs	Typische Fehler bei der Addition und Subtraktion

Addition
Es gibt vor allem ein Fehlermuster: $\frac{a}{b} + \frac{c}{d} = \frac{a+c}{b+d}$
Der Fehler tritt insbesondere am Ende des Bruchrechenkurses, nach Behandlung der Multiplikation auf. Eine mögliche Ursache:
- Übertragung des Multiplikationsalgorithmus
- Vermischung mit der im täglichen Leben häufig vorkommenden Addition von Verhältnissen (Max hat zuerst in 4 von 5 Spielen und anschließend in 2 von 7 Spielen gewonnen.

Insgesamt hat er in 6 von 11 Spielen gewonnen.

– Unscharfe Bruchvorstellungen und fehlende Anschauungsvorstellung der Addition. Überraschenderweise wird auch der sehr leichte Fall „natürliche Zahl + Bruchzahl" häufig falsch gelöst. Hier tritt der Fehler $a + \frac{b}{c} = \frac{a+b}{c}$ auf. Gründe sind nach Padberg (Padberg, Friedhelm: Didaktik der Bruchrechnung, Spektrum Akademischer Verlag, Heidelberg 1995):

– Verwechslung mit der entsprechenden Multiplikationsregel

– rein formales Rechnen $\left(2 + \frac{1}{2} = \frac{2}{1} + \frac{1}{2} = \frac{4}{2} + \frac{1}{2} = \frac{5}{2} = 2\frac{1}{2}\right)$ mit vielen Fehlerquellen (z.B. Einbettungsproblem: $2 = \frac{4}{2}$), statt Rückgriff auf anschauliche Bruchvorstellungen $\left(2 + \frac{1}{2} = 2\frac{1}{2}\right)$.

Subtraktion

Es treten dieselben Fehlertypen wie bei der Addition auf. Die Subtraktion „natürliche Zahl minus Bruchzahl" macht allerdings noch größere Probleme. Dies macht die Defizite in den anschaulichen Grundvorstellungen deutlich. Statt verständnisvollem Rechnen findet ein kalkülhaftes Abarbeiten statt. So lässt sich $5 - \frac{1}{2}$ nur aufgrund anschaulicher Vorstellungen ohne jeden Rechenkalkül lösen.

Aufgabenkommentare

1 Die Aufforderung „Lies und löse" in der Aufgabenstellung unterstreicht die Intention des auditiven Zugangs. Deshalb sollte nicht nur das Ergebnis, sondern die gesamte Aufgabe laut gelesen werden.

2 Die Intention der Aufgabe ist nicht das Training der Rechenfertigkeit, sondern die Verknüpfung der Rechenoperation mit Vorstellungen. Die Bruchzahlen sind so ausgewählt, dass die Lernenden sie mit vertrauten Bildern und Repräsentanten in Verbindung bringen können. Der Schwerpunkt liegt auch hier nicht auf dem Ergebnis, sondern vielmehr auf der begründeten Vorgehensweise.

3 Die Lernenden können sich an der Einstiegsaufgabe orientieren. Das bietet einen vielseitigen Einsatz dieser Aufgabe: Eine Teilaufgabe könnte sich unmittelbar an die Einführung anschließen, um die Grundvorstellung des Zusammenfügens weiterzuentwickeln. Die anderen Teilaufgaben eignen sich zum Wachhalten des Regelverständnisses im Verlauf des Lernprozesses.

4 bis 10 In den Aufgaben werden die Rechenfertigkeiten unter Berücksichtigung unterschiedlicher Aspekte trainiert.

5 Darstellen des Ergebnisses in gekürzter bzw. in gemischter Schreibweise.

6 Bruchzahlen mit schwierigerem Hauptnenner, geeignet zur Differenzierung für Lernende mit gutem Zahlverständnis und für fitte Kopfrechner.

9 Die Veranschaulichungen müssen immer wieder eingefordert und verwendet werden, um das Regelverständnis wach zu halten.

8 und 10 wiederholen das Ordnen und Vergleichen von Bruchzahlen.

12 Das Erkennen der Gesetzmäßigkeit einer Reihe und deren Anwendung zur Fortsetzung fördern die Kompetenz, mathematische Strukturen zu erfassen, zu formulieren und anzuwenden.

14 Die Berichtigung bzw. Erläuterung der Fehler sollte nicht nur auf der formal-abstrakten Ebene vorgenommen, sondern durch das Einbeziehen der Grundvorstellungen unterstützt werden.

16 Das Zahlenmaterial der Aufgabe ist so gewählt, dass ein Lösen über das gelernte Kalkül zu aufwändig ist. Die Suche nach geeigneteren Lösungsstrategien fördert die Beweglichkeit des Denkens und fordert den Lernenden auf, sich mutig von festgefahrenen Vorgehensweisen zu lösen, um intuitiv und kreativ die eigenen Vorkenntnisse und Erfahrungen einzubringen. Das heißt zum Beispiel: In Teilaufgabe a) kann der Lernende auch wie folgt argumentieren: Die Summe ist kleiner als 1, weil die beiden Summanden kleiner sind als ein Halb. In Teilaufgabe d): Der zweite Summand ist größer als 1, also muss die Summe auch größer 1 sein.

17 Leistungsstarke Lernende können durch die übergeordnete Fragestellung nach dem kleinsten und größten Summenwert zur Entwicklung und Verwendung einer Strategie angeregt werden (Niveau B). Schwächere starten durch das Probieren verschiedener Wege.

Aufgabe? Skizze?! Lösung!

Heurismen sind Vorgehensweisen, die eine Orientierung und Impulse zum Weiterdenken geben können, ohne jedoch – wie etwa ein Algorithmus – eine Lösungsgarantie vorzugeben. Sie unterstützen die geistige Beweglichkeit – eine für erfolgreiches Problemlösen zentrale Qualität des Denkens. Somit ist das Erlernen heuristischer Strategien eine wichtige Voraussetzung für die Entwicklung der Problemlösekompetenz.

Die drei heuristischen Hilfsmittel
– informative Figur,
– Tabelle und
– Gleichung
eignen sich besonders gut, um eine Aufgabensituation auf das Wesentliche zu reduzieren und zu strukturieren. Das Ziel ist das schrittweise bewusste Anwenden heuristischer Strategien zum Lösen mathematischer Probleme. Zum Erlernen von Heurismen ist die Kenntnis und das Training dieser Strategien notwendig. Erst dann können sich nach eigenen Präferenzen persönliche Problemlösemodelle entwickeln.

Im Methodenkasten lernen die Schülerinnen und Schüler die Anwendung einer informativen Figur (und eines Terms) kennen. Die anschließenden Aufgaben eignen sich zum Üben der neuen Methode.

Mit der Lösungsdarstellung der Musteraufgabe wird das heuristische Hilfsmittel der informativen Figur eingeführt. Die Schülerinnen und Schüler lernen, dass durch eine sinnvolle Veranschaulichung die Zusammenhänge einer Aufgabensituation entschlüsselt werden können. Nachdem der Nutzen dieser Strategie thematisiert wurde, schließt sich ein Training der neu gelernten Vorgehensweise an. Nur durch das selbstständige Erproben wird die heuristische Strategie in das eigene Repertoire übernommen.
Über die Veranschaulichung durch eine informative Figur und die daraus abgeleitete Rechenoperation entsteht eine Vernetzung algebraischer und geometrischer Wissenselemente. Sie fördert die Mathematisierungsfähigkeit der Lernenden.

21 Die Lernenden sind darauf eingestellt, zur Lösung einer Aufgabe bestimmte Berechnungen anzustellen. Die Lösung dieser Aufgabe kann jedoch auch argumentativ – ohne Berechnung eines exakten Wertes – gelöst werden. Das ergibt sich aus der Fragestellung, die nur den Sieger und keine Reihenfolge verlangt:
Beispiel für Begründungen:
37% ist mehr als ein Drittel, 27% weniger und die fehlenden 34% sind nur wenig mehr als ein Drittel.

3 Vervielfachen von Brüchen

Intention der Lerneinheit
– eine Bruchzahl mit einer natürlichen Zahl multiplizieren
– die Multiplikation als verkürzte Addition auffassen

Der Sonderfall der Multiplikation eines Bruches mit einer natürlichen Zahl knüpft an natürliche Vorstellungen der Lernenden an (vgl. folgenden Exemplarischen Kommentar *Multiplikation von Brüchen*). In dieser Lerneinheit wird das Verständnis für die allgemeine Multiplikationsregel vorbereitet. Dabei sollte der Schwerpunkt nicht auf der Entwicklung des Automatismus, sondern auf der des Verständnisses liegen. Das bedeutet auch, dass die Rechenregel nicht so sehr betont werden sollte. Sie stellt sich bei Anwendungsaufgaben von selbst ein, wenn die Vorstellungsgrundlage gründlich erarbeitet wurde und fortan wachgehalten wird.

> **Exemplarischer Kommentar**
> **Multiplikation von Brüchen**
>
> Es sind drei Fälle zu unterscheiden:
> 1. natürliche Zahl mal Bruchzahl
> 2. Bruchzahl mal natürliche Zahl
> 3. Bruchzahl mal Bruchzahl
>
> Der erste Fall ist der leichteste, weil er an bereits vorhandene Vorstellungen der Lernenden anknüpft. Er wird deshalb auch im Schülerbuch zuerst betrachtet. Die Einführung erfolgt analog dem in der Grundschule aufgebautem Hintergrund. Multiplizieren heißt hier (wie bei den natürlichen Zahlen): mehrfache Addition des gleichen Summanden.
> Der zweite Fall kann nicht über die wiederholte Addition eingeführt werden (Beispiel: $\frac{2}{5}$ mal 3: die Zahl 3 kann offensichtlich nicht $\frac{2}{5}$ mal addiert werden). Oft wird das Problem über das Vertauschungsgesetz gelöst $\left(\frac{2}{5} \text{ mal } 3 = 3 \text{ mal } \frac{2}{5}\right)$. Der Nachteil dieser Vorgehensweise ist, dass die Lernenden oft kritiklos die Gültigkeit des Kommutativgesetzes annehmen. Gerade im Hinblick auf den dritten Fall ist zur Einführung der „*von*-Ansatz" geeigneter: „$\frac{2}{5}$ mal 3" wird als „$\frac{2}{5}$ von 3" betrachtet. Die Analogie zwischen „Bruch mal" und „Bruchteil von" kann den Lernenden anhand von Aufgaben der folgenden Art aufgezeigt werden:
> Ein Sportler läuft $2\frac{1}{2}$-mal eine 400-m-Bahn.
> Lösungsweg: $2\frac{1}{2} \cdot 400\,\text{m} = 2 \cdot 400\,\text{m} + \frac{1}{2} \cdot 400\,\text{m}$.
> Die Lernenden erkennen, dass $\frac{1}{2}$-mal sinnvoll als $\frac{1}{2}$ von interpretiert wird.

Der dritte Fall sollte analog dem zweiten behandelt werden: „Bruch mal Bruch" bedeutet „Bruch von Bruch".

Für das Schülerbuch ergibt sich damit die folgende Reihenfolge: Zuerst wird der Fall natürliche Zahl mal Bruch behandelt. Daran schließt sich die hiermit eng zusammenhängende Division eines Bruches durch eine natürliche Zahl an. Am Schluss werden die Multiplikation und die Division von Brüchen parallel behandelt.

Tipps und Anregungen für den Unterricht

– Aufgaben der Art „Bruchzahl mal natürliche Zahl" sollten, wie in obigem Exemplarischen Kommentar beschrieben, an dieser Stelle nicht bearbeitet werden.
– Das ► Serviceblatt „Vervielfachen von Brüchen", Seite S 31, enthält Aufgaben zum Verständnisaufbau und kann gut nach dem Einstieg eingesetzt werden.
– Vergleiche der Multiplikation eines Bruches mit einer natürlichen Zahl und dem Erweitern sollten verstärkt thematisiert werden (vgl. folgenden Exkurs *Typische Fehler bei der Multiplikation*).

Einstiegsaufgabe

Die Einstiegsaufgabe führt zur Addition von gleichen Bruchteilen. Das Aufstellen einer entsprechenden Multiplikationsaufgabe sollte durch den Lehrer initiiert werden (Erinnerung an das Grundschulwissen).

Aufgabenkommentare

6 und **8** sind Übungen, die die Einsicht in den Rechenalgorithmus erhöhen. Werden die Aufgaben durch Probieren gelöst, entspricht dies Niveau A. Kompetenzen auf Niveau B werden erreicht, wenn die Aufgaben durch mathematisch-analytisches Denken gelöst und dabei die Zusammenhänge erkannt und für die Lösung verwendet werden.

7 Durch die Aufgabe wird die Multiplikation vom Erweitern abgegrenzt (vgl. folgender Exkurs *Typische Fehler bei der Multiplikation*).

10 Die offene Fragestellung fordert einen Aspekt der *Leitidee Zahl* ein: Die Lernenden „können mathematische Beziehungen und Zusammenhänge in offenen Aufgaben herstellen". Offene Aufgaben erlauben prinzipiell eine Vielzahl von Lösungen. Die Diskussion deckt Niveauunterschiede auf: Die zusätzliche Berechnung der Unterschiede (Größenvergleich) und eine mögliche Umrechnung in Minuten verknüpft unterschiedliche Themenbereiche.

Exkurs — Typische Fehler bei der Multiplikation eines Bruches mit einer natürlichen Zahl

Bei dieser Form der Multiplikation treten in der Praxis die meisten Fehler auf (vgl. Padberg, Friedhelm: *Didaktik der Bruchrechnung*, Spektrum Akademischer Verlag, Heidelberg 1995, Seite 118 ff.). Dies steht im Widerspruch zu den Aussagen des obigen Exemplarischen Kommentars *Multiplikation von Brüchen*, wonach dieser Aufgabentyp vom Verständnis her der einfachste ist. Ursache ist ein Fehlermuster, auf dem rund $\frac{2}{3}$ der Fehler beruhen. So beging in einer Untersuchung jeder vierte den folgenden Fehler:

$$n \cdot \frac{a}{b} = \frac{n \cdot a}{n \cdot b}$$

Multiplizieren und Erweitern, also inhaltlich völlig verschiedene Dinge, wurden verwechselt. Dies zeigt, dass die Lernenden auf dieser Stufe die Aufgaben nicht durch Rückgriff auf anschauliche Vorstellungen (Verständnis), sondern formal mithilfe der Regeln lösen (vgl. hierzu *Intention der Lerneinheit*, Seite K 28).

Solche auf mangelnder Einsicht beruhende Fehlleistungen können viele Ursachen haben:
– Bei der Einführung wird durch zu wenige bzw. ungeeignete Aufgaben nur eine oberflächliche Einsicht erreicht. Der neue Begriff wird nicht klar.
– Es wird zu früh formalisiert. Die Einsicht ist zwar anfänglich vorhanden, aber man lässt sie nicht ausreifen.
– Es wird versäumt, durch geeignete Maßnahmen die neuen Einsichten in verschiedenen Verknüpfungen zu wiederholen (operative Übungen).

4 Teilen von Brüchen

Intention der Lerneinheit

– eine Bruchzahl durch eine natürliche Zahl dividieren
– Entwicklung der für den Rechenalgorithmus notwendigen Grundvorstellungen

Die Division durch natürliche Zahlen wird an dieser Stelle behandelt, weil ein enger Zusammenhang zu der vorigen Lerneinheit besteht. Der Bruchoperator „$\frac{1}{2}$ **mal**" bedeutet im Sinne von „$\frac{1}{2}$ **von**" genau dasselbe wie der Operator: „**durch 2**". Auch hier ist das Verständnis für das Rechenverfahren für eine sichere Beherrschung entscheidend (vgl. obigen Exkurs). Regelformulierung und Automatisierung des Rechenalgorithmus stehen im Hintergrund.

Exemplarischer Kommentar
Division eines Bruches durch eine natürliche Zahl

Es sind zwei Fälle zu unterscheiden:
1. Die natürliche Zahl ist ein Teiler des Zählers.
2. Die natürliche Zahl ist kein Teiler des Zählers.

Der erste Fall lässt sich leicht und anschaulich mithilfe von Rechtecken oder Strecken klären. Die passende Regel „man dividiert den Zähler durch den Divisor und behält den Nenner bei" ist den Lernenden einsichtig.

Der zweite Fall kann über zwei Verfahrensweisen einsichtig gemacht werden:

a) Man erweitert den Bruch mit dem Divisor und gelangt so zu Fall 1. Auch dies ist mithilfe von Zeichnungen leicht zu veranschaulichen. Im Schülerbuch wurde dieser Weg im zweiten Beispiel der Einführung gewählt.

b) Man verzichtet auf das Erweitern. Das vorhandene Stück wird einfach in so viele Teilstücke aufgeteilt, wie der Divisor fordert (Beispiel: $\frac{1}{2} : 3 = \frac{1}{(2 \cdot 3)} = 1 : 6 = \frac{1}{6}$. Die auf diesen Fall passende Regel „man multipliziert den Nenner und behält den Zähler bei", wird im Schülerbuch durch die Behandlung von Fall a) vorbereitet und dann im Merkkasten formuliert. Durch die schrittweise Herangehensweise wird den Schülerinnen und Schülern diese Regel einsichtig.

Tipps und Anregungen für den Unterricht

– Das Serviceblatt ► „Teilen von Brüchen", Seite S 32, enthält Aufgaben zum Verständnisaufbau. Der Einsatz ist im Anschluss an die Einführungsaufgabe sinnvoll.

– Vergleiche mit dem Kürzen sollten verstärkt durchgeführt werden, um die Unterschiede herauszustellen.

– Der ► „Tandembogen Vervielfachen und Teilen von Brüchen", Seite S 33, bietet schülerzentrierte Übungen zur Multiplikation und Division durch eine natürliche Zahl.

Einstiegsaufgabe

Die Einstiegsaufgabe führt auf die zwei im Exemplarischen Kommentar angesprochene Fälle. Die Lernenden sollten nach dem Falten und der Problemstellung genügend Zeit für eigene Lösungsversuche haben. Eine anschließende Diskussion ist für den Verständnisaufbau wesentlich.

Aufgabenkommentare

3 bis 6 Operative Übungen für die Entwicklung vertiefter Einsichten und zur Erhöhung der Beweglichkeit des Denkens.

4 Gleichungsketten ermöglichen die selbsttätige Entdeckung von Zusammenhängen. Hier kann nicht nur der „triviale" Zusammenhang „je größer der Divisor, desto kleiner das Ergebnis" gefunden werden. Auch versteckte Gesetzmäßigkeiten wie „bei doppelt so großem Divisor wird das Ergebnis halbiert" bzw. „ist der Divisor ein Vielfaches oder ein Teiler des Zählers, kann ich vor dem Rechnen kürzen" können entdeckt werden. Solche Übungen vertiefen das Verständnis in den Rechenalgorithmus. Sie bereiten auch die Einführung der Division über Gleichungsketten vor (vgl. *Alternativer Einstieg in die Division*, Seite K 32).

8 Die Gegenüberstellung von Kürzen und Teilen dient hier weniger der Fehlervermeidung (vgl. folgenden Exkurs *Typische Fehler bei der Division*), sondern vielmehr der Interpretation der Ergebnisse: Die Einsicht, dass beim Kürzen der Wert des Bruches erhalten bleibt, muss wachgehalten werden (vgl. Exkurs *Typische Fehler bei der Multiplikation*, Seite K 29).

9 Die Einsicht in den Rechenalgorithmus wird erhöht (vgl. Hinweise zu den Aufgaben 6 und 8 in Lerneinheit *3 Vervielfachen von Brüchen*).

Exkurs
Typische Fehler bei der Division eines Bruches durch eine natürliche Zahl

Auch bei dieser Form der Division treten höhere Fehlerquoten auf als im Fall Bruch durch Bruch (vgl. Padberg, Friedhelm: *Didaktik der Bruchrechnung*, Spektrum Akademischer Verlag, Heidelberg 1995, Seite 135 ff.). In einer entsprechenden Untersuchung haben 10 % der Lernenden multipliziert statt dividiert. Nach der Behandlung der Division von zwei Brüchen versuchen einige Lernende, solche Aufgaben mithilfe der „Kehrwertregel" zu lösen. Die Lernenden müssen den Kehrwert einer natürlichen Zahl bilden (funktioniert nicht routinemäßig!) und so wird einfach mit der Zahl multipliziert. Weiterhin sind die Folgen einer gesonderten Regelformulierung zu beobachten, wie die beiden folgenden Fehlertypen zeigen:

$$\frac{3}{10} : 2 = \frac{3}{(10:2)} = \frac{3}{5}$$
$$\frac{3}{5} : 9 = \frac{9:3}{5} = \frac{3}{5}$$

Diese Fehlerhäufigkeit macht die Problematik von rein regelorientiertem Bruchrechnen deutlich.
Verwechslungen mit dem Kürzen spielen praktisch keine Rolle, weil es an „passenden" Aufgaben mangelt.

5 Multiplizieren von Brüchen

Intention der Lerneinheit
- Bruchzahlen multiplizieren
- Einsicht in das Verfahren aufbauen
- vor dem Rechnen auf das Kürzen achten

Nach der Behandlung des Vervielfachens von Brüchen und des Teilens durch natürliche Zahlen gewinnt man durch die Kombination dieser beiden Fälle die Multiplikationsregel. Zentrales Problem ist erneut (vgl. Exemplarischer Kommentar *Multiplikation von Brüchen*, Seite K 28) das Gleichsetzen von „Bruch mal" und „Bruchteil von".

Tipps und Anregungen für den Unterricht
- Die Einsicht in die Rechenregel für die Multiplikation von Brüchen kann durch Gleichungsketten vertieft werden. Das ► Serviceblatt „Multiplikationsreihen", Seite S 34, enthält entsprechende Aufgaben.
- Das Kürzen vor dem Rechnen sollte sorgfältig eingeführt werden. Die Sonderstellung des Verfahrens (gilt nur bei der Multiplikation und nicht bei der Addition und Subtraktion) muss thematisiert werden.

Einstiegsaufgabe
Die Einstiegsaufgabe wiederholt auf der ikonischen Ebene die in den vorangegangenen zwei Lerneinheiten erreichten Einsichten.

Aufgabenkommentare

1 und **6** Der Zusammenhang „$\frac{1}{2}$ von" und „mal $\frac{1}{2}$" wird geübt (vgl. folgenden Exkurs *Typische Fehler bei der Multiplikation von Brüchen*).

2 An dieser Aufgabe lässt sich die Gewinnung der Regel wiederholen.

5 Die Aufgabe stellt ein mathematisch sehr gehaltvolles Spiel vor. Es kann auch ohne Würfeln im Klassenverband gespielt werden. Die Angabe der „Würfelaugen" erfolgt durch die Lehrperson. Dabei haben sich Partnerpaare bewährt, die vor ihrer Entscheidung die Augenzahlverteilung diskutieren und sich dann einigen müssen.

> **Rechengesetze**
>
> Die Rechengesetze sind aus Band 1 bekannt und werden von den Lernenden selbstverständlich übertragen.
> Im Bereich der Bruchrechnung können Vertauschungs- und Verbindungsgesetz allerdings nur in Ausnahmefällen für vorteilhaftes Rechnen genutzt werden.

8 bis **10** operative Übungen

11 und **12** sind Übungen, die die Einsicht in den Rechenalgorithmus erhöhen. Die Lernenden erkennen, dass sich die Multiplikation von Bruchzahlen stark von den vertrauten Verhältnissen bei den natürlichen Zahlen unterscheidet. Während dort ein Vervielfachen (außer bei 0 und 1) immer ein Vergrößern bedeutet, trifft dies in dieser Absolutheit bei den Bruchzahlen nicht mehr zu.
Die Aufgaben regen zu selbsttätigem Forschen an, das höherwertige Kompetenzen fördert. Am Beispiel von Aufgabe 11 bedeutet dies:
- Vermutungen begründet äußern (Niveau B); in Teilaufgabe a): Der zweite Faktor muss kleiner als 1 (oder gleich 1) sein, weil bei der Multiplikation das Ergebnis dann kleiner wird als der angegebene Faktor oder – im Falle von 1 – gleich bleibt.
- Zusammenhänge, Ordnungen und Strukturen erkennen und beschreiben (Niveau B); in Teilaufgabe b): Ein Bruch mit seinem Kehrbruch multipliziert ergibt immer 1.
- für die Mathematik typische Fragen stellen und logisch schließen (Niveau C); in Teilaufgabe c): Wie kann ich die größtmögliche Zahl finden? Gibt es eine Gesetzmäßigkeit?

14 bis **17** Die Textaufgaben sprechen typische „von-Situationen" an (vgl. folgenden Exkurs *Typische Fehler bei der Multiplikation von Brüchen*).

> **Exkurs** **Typische Fehler bei der Multiplikation von Brüchen**
>
> Bei dieser Rechenart treten die wenigsten Fehler auf (vgl. Padberg, Friedhelm: *Didaktik der Bruchrechnung*, Spektrum Akademischer Verlag, Heidelberg 1995, Seite 115 ff.). Der Grund dafür ist in vielen Fällen die sehr einprägsame Regel und nicht das hohe Verständnis für diese Regel:

So schaffte beispielsweise ein halbes Jahr nach der (sorgfältigen) Einführung kein einziger Schüler eine konkrete, beispielgebundene Begründung der Multiplikationsregel. Auch bei der Umsetzung konkreter „von-Situationen" in die entsprechende Multiplikationsaufgabe haben die Lernenden größte Schwierigkeiten. So gaben nur 1% der Schülerinnen und Schüler die richtige Multiplikationsaufgabe bei der folgenden Textaufgabe an: „Schraffiere zuerst die Hälfte des (konkret vorgegebenen) Rechtecks. Färbe anschließend ein Viertel des schraffierten Teils schwarz. Welcher Bruchteil des ganzen Rechtecks ist schwarz gefärbt? Löse die Aufgabe rechnerisch." Dies verdeutlicht die großen Probleme, die die Lernenden mit der Verbindung von „von" und „mal" haben. Diese Schwierigkeiten können mit den unterschiedlichen mathematischen Bedeutungen des „von" begründet werden:

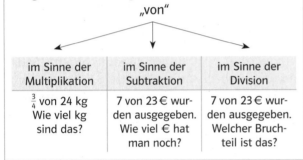

im Sinne der Multiplikation	im Sinne der Subtraktion	im Sinne der Division
$\frac{3}{4}$ von 24 kg Wie viel kg sind das?	7 von 23 € wurden ausgegeben. Wie viel € hat man noch?	7 von 23 € wurden ausgegeben. Welcher Bruchteil ist das?

6 Dividieren von Brüchen

Intention der Lerneinheit
– Bruchzahlen dividieren
– Einsicht in das Verfahren aufbauen
– die Regel auch auf Sonderfälle (gemischte Zahlen, natürliche Zahlen) übertragen

Die Herleitung der Divisionsregel gilt als eines der schwierigsten Themen in der Klassenstufe 6. Ein Grund ist, dass es nur sehr wenige passende Alltagssituationen gibt. Die geeignetste ist das „enthalten sein", das sich auch in den Einstiegsaufgabe des Schülerbuches findet. Die Regelableitung erfolgt anhand der Fragestellung, wie oft ein kleineres Maß in einem größeren Maß enthalten ist. Für den Verständnisaufbau ist es von ausschlaggebender Bedeutung, dass die Regel nicht zu schnell eingeführt wird. Zuerst sollte das Umsetzen der „enthalten-sein-Vorstellung" in eine Divisionsaufgabe (und umgekehrt) vertraut sein. Schnelles Regeleinführen führt zu verständnislosem Operieren und daraus resultierenden Fehlern (vgl. Exemplarischer Kommentar: *Regellernen*, Seite K24).

Einstiegsaufgabe
Die Einstiegsaufgabe führt auf der enaktiven Ebene zur „enthalten-sein-Vorstellung" der Division (vgl. Intention der Lerneinheit).

Alternativer Einstieg
Der alternative Einstieg betrachtet in der ersten Stunde nur den Fall „natürliche Zahl dividiert durch Bruchzahl" (► Serviceblatt „Einführung der Division", Seite S35). Der Einstieg verbindet die Vorstellung des „enthalten seins" mit der Methode der Gleichungsketten. Die Lernenden sammeln durch die Anwendung der Modellvorstellung Erfahrungen, bevor die Regel eingeführt wird. Zusätzlich wird betont, dass entgegen der bisherigen Gewohnheiten das Ergebnis der Division größer als der Dividend sein kann. Das Arbeitsblatt sollte entsprechend der Trennlinien in Abschnitten behandelt werden. Ein Transfer auf den allgemeinen Fall erfolgt durch die Einstiegsaufgabe des Schülerbuches.

Tipps und Anregungen für den Unterricht
– Das ► Serviceblatt „Divisions-Domino", Seite S36, trainiert alle möglichen Fälle der Division.
– Bei der Betrachtung der Division sollte wegen der Bedeutung bei Bruchtermen (Klasse 8) sowohl das eigene neutrale Element (1) als auch das der Addition (0) thematisiert werden. Die Division durch 0 ist bekanntlich nicht erlaubt.

Aufgabenkommentare

1 und **2** Die Teilaufgaben c) und d) von Aufgabe 1 und die Aufgabe 2 greifen die Vorstellung „enthalten sein" auf und halten so die Einsicht in das Rechenverfahren wach.

7 An diesen Gleichungsketten können wichtige Einsichten in den Rechenalgorithmus wiederholt und vertieft werden.

8 bis **10** Die Lernenden erkennen, dass sich die Division von Brüchen stark von den vertrauten Verhältnissen bei den natürlichen Zahlen unterscheidet. Während dort eine Division (außer bei Divisor 1) immer ein Verkleinern bedeutet, trifft dies in dieser Absolutheit bei den Bruchzahlen nicht mehr zu.
Die Aufgabe regt zu selbsttätigem Forschen an, das höherwertige Kompetenzen – wie beispielsweise logisches Schließen und Begründen – fördert.

12 Das Ordnen nach der Größe sollte durch Überlegung (ohne zu rechnen) erfolgen.

11 bis **13**, **15** und **16** operative Übungen

18 Bisher dienten Bruchstriche nur zur Darstellung von Bruchzahlen. In der Aufgabe wird er zum Termaufbau (Doppelbrüche) verwendet. Die Behandlung von Doppelbrüchen ist als propädeutische Aufgabe im Hinblick auf die Algebra zu sehen. Bei Termumformungen in der Algebra ist das Auftreten von Doppelbrüchen nur schwer zu vermeiden. Die Aufgabe verdeutlicht zusätzlich die Bedeutung des Bruchstriches (im Sinne von „geteilt"). Bei Verwendung von Doppelbrüchen sollte Wert auf die korrekte Schreibweise gelegt werden. Um Verwechslungen mit dem Hauptbruchstrich zu vermeiden, muss dieser länger gezeichnet sein.

20 und **21** Die Textaufgaben sprechen typische „enthalten-sein-Situationen" an. Sie verbinden dadurch den Rechenalgorithmus mit vertrauten Alltagssituationen. Die Lernenden werden diese Aufgaben meist ohne allzu große Überlegungen mithilfe der Divisionsregel lösen (das ist ja das aktuelle Thema!). Hier kann das Verständnis durch eine anschließende Erklärung (entsprechend der Einführung) wachgehalten werden.

22 Kumulative Aufgabe, wesentlich höhere Anforderungen, weil „von"- und „enthalten-sein"-Vorstellungen kombiniert werden: $\frac{1}{3}$ vom Ganzen sind $\frac{6}{4}$ Liter. Dann ist das Ganze $\frac{6}{4} : \frac{1}{3}$ oder $\frac{6}{4} \cdot 3$. Bei dieser Lösungsidee ist nicht nur „von" im Sinne von „mal", sondern zusätzlich die Umkehraufgabe notwendig. Beim folgenden Rechenschritt $\frac{18}{4} - \frac{6}{4} = \frac{12}{4} = 3$ ist „von" im Sinne der Subtraktion gemeint (von $\frac{18}{4}$ sind $\frac{6}{4}$ schon eingefüllt). Im letzten Schritt $\left(3 : \frac{3}{4}\right)$ wird schließlich die „enthalten-sein"-Vorstellung benötigt.

Exkurs — **Typische Fehler bei der Division von Brüchen**

Beim Dividieren durch Brüche treten relativ wenige typische Fehler auf (vgl. Padberg, Friedhelm: *Didaktik der Bruchrechnung*, Spektrum Akademischer Verlag, Heidelberg 1995, Seite 115 ff.). Großes Fehlerpotenzial bietet folgender Sonderfall: Natürliche Zahl durch Bruch $\left(2 : \frac{3}{4}\right)$; dies wird oftmals mit der entsprechenden Multiplikationsaufgabe $\left(2 \cdot \frac{3}{4}\right)$ verwechselt. Bei Anwendung der allgemeinen Regel treten Einbettungsprobleme auf $\left(2 = \frac{2}{2} \text{ statt } \frac{4}{2}\right)$.

---

7 Punkt vor Strich. Klammern

Intention der Lerneinheit
– Terme mit Klammern berechnen
– Regel „Punkt vor Strich" und das „Verteilungsgesetz" auch bei Bruchzahlen anwenden
– das Verteilungsgesetz für vorteilhaftes Rechnen nutzen
– Terme in der geforderten Darstellung schrittweise lösen

Die aus Band 1 bekannten Rechenregeln werden aufgegriffen und auf das Rechnen mit Bruchzahlen übertragen. Mit diesen Rechenregeln erhalten die Lernenden das notwendige Instrumentarium, um Terme – vor allem in der Algebra – umformen zu können.

Tipps und Anregungen für den Unterricht
– Das Distributivgesetz ist im Hinblick auf das Auflösen von Klammern in der Algebra von besonderer Bedeutung. Die im Schülerbuch verwendete Form der Darstellung unter den Beispielen ist im Hinblick auf algebraische Terme und Gleichungen wichtig. Sie sollte sorgfältig kontrolliert werden.
– Die Lösung von langen Termen mit komplizierten Zahlen ist nicht mehr im Sinne des neuen Bildungsplans. Solche Aufgaben bilden keine neuen Kompetenzen aus. Sie führen bestenfalls (unter hohem Zeitaufwand!) zu einer Verbesserung der Rechenfertigkeit. Das Schülerbuch verzichtet deshalb auf solche Aufgaben zugunsten von operativen Aufgabenstellungen und problemorientierten Aufgaben, die einen Kompetenzzuwachs ermöglichen.

Einstiegsaufgabe
Die durch die Aufgabenstellung initiierte Diskussion führt auf die zwei wichtigen Regeln „Klammer zuerst" und „Punkt vor Strich") und auf das Verteilungsgesetz.

Aufgabenkommentare

3 und **4** Rechenbäume sollten als Veranschaulichung des Rechenwegs eine Hilfe für die Lösung sein. Sie spielten in Band 1 eine wichtige Rolle zur Verdeutlichung der Rechenregeln. Für Lernende, die Rechenbäume nicht gewohnt sind, sind diese jedoch häufig eine Erschwernis.

7 Die Aufgabe sollte propädeutisch für die Algebra gesehen werden. Für die Variablen (hier als gezeichnete Symbole) eines Terms werden Zahlen eingesetzt und der Termwert wird berechnet. Für die Lösung von Teilaufgabe c) sollten die Begrifflichkeiten nochmals geklärt werden:

$a \cdot b + c \rightarrow$ Summe

$a \cdot (b + c) \rightarrow$ Produkt

$a - b \cdot c \rightarrow$ Differenz

$(a - b) : c \rightarrow$ Quotient

Diese Festlegungen sind für die Lernenden oftmals schwierig, spielen im nachfolgenden Realschulunterricht bei der Formulierung von Regeln aber eine große Rolle (z. B. Kürzen von Summen, Produkten).

Exkurs   Typische Fehler bei Termumformungen

Fehler werden hier weniger durch Verstöße gegen die Rechenregeln als durch Rechenschwierigkeiten im Bereich des Bruchrechnens verursacht. Weitere Fehler passieren häufig durch eine unübersichtliche Darstellung.

Üben • Anwenden • Nachdenken

Aufgabenkommentare

3 und **9** Niveau A: Die Lernenden gelangen durch Probieren zu einer Lösung.

Niveau B: Durch eine begründete Vorgehensweise wird das Ergebnis abgeschätzt bzw. vorhergesagt. Viel wichtiger als die Ergebnisse sind bei dieser Aufgabe die Vorüberlegungen, die zur Auswahl und Anordnung von Zahl und Rechenzeichen führen.

4   Das Fortsetzen der Reihen erhöht die Rechenfertigkeit. Bei der Besprechung der Aufgaben führen folgende Zusatzfragen zu einem interessanten Unterrichtsgespräch:

– Würde die Multiplikation schneller zur gewünschten Endzahl führen?

– Welche Wirkung hätte die wiederholte Division durch eine Bruchzahl, die größer ist als 1?

u. ä.

5 bis **7** Die Lückenaufgaben mit Bruchzahlen bereiten den Lernenden größere Schwierigkeiten als mit natürlichen Zahlen. Die zur Lösung notwendigen Strategien wie Umkehraufgabe, gleichnamig machen, Erweitern oder in die Bruchschreibweise umwandeln sind notwendige Voraussetzungen, die den Lernenden vor dem Bearbeiten der Aufgabe ins Bewusstsein gerufen werden sollten.

Experimentieren mit Brüchen

Der Reiz dieser Aufgaben liegt in der Vorhersage der Ergebnisse der Folgeaufgabe, ohne sie mühsam nach typischem Lösungsmuster zu berechnen. Dabei ist die Motivation oftmals so groß, dass die zur Überprüfung notwendigen, zum Teil aufwändigen Rechnungen gern in Kauf genommen wird.

---

20 Diese Zahlenrätselaufgaben halten die mathematischen Fachausdrücke für die Rechenoperationen wach.

Ägyptische Bruchrechnung

Schülerinnen und Schüler sind häufig sehr interessiert an der geschichtlichen Entwicklung der Mathematik und so lassen sie sich häufig gern dazu anregen, ebenso wie vor 3500 Jahren zu rechnen. Die primäre Intention dieses Zeitfensters ist es nicht, die Stammbrüche zu kennen oder sie erzeugen zu können. Es geht hier vielmehr um die Freude am geschichtlichen Hintergrund und um das eigenständige Nachvollziehen der vorgestellten Rechentätigkeit. Die Thematik eignet sich gut für die selbstständige Erarbeitung einer kleinen Präsentation, die der gesamten Klasse vorgestellt werden kann.

Mischungen

Die zur Lösung notwendigen Rechenoperationen sind aus der Aufgabe nicht sofort ersichtlich. Das bedeutet, dass die Lernenden sich auf die Suche nach Lösungsstrategien machen müssen. Die Anwendung früher gelernter heuristischer Strategien sind hier gefragt.

Das Vorstellen und Erläutern der eigenen Lösungsversuche ist für alle Lernenden gewinnbringend.

---

22 Der Prozentbegriff sollte in angemessenen Abständen wiederholt werden.

26 Die Aufgabe ist durch ihre Darstellung ungewohnt. Die Schülerinnen und Schüler müssen die zur Lösung nötigen Informationen aus Text, Tabelle und Zeichnung herausfiltern.

4 Dezimalbrüche

Kommentare zum Kapitel

Dezimalbrüche begegnen uns häufig im Alltag, z.B. als Preis-, Gewichts- oder Längenangaben. Aus diesem Grund ist die Dezimalbruchrechnung als ein zentraler Teil der Bruchrechnung zu betrachten. Außerdem fällt die Motivation der Schülerinnen und Schüler aufgrund der vielen vorhandenen Anwendungen wesentlich leichter als bei gewöhnlichen Brüchen. Trotz allem wird die Dezimalbruchrechnung – wie Untersuchungen zeigen – von Schülern ähnlich schlecht beherrscht wie das Rechnen mit gewöhnlichen Brüchen. Es ist deshalb notwendig, zunächst ein grundlegendes Verständnis des Dezimalbegriffs aufzubauen. Das heißt, dass erst nach einer langen Phase des anschaulichen Operierens mit dem Rechnen begonnen wird.

In Band 1 wurden die Dezimalbrüche bereits in einer Lerneinheit behandelt. Hier stand insbesondere der Größenaspekt im Vordergrund. Im vorliegenden Kapitel wird hingegen vermehrt der Zahlaspekt berücksichtigt.

Intention und Schwerpunkt des Kapitels

Im Zentrum steht die Veranschaulichung und die Schulung des Vorstellungsvermögens im Umgang mit Dezimalbrüchen. Dadurch wird die Grundlage für das Rechnen geschaffen. Wichtige Aspekte sind:

- erfassen der Dezimalbrüche als „wirkliche" Brüche und dementsprechend die Umwandlung von gewöhnlichen Brüchen in Dezimalbrüche und umgekehrt
- Grundverständnis für Dezimalbrüche
- runden und vergleichen von Dezimalbrüchen

Bezug zu den Bildungsstandards

Leitidee Messen: Die Schülerinnen und Schüler
- erhalten eine Vorstellung von Zahlen und Größen.
- können Einheiten von Zeit, Masse, Geld, Länge, Fläche, Volumen hinsichtlich ihrer Verwendung auswählen sowie Größenangaben umwandeln.
- entwickeln ein „Gefühl" für Größenordnungen und Zusammenhänge.
- können Messergebnisse und berechnete Größen in sinnvoller Genauigkeit darstellen.

Leitidee Zahl: Die Schülerinnen und Schüler
- vertiefen ihre Einsichten in den Aufbau des Dezimalsystems.
- können Zahlen vergleichen und ordnen.
- haben Einsicht in die Notwendigkeit der Zahlbereichserweiterung.

Weiterführende Hinweise

Besonders wichtig bei der Behandlung der Dezimalbrüche ist die Abgrenzung gegenüber dem meist unreflektierten Gebrauch der Dezimalzahlen in der Grundschule. Hier wurde das Komma oft nur als „Trennmarke" oder „Größensortenmarkierung" zwischen größeren und kleineren Einheiten verwendet (Beispiel: 6,50 € = 6 € und 50 ct). Aus diesem Grund sind die vertrauten Preisangaben (6,50 €) für die Ersteinführung eher ungünstig. Die für das Verständnis entscheidenden Aspekte wie etwa der des Bruchcharakters und der dezimalen Stellenschreibweise werden dadurch überlagert.

Auftaktseite: Genauer geht's nicht

Immer genauer

Die Überschrift greift eine aus dem Sport bekannte Thematik auf. Anhand von Längen aus dem Bereich des Sports werden das Verkleinern der Größeneinheit und die entsprechende Dezimalschreibweise aufgezeigt. Das Schülerbuch greift hier den im ersten Band (Kapitel *8 Brüche*, Lerneinheit *3 Dezimalbrüche*) behandelten „Verfeinerungsaspekt" auf und bringt die Dezimalbrüche mit Fragen der Genauigkeit in Verbindung.

Grenzen der Sportzeitmessung

Die Problematik der immer genaueren Messungen wird angesprochen. Damit werden spätere Betrachtungen zum sinnvollen Runden vorbereitet (vgl. auch *Leitidee Messen:* Die Lernenden können Messergebnisse in sinnvoller Genauigkeit darstellen). Die Aufgaben im Schülerbuch sollten ebenfalls unter dem Gesichtspunkt einer sinnvollen Genauigkeit gelöst werden.

1 Dezimalschreibweise

Intention der Lerneinheit

Die in Band 1 behandelte Bedeutung der dezimalen Schreibweise wird wiederholt und vertieft.
- Dezimalbrüche in gewöhnliche Brüche umwandeln
- gewöhnliche Brüche mit den Nennern 10; 100; 1000 usw. als Dezimalbrüche schreiben
- den Stellenwert bei Dezimalbrüchen angeben
- wissen, dass das Anhängen von Endnullen den Wert eines Dezimalbruches nicht verändert und im Zusammenhang zum Erweitern steht

Tipps und Anregungen für den Unterricht
- Das Vorwissen aus Klasse 5 erlaubt den Einstieg mithilfe eines Partnerarbeitsblattes (► Serviceblatt „Brüche und Dezimalbrüche – Partnerarbeitsblatt" Seiten S 38 und S 39), das das einfache Umwandeln von Brüchen in Dezimalbrüche und umgekehrt anhand von Größen übt.
- Bei Problemen kann das ► Arbeitsblatt „Beim Sportfest" aus Band 1 (Serviceband 1, ISBN 3-12-740352-6, Seite S 68) erneut eingesetzt werden.

Einstiegsaufgabe
Die Einstiegsaufgabe greift die von der Auftaktseite bekannte Genauigkeits- und Messproblematik auf. Anhand der daraus entstehenden Diskussionen wird das Vorwissen aus Klasse 5 reaktiviert und vertieft.

Aufgabenkommentare

3 Die Aufgaben können zu unterschiedlichen Lösungen führen. Eine anschließende Diskussion vertieft die Einsichten in die Dezimalbruchschreibweise.

5 Es sollte auch eine Begründung für das Weglassen der Nullen verlangt und der Zusammenhang zum Erweitern hergestellt werden.

6 Kumulative Aufgabe; das Wissen über Dezimalbrüche wird mit dem Wissen über Größen vernetzt.

8 und **9** Die Aufgaben erfordern zur Lösung die in Aufgabe 6 hergestellten Zusammenhänge.

2 Vergleichen und Ordnen von Dezimalbrüchen

Intention der Lerneinheit
- wissen, dass der kleinere Dezimalbruch am Zahlenstrahl weiter links steht
- Dezimalbrüche nach ihrer Größe ordnen
- Dezimalbrüche auf Zehntel, Hundertstel usw. runden
- Größen auf vorgegebene Einheiten runden

Tipps und Anregungen für den Unterricht
- Das Vergleichen und Ordnen von Dezimalbrüchen spielt in unserer Umwelt eine wichtige Rolle. Der Vorgang ist den Lernenden aus vielen Zusammenhängen bekannt. Deshalb ist der Schritt von der dezimalen Schreibweise zum Ordnen problemlos. Dabei wird stets thematisiert, dass die Anzahl der Dezimalen nicht maßgeblich für die Größe eines Dezimalbruches ist. Dazu ist ein Rückgriff auf Größen und dort vorhandene Vorstellungen möglich. Beispiel:
  $1,3 € > 1,26 €$, da $1,3 € = 1 € 30 \,ct$ und $1,26 € = 1 € 26 \,ct$.
  Oder: $0,009 \,km < 0,1 \,km$, da $9 \,m$ weniger als $100 \,m$ sind.
- Beim Lesen sollte auf eine korrekte Sprechweise („Null Komma vier fünf") geachtet werden. Die aus der Grundschule bekannte Lesart „Null Komma fünfundvierzig" kann Ursache für den typischen Fehler 1 sein (vgl. Exkurs Typische Fehler beim Runden und Vergleichen, Seite K 37).
- Die Rundungsregeln wurden im fünften Schuljahr im Bereich der natürlichen Zahlen behandelt und werden von den Lernenden problemlos auf Dezimalbrüche übertragen. Sie sind die Grundlage für das im Alltag und in mathematischen Anwendungsaufgaben geforderte Überschlagsrechnen.
- Das ► Serviceblatt „Tandembogen Vergleichen", Seite S 37 bietet Übungen zum Vergleichen von Dezimalbrüchen, die nicht nur reines Abarbeiten, sondern insbesondere Begründungen für die verschiedenen Zusammenhänge einfordern.

Einstiegsaufgabe
Die Einstiegsaufgabe greift das Thema Sport erneut auf. Anhand des Zahlenmaterials lassen sich passende Regeln leicht erarbeiten. Methodisch empfiehlt sich zuerst Einzelarbeit mit anschließender Diskussion in Partnerarbeit.
Die Verwendung authentischer Zahlen, z. B. vom letzten Sportfest, erhöht die Motivation.

Alternativer Einstieg
Das Vorwissen erlaubt einen sehr handlungsorientierten alternativen Einstieg. Der Lehrer notiert etwa zehn Dezimalbrüche auf Papier und verteilt diese an die Schülerinnen und Schüler. Diese müssen sich entsprechend der Größe aufstellen. Die anderen Schüler überprüfen die Aufstellung, schlagen Korrekturen vor und begründen ihre Meinung. Diese Begründungen führen auf die Ordnungskriterien. Die Aufstellung legt den Vergleich zum Zahlenstrahl nahe und verdeutlicht, dass die kleinere Zahl weiter links steht.

Aufgabenkommentare

5 Durch das Begründen der Antworten erreichen die Schüler ein höheres Niveau. Beispiel:
Eine Lösung durch systematisches Probieren, wie etwa durch das Aufschreiben aller zwischen den beiden angegebenen Zahlen liegenden Dezimalzahlen und anschließendes Abzählen entspräche

Niveau A. Das Aufstellen einer Lösungsstrategie dagegen Niveau B. Eine mögliche Lösungsstrategie wäre: Die Differenz der beiden Zahlen bilden, diese halbieren und den Wert zur kleineren der beiden Zahlen addieren. Dies ist in Teilaufgabe a) noch relativ leicht, in b) schon deutlich schwieriger.

6 Die Verwendung von Kärtchen macht den Zusammenhang zwischen der Ziffer, dem entsprechenden Stellenwert und der tatsächlich entscheidenden Stelle besonders deutlich. Das Hantieren mit diesem konkreten Material erlaubt ein freieres Operieren und Ausprobieren. Die Karten lassen sich schnell herstellen, indem an je eine Zweiergruppe fünf Notizzettel verteilt, auf die dann die Zahlen und das Komma geschrieben werden.

8 Die Teilaufgaben a) bis c) verdeutlichen die Dichte der Dezimalbrüche. Teilaufgabe d) ist kumulativ, da die Entscheidung durch einfaches Umformen in die gemischte Schreibweise erleichtert werden kann.

11 Die Aufgabe bereitet die später folgenden proportionalen Zuordnungen vor. Eine genaue Betrachtung oder gar eine exakte Berechnung ist an dieser Stelle nicht sinnvoll.

15 und **16** Hier sollte bei der Bearbeitung das sinnvolle Runden angesprochen werden (vgl. *Leitidee Messen:* Die Lernenden können Messergebnisse und berechnete Größen in sinnvoller Genauigkeit darstellen).

17 und **18** sind die Umkehraufgaben zu den Aufgaben 15 und 16. An dieser Stelle kann die Auswirkung eines Anhängens von Endnullen (vgl. folgender Exkurs) diskutiert werden.

Exkurs	Typische Fehler beim Vergleichen und Runden

Vergleichen
Bekannt sind die folgenden Fehlertypen (vgl. Padberg, Friedhelm: Didaktik der Bruchrechnung, Spektrum Akademischer Verlag, Heidelberg 1995, Seite 171 ff.):
1. „Kein-Komma-Strategie": Die Lernenden lassen einfach das Komma weg. Anschließend wird die Ordnung der natürlichen Zahlen übertragen (Beispiel: 0,1 < 0,099, weil 1 < 99).
2. „Komma-trennt-Strategie": Das Komma trennt den Dezimalbruch in zwei natürliche Zahlen, die dann getrennt voneinander verglichen werden.

3. „Je-mehr-Dezimalen-desto-kleiner-Strategie":
Je weiter rechts eine Ziffer steht, desto kleiner wird ihr Stellenwert. Hieraus wird der falsche Schluss gezogen, dass die Zahl mit den meisten Dezimalen die kleinste ist.

Die aufgelisteten Fehler treten relativ selten auf. In einer Untersuchung machten nur 8 % der Gymnasiasten, jedoch immerhin 20 % der Realschüler solche Fehler.

Runden
Ein bekannter Fehler beim Runden:
Bei 0,349 wird auf Zehntel gerundet:
0,349 ≈ 0,35 ≈ 0,4. Der Fehler basiert auf der formalen Regel, die verständnislos bzw. falsch angewendet wird. Die Einsicht in die Regel („liegt näher bei") verhindert solche Fehler.
Der „schwierige" Fall, dass sich das Runden auf mehrere Ziffern auswirkt, kann ebenfalls zu Problemen führen (15,999 soll auf Zehntel gerundet werden, also 16,0 und nicht 16).
Ein weiterer Fehler ist das Anhängen von Endnullen an die gerundete Zahl: 3,42 m ≈ 3,4 m ≈ 3,40 m. Solche Darstellungen tauchen noch in der Abschlussprüfung auf und dürfen nicht toleriert werden. Längenangaben wie 3,4 m geben auch Auskunft über die Messgenauigkeit. Die Angabe 3,4 m bedeutet: Die wahre Länge liegt zwischen 3,35 m (einschließlich) und 3,45 m (ausschließlich). Die Angabe 3,40 m bedeutet dagegen: Die wahre Länge liegt zwischen 3,395 m (einschließlich) und 3,405 m (ausschließlich).

3 Umwandeln von Brüchen in Dezimalbrüche

Intention der Lerneinheit
– Brüche durch Erweitern umformen
– die wichtigsten Nenner kennen, die auf 10; 100; 1000 erweitert werden können
– entscheiden, ob sich ein vorgegebener Bruch durch Erweitern oder Kürzen in einen Dezimalbruch umformen lässt
– gewöhnliche Brüche durch Dividieren von Zähler und Nenner in Dezimalbrüche umwandeln

Tipps und Anregungen für den Unterricht
– In Lerneinheit *1 Dezimalschreibweise* haben die Schülerinnen und Schüler bereits gewöhnliche Brüche mit den Nennern 10; 100; 1000 usw. in Dezimalbrüche umgeformt. Dieser Zusammenhang wird nun weiter ausgebaut. Dazu werden zwei Verfahren angeboten:
  1. Umformen durch Erweitern oder Kürzen
  2. Umformen durch Division

Der Divisionsalgorithmus führt auch zur Periodizität. Diese Fälle werden aus Rücksicht auf schwächere Schüler erst in der nächsten Lerneinheit betrachtet, wenn das Verfahren gefestigt ist.

- Das Divisionsverfahren sollte erst nach ersten Übungen eingeführt werden. Die Schüler sollten vorher die Nenner kennen, die sich für das Erweiterungsverfahren eignen, damit sie nicht blind mit dem Dividieren anfangen.
- Die ▶ Serviceblätter „Quadromino – Brüche, Dezimalbrüche und Prozente", Seite S 40 und S 41, bieten eine spielerische Übung der unterschiedlichen Schreibweisen in Gruppenarbeit.

Einstiegsaufgabe

Die unterschiedlichen Angaben machen ein Umformen notwendig, um den geforderten Vergleich durchführen zu können. Dabei sollten beide Möglichkeiten (Umformen in Dezimalbrüche sowie Umformen in gewöhnliche Brüche) diskutiert und bewertet werden. Das einfache Zahlenmaterial erfordert noch kein Divisionsverfahren.

Aufgabenkommentare

4 Die Aufgabe wird am besten nach Behandlung des Divisionsverfahrens bearbeitet. Bei den Nennern 8 und 125 ist es für viele leichter, durch eine Division ans Ziel zu gelangen. Der Bruch $\frac{10}{8}$ legt dagegen Kürzen mit nachfolgendem Erweitern nahe. Die Aufgabe führt so zu interessanten Diskussionen über den leichtesten Umwandlungsweg und schult damit wichtige Kompetenzen *(einfache mathematische Sachverhalte mündlich oder schriftlich ausdrücken; kommunizieren und mathematisch argumentieren)*.

Randspalte

Zur Fehlererkennung sollten die Lernenden beim Divisionsverfahren auf dieses Wissen zurückgreifen können.

7 Kumulative Aufgabe, in der der Zusammenhang zu Größen und deren Umwandlungszahlen hergestellt wird.

> **Prozent** *i*
>
> Der Zusammenhang von Prozent und Dezimalbruch ist für das Prozentrechnen mit dem Taschenrechner wichtig. Eine Mischung aus unterschiedlichen Fragestellungen ermöglicht die Gewinnung von nachhaltiger Einsicht:
> - offene Fragestellungen
> - operative Fragestellungen (Umkehraufgaben)
> - Begründungen und Interpretationen
> - Vergleiche

4 Periodische Dezimalbrüche

Intention der Lerneinheit

- wissen, dass sich jeder Bruch in einen abbrechenden oder in einen periodischen Dezimalbruch umformen lässt
- die Schreibweise für periodische Brüche kennen
- wissen, dass erst nach Auftreten der Periodizität eine genaue Angabe als Dezimalbruch möglich ist

Im Schülerbuch wird auf eine Unterscheidung von rein periodischen und gemischt periodischen Dezimalbrüchen verzichtet. Sie ist sowohl für das Verständnis als auch rechnerisch ohne Bedeutung.

Tipps und Anregungen für den Unterricht

- Die Einführung in das Phänomen der Periodizität ist über Drittel – wie es auch im Schülerbuch der Fall ist – besonders geeignet. Hier können leistungsstärkere Schülerinnen und Schüler auch eine Begründung finden: Bei jedem Rechenschritt tritt derselbe Rest auf. Überträgt man den Rest in der Stellenwerttafel eine Spalte nach rechts und dividiert erneut durch 3, so erhält man wiederum denselben Rest (vgl. dazu auch die Anmerkungen im Exkurs: *Teilbarkeitsregeln*, Seite K 11). Daher wiederholt sich dieser Vorgang unbegrenzt.
- Auch bei periodischen Dezimalbrüchen lässt sich ein Zusammenhang zur Prozentschreibweise herstellen. Die Lernenden bringen dazu alle Voraussetzungen mit, da das Runden auf zwei Dezimalen und der Prozentbegriff vorbereitet sind (vgl. Info-Kasten auf Schülerbuchseite 86).
- An einem Beispiel sollten Schülervorschläge zur Schreibweise periodischer Dezimalbrüche gesammelt werden. Die Diskussion führt zu vertieften Einsichten in die in der Mathematik übliche Schreibweise. Das Beispiel $\frac{5}{6} = 0,8\overline{3}$ hat sich bewährt. Folgende Schülervorschläge sind denkbar:

$\frac{5}{6} = 0,8333$

$\frac{5}{6} = 0,83 \ldots$

$\frac{5}{6} = 0,83$ usw.

$\frac{5}{6} = 0,833 \ldots$

Aus der Erkenntnis, dass keine dieser Schreibweisen eindeutig ist, lässt sich die korrekte mathematische Schreibweise entwickeln.

– Die Schülerinnen und Schüler verrechnen sich bei den Umwandlungen häufig. Für die Hausaufgaben sollte deshalb ein Rechenstopp (z.B. nach sieben Dezimalen) vereinbart werden.

Einstiegsaufgabe

Die Einstiegsaufgabe führt am Beispiel der besonders geeigneten Drittel auf das Phänomen der Periodizität. Durch die Zusatzfrage werden die Schüler angeregt, den Unterschied zu den bisherigen Fällen zu erkennen.

Aufgabenkommentare

3 und **4** Die Aufgaben sind im Hinblick auf das Prozentrechnen und unter dem Gesichtspunkt der sinnvollen Genauigkeit besonders wichtig.

5 In dieser Aufgabe müssen die Lernenden einfache Zusammenhänge finden und beschreiben (mathematisch denken und argumentieren, Niveau A).

8 In dieser Aufgabe können die Gesetzmäßigkeiten aus Aufgabe 5 helfen, Zeit zu sparen. Das Vervielfachen ist weniger aufwändig als ein erneutes Dividieren.

10 Wird zur Lösung der Aufgabe lediglich die Frage beantwortet, entspricht dies der Kompetenz *mathematisch argumentieren* auf Niveau A.
Die offene Aufgabenstellung kann jedoch Eigentätigkeiten der Schüler initiieren, die Kompetenzen höherer Niveaustufen entsprechen. Die folgende Aufstellung zeigt Möglichkeiten auf, wie unterschiedliche Lernziele bzw. Kompetenzziele erreicht werden können:

1 Mathematisch denken

– Fragen stellen, die für die Mathematik charakteristisch sind (Niveau B und C)
Beispiel: Gibt es nur ein Gegenbeispiel (Nenner 2)? Welchen Einfluss hat der Zähler?

– Zusammenhänge erkennen und beschreiben (Niveau B)
Beispiel: Ist der Zähler ein Vielfaches des Nenners, so ist der Dezimalbruch eine natürliche Zahl, also abbrechend.

– Inhalte aus verschiedenen Themenbereichen verknüpfen (Niveau B)
Beispiele: Teilbarkeitsregeln: Steht im Nenner die Primzahl 3 und hat der Zähler eine durch 3 teilbare Quersumme, so kann mit 3 gekürzt werden und es ergibt sich eine natürliche Zahl; Einbettung der natürlichen Zahlen in die Bruchzahlen; Kürzen; Primzahlen

2 Mathematisch argumentieren

– Vermutungen begründet äußern (Niveau B)
Beispiel: 2 und 5 sind die einzig möglichen Nenner, weil alle anderen Primzahlen keine Teiler von 10; 100 usw. sind.

– Aussagen oder kurze Herleitungen wiedergeben (Niveau A)
Beispiel: $\frac{1}{2}$ führt nicht zu einem periodischen Bruch, weil $\frac{1}{2} = \frac{5}{10} = 0,5$; oder: 5 ist eine Primzahl, weil sie genau 2 Teiler hat.

– die Plausibilität von Ergebnissen überprüfen (Niveau B)
Beispiel: Überprüfung von obiger Aussage 1d): Teilermenge T_{100} = {2; 50; 4; 25; 5; 20; 10; 1; 100}. Alle Teiler (außer 1) sind durch 2 oder 5 teilbar.

3 Kommunizieren

– mit Fehlern konstruktiv umgehen (Niveau A und B)
Beispiel: Die fehlerhafte Aussage wird durch ein Gegenbeispiel widerlegt (Niveau A, mit Begründung Niveau B).

– Auf Äußerungen anderer eingehen und dabei die Fachsprache verwenden (Niveau A und B)
Beispiel: Bei den Begründungen und Vermutungen werden die Fachbegriffe Teiler, Vielfache, Primzahl, Zähler und Nenner, Kürzen usw. richtig verwendet.

Erstaunliche Perioden

Erstaunliches fasziniert Kinder. Die Besonderheiten motivieren für die langen Rechnungen und machen auf die Perioden der angeführten Brüche neugierig.

Exkurs   Typische Fehler beim Umwandeln

Systematische Fehler treten relativ selten auf. Folgender Fehlertyp ist jedoch vielen bekannt (vgl. Padberg, Friedhelm: Didaktik der Bruchrechnung, Spektrum Akademischer Verlag, Heidelberg 1995):
Die falsche Strategie „notiere den Zähler direkt hinter dem Komma" wird angewendet. Dieses Vorgehen führt in vielen Fällen $\left(\frac{3}{10} = 0,3; \frac{49}{100} = 0,49\right)$ zur richtigen Lösung und wird über-

generalisiert $\left(\frac{27}{10} = 0,27; \frac{7}{100} = 0,7\right)$. Die Aufgabe „Wer gehört zusammen?" (Randspalte, Schülerbuchseite 90) thematisiert diesen Fehlertyp.

Üben • Anwenden • Nachdenken

Aufgabenkommentare

4 Operative Übung zur Bedeutung der dezimalen Schreibweise. Sie macht den Zusammenhang zwischen der Umwandlungszahl und der entsprechende Dezimalen deutlich.

Randspalte
Die offene Aufgabenstellung erlaubt Antworten auf unterschiedlichem Niveau:
– $5\,000\,000 - 4\,999\,000 = 1000$
– $5,000 - 4,999 = 0,001$
– Ergebnisangabe als Bruch
– Ergebnisangabe in Prozent

8 Die kumulative Aufgabenstellung verbindet das Umwandeln mit dem Runden. Dies ist für Anwendungsaufgaben von Bedeutung. Zusätzlich kann die Angabe in Prozent verlangt werden.

16 Die Aufgabe verdeutlicht die Schwierigkeiten, die beim formalen Runden auftreten können. Zusätzlich sollten Lösungsvorschläge eingefordert und diskutiert werden.

17 Hier bietet sich ein Wettspiel in Partnerarbeit an. Die Siegerteams erläutern ihre Vorgehensweise an selbst gewählten Beispielen. Daraus ergeben sich oft völlig unterschiedliche Strategien.

18 In dieser kumulativen Aufgabe sind folgende Teilaspekte enthalten:
– Ordnen von Dezimalbrüchen
– Maßstab
– Diagramme zeichnen; geeignete Diagramme sind z. B. Streifen- oder Blockdiagramm.

Bundesjugendspiele

Die Bundesjugendspiele und ihre Auswertung sind ein außerordentlich interessantes, weil aspektreiches Thema für den Mathematikunterricht:
Schülernah – und deshalb ein besonders motivierendes Betätigungsfeld für Schülerinnen und Schüler dieser Altersstufe.
Die meisten von ihnen haben bereits mit Erfolg an Bundesjugendspielen teilgenommen.
Die dabei erlebte Freude an der eigenen Leistungsfähigkeit und Leistungsverbesserung bietet für viele von ihnen eine gute emotionale Basis für die Behandlung der mathematischen Aufgaben. Wenn die Schülerinnen und Schüler dabei ihre eigenen Wettkampfkarten auswerten, kann das projektorientierte Vorgehen verstärkt werden. Nicht zu vergessen sind allerdings auch die nicht ganz so erfolgreichen. Es sollten deshalb nicht die Leistungsergebnisse aller Schülerinnen und Schüler bei einer Präsentation transparent gemacht werden.
Allgemein bildend – besonders deutlich wird, wie außermathematische Vorgänge (die sportlichen Leistungen) mithilfe der Mathematik beschrieben, geordnet, beurteilt und verglichen werden können (*Leitidee Modellieren*). Der Nutzen und die Vorteile einer mathematischen Modellierung sind dabei auch für Schülerinnen und Schüler offensichtlich.
Im Besonderen können sich die Schülerinnen und

Schüler üben
– in der sachgerechten Darstellung und Beurteilung von Daten,
– in den geistigen Grundtechniken des Ordnens und des Klassifizierens,
– im Rechnen mit Dezimalbrüchen und
– im Erkennen einfacher funktionaler Zusammenhänge.

Die Güte des Themas zeigt sich auch an der Anzahl der *Leitideen*, die aufgegriffen werden:
– Die Bedeutung der Kompetenzen der *Leitidee Modellieren* wurde bereits genannt;
– beim Berechnen von Summen, beim Ordnen von Längen und Zeiten werden die Kompetenzen der *Leitideen Zahl* und *Messen* geübt;
– beim Erstellen und Auswerten von Tabellen (*Leitidee Daten*) werden die Vorteile der mathematischen Notation verstanden und
– beim Zuordnen von Weiten bzw. Zeiten und Punkten wird der Funktionsbegriff vorbereitet (*Leitidee Funktionen*).
Kumulatives, vernetztes und damit auch nachhaltiges Lernen wird ermöglicht.
Das ▶ Serviceblatt „Bundesjugendspiele – Punktetabellen", Seite S 42 bietet eine Kopiervorlage zur Auswertung der Wettkampfergebnisse.

Mögliche Unterrichtssequenz
(Zeitbedarf ca. 2 Stunden)
Die vorgestellte Unterrichtsabfolge stellt sowohl inhaltlich wie auch methodisch einen Rahmen und kein Korsett dar. So ist die Organisation der Gruppenarbeit (Anzahl der Gruppen, mögliche Ämter und die Ämterverteilung) sowohl von der Situation vor Ort (Klassengröße, Umfang der Daten, Anzahl der betrachteten Kriterien, …) als auch von den von den Schülerinnen und Schülern gewählten Kriterien abhängig.

1. Abschnitt – Unterrichtsgespräch
Die Schüler Hannes und Tobias erzielten bei den Bundesjugendspielen unterschiedliche Leistungen in den bekannten drei Disziplinen. „Wer ist der bessere Sportler?"
Die Ergebnisse der beiden Schüler werden auf einer Folie (vgl. ► Serviceblatt Bundesjugendspiele – Wer ist der bessere Sportler?, Seite S 43) visualisiert und in einem lehrergeführten Klassengespräch wird die obige Fragestellung diskutiert.

Intentionen
Die Schülerinnen und Schüler erkennen,
– dass sich mit der Sprache der Mathematik Festlegungen treffen lassen, die die Ergebnisse der beiden Dreikämpfe vergleichbar machen und
– dass entsprechende Festlegungen subjektiv sind.
Die Chance zu erkennen, dass auch die Mathematik keine absoluten Wahrheiten liefert, sollte an dieser Stelle genutzt werden.

Material
► Serviceblatt Bundesjugendspiele – Wer ist der bessere Sportler?, Seite S 43

2. Abschnitt – Vorbereitungen für einen Klassenvergleich
Lassen sich auch die Leistungsergebnisse ganzer Klassen miteinander vergleichen?
Schlüsselfrage: „Welche Klasse hat bei den Bundesjugendspielen am besten abgeschnitten?"
Lehrergeführtes Gespräch über mögliche Kriterien: Anzahl der Urkunden, Anzahl der Ehrenurkunden (vergleichbar mit der Nationenwertung bei den Olympischen Spielen), Klassendurchschnitt, …
Die Schülerinnen und Schüler legen die Kriterien für die Auswertung fest.
Sie können sich durchaus auch für mehrere Kriterien entscheiden. Die Gruppenarbeit in Abschnitt 3 ist dann entsprechend zu organisieren.
Möglich ist auch eine getrennte Auswertung für Mädchen und Jungen.

Intentionen
siehe Abschnitt 1

3. Abschnitt – Auswertung in Gruppenarbeit
Die Schülerinnen und Schüler erhalten nach Klassen sortierte Kopien der Wettkampfkarten aller Schülerinnen und Schüler der 6 Klassenstufe. Diese können bei den Sportlehrern erfragt werden. Die Namen sowie die Urkundenentscheide wurden zuvor abgetrennt.
Weiterhin wird eine Tabelle mit den Minimalpunkten für eine Sieger- bzw. Ehrenurkunde an die Wand projiziert (vgl. ► Serviceblatt "Bundesjugendspiele – Mindestpunktzahlen", Seite S 44).
Die Auswertung erfolgt in Gruppen. Jede Gruppe erhält unterschiedliche Wettkampfergebnisse.
Die Ämter der einzelnen Gruppenmitglieder sollten abgesprochen werden: Wer diktiert? Wer trägt in die Tabelle ein? Wer rechnet? Wer kontrolliert? Wer wertet aus? Wer präsentiert?
Für die Auswertung kann den Gruppen (je nach Kriterien) eine Tabelle zur Verfügung gestellt werden:

Nummer	Jungen/Mädchen	Lauf	Wurf	Weitsprung	Summe	Urkunde
1						
2						
3						

Die Klassenwertung gemäß den abgesprochenen Kriterien wird auf einem Plakat dokumentiert.

Intentionen
Neben den bereits angesprochenen Fachzielen der Mathematik ist das Erlernen einer geeigneten Visualisierung der Ergebnisse wie auch die Stärkung der sozialen Kompetenzen besonders wichtig: miteinander arbeiten, sich gegenseitig unterstützen, sich verständlich machen, …

Material
– Kopien der Wettkampfkarten ohne Namen und Urkundenentscheid, jede Klasse in einer anderen Farbe
für jede Gruppe
– Tabelle für die Auswertung (siehe oben)
– Karton für die Dokumentation der Klassenergebnisse
– Serviceblatt „Bundesjugendspiele – Mindestpunktzahlen", Seite S 44)

4. Abschnitt – Präsentation und Vergleich der Gruppenergebnisse/Reflexion
Im Plenum werden die Gruppenergebnisse durch die Gruppensprecher präsentiert. Dann können

gemeinsam eine oder mehrere Rankinglisten erstellt werden.

Die Darstellung der Ergebnisse kann gegebenenfalls um einen Reflexionsbericht der Schüler erweitert werden: Wie hat euch die Arbeit gefallen? Gab es Schwierigkeiten in der Gruppe? Wie wurden sie gelöst?

Sollte die Knobelaufgabe (siehe Erweiterungen) gelöst worden sein, können die Schülerinnen und Schüler auch ihre Lösungswege darstellen und kommentieren.

Intentionen

Beim Vorstellen der Gruppenergebnisse üben sich die Schülerinnen und Schüler in wirksamer und verständlicher Rede; sie lernen

– mit den mentalen wie den psychischen Anforderungen eines Vortrages umzugehen,

– zu formulieren, zu definieren, zu begründen und dabei auch die Fachsprache der Mathematik angemessen zu berücksichtigen.

Mögliche Erweiterungen

1. Ein Einsatz der Neuen Medien bei der Auswertung der von den Schülerinnen und Schülern erbrachten Leistungen verspricht einen pädagogischen-didaktischen Mehrwert.

Die Vorteile einer Tabellenkalkulation werden auch von den Schülerinnen und Schülern schnell erkannt:

– übersichtliche und schnelle Dateneingabe,

– einfache Datenauswertung (Kopieren von Formeln zur Berechnung der Summe oder des Durchschnitts, auf- und absteigendes Sortieren nach verschiedenen Kriterien, Filtern, Erstellen von Diagrammen mit dem Assistenten, bedingtes Formatieren, dynamisches Rechnen).

2. Knobelaufgabe, die evtl. während der Gruppenarbeit gelöst werden kann (Serviceblatt „Bundesjugendspiele – Knobelaufgabe", Seite S 44).

Hier ist kein Algorithmus gefragt, sondern Kombinieren und (systematisches) Variieren der Daten. Dieses kreativitätsfördernde Denken ist ein wesentliches Merkmal der Mathematik. Hier kann es in einem der Altersstufe angemessenen Kontext geübt werden. Die Ergebnisse könnten dann in der Schülerzeitung oder auf der Homepage der Schule publiziert werden.

Zusätzliche Literatur

Schnittpunkt aktuell, Klett Verlag Stuttgart, ISBN 3-12-747401-6, Seiten 51–57.

5 Rechnen mit Dezimalbrüchen

Kommentare zum Kapitel

In der Grundschule wurden bereits die Addition und die Subtraktion von Dezimalzahlen behandelt. Nun werden die Rechenoperationen mit der Bruchrechnung in Verbindung gebracht. Die dazu nötigen Grundvorstellungen wurden in den vorangegangenen Kapiteln entwickelt. Die Rechenregeln für Dezimalzahlen unterscheiden sich deutlich von denen der Bruchrechnung. Sie ähneln in vielerlei Hinsicht den entsprechenden Regeln für die natürlichen Zahlen. Im Schülerbuch werden die Rechenregeln vorwiegend unter diesem quasikardinalen Aspekt (vgl. folgenden Exkurs) erarbeitet.

Die in diesem Kapitel enthaltenen Schaufenster beschäftigen sich hauptsächlich mit Fragen aus dem Themenbereich des Sports, da dieser für Schülerinnen und Schüler dieses Alters meist sehr motivierend und vor allem bekannt ist.

Exkurs	Kardinalzahlen

Kardinalzahlen beschreiben die Mächtigkeit von Mengen.
Definition: Die Äquivalenzklasse |X| der Menge X bezüglich der Relation der Gleichmächtigkeit nennt man die Kardinalzahl |X|. Dabei sind zwei Mengen X und Y gleich mächtig, wenn es eine Bijektion von X nach Y gibt.
Zur Größenangabe der Mengen verwenden wir die natürlichen Zahlen (Kardinalzahlaspekt). So benutzt man beim Zählen die Kardinalzahlen (eins, zwei, drei, …), um die Mächtigkeit der entsprechenden Menge zu beschreiben. Die natürlichen Zahlen können jedoch auch die Position eines Elements in einer geordneten Menge angeben (Ordinalzahlaspekt). So verwendet man die Ordinalzahlen (eins, zwei, drei, …), um die Position innerhalb einer Folge anzugeben.

Intention und Schwerpunkt des Kapitels

Im Mittelpunkt des Kapitels stehen die schriftlichen Rechenverfahren. Dabei wird nicht nur eine sichere und schnelle Rechenfertigkeit, sondern auch ein Verständnis der Rechenoperationen und Algorithmen angestrebt. Deshalb wurden im Schülerbuch Aufgaben mit schwierigem Zahlenmaterial sowie reine „Einschleifübungen" für ein mechanisches Rechnen zugunsten von Aufgaben reduziert, die einsichtiges Handeln und Begründen fördern.
Wichtige Aspekte sind:
– sinnvolles Runden

– überschlägige Rechnungen
– der Zusammenhang zur Bruchrechnung
– die Beherrschung der Grundrechenarten in dezimaler Schreibweise
– ein verständnisorientierter Umgang mit den Rechenregeln

Bezug zu den Bildungsstandards

In diesem Kapitel werden Kompetenzen sehr unterschiedlicher Leitideen angesprochen. Im Mittelpunkt stehen die *Leitideen Messen* und *Zahl*. Viele der untergeordneten Kompetenzen werden – aufbauend auf die in den vorhergehenden Kapiteln und in Band 1 entwickelten Vorstellungen und Fähigkeiten – vertieft und weiterentwickelt. Zusätzlich werden einige Kompetenzen der *Leitidee Daten* und der *Leitidee Modellieren* angesprochen:

Leitidee Daten: Die Schülerinnen und Schüler
– können Tabellen lesen und auswerten.
– können Daten sammeln und in Tabellen erfassen.

Leitidee Modellieren: Die Schülerinnen und Schüler
– können Fragestellungen die passende Mathematik zuordnen.
– können mit dem Gleichheitszeichen korrekt umgehen.

Weiterführende Hinweise

– Das Überschlagsrechnen hat für Anwendungen im Alltag eine überaus große Bedeutung und sollte deshalb immer wieder geübt werden.
– Wichtig für die Entwicklung des Verständnisses ist eine Verbindung jeder Rechenart mit der entsprechenden Rechnung bei den gewöhnlichen Brüchen. Bei vielen Regeln lassen sich Zusammenhänge zum Bruchrechnen herstellen und die neuen Regeln lassen sich aus den alten Bruchrechenregeln ableiten (Anknüpfung an das Grundverständnis).

Auftaktseite: Ab ins Schullandheim

Party-Abend

Die praktische Bedeutung des Rundens wird aufgezeigt. Hier können die Überlegungen zum Überschlagsrechnen aus Band 1 erneut aufgegriffen werden (vgl. Exemplarischer Kommentar: *Runden und Überschlagen* im Serviceband 1, ISBN 3-12-740352-6, Seite K10).

Ausflug in die Schweiz

Genaue Berechnungen sind nicht erforderlich. Abschätzen und grobes Überschlagen reichen für die Fragestellung zunächst aus. Die Schülerinnen und Schüler entwickeln eine Vorstellung vom Zahlbereich (Größenbereich), in dem die Lösung zu finden sein wird: 16 Franken sind etwas mehr als die Hälfte von 30 Franken, d.h. die Fahrtkosten für die Bahn liegen zwischen 10 und 11 €.

Spiel- und Sportfest

Ein möglicher Einstieg in die Diskussion ist die Ermittlung der Siegergruppen. Die Lernenden einigen sich in Kleingruppen auf eine Rangfolge und erläutern ihre Entscheidungskriterien. Neben den fachlichen Kompetenzen werden dabei auch personale Kompetenzen gefördert. Die Schülerinnen und Schüler nehmen aufgrund der vorgelegten Daten einen Standpunkt ein, den sie anschließend gegenüber den Mitschülern vertreten müssen.

Sie lernen, dass die Mathematik unterschiedliche Modelle für dieselbe reale Situation anbietet und erkennen, dass es für eine Situation sogar mehrere gleichwertige Modelle gibt. Die Auswahl eines Modells erfordert Urteilsvermögen.

1 Addieren und Subtrahieren

Intention der Lerneinheit

- die schriftlichen Algorithmen sicher beherrschen
- einfache Aufgaben im Kopf berechnen
- sinnvolle Überschläge durchführen
- Einsicht in die Rechenverfahren gewinnen und den Zusammenhang zum Rechnen mit gewöhnlichen Brüchen herstellen

Tipps und Anregungen für den Unterricht

- Die Rechenarten sind den Lernenden bekannt. Sie haben mit dem Addieren und Subtrahieren meist keine Probleme, solange die Summanden gleich viele Dezimalen haben und stellengerecht untereinander geschrieben sind. Etwas schwieriger ist das Subtraktionsverfahren bei mehreren Subtrahenden mit unterschiedlich vielen Dezimalen. Hier kann das Ergänzen von Endnullen eine Hilfe bieten. Die Einsicht in dieses Verfahren (Aufsummieren der Subtrahenden, diese Summe subtrahieren) sollte wachgehalten werden.
- „Additions- und Subtraktionsdomino.
- Das ▶ Serviceblatt „Tandembogen Addition und Subtraktion", Seite S 45, trainiert das Kopfrechnen einfacher Additionen und Subtraktionen von Dezimalbrüchen.

Einstiegsaufgabe

Die Einstiegsaufgabe führt zur Addition und Subtraktion. Die Lernenden werden die Aufgaben meist im Kopf berechnen und dabei an ihre Vorerfahrungen anknüpfen. Die gleiche Anzahl an Dezimalen reduziert die Fehlermöglichkeiten und unterstützt ein stellengerechtes Addieren.

Nach dem Vergleich der Lösungen sollte das Verständnis für den Algorithmus vertieft werden. Hierzu bieten sich vor allem zwei Wege an (vgl. folgenden Exemplarischen Kommentar).

Exemplarischer Kommentar
Addition und Subtraktion von Dezimalbrüchen

(vgl. Padberg, Friedhelm: Didaktik der Bruchrechnung, Spektrum Akademischer Verlag, Heidelberg 1995, Seite 182 ff.):

Der Aufbau des Verständnisses für den Rechenalgorithmus kann auf drei Arten gefördert werden:

1. Rückgriff auf gewöhnliche Brüche

Der Einstieg betont den Zusammenhang zwischen Dezimalbrüchen und gewöhnlichen Brüchen und führt zu vertiefter Einsicht in den Rechenalgorithmus. Dieses Verfahren ist von grundlegender Bedeutung, weil es bei allen Grundrechenarten zur Einführung verwendet werden kann. Bei diesem Weg werden die Dezimalbrüche zunächst in „Zehnerbrüche" umgewandelt. Diese werden dann addiert. Das Ergebnis wird wiederum in einen Dezimalbruch umgewandelt.

Beispiel:

$$2,5 + 1,4 = 3,9$$
$$2\tfrac{5}{10} + 1\tfrac{4}{10} = 3\tfrac{9}{10}$$

$$1,8 + 5,12 = 6,92$$
$$1\tfrac{8}{10} + 5\tfrac{12}{100} = 6\tfrac{92}{100}$$

2. Rückgriff auf die Stellenwerttafel

Hier werden das stellengerechte Untereinanderschreiben und die Zehnerübergänge betont. Eine zu frühe Mechanisierung wird durch das Eintragen in die Stellenwerttafel und das Verbalisieren der Überträge verhindert. Ein weiterer Vorteil dieser Variante ist, dass den Lernenden der Zusammenhang zu den natürlichen Zahlen und dem dort Gelernten bewusst wird. Dieser Weg dient im Schülerbuch zur Erklärung der schriftlichen Rechnungen.

3. Rückgriff auf Größen

Die in der Kommaschreibweise gegebenen Größen werden mithilfe von zwei Einheiten ohne Komma geschrieben. Anschließend erfolgen die Addition und die Rückübersetzung in die Kommaschreibweise.

Beispiel:

$$4{,}18\,€ \quad + 6{,}60\,€ \quad = 10{,}78\,€$$

$$4\,€\ 18\,ct + 6\,€\ 60\,ct = 10\,€\ 78\,ct$$

Dieser Weg knüpft an die Vorerfahrungen aus der Grundschule an. Es erfolgt jedoch keine Bewusstmachung, dass jetzt Zehntel bzw. Hundertstel addiert werden. Eine Vernetzung mit dem Bruchrechnen erfolgt somit nicht. Dies erhöht die Gefahr von „Komma-trennt-Fehlerstrategien" (vgl. folgenden Exkurs).

Im Unterricht sollte das Verständnis durch eine Kombination der beiden ersten vorgestellten Erklärungswege sichergestellt werden.

Aufgabenkommentare

4 bis **6**, **8**, **13**, **15**, **16** und **19** sind operative Übungen, die der Vertiefung des Verständnisses dienen.

1 bis **3**, **7**, **9**, **11** und **12** sind Übungen zum Training der Rechenregeln.

8 und **13** Diese Übungen betonen den Stellenwert und trainieren gleichzeitig das Überschlagen. Solche Aufgaben fördern die Entwicklung des Gefühls für Zahlen, Größenordnungen und Zusammenhänge (*Leitidee Messen*).

10 Die zugrundeliegenden Rechengesetze wurden in Band 1 ausführlich im Zusammenhang mit den natürlichen Zahlen behandelt und in Kapitel *3 Rechnen mit Brüchen* auf Brüche übertragen. Eine erneute ausführliche Behandlung bei den Dezimalbrüchen ist nicht nötig. Die Lernenden wenden sie meist automatisch an, um Rechenvorteile zu erzielen. Die Aufgabe kann auch ohne vorherige Besprechung als Hausaufgabe gestellt werden.

11 Das Überschlagen hat große Praxisrelevanz. An diesen Beispielen kann erneut aufgezeigt werden, dass nicht formal nach den Rundungsregeln, sondern aufgabenadäquat gerundet werden muss (vgl. Exemplarischer Kommentar: *Runden und Überschlagen* im Serviceband 1, ISBN 3-12-740352-6, Seite K10).

16 Die Fehlersuche und vor allem die Erklärung der Fehler und der richtigen Vorgehensweise machen

typische Fehler bewusst und tragen so zur Fehlerreduktion bei (vgl. folgenden Exkurs).

18 Hier können sich interessante Lösungsstrategien ergeben. Im Hinblick auf Band 3 (Rechnen mit negativen Zahlen) ist die Strategie „zuerst die Summanden zusammenfassen und dann die Differenz bilden" eine gute Vorübung.

Exkurs — **Typische Fehler bei der Addition und Subtraktion von Dezimalbrüchen**

Es tritt vor allem eine Fehlerstrategie, die „Komma-trennt-Strategie", auf (vgl. Padberg, Friedhelm: Didaktik der Bruchrechnung, Spektrum Akademischer Verlag, Heidelberg 1995, Seite 118 ff.).

So rechneten 31% der Realschüler bei einem Test fehlerhaft $2{,}7 + 3{,}11 = 5{,}18$ ($2{,}7 + 3{,}11 = 2 + 3$ und $7 + 11$ hinter dem Komma, also $2{,}7 + 3{,}11 = 5{,}18$). Bei einigen wurde der Fehler durch Flüchtigkeit verursacht, insbesondere beim Kopfrechnen. Ein großer Teil machte den Fehler jedoch systematisch. Diese Schülerinnen und Schüler fassten den Dezimalbruch als ein Gebilde aus zwei natürlichen Zahlen auf, die getrennt addiert werden müssen. Dieser Fehler deutet auf ein zu schnelles Automatisieren hin.

Zeitmessung bei großen Sportereignissen

Das Thema der Auftaktseite wird erneut aufgegriffen. Die unterschiedlichen Aufgabenstellungen (geschlossene, offene sowie kumulative Aufgabenstellungen) sprechen mehrere *Leitideen* an (*Daten, Zahl, Messen, Modellieren*).

Das Thema eignet sich vor allem für Partnerarbeit mit anschließender Präsentation.

Man könnte auch anregen, in Kleingruppen weitere Daten zur Thematik recherchieren und die Ergebnisse am Ende auf einem Plakat oder einer Folie präsentieren zu lassen. Die Entwicklung eigener Aufgabenstellungen zu den gefundenen Daten und der Austausch mit Nachbargruppen regt die Fantasie an und unterstützt die Entwicklung sozialer Kompetenzen.

---

2 Multiplizieren und Dividieren mit Zehnerpotenzen

Intention der Lerneinheit

Diese Sonderfälle sind die Grundlage für die schriftliche Multiplikation und Division. So kann

das Multiplizieren von Dezimalbrüchen mithilfe der Kommaverschiebungsregeln auf die Multiplikation natürlicher Zahlen zurückgeführt werden. Auch bei der Herleitung der Divisionsregel spielen diese Regeln eine wichtige Rolle.
- die Kommaverschiebungsregeln anwenden
- die Regeln einsehen und begründen

Tipps und Anregungen für den Unterricht

- Das ► Serviceblatt „Multiplikation mit Zehnerpotenzen", Seite S 46, kann im Anschluss an die Einstiegsaufgabe zum selbstständigen Erarbeiten bzw. Vertiefen der Regeln dienen. Im ersten Teil wird durch Rückgriff auf das Bruchrechnen die Regel in Einzelarbeit gewonnen. Im zweiten Teil erfolgt in Partnerarbeit eine Diskussion über die gewonnenen Einsichten. Im Anschluss wird die Regel formuliert. Dann folgt eine erste Übung (Einzelarbeit). In der anschließenden Diskussion einigen sich die Lernenden auf eine Lösung.
Das ► Serviceblatt „Division durch Zehnerpotenzen", Seite S 47, führt analog auf die entsprechende Divisionsregel.
- Der Verständnisaufbau sollte nicht nur über einen Zugang erfolgen. Von den drei möglichen Erklärungen (vgl. Exemplarischer Kommentar: *Addition und Subtraktion bei Dezimalbrüchen*, Seite K 45) sollten mindestens zwei behandelt werden. Das Schülerbuch stellt zwei Wege (Stellenwerttafel und Brüche) im Beispielteil vor.

Einstiegsaufgabe

Die Einstiegsaufgabe führt zu entsprechenden Multiplikationsaufgaben. Die Lernenden können erste Vermutungen und Lösungsvorschläge äußern. Im Anschluss kann eine systematische Erarbeitung der Regeln erfolgen (vgl. obige *Tipps und Anregungen für den Unterricht*).

Aufgabenkommentare

1, **2** und **9** sind reine Übungen zum Training der Rechenregeln.

4 bis **6** sind operative Übungen, die der Vertiefung der Einsicht in das Rechenverfahren dienen.

3 Diese Übung ist mit ihrem Rückgriff auf die Stellenwerttafel eine notwendige Voraussetzung für den einsichtigen Umgang mit der Regel. Sie sollte vor den reinen Rechenübungen bearbeitet werden. Für schwächere Schülerinnen und Schüler liegt in diesen Darstellungen die Schwierigkeit, dass die

Ziffern in der Stellenwerttafel bei der Multiplikation nach links wandern, das Komma aber nach rechts verschoben wird. Sollten solche Probleme auftreten, müsste erneut auf den Verständniskern (vgl. *Intention der Lerneinheit*) zurückgegriffen werden.
An der Darstellung dieser Aufgaben in der Stellenwerttafel lässt sich auch gut erläutern, dass ein Anhängen von Nullen wie bei den natürlichen Zahlen hier nicht mehr gelten kann.

8 Diese Aufgabe kann wie folgt ausgebaut werden und dadurch die Einsicht in die Regel mithilfe von Größen unterstützen:
Die Lernenden berechnen zunächst nach der erlernten Regel und wandeln das Ergebnis in die geeignete Maßeinheit um. Anschließend wird die Rechnung durch die Umwandlung in die kleinere Einheit und anschließende Multiplikation geprüft.
Beispiel:
$$0{,}76\,m^2 \cdot 1000 = 760\,m^2 = 7\,a\,60\,m^2$$
$$0{,}76\,m^2 \cdot 1000 = 76\,dm^2 \cdot 1000 = 76\,000\,dm^2 = 760\,m^2$$

12 Teilaufgabe c) kann auf zweierlei Weisen gelöst werden:
1. durch reines Abschätzen und Überschlagen (Fermi-Aufgabe)
2. durch „exakte" Berechnung des Volumens

13 Solche Aufgaben waren im Erdkundeunterricht der Klasse 5 noch problematisch. Jetzt ist der mathematische Hintergrund vorhanden und die Übungen zeigen den Lernenden den Nutzen mathematischer Kalküle für Anwendungsaufgaben auf.

Randspalte

Die Aufgabe erfordert lediglich ein Reproduzieren gelernter Rechenalgorithmen. Sie entspricht somit Niveau A. Werden jedoch Begründungen eingefordert oder erfolgt eine Lösung ohne die Berechnung, können höhere Niveaustufen erreicht werden.
- Vermutungen (vor dem Rechnen!) begründet äußern entspricht Niveau B; Beispiel: Die Ergebnisse müssen durch eine Gesetzmäßigkeit verbunden sein, weil sich bei der Multiplikation mit 10 die Ziffernfolge nicht ändert.
- logisch schließen und begründen (z.B. mithilfe der Stellenwerttafel) entspricht nach dem Rechnen Niveau B und vor dem Rechnen Niveau C; Beispiel: Bei den Ergebnissen ergibt sich immer dieselbe Ziffernfolge, weil bei der Multiplikation die Zahlen in der Stellenwerttafel jeweils um eine Stelle nach links rücken. Die Ergebnisse müssen sich deshalb auch verzehnfachen.

3 Multiplizieren

Intention der Lerneinheit

Schwerpunkt ist die Einsicht in die Regel zur korrekten Kommasetzung. Dazu bieten sich mehrere Wege an (vgl. folgenden Exemplarischen Kommentar).
– das schriftliche Rechenverfahren sicher beherrschen
– einfache Aufgaben im Kopf berechnen
– sinnvolle Überschläge durchführen
– Einsicht in das Verfahren erhalten und den Zusammenhang zum Rechnen mit gewöhnlichen Brüchen herstellen

Tipps und Anregungen für den Unterricht

Das ► Serviceblatt „Vervielfachen von Dezimalbrüchen", Seite S 48 ist entsprechend dem folgenden Exemplarischen Kommentar aufgebaut. Es sollte in drei Abschnitten bearbeitet werden. Die Aufgaben werden zunächst in Einzelarbeit gelöst. Nach jedem Abschnitt werden entstandene Probleme in einer Diskussion (Partnerarbeit) bzw. im Unterrichtsgespräch angesprochen und gelöst. Wichtig ist, dass noch keine Regel formuliert wird. Die Lernenden sollen die Zusammenhänge anhand der Aufgaben intuitiv erfassen. Das ► Serviceblatt „Multiplikation von Dezimalbrüchen", Seite S 49, klärt analog den Fall Dezimalbruch mal Dezimalbruch und führt somit zur Regel.

Einstiegsaufgabe

Die Einstiegsaufgabe führt zur Multiplikation eines Dezimalbruches mit natürlichen Zahlen. Die Lernenden können erste Vermutungen und Lösungsvorschläge äußern. Die Richtigkeit wird mithilfe eines Überschlags bestätigt (vgl. folgenden Exemplarischen Kommentar). Das ► Serviceblatt „Vervielfachen von Dezimalbrüchen", Seite S 48, schließt an diese Aufgabe an und führt schrittweise zur intuitiven Erfassung der Regel (siehe oben unter *Tipps und Anregungen*).

Exemplarischer Kommentar
Multiplikation von Dezimalbrüchen

Der Einstieg erfolgt am besten mit dem Spezialfall der Multiplikation eines Dezimalbruches mit einer natürlichen Zahl, weil
1. bei den gewöhnlichen Brüchen auch mit diesem Fall begonnen wurde.
2. man diesen Fall wieder auf die Grundvorstellung der Multiplikation als Addition gleicher Summanden zurückführen kann.
3. es rechnerisch leichter ist.

---

4. ein Verständnis besonders vielfältig aufgebaut werden kann.

Die Einsicht in das Verfahren kann auf verschiedene Arten erreicht werden:

1. Rückgriff auf gewöhnliche Brüche

$$4 \cdot 0{,}2 = 0{,}8$$
$$4 \cdot \frac{2}{10} = \frac{8}{10}$$

Die Ziffernfolge wird einsichtig, da nur der Zähler mit der natürlichen Zahl multipliziert wird und die Ergebnisziffernfolge ergibt. Der Nenner bleibt unverändert und ergibt die Dezimalen. Zusätzlich erfolgt eine Vernetzung mit dem Bruchrechnen.

2. Rückgriff auf die Kommaverschiebungsregel

$$4 \cdot 0{,}2 = 0{,}8$$
$$4 \cdot 2 = 8$$

Besonders deutlich wird die Ziffernfolge. Die Kommasetzung wird für die Lernenden kaum einsichtig.

3. Rückgriff auf die Stellenwerttafel

$4 \cdot 1{,}3$

	Z	E	z
		1	3
		4	12
		4 + 1	2
= 5,2		5	2

$\cdot 4$

Hier wird insbesondere das schriftliche Rechenverfahren einsichtig.

4. Rückgriff auf Größen

$$4 \cdot 1{,}3 \, € = 4 \cdot 130 \, ct = 520 \, ct = 5{,}20 \, €$$

Die Ziffernfolge wird deutlich. Ein Verständnis für die Kommasetzung wird jedoch nicht aufgebaut.

5. Rückgriff auf die Deutung als Addition gleicher Summanden

$$4 \cdot 1{,}3 = 1{,}3 + 1{,}3 + 1{,}3 + 1{,}3 = 5{,}2$$

Weder die Ziffernfolge noch die Kommasetzung können hieraus abgeleitet werden. Das Verfahren eignet sich lediglich zur Bestätigung der Regel. Zusätzlich finden Vernetzungen zum Bruchrechnen und Grundschulwissen statt (Multiplikation als Addition gleicher Summanden).

6. Die Kommasetzung erfolgt mithilfe von Überschlägen

Dieses Vorgehen eignet sich besonders für eine nachträgliche, zusätzliche Regelbestätigung. Für ein einsichtiges Erfassen der Regel schlägt Oehl (vgl. Oehl, Wilhelm: Der Rechenunterricht in der Hauptschule, Schroedel Verlag, Hannover

1967, Seite 221) den folgenden Unterrichtsgang vor: „Das Überschlagen wird vorangestellt, es ist der Richtungspunkt, an dem man sich immer wieder kontrollierend orientieren muss. Das einsichtige Erfassen erfolgt auf dem Wege des Stellenwertrechnens. Anschließend bestätigt man das gewonnene Verfahren von der gewöhnlichen Bruchrechnung aus. Mit dieser letzten Maßnahme werden die Schülerinnen und Schüler schrittweise zum Verständnis des formalen Weges geführt."

Die Einstiegsaufgabe im Schülerbuch ermöglicht in Verbindung mit den ► Serviceblättern „Vervielfachen von Dezimalbrüchen" und „Multiplikation von Dezimalbrüchen", Seiten K 48 und K 49, dieses Vorgehen.

Aufgabenkommentare

1, **3** bis **5**, **10**, **12** und **13** sind Übungen zum reinen Üben der Rechenverfahren.

2, **6** bis **9** und **11** sind operative Übungen und dienen zur Vertiefung.

4, **10**, **12** und **13** sind durch die Selbstkontrolle für selbstständiges Üben besonders geeignet (Hausaufgabe).

2 Die Aufgabe stellt durch das Verwenden gleicher Ziffern die Kommasetzungsregel in den Mittelpunkt.
Das Begründen gleicher Ergebnisse bzw. gleicher Ziffernfolgen hält die Einsicht in den Rechenalgorithmus wach. Zusätzlich wird – insbesondere durch Teilaufgabe a) – die vorteilhafte Berechnungsweise der Aufgabe 6 vorbereitet.

6 Das Beispiel zeigt einen wichtigen Zusammenhang zwischen den beiden Faktoren eines Produkts auf, der für Rechenvorteile verwendet werden kann. Diese Gesetzmäßigkeit muss nicht zwingend anhand des Beispiels behandelt werden, sondern kann bereits zuvor mithilfe geeigneter Aufgaben, z.B. 2 a) entdeckt werden.

7 und **8** Die Aufgabenstellungen erfordern konzentriertes Nachdenken und genaues Anwenden der Regeln. Sie sind zur Vermeidung typischer Fehler besonders geeignet.

9 Die Fehlersuche macht typische Fehler bewusst und trägt so zur Fehlerreduktion bei (vgl. Exkurs Typische Fehler bei der Multiplikation, Seite K 49).

5 und **10** Die Aufgabenstellung, zuerst einen Überschlag vorzunehmen, sollte unbedingt beachtet werden. Die Lernenden berechnen erfahrungsgemäß zunächst den genauen Wert und machen anschließend einen zu ihrer Rechnung passenden Überschlag. Fehlerhafte Rechnungen werden mit dieser Methode nicht erkannt. Um dieses typische Schülerverhalten auszuschließen, kann in einer ersten Teilaufgabe nur ein Überschlag eingefordert werden. Die genaue Rechnung erfolgt später.

11 An dieser Aufgabe können mehrere Erkenntnisse gewonnen werden:
– Der aus dem Bereich der natürlichen Zahlen bekannte Zusammenhang, dass der Wert eines Produkts immer größer als die einzelnen Faktoren ist (bis auf 0 und 1), gilt nicht mehr.
– Das Kommutativgesetz gilt auch hier.
– Die Bedeutung des Stellenwerts für den Produktwert wird thematisiert.

15 bis **19** Kumulative Aufgaben. Dabei sollte nicht nur die Anwendung der Rechenformel (Flächeninhalt), sondern auch die Einsicht in diese Formel wachgehalten werden. Die Lernenden können die Formeln an einem Beispiel mit ganzzahligen Seitenlängen durch Einzeichnen der Zentimeterquadrate erläutern.

18 Zur Lösung können die „heuristischen Lösungsstrategien" (vgl. Exemplarischer Kommentar: *Heuristik* im Serviceband 1, ISBN 3-12-740352-6, Seite K 44), Skizzen bzw. Tabellen eingesetzt werden.

20 Die Aufgabe greift den Themenbereich Luft auf, der auch im Fach NWA im sechsten Schuljahr behandelt wird.

21 Es muss nicht jeder Quader einzeln berechnet werden. Clevere Lösungen sind möglich und entsprechen höheren Niveaustufen.
Beispiele für clevere Lösungen:
a) $V = 6 \cdot 0,25 \cdot 0,18 \cdot 0,9$
b) $V = V_{a)} + 4 \cdot 0,25 \cdot 0,18 \cdot 0,9$
c) $V = 0,25 \cdot 0,18 \cdot 0,9 \cdot (1 + 2 + 3 + 4 + 5 + 6)$

22 In Teilaufgabe b) sind – wie schon in Aufgabe 21 – vorteilhafte Lösungen möglich.
Beispiel: $40\,cm = \frac{1}{4}$ von $1,6\,m$; also kostet es $\frac{1}{4}$ des Füllpreises.
c) Die offene Fragestellung erlaubt eine Vielzahl von Antworten auf unterschiedlichen Niveaus:
– Die entsprechenden Flächen werden aufgezeichnet und einzeln berechnet (Höhe = 1,6 m). Die Lösung entspricht Niveau A (Textaufgaben mithilfe von Standardalgorithmen lösen).

– Es werden nur drei Flächen berechnet. Der Flächeninhalt der Seitenflächen wird verdoppelt. Dies entspricht Niveau B (Zusammenhänge und Strukturen erkennen und für vorteilhaftes Rechnen nutzen).
– Das Ergebnis wird bewertet und interpretiert (Niveau B). Beispiel: Es kann nicht exakt berechnet werden, weil die Beckenhöhe nicht gegeben ist.
– Vor der Berechnung werden die Fliesengröße und Fugenbreite erfragt. Dies entspricht Niveau C (Fragen stellen, die für die Mathematik wichtig sind; bei 16 cm Fliesenbreite und 1 cm Fuge bleibt Verschnitt).

Englische und amerikanische Maße

Das Thema gibt Einblick in ein völlig anderes (nichtmetrisches) Längensystem. Vor- und Nachteile der Systeme sollten ebenso diskutiert werden wie die Probleme, die sich aus diesen unterschiedlichen Maßeinheiten ergeben. Auch die Schwierigkeiten einer Umstellung auf unser metrisches System können angesprochen werden. Die Beispiele machen erneut die große Bedeutung der Dezimalbruchrechnung einsichtig.
Die Aufgaben erfordern immer wieder dieselben Rechnungen. Deshalb bietet sich eine arbeitsteilige Bearbeitung in Gruppenarbeit an. Bei dieser Arbeitsform können auch die oben angesprochenen Aspekte diskutiert und anschließend vorgestellt werden.

Exkurs Typische Fehler bei der Multiplikation von Dezimalbrüchen

Zusätzlich zu den Fehlern, die schon bei der Multiplikation natürlicher Zahlen eine Rolle spielten, werden Fehler bei der Kommasetzung gemacht (vgl. Padberg, Friedhelm: Didaktik der Bruchrechnung, Spektrum Akademischer Verlag, Heidelberg 1995, Seite 118 ff.).
So rechneten 44 % der Realschüler bei einem Test fehlerhaft $0,4 \cdot 0,2 = 0,8$. Der Fehlertyp tritt gehäuft bei Kopfrechenaufgaben auf, insbesondere dann, wenn vor dem Komma eine Null steht. Er deutet auf eine zu schnelle Regeleinführung und damit auf mangelndes Verständnis hin. Inwieweit die Kommasetzungsregeln wirklich verstanden wurden, kann mit Aufgaben der Art $2,3 \cdot 0,1$ geprüft werden. Hier kam fast jeder vierte Realschüler zu dem Ergebnis 2,3.

Besonders fehlerträchtig sind auch Aufgaben, bei denen Nullen im Ergebnis ergänzt werden müssen. Beispiel:
$0,2 \cdot \square = 0,1 \longrightarrow 0,2 \cdot 0,5 = 0,10$.

4 Dividieren

Intention der Lerneinheit

Die Division durch natürliche Zahlen ist die Grundlage weiterer Divisionsaufgaben. Auf diese kann auch die Division durch Dezimalbrüche zurückgeführt werden. Sie wird deshalb auch im Schülerbuch zuerst behandelt. Die Einführung des Rechenkalküls bereitet an dieser Stelle keine Schwierigkeiten mehr, weil es schon in Kapitel *4 Dezimalbrüche*, Lerneinheit *3 Umwandlung von Brüchen in Dezimalbrüche* behandelt wurde.
Wesentlich bei der Division durch einen Dezimalbruch ist die Erkenntnis, dass das Ergebnis gleich bleibt, wenn Divisor und Dividend mit derselben Zahl multipliziert werden.
Schwerpunkte:
– die schriftlichen Divisionskalküle beherrschen
– einfache Aufgaben im Kopf rechnen
– die Regeln einsehen und begründen
– Überschlagsrechnungen durchführen
– Quotienten auf eine vorgegebene Stellenzahl berechnen und das Ergebnis runden

Tipps und Anregungen für den Unterricht
– Die Einführung des Algorithmus für die Division durch eine natürliche Zahl ist zwar problemlos, das Verständnis dafür ist aber oft nicht mehr vorhanden. Hier haben sich zwei Wege zur Reaktivierung bewährt:
a) Rückgriff auf gewöhnliche Brüche
Beispiel: $4,2 : 7 = 0,6$

$$4\tfrac{2}{10} : 7 = \tfrac{42}{10} : 7 = \tfrac{6}{10}$$

Dieser Ansatz ist nur bei abbrechenden Brüchen möglich.
b) Rückgriff auf die Stellenwerttafel
Beispiel: $4,62 : 3$

E	z	h		E	z	h
4	6	2	:3 =	1	5	4
−3						
1	6					
−1	5					
	1	2				
	−1	2				
		0				

– Das ► Serviceblatt „Tandembogen Division",
Seite S 50, bietet Übungen für einen ersten Test
und trainiert zusätzlich das Kopfrechnen.

Exemplarischer Kommentar
Runden und Überschlagen bei Dezimalzahlen

Zur Fehlervermeidung sollte beim Dezimalbruch-
rechnen grundsätzlich vor dem Rechnen ein
Überschlag durchgeführt werden. Allerdings darf
dabei nicht einfach nach den Rundungsregeln
überschlagen werden. Notwendig ist ein aufga-
benadäquates Runden. Schülerinnen und Schüler
haben damit große Probleme und verwechseln
zudem das Überschlagen mit dem Runden. Die
folgende systematische Übersicht (vgl. Zech,
Friedrich: Mathematik erklären und verstehen,
Cornelsen Verlag, Berlin 1995, Seite 216 ff.) zeigt
Problemfälle auf und gibt Hilfen:

1. Überschlägiges Addieren und Subtrahieren
Bei größeren Zahlen kann man auf Ganze runden und den Überschlag mit natürlichen Zahlen
durchführen. Dabei ist häufig „gegenläufiges
Runden" vorteilhaft (vgl. Exemplarischer Kommentar: *Runden und Überschlagen* im Serviceband 1, ISBN 3-12-740352-6, Seite K 10).
Beispiel:
$$12,48 € + 3,46 € - 9,98 € ≈ 13 € + 3 € - 10 €$$
$$= 6 €$$
Kommen auch Dezimalbrüche vor, die kleiner als
1 sind, wird man im Regelfall auf Zehntel runden.
Auch hier kann „gegenläufiges" Runden vorteilhaft sein:
Beispiel:
$$0,78 + 1,52 + 0,24 + 0,34 ≈ 0,8 + 1,5 + 0,2 + 0,4$$
$$= 2,9$$

2. Überschlägiges Multiplizieren
Hier rundet man gewöhnlich auf <u>eine</u> geltende
Ziffer. Dabei erhöht „gegenläufiges" Runden
manchmal die Genauigkeit.
Beispiel 1:
$$6 · 2,26 ≈ 6 · 2 = 12$$
Beispiel 2:
$$14 · 0,083 ≈ 10 · 0,1 = 1 \text{ (genau: 1,162)}$$
$$≈ 10 · 0,08 = 0,8$$
Beispiel 3:
$$0,043 · 0,74 ≈ 0,04 · 0,8 = 0,032 \text{ (genau: 0,03182)}$$
$$≈ 0,04 · 0,7 = 0,028$$

3. Überschlägiges Dividieren
Hier ist der Grundsatz „Runde so, dass du im
Kopf rechnen kannst." besonders wichtig.

Bei der Division durch eine natürliche Zahl wird
meist nur der Dividend angepasst.
Beispiel 1:
$$0,0612 : 3 ≈ 0,06 : 3 = 0,02$$
Beispiel 2:
$$14,04 : 8 ≈ 16 : 8 = 2$$
Größere Zahlen werden auf eine oder zwei gel-
tende Ziffern gerundet. Der Fehler wird im Re-
gelfall kleiner, wenn beide auf- oder abgerundet
werden.
Beispiel 3:
$$2373,65 : 25 ≈ 2000 : 20 = 100$$
Beispiel 4:
$$4625 : 41,23 ≈ 5000 : 50 = 100$$
$$\text{oder} \quad 4000 : 40 = 100$$
Bei der Division durch einen Dezimalbruch run-
det man zuerst den Divisor auf eine natürliche
Zahl bzw. bei sehr kleinen Dezimalzahlen auf
eine geltende Stelle und passt dann den Dividenden an.
Beispiel 1:
$$34,89 : 8,04 ≈ 34,89 : 8 ≈ 32 : 8 = 4$$
Beispiel 2:
$$378,9 : 0,38 ≈ 378,9 : 0,4 ≈ 400 : 0,4 = 4000 : 4$$
$$= 1000.$$
Nach Zech sollte man jedoch eine zu starke
Reglementierung vermeiden. Was sinnvoll ist, ist
von der Sachsituation bzw. vom konkreten Zahlenmaterial abhängig.
Die Lernenden erhalten im Unterricht entsprechend einige Anhaltspunkte, die nach und nach
anhand konkreter Fälle ausgebaut werden. Dazu
ist auch eine ständige Thematisierung alternativer Möglichkeiten hilfreich.

Einstiegsaufgabe
Die Einstiegsaufgabe sollte in zwei Abschnitten bearbeitet werden. Teil 1 (Berechnung des Preises für
eine Flasche) wird im Regelfall problemlos gelöst.
Im Anschluss kann das Verständnis für das Rechenverfahren erneut gesichert werden.
Das Verfahren für den zweiten Teil (Preisberech-
nung für ein Glas) der Aufgabe ist neu. Den Lernenden stehen zur Lösung der Aufgabe zwei Strategien
zur Verfügung:
a) eine Lösung über Bruchzahlen
b) eine Lösung, die sich aus dem Sachzusammenhang ergibt
Beispiel:
Würde ein Glas 1 l fassen, dann wären für den
Orangensaft zur Deckung der Kosten einer Kiste
4,5 Gläser notwendig. In einem Glas ist jedoch nur
der zehnte Teil, d. h. man benötigt 10-mal mehr
Gläser.

Aus beiden oben genannten Lösungswegen lässt sich kein Rechenalgorithmus zur Division durch eine Dezimalzahl ableiten. Dieser Aufgabenteil führt jedoch zum Verständniskern der Division. In schwächeren Klassen empfiehlt sich ein direkter Zugang, ohne den Mantel einer relativ komplexen Sachaufgabe.

Aufgabenkommentare

1, **2**, **9** und **14** sind Übungen zum reinen Üben der Rechenverfahren.

5 bis **8**, **10** bis **13** sind operative Übungen und dienen der Vertiefung.

4 Anhand dieser Aufgaben wird den Lernenden bewusst, dass die aus dem Bereich der natürlichen Zahlen vertraute Gesetzmäßigkeit „beim Dividieren wird der Wert kleiner" nicht mehr gilt.
Eine Begründung durch Rückgriff auf Brüche vertieft die gewonnene Erkenntnis. Beispiel:
$6,5:0,5 = 6,5:\frac{1}{2} = 6,5 \cdot \frac{2}{1} = 6,5 \cdot 2$.

5 Das Schätzen fördert das Zahlenverständnis und vermittelt eine andere Sichtweise der Rechenoperation. So kann die gesuchte Zahl sowohl durch Überschlag als auch mithilfe der Umkehraufgabe gefunden werden.

8 Der Lernerfolg kann durch Offenlegung der angewendeten Strategien erhöht werden. Die Lernenden können den Fehler mithilfe von Überschlägen, der Umkehraufgabe oder durch ausführliches Rechnen finden. Das Beschreiben der Fehlerentstehung (Was hat der Schüler bei dieser Rechnung gedacht?) führt zu einem bewussten Anwenden der Regel.

10 Erfolgt die Lösung durch (systematisches) Probieren, entspricht dies Niveau A (zum Lösen von Problemen geeignete Standardverfahren wie systematisches Probieren verwenden). Eine Lösung durch Überlegen entspricht Niveau B. Es müssen Strukturen, Ordnungen und Zusammenhänge erkannt und zur Lösung verwendet werden. So kann die Rückführung auf eine Aufgabe aus dem Bereich der natürlichen Zahlen (□□, □:0, □ = □□□:□) erfolgen und mithilfe von Überschlägen eine Zahlanordnung vermutet werden. Anschließend muss das Ergebnis auf Plausibilität überprüft werden. In Teilaufgabe d) und e) wird Niveau C erreicht, wenn die Lösung durch logisches Schließen und Begründen erfolgt. Für e) bedeuet dies: es kann keine Lösung geben, weil □□, □:0, □ = □□□:□; eine dreistellige Zahl dividiert durch eine einstellige Zahl kann aber nie kleiner als eine zweistellige Zahl sein.

16 Eine Lösung durch Ausrechnen (Anwendung von Standardalgorithmen) entspricht Niveau A. Höhere Niveaustufen können durch eine Lösung ohne Rechnung, also durch Begründen erreicht werden.
Beispiel:
$0,1:0,01$ ist 100-mal mehr als $0,01:0,1$, weil die Verkleinerung des Dividenden auf ein Zehntel dieselbe Verkleinerung beim Ergebnis bewirkt. Wird zusätzlich noch der Divisor um das Zehnfache vergrößert, folgt daraus eine weitere Verkleinerung des Ergebnisses auf insgesamt ein Hundertstel.

Exkurs	**Typische Fehler bei der Division durch Dezimalbrüche**

Zusätzlich zu den Fehlern, die schon bei der Division natürlicher Zahlen eine Rolle spielten, werden Fehler im Zusammenhang mit dem Komma gemacht (vgl. Padberg, Friedhelm: Didaktik der Bruchrechnung, Spektrum Akademischer Verlag, Heidelberg 1995, Seite 202 ff.).
So rechneten über 40 % der Realschüler bei einem Test fehlerhaft $0,56:7 = 0,8$. Der Fehlertyp tritt gehäuft bei Kopfrechenaufgaben auf und ist meist ein Flüchtigkeitsfehler.
Bei der Division durch Dezimalbrüche fallen den Lernenden Aufgaben mit gleicher Dezimalenzahl leichter als solche mit unterschiedlich vielen Nachkommastellen. Besonders fehlerträchtig sind die Fälle, bei denen der Divisor mehr Stellen als der Dividend hat. Hier fällt das Ergänzen mit Endnullen schwer $(2,4:0,25 = 2,40:0,25 = 240:25)$. Aufgaben wie $0,44:0,11$ verführen zu „Komma-trennt-Fehlern" $(0,44:0,11 = 0,4$ oder $0,36:0,6 = 6)$.
Zur Vermeidung solcher Fehler sollte jedes Ergebnis vor dem Rechnen durch Überschlag abgeschätzt werden.

5 Verbindung der Rechenarten

Intention der Lerneinheit
Die im Kapitel *3 Rechnen mit Brüchen* Lerneinheit *7 Punkt vor Strich. Klammern* im Rahmen der Bruchzahlen behandelten Rechenvorteile und -gesetze werden auf die Dezimalbrüche übertragen. Die Gesetze (Kommutativ-, Assoziativ- und Distributivgesetz) werden allerdings nicht nochmals gesondert thematisiert. In Aufgaben werden sie von den Lernenden als Rechenvorteile genutzt.
– Klammerterme berechnen
– Terme in der geforderten Darstellung schrittweise lösen

- wissen, dass die Regel Punkt vor Strich auch bei den Dezimalbrüchen gilt
- mithilfe der Rechengesetze vorteilhaft rechnen

Tipps und Anregungen für den Unterricht

Erfahrungsgemäß werden die Rechenregeln korrekt angewendet. Die Schwierigkeit liegt in der Vielzahl der notwendigen Rechnungen. Eine übersichtliche Darstellung ist deshalb besonders wichtig. Dazu sollten notwendige schriftliche Berechnungen nicht im Term, sondern als Nebenrechnung außerhalb des Terms durchgeführt werden.

Einstiegsaufgabe

Die Einstiegsaufgabe sollte, um Diskussionen zu ermöglichen, in Partnerarbeit gelöst werden. Dabei können unterschiedliche Terme gefunden werden, wie z.B.:

$2 + 14 + 7 + 4 + 4 \cdot 0{,}99$

$2 + 14 + 7 + 4 + 4 \cdot (1 - 0{,}01)$

$2 + 14 + 7 + 4 + 4 \cdot 1 - 4 \cdot 0{,}01$

$3 + 15 + 8 + 5 - 4 \cdot 0{,}01.$

Die folgende Diskussion thematisiert Rechenvorteile und die bekannten Rechengesetze.

Aufgabenkommentare

1 bis **4** und **7** sind Übungen zum reinen Üben der Rechenverfahren.

5, **6** und **11** sind operative Übungen und dienen der Vertiefung.

5 und **6** Die Aufgaben sollten ohne schriftliche Berechnungen nur mithilfe von Überschlägen gelöst werden.

Durch solche Aufgabentypen können wichtige Kompetenzen geübt werden:

- Erworbenes Wissen in kumulativen Aufgaben flexibel anwenden (*Leitidee Zahl*).
- Ein „Gefühl" für Zahlen, Größenordnungen und Zusammenhänge entwickeln (*Leitidee Messen*).
- Rechenoperationen einschließlich der notwendigen Überschlagsrechnungen sicher ausführen (*Leitidee Zahl*).

10 bis **14** Bei allen Aufgaben wird der Text in Terme übersetzt. Die offene Aufgabenstellung lässt Spielraum für Lösungen auf unterschiedlichem Niveau:

Beispiele für Aufgabe 12 a):

- Er kauft von jeder Sorte zwei Jogurts:
  $15 - 2 \cdot 0{,}79 - 2 \cdot 0{,}59$ oder
  $15 - 2 \cdot (0{,}79 + 0{,}59)$
- Er möchte möglichst viel kaufen:
  $15 : (0{,}79 + 0{,}59)$
- Er kann von jeder Sorte zehn Jogurts kaufen.
- Wie viel Geld bleibt übrig, wenn er möglichst viel kauft? $15 : (0{,}79 + 0{,}59) \approx 10$
- $15 - 10 \cdot 0{,}79 - 10 \cdot 0{,}59 = 1{,}2$

Beispiele für Aufgabe 14:

- $4 \cdot 12{,}5 + 5 \cdot 6{,}5$
- $4 \cdot (12{,}5 + 6{,}5) + 6{,}5$ (Rechenvorteile!)

Die Aufgabenstellungen trainieren speziell die unter der *Leitidee Zahl* aufgeführte Kompetenz „mathematische Beziehungen und Zusammenhänge in offenen Aufgaben herstellen".

Skispringen

Der Anstoß beschäftigt sich ausführlich mit dem Thema Skispringen. Der folgende Unterrichtsvorschlag greift das Thema der Vierschanzentournee noch einmal auf und betrachtet den gesamten Tourneeverlauf. Hierdurch vergrößert sich die betrachtete „Datenmenge" (Haltungs- und Weitennoten). Die Bewältigung dieser Datenmenge wird durch eine geplante Gruppenarbeit ermöglicht. Die Auswertung (Rangfolge der Sieger der Vierschanzentournee) erfolgt über einen Austausch der Gruppenergebnisse.

Der Inhalt und Aufbau der unten vorgestellten Unterrichtseinheit (ca. zwei Stunden) deckt folgende in den *Leitideen* zusammengefassten Inhalte und Kompetenzen des Bildungsplanes ab:

- Zahlen vergleichen und ordnen (*Leitidee Zahl*)
- Rechenoperationen im erweiterten Zahlenbereich sicher ausführen (*Leitidee Zahl*)
- Rechengesetze auch zum vorteilhaften Rechnen nutzen (*Leitidee Zahl*)
- bereits erworbenes Wissen in kumulativen Aufgaben flexibel anwenden (*Leitidee Zahl*)
- Tabellen lesen und auswerten (*Leitidee Daten*)
- Daten sammeln und in Tabellen erfassen (*Leitidee Daten*)
- Probleme in ihrer Komplexität erfassen und durch die Wahl geeigneter Modelle beschreiben und bearbeiten (*Leitidee Modellieren*)
- Fragestellungen die passende Mathematik zuordnen (*Leitidee Modellieren*)

Vierschanzentournee

Die FIS (Fédération Internationale de Ski) ist zuständig für die Ausrichtung der meisten internationalen Wettbewerbe im Alpinen Skilauf, Skispringen (z.B. Vierschanzentournee) und in den Langlauf- und Biathlondisziplinen. Die Organisation wurde am 2. Februar 1924 während der ersten Olympischen Winterspiele in Chamonix gegründet. Heute sind der FIS etwa 100 nationale Skiverbände angeschlossen.

Die Vierschanzentournee findet innerhalb von ein bis zwei Wochen auf den Schanzen in Innsbruck, Oberstdorf, Garmisch-Partenkirchen und Bischofshofen statt. Die K-Punkte (Kalkulationspunkte) der Schanzen unterscheiden sich zum Teil: Oberstdorf, Innsbruck und Bischofshofen (120 m), Garmisch-Partenkirchen (115 m). Auf jeder Schanze werden bei jedem Athleten zwei Sprünge gewertet. Jeder Sprung setzt sich aus der im Schülerbuch beschriebenen Haltungsnote und der Weitennote zusammen und wird nach einem Berechnungsschlüssel errechnet. Die Ergebnisse beider Sprünge werden zu einer Note addiert. Diese Note wird auf allen vier Schanzen ermittelt. Die Summe dieser vier Schanzennoten ergibt die Endplatzierung der Vierschanzentournee.

Die Vierschanzentournee

Die Unterrichtseinheit umfasst zwei Unterrichtsstunden:

1. Berechnung der Ergebnisse der jeweiligen Schanze (je eine Gruppe ermittelt gemeinsam die Ergebnisse einer Schanze)
2. Ermittlung der Endplatzierung

1. Stunde: Berechnung der Ergebnisse der jeweiligen Schanze

Material

Eine Schülergruppe (insgesamt vier Gruppen) benötigt jeweils
- ein ► Serviceblatt „Die Vierschanzentournee – Wertung Oberstdorf" (bzw. Innsbruck/Garmisch-Partenkirchen/Bischofshofen), Seiten S 53 bis S 56
- ein ► Serviceblatt „Die Vierschanzentournee – Wertungskarten", Seite S 51
- evtl. eine ► „Die Vierschanzentournee – Aufgabenkarte" (Arbeitsblatt kopieren, in die vier Teile zerschneiden und jeden Teil der entsprechenden Schülergruppe aushändigen), Seite S 52
- Notizzettel

Unterrichtsverlauf

Eine Schülergruppe beschäftigt sich je mit den Ergebnissen einer der vier Schanzen. Die Gruppe prüft zunächst gemeinsam die Wertung des vollständig eingetragenen Springers und ergänzt daraufhin die unvollständigen Wertungen der bereits eingetragenen Springer (► Serviceblatt „Die Vierschanzentournee – Wertung", Seiten S 53 bis S 56).

Anschließend werden arbeitsteilig die Wertungen der weiteren Springer ermittelt (die Namen und Ergebnisse finden sich auf dem ► Serviceblatt „Die Vierschanzentournee – Wertungskarten", S 51). Sollten die Schüler Schwierigkeiten bei der Erstellung der Rangfolge haben, kann ihnen die entsprechende Aufgabenkarte ausgehändigt werden.

Die gesamte Schülergruppe trägt nun die arbeitsteilig gewonnenen Ergebnisse zusammen, vergleicht die totalen Sprungnoten der einzelnen Sportler und nimmt die Platzierung der Springer auf dem entsprechenden Wertungsbogen auf. Sofern genügend Zeit vorhanden ist, sollten die in Einzelarbeit ermittelten Teilwertungen (Haltungsnote, Weitennote usw.) auf dieses Serviceblatt übernommen werden.

2. Stunde: Ermittlung der Endplatzierung

Material

Jede Schülergruppe benötigt jeweils
- einen Plakatkarton
- die Ausarbeitung der vorausgegangenen Stunde

Unterrichtsverlauf

Jede Gruppe notiert auf dem Plakatkarton die eigene Schanze, den K-Punkt, den Punktwert pro Meter und den Namen der Springer (mit Gesamtwertung und Rangfolge). Nun werden die Plakate übersichtlich ausgehängt und jede Gruppe gibt eine kurze Stellungnahme zu ihrer Arbeit ab.

Die Frage „Wer sind nun die besten Springer der Tournee?" (z.B. von der Lehrperson gestellt) führt zu der Bewertung aller Schanzenergebnisse. Die endgültige Rangfolge dieser Vierschanzentournee 2003/2004 wird in den jeweiligen Schülergruppen bestimmt und dann untereinander verglichen und (evtl.) auf einem Plakat festgehalten.

Wertung (Lösung)

Platz	Name	Punkte
1	Sigurd Pettersen	1084,6
2	Martin Hoellwarth	1049,5
3	Peter Zonta	1041,6
4	Thomas Morgenstern	1030,9
5	Janne Ahonen	1030,5
6	Georg Spaeth	1027,8
7	Michael Uhrmann	1016,7
8	Noriaki Kasai	1014,5
usw.		

Lohnende Seiten aus dem Internet
[www.vierschanzen.org/]
[www.kindernetz.de/thema/skispringen/schanzen/
　flugschanzen.html]
[www.sportal.de/skispringen/schanzen/]
[www.skijumping-forum.de/]

Exkurs　Typische Fehler beim Lösen von Termen

Fehler werden hier weniger durch Verstöße gegen die Rechenregeln als durch Rechenschwierigkeiten im Bereich des Bruchrechnens verursacht.
Eine zweite „Fehlerquelle" ist eine unübersichtliche Darstellung.

Üben • Anwenden • Nachdenken

Aufgabenkommentare

5 und **6** Die Lernenden entscheiden selbst, mit welcher Zahldarstellung sie die Aufgabe lösen möchten. Entscheidend ist die Begründung, denn je nach Aufgabe ist eine andere Darstellung geschickter. So führt in Teilaufgabe 5 d) der Lösungsversuch (genaue Lösung) über Dezimalbrüche zu Problemen (periodischer Dezimalbruch). Das Runden auf Zehntel ist in der Bruchschreibweise jedoch nicht möglich.
Die Aufgaben entsprechen Niveau B. Inhalte aus verschiedenen Themenbereichen müssen verknüpft und der Lösungsweg muss begründet werden.

5 Kann als Grundlage für eine Diskussion über das sinnvolle Runden und Überschlagen dienen (vgl. Exemplarischer Kommentar: *Runden und Überschlagen bei Dezimalbrüchen*, Seite K 50.

8 Das Ziel der Aufgabe ist nicht die Rechenfertigkeit (es sollen nicht alle Termwerte berechnet werden), sondern die – je nach Bedingung und Rechenoperation – gezielte Auswahl des Zahlenmaterials. Um diese Fähigkeit zu trainieren, ist eine Begründung unbedingt erforderlich. Auch diese Aufgaben fallen unter das Niveau B. Die Begründung erfordert das Aufstellen einer mathematischen Argumentationskette.

12 Der Übungseffekt dieser Aufgabe ist vor allem in der Vertiefung der Rechenregeln und in einer Vernetzung des Wissens über die beiden Rechenoperationen Multiplikation und Division zu sehen. Die Lernenden sollten ihre Überlegungen in einem mathematischen Kurzaufsatz notieren und begründen (Niveau B).

16 Die Aufgabe enthält mehrere Übungsziele:
– Wiederholung der Fachbegriffe zu den Rechenoperationen
– Übersetzen von Sprache in mathematische Terme
– Aufstellen von Termen und die korrekte Anwendung der zur Lösung nötigen Rechenregeln
– Übung der Rechenfertigkeiten im Bereich der Dezimalzahlrechnung

18 Anhand dieser Aufgabe lassen sich viele heuristische Strategien üben. So können durch systematisches Probieren Zusammenhänge erkannt und für die Lösung ausgenutzt werden. Anschließend wird die Lösung auf Plausibilität untersucht (Niveau B). Der Erkenntnisgewinn kann aber auch an einem Beispiel durch logisches Schließen und Begründen erfolgen (Niveau C). Eine anschließende Bewertung der Lösung vertieft die Einsicht (Niveau C).
In Teilaufgabe c) kann die Strategie „einfache Gleichung aufstellen" eingesetzt werden. Dabei kann eine Lösung durch unterschiedliche Überlegungen gefunden werden:
$0,8 \cdot \square = 1$
1. Die Variable wird mithilfe der Umkehraufgabe, also durch Division gefunden (Niveau B).
2. Die Aufgabe wird mithilfe kreativer Überlegungen, die zu einer vorteilhaften Lösung führen, gelöst (Niveau C):
$0,8 \cdot \square = 1 \leftrightarrow \frac{8}{10} \cdot \square = 1 \rightarrow \square = \frac{10}{8} = 1,25.$
Hinweis: Vor der Bearbeitung sollten die Fachbegriffe noch einmal wiederholt werden.

Messgeräte

Das Thema spricht viele Kompetenzen der *Leitidee Modellieren* an. Situationen aus der Erfahrungswelt der Lernenden müssen Rechenmodelle zugeordnet werden.

Strom- und Wasserzähler sind den Schülerinnen und Schülern zwar begrifflich bekannt, sind jedoch keine vertrauten Messgeräte. Die Lernenden sind deshalb meist motiviert, mehr über den Umgang mit diesen Geräten zu erfahren.

Strom

Hier müssen einfachen Erscheinungen aus der Erfahrungswelt bekannte mathematische Rechenmodelle (Addition/Subtraktion, Multiplikation) zugeordnet werden (Niveau A). Bei der Hochrechnung in die Zukunft sollte auf die Problematik der zugrunde liegenden Annahmen eingegangen werden.

Wasser

Das Ablesen der Wasseruhren erfordert ein Übertragen aus einer nicht vertrauten Darstellung in die gewohnte dezimale Schreibweise. Dazu muss die Struktur beider Darstellungen durchdrungen worden sein (Niveau B).

– Es muss ein vertrautes und direkt erkennbares Rechenmodell (Subtraktion) verwendet werden (Niveau A).
– Liter müssen in m^3 umgerechnet werden (kumulativ). Das notwendige Rechenmodell ist nicht sofort erkennbar. Gelerntes muss auf eine neue Situation übertragen werden (Niveau B).
– Tabellen auswerten können und einfache Erklärungen finden, entspricht Niveau A (vertraute und geübte Standarddarstellungen nutzen).

6 Körper

Kommentare zum Kapitel

Die in diesem Kapitel behandelten Körper sind den Lernenden aus dem Alltag bekannt. Eine erste Begriffsbildung ohne genaue Definition hat bereits stattgefunden. Das bedeutet, dass die Lernenden diese Körper in der Regel schon unterscheiden und die Namen richtig zuordnen können. Zur vollständigen Erfassung des *Körperbegriffs* gehört die Kenntnis der typischen, relevanten Merkmalskombinationen und die Fähigkeit, den Begriff zu abstrahieren und zu generalisieren.

Schwerpunkt des Kapitels ist somit das Lernen neuer Begriffe aus dem Themenkomplex der Körper und vor allem die Ausbildung des räumlichen Vorstellungsvermögens, welchem in der Unterrichtspraxis oft zu wenig Beachtung geschenkt wird. Im Alltag ist ein gut entwickeltes Raumvorstellungsvermögen wichtig, beispielsweise beim Lesen von Gebäudeplänen, beim Verstehen von Aufbauanleitungen von Möbeln sowie zur Orientierung im Gelände. Da sich das räumliche Denken besonders gut bei Kindern zwischen 7 und 12 Jahren entwickelt, muss dies gerade in der Orientierungsstufe trainiert werden.

Grundlage für die formenkundlichen Betrachtungen sind die Körper Prisma und Pyramide sowie Zylinder, Kegel und Kugel.

Intention und Schwerpunkt des Kapitels

- Prismen, Pyramiden, Zylinder und Kegel erkennen und typische Merkmale nennen
- Schrägbilder von Körpern mit geraden Kanten zeichnen
- Netze der unterschiedlichen Körper erkennen und Zusammenhänge zwischen Netz und Körper erfahren
- Ausbildung und Entwicklung des Raumvorstellungsvermögens

Bezug zu den Bildungsstandards

Leitidee Raum und Form:
Schülerinnen und Schüler erkennen geometrische Strukturen in der Umwelt und können sie beschreiben.

Weiterführende Hinweise

- Entscheidend in der gesamten Unterrichtseinheit ist das selbsttätige, konkrete Operieren jedes Lernenden. Partner- oder Gruppenarbeit eignen sich gut, z.B. um gemeinsam nach typischen Merkmalen zu suchen oder eine möglichst große Anzahl verschiedener Netze zu finden. Nur das eigene Handeln ermöglicht den Aufbau eines beweglichen Vorstellungsvermögens.
- Das Mediensystem BAUWAS bietet für die Förderung der Raumvorstellung eine vielseitige und beziehungsreiche Zusammenstellung von Arbeitsmaterialien, mit denen die Lernenden sich durch verschiedene Aktivitäten Raumbezüge erschließen können (vgl. dazu www.bauwas.de).
- Die Universität Bayreuth bietet auf ihrer Homepage unter Geometrie zum Anfassen so genannte Pop-up-Würfel und andere Körper. Sie sind mit dem angebotenen Material leicht herzustellen und ihre Verwendung im Unterricht macht den Schülerinnen und Schülern großen Spaß. Diese Ideen eignen sich für Projekte oder freie Arbeitsformen, vgl. dazu [http://did.mat.uni-bayreuth.de/mmlu/gza/popup/wuerfel.html].

Auftaktseite: Schöner als ein Quader!

Anknüpfend an das vertraute Würfelnetz wird durch die hier vorgeschlagene Änderung Neugier geweckt und Motivation erzeugt. Wichtig ist die konkrete Handlung; erst dadurch kann eine Verbindung zwischen Netz und Körper hergestellt werden, die dazu führt, dass bei den Lernenden nicht nur fertige, statische Bilder von Körpern erzeugt werden. Durch das konkrete Operieren werden die Bilder beweglich und lassen sich mental manipulieren. Eine gute Erweiterung dieser Aufgabe wäre das Einzeichnen der Schnittlinien für den halben Würfel in andere Netzvarianten.

Die Ausgangsfigur für den Kegel ist ein bis zum Mittelpunkt eingeschnittener Kreis, aus dem sich durch Ineinanderschieben unterschiedliche Kegel herstellen lassen. Für eine intensive Betrachtung und zum Sammeln erster Erfahrungen über die Zusammenhänge von Netz und Körper ist eine problemorientierte Aufgabenstellung notwendig.

Ein Beispiel:
Welche Veränderungen am Netz führen zu einem hohen Kegel, welche zu einem Kegel mit großer Grundfläche? Welcher Zusammenhang besteht zwischen Grundfläche und Mantel? Was wird durch das Ineinanderschieben im Netz bzw. beim Kegel verändert?

Die nach dieser Anleitung hergestellten Körper können später bei der formenkundlichen Betrachtung wieder eingesetzt werden.

Exemplarischer Kommentar
Raumvorstellung

Den folgenden Ausführungen liegt ein Aufsatz von Prof. Peter H. Maier zugrunde (veröffentlicht in Praxis Schule 7 bis 10, Heft 3/1996).

Das räumliche Vorstellungsvermögen stellt eine wichtige Komponente der menschlichen Intelligenz dar. Sucht man eine exakte Begriffsbestimmung für dieses Vorstellungsvermögen, so findet man sie in psychologischen Theorien über die Intelligenz als eine ihrer Primärfaktoren. Der Primärfaktor Raumvorstellung geht dabei über die Sinneswahrnehmung und deren Speicherung im Gedächtnis hinaus. Er beinhaltet vielmehr auch die mentale Beweglichkeit der Objekte, das bedeutet, am Körper auch Veränderungen vor dem geistigen Auge vorzunehmen (zum Beispiel Schnitte durch einen Körper oder Linien im Körper).

Im Kategoriesystem der räumlichen Intelligenz unterscheidet man fünf wesentliche Faktoren:

1. Räumliche Orientierung
Sie umfasst das Einordnen der eigenen Person in die räumliche Umwelt. Es geht dabei um die Fähigkeit, sich als Person real oder mental im Raum zurechtzufinden. Sie kann je nach Sach- oder Problemzusammenhang mehr statisch oder mehr dynamisch sein.
Ein Beispiel:
Statisch: unterschiedliche Darstellungen von Schrägbildern, je nach Blickrichtung des Betrachters.
Dynamisch: Festlegung der Reihenfolge einer Anzahl von Bildern, die beim Vorbeifahren eines Schiffes vom Ufer aufgenommen wurden.

2. Räumliche Beziehungen
Es betrifft das richtige Erfassen von räumlichen Bezügen zwischen Objekten oder Teilen von ihnen. Hier wird ein mehr statischer Aspekt angesprochen.
Eine mögliche Aufgabe dazu wäre, aus einem Bauplan die Lage der Würfel zueinander abzulesen und zu bauen oder zu zeichnen.

3. Vorstellungsfähigkeit von Rotationen
Sie umfasst die Fähigkeit, sich schnell und exakt Rotationen von zwei- oder dreidimensionalen Objekten vorzustellen.
Ein Beispiel dafür ist die Vorstellung, die nötig ist, um den Körper zu erkennen, der sich aus der Drehung einer ebenen Figur um eine ihrer Kanten ergibt. Aus der Drehung eines Dreiecks um eine Dreiecksseite entsteht beispielsweise ein Doppelkegel.

4. Veranschaulichung
Damit sind Denkvorgänge gemeint, bei denen man sich z. B. die Bewegung von ganzen Gegenständen oder von ihren Teilen vorstellt.
Ein Beispiel wäre das gedankliche Zusammenfalten eines Netzes zum Körper. Eine Aufgabenstellung dazu wäre beispielsweise die Zuordnung der Kanten im Netz, die beim Körper aufeinander treffen.

5. Räumliche Wahrnehmung
Sie umfasst die Fähigkeit zur Identifikation der Horizontalen und Vertikalen. Dabei spielt die Orientierung des eigenen Körpers, das Körperschema, eine wesentliche Rolle.
Testaufgabe dazu wäre, die Linie der Wasseroberfläche in ein Glas einzuzeichnen bzw. die richtige Lage zu erkennen:

1 Prisma

Intention der Lerneinheit
- Prismen erkennen und die relevanten Merkmale aufzählen
- erkennen und zeichnen von Netzen verschiedener Prismen
- Förderung des Raumvorstellungsvermögens

Tipps und Anregungen für den Unterricht
Bei diesem Thema können die Lernenden handlungsorientiert, interaktiv und kommunikativ arbeiten. Dazu bieten die folgenden Serviceblätter Vorlagen für unterschiedliche Tätigkeiten.
Mit dem ► Serviceblatt „Ein aufblasbarer Würfel", Seite S 57 kann sich jeder Lernende einen Papierwürfel durch Falten und Aufblasen herstellen. Schon die Herstellung des Würfels auf diese Art und Weise ist spannend und neu. Allerdings sind die Faltvorgänge nicht ganz leicht zu verstehen und sollten deshalb gegebenenfalls vom Lehrer erläutert werden. Der gebastelte Würfel dient im weiteren Unterrichtsverlauf immer wieder zum Vergleich mit den neuen Körpern (beispielsweise, um den Würfel als ein besonderes Prisma zu klassifizieren oder um vom einfachen Schrägbild des Würfels auf die Schrägbilder der Prismen zu gelangen).

Eine weitere Version bietet das ► Serviceblatt „Einen offenen Würfel falten", Seite S 58. Für diese Faltanleitung braucht man weder Schere noch Kleber – und dennoch entsteht ein stabiler offener Würfel.

Die nicht ganz einfach herzustellenden Prismen auf den ► Serviceblättern „Ein Prisma bauen und zeichnen", Seite S 59 und S 60, können zum Zeichnen der drei Ansichten als Modellvorlage dienen. Auch wenn im Schülerbuch das Zeichnen der Körperansichten nicht explizit eingeführt und geübt wird, verbessern die Übungen die räumliche Vorstellung, weil sie dreidimensional begriffen und abgemessen und dann zweidimensional abgebildet werden. Das zweite Serviceblatt ist vor allem unter dem Aspekt der Differenzierung einzusetzen.

Einstiegsaufgabe

Für die Bearbeitung der Einstiegsaufgabe ist Gruppenarbeit die geeignete Sozialform. Die Schülerinnen und Schüler können zunächst arbeitsteilig die vier Prismen herstellen, die sie für die weiteren Aufgaben benötigen. Der aktive Umgang jedes Lernenden mit den Modellen ist eine notwendige Grundlage für die Entwicklung der räumlichen Vorstellung. Formenkundliche und darstellende Aktivitäten, wie sie in dieser Aufgabe gefordert werden, sind die wesentlichen Komponenten zum Aufbau der Raumvorstellung. Die Einstiegsaufgabe bietet außerdem einen ersten sehr informellen und freien Zugang zu dem neu zu lernenden Begriff. Das Zeichnen des Netzes und das Zusammenfalten des Körpers sind fundamentale Erfahrungen für die Begriffsbildung. Beim Zusammensetzen mehrerer Körper ist eine Einschränkung sinnvoll, die es nicht erlaubt, die Körper nur an Eckpunkten oder nur an einer Kante zusammenzusetzen. Weiterführende Aufgabenstellungen, die das Herausfinden der Gemeinsamkeiten aller zusammengesetzter Körper fordern, initiieren eine gewinnbringende Diskussion über die Eigenschaften der Körper.

Aus dieser Vielzahl positiver Beispiele lassen sich sowohl die relevanten als auch die irrelevanten Merkmale des Prismas herausarbeiten und führen zu einer ersten Begriffsdefinition. Die Auseinandersetzung mit einem entsprechenden Gegenbeispiel (Dreieckspyramide und dreiseitiger Pyramidenstumpf) verdeutlicht die relevanten Merkmale noch stärker und verhindert eine Übergeneralisierung (vgl. Exemplarischer Kommentar: *Begriffslernen*, Seite K 2).

Alternativer Einstieg

Die Verpackungsindustrie bietet heute eine große Auswahl an Formen. Es gibt Prismen mit allen möglichen Grundflächen und den unterschiedlichsten irrelevanten Merkmalen.

Beispiele: Sechsecksprismen von Nestlé, trapezförmige Prismen von Kinderschokolade, Achtecksprismen von Lindt, die übliche Toblerone, quadratische Prismen von After Eight usw.

Der Zugang über diese Modelle ist den Lernenden vertrauter als die etwas steril wirkenden Modelle aus der Mathematiksammlung.

Im Sitzkreis wird eine Auswahl dieser Verpackungen präsentiert. Unbedingt dabei sein sollten auch Würfel, Quader und eine Pyramide. Zunächst wählen die Lernenden die bekannten Körper Quader und Würfel aus und beschreiben sie. Sie werden aus dem Angebot herausgenommen und später wieder neu betrachtet. Der folgende Impuls, dass ein Körper nicht in diese Gruppe passt, schließt auch die Pyramide aus. Es bleiben nur noch verschiedene Prismen übrig. Den Schülern wird der Begriff Prisma genannt, unter dem diese Körper zusammengefasst werden. Damit ist die Zielsetzung der Unterrichtsstunde bekannt. Es werden erste Versuche unternommen, die Gemeinsamkeiten aller Modelle zu beschreiben. Bevor eine gut formulierte und abschließende Definition verwendet wird, beschäftigen sich die Schülerinnen und Schüler mit diesen Prismen intensiver. Dazu bekommen die Schüler in Kleingruppen den Auftrag, sich ein Prisma auszuwählen und auf einem großen Bogen Papier mit dickem Stift das Netz so genau wie möglich zu skizzieren. Sie dürfen dazu das Modell mitnehmen und eventuell auch als Zeichenhilfe verwenden. Die fertigen Netze werden mit Magneten an die Tafel gehängt.

Im folgenden Unterrichtsgespräch werden die Gemeinsamkeiten der verschiedenen Netze herausgearbeitet; damit wird ein anderer Zugang zum Begriff *Prisma* angeboten. Die Schülerinnen und Schüler verbinden in dieser Phase die dreidimensionale und die zweidimensionale Darstellung zu einer Einheit, die ihnen das Erfassen des Begriffs erleichtert.

Die Betrachtungen von Gegenbeispielen und von besonderen Prismen mit Trapez oder Parallelogramm als Grundflächen runden die erste Doppelstunde ab.

Aufgabenkommentare

Die Übungen zum Festigen und Verankern des neuen Begriffs sollten vielfältig und operativ sein. Zur Abgrenzung sind immer wieder Gegenbeispiele enthalten. Die Aufgaben trainieren die folgenden Aspekte (vgl. Exemplarischer Kommentar: *Raumvorstellung*, Seite K 57)

1. Prismabegriff Aufgaben 1, 2 und 10

2. Räumliche Beziehungen: Aufgaben 3, 4, 7 bis 9 und 11

3. Veranschaulichung: Aufgaben 6, 9 und 11

1 und **2** An ausgewählten Modellen (positive Beispiele und Gegenbeispiele) werden die relevanten Merkmale aufgezeigt bzw. durch das Fehlen dieser Merkmale wird das Gegenbeispiel begründet.

7 und **8** Netze von Prismen zeichnen. Das Ausschneiden und Falten zum Körper kann anschließend die Richtigkeit bestätigen und unterstützt die Entwicklung der Raumvorstellung.

10 Im Schrägbild gezeichnete Prismen werden als solche identifiziert und die erkannten relevanten Merkmale werden benannt. Außerdem werden im Schrägbild gezeichnete Gegenbeispiele begründet als solche erkannt.

11 Die Aufgabe verlangt Zuordnungen zwischen einem Netz und dem daraus entstehenden Körper. Eine Erweiterung wäre, Linien auf einem Körper auf das zugehörige Netz zu übertragen (und umgekehrt) oder Punkte und Strecken auf einem Netz am Körper wiederzufinden.

2 Pyramide

Intention der Lerneinheit
- Pyramiden erkennen und die relevanten Merkmale aufzählen
- erkennen und zeichnen von Netzen verschiedener Pyramiden
- Förderung des Raumvorstellungsvermögens

Tipps und Anregungen für den Unterricht
Auf der Auftaktseite haben die Schülerinnen und Schüler einfache Figuren, aus denen sich leicht Pyramiden falten lassen bzw. Körper, die aus Pyramiden aufgebaut sind, kennen gelernt. Das ► Serviceblatt „Die schnelle Pyramide", Seite S 61 bietet eine entsprechende Ergänzung. Mit dieser Vorlage lassen sich durch das Ineinanderschieben der Ausgangsfigur verschiedene Pyramiden herstellen. Je nachdem, welche Seitenflächen übereinander gelegt werden, entstehen Pyramiden mit drei-, vier-, fünf- oder sechseckigen Grundflächen. Die Vorlagen können geschickt im Heft transportiert und bei Bedarf immer wieder neu zusammengefaltet werden.

Einstiegsaufgabe
Die sehr offene und differenzierende Aufgabenstellung bietet den Schülerinnen und Schülern einen aktiven und handlungsorientierten Zugang zu Pyramiden. Das Herstellen der unterschiedlichsten Pyramiden erzeugt die für das Begriffslernen wichtigen positiven Beispiele. Durch das Verändern der Kreise werden außerdem intuitiv erste Zusammenhänge zwischen Größen im Netz (Länge einer Seitenkante) und Größen im Körper (Höhe) vermittelt.
Der Einsatz des ► Serviceblattes „Die schnelle Pyramide", Seite S 61 führt zu den unterschiedlichen Vertretern dieser Körperklasse (siehe oben unter *Tipps und Anregungen*) und kann zur Herausarbeitung der relevanten Merkmale genutzt werden. Gegenbeispiele wie dreiseitige Prismen, die auf einer Mantelfläche liegen, Pyramidenstümpfe und Kegel grenzen den Begriff ab.

Aufgabenkommentare

Die vielfältigen Tätigkeiten im Aufgabenangebot unterstützen die Verankerung des neuen Begriffs:

2 Erkennen des Körpers an seinen relevanten Merkmalen bzw. Diskriminieren von negativen Beispielen

3 und **6** Das Zeichnen und Ergänzen von Netzen festigt den Begriff durch die intensive Auseinandersetzung mit den typischen Eigenschaften in unterschiedlichen Darstellungen.

5 Das Erkennen von Fehlern im Netz fördert die Beweglichkeit der Vorstellungen.

4 und **8** Die Tätigkeiten sind dem Faktor 4 „Veranschaulichungen" der räumlichen Intelligenz zuzuordnen (vgl. Exemplarischer Kommentar: *Raumvorstellung*, Seite K 57). Für die Zuordnung von Strecken bzw. Punkten im Netz und denjenigen am Körper ist eine große geistige Beweglichkeit notwendig. Die Ausführung am Modell ist für die Lernenden, bei denen diese Fähigkeit nur schwach ausgeprägt ist, eine wichtige Hilfe.

7 Mit dem Faltmodell vom ► Serviceblatt „Die schnelle Pyramide", Seite S 61 können die Lernenden selbst entscheiden, bei welcher Aufgabe sie das Modell brauchen und einsetzen wollen.

3 Schrägbilder

Intention der Lerneinheit
- wissen, dass beim Schrägbild alle Kanten senkrecht zur Zeichenebene im Winkel von 45° und um die Hälfte verkürzt gezeichnet werden
- Schrägbilder sauber zeichnen

Tipps und Anregungen für den Unterricht

- Die Lernenden orientieren sich beim Zeichnen am Karogitter ihres Mathematikheftes. Deshalb ist eine Vereinfachung – wie sie im Merkkasten des Schülerbuches beschrieben wird – eine wesentliche Erleichterung. Legt man allerdings auf eine genaue Zeichnung mit korrekter Verkürzung Wert, eignet sich unliniertes Papier. Eine wesentliche Zeichenhilfe bietet auch der Einsatz von Punktpapier (vgl. Serviceband 1, ISBN 3-12-740352-6, Seite S 46). Damit lassen sich auch Pyramiden und zusammengesetzte Körper schnell und richtig zeichnen.
- Mit dem ► Serviceblatt „Mit Pyramiden experimentieren", Seite S 62 können Fragen, die im Zusammenhang mit den drei Darstellungsformen Körpermodell, Netz und perspektivische Zeichnung auftauchen, bearbeitet werden. Durch die Aufgabenstellung, das Schrägbild der im Netz dargestellten Pyramiden zu zeichnen, sind die Schülerinnen und Schüler mit dem Problem konfrontiert, die Höhe der Pyramide zu ermitteln. Viele Lernende werden zunächst die Höhe einer Seitenfläche als Körperhöhe übernehmen und erst durch das Zusammenfalten der Netze ihren Irrtum bemerken. Sie werden dann versuchen, mit Faden oder Lineal in den teilweise offenen Modellen die Höhe zu ermitteln. Sie machen damit die wichtige Erfahrung, dass die Höhe nicht als messbare Größe dem Netz entnommen werden kann (weitere ausführliche Anmerkungen finden sich in Schnittpunkt aktuell, ISBN 3-12-747401-6, Seite 49).
- Um den Wechsel zwischen Körpermodell und Schrägbild in der Vorstellung zu schulen, sind Übungen notwendig, die beides eng miteinander verbinden. Die im ► Serviceblatt „Baupläne und Schrägbilder von Würfelkörpern", Seite S 63 vorgeschlagenen Aufgaben ermöglichen die Schulung dieser Vorstellung und üben zusätzlich das Zeichnen von Schrägbildern auf dem Dreieckspapier, das bereits in Band 1 eingeführt wurde. Die Aufgaben nehmen Bezug zu real gebauten Würfelkörpern. Dazu eignen sich Holzwürfel (Kantenlänge 2 cm) sehr gut, denn diese können auch mit Klebestift zusammengeklebt werden. Die Klebereste lassen sich anschließend mit wenig Mühe wieder entfernen. Die Aufgaben können jedoch auch ohne die Anschauung über die Würfel gelöst werden.
- Wenn man sich beim Zeichnen von Schrägbildern auf Rechtecke beschränkt, lassen sich nur zwei Arten von Pyramiden zeichnen und die Prismen müssen immer auf einer Mantelfläche liegend gezeichnet werden. Deshalb ist die Einbettung der anderen Flächen in ein Rechteck

unter stillschweigender Voraussetzung der Teilverhältnistreue eine vertretbare Zeichenhilfe.

Einstiegsaufgabe

Mit den vorgeschlagenen Hilfslinien gelingt es den Lernenden schnell, das Schrägbild einer Pyramide zu zeichnen. Es ist zu empfehlen, die Schrägbilder von Quader und Würfel vorher in der Hausaufgabe zu wiederholen. Die Anlehnung an bekannte Figuren (wie sie auch im Beispiel gezeigt wird) erleichtert den Schülerinnen und Schülern das Zeichnen.

Aufgabenkommentare

1 und **3** Diese einfachen Zeichenübungen erhöhen die Fertigkeiten in diesem Bereich und sind von allen Lernenden gut zu bewältigen.

4 und **7** Beide Aufgaben stehen in engem Zusammenhang. Die Vorgabe der Zeichenhilfe in Aufgabe 7 ermöglicht den Lernenden eine Schrägbildzeichnung, wenn der Körper auf der Grundfläche stehen soll. Diese Vorstellung kann auch für Aufgabe 4 genutzt werden. Diejenigen Lernenden, die damit noch überfordert sind, lassen in Aufgabe 4 diese Darstellung weg und zeichnen das Schrägbild auf einer Mantelfläche liegend.
An den beiden Beispielen der Aufgabe 4 lässt sich gut zeigen, welche Strecken in der Zeichnung verkürzt gezeichnet werden müssen. Leistungsstarke Schülerinnen und Schüler schaffen es, diese Schrägbilder (auf der Grundfläche stehend) ohne Hilfsrechteck zu zeichnen.

5 und **8** Die Zeichnung in Aufgabe 8 bietet eine Vorstellungs- und Zeichenhilfe für Aufgabe 5. Der Hinweis auf diese Hilfe erleichtert sicherlich einigen Schülerinnen und Schülern die Bewältigung von Aufgabe 5.

9 Die Aufgabe ist eine Herausforderung für Schülerinnen und Schüler mit ausgeprägter Raumvorstellung und sicherer Zeichenfertigkeit. Sie eignet sich daher gut zur Differenzierung.

4 Zylinder. Kegel. Kugel

Intention der Lerneinheit

- *Zylinder*, *Kegel* und *Kugel* unterscheiden und die Namen richtig zuordnen
- erkennen der Netze von Zylinder und Kegel
- wissen, dass sich von einer Kugel kein Netz zeichnen lässt

Auf das genaue Zeichnen der so genannten Netze von Zylinder (Rechteck und zwei Kreise) und Kegel

(Kreis und Kreisausschnitt) wird im Schülerbuch verzichtet. Dennoch ist das Herstellen und das Arbeiten mit den Mantelflächen wichtig für das Erfassen der Begriffe *Kegel* und *Zylinder* und wird deshalb im Einstieg und in einzelnen Aufgaben angesprochen.

Einstiegsaufgabe
Die Einstiegsaufgabe enthält eine Vielzahl von Tätigkeiten, die Kreativität und Raumvorstellungsvermögen erfordern. Ausgehend von den Modellen der drei Körper sind die Schülerinnen und Schüler aufgefordert, diese aus einem Blatt Papier herzustellen. Das Arbeiten in Kleingruppen oder Partnerarbeit ist abhängig von der Anzahl der zur Verfügung stehenden Modelle, denn jeder Lernende sollte die Möglichkeit haben, mit dem Modell zu arbeiten und eigene Ideen zu erproben. Genauso wichtig ist jedoch der Austausch unter den Schülerinnen und Schülern. Das Angebot, dass auch teilweise offene Körpermodelle akzeptiert werden, erleichtert die Aufgabe. Damit wird indirekt die Beschränkung auf die Mantelnetze initiiert. Der Zusammenhang zwischen Umfang des Grundkreises und Länge des Kreisbogens bzw. Länge der Rechtecksseite sollte hier thematisiert und in den Skizzen deutlich hervorgehoben werden.
Eine Vertiefung dazu bietet das im Buch vorgeschlagene Beispiel, aus einem Blatt zwei verschiedene Zylinder zu erzeugen. Aus der Handlung ergibt sich die Erkenntnis, dass Rechtecksseite und Kreisumfang gleich lang sind. Die Schülerinnen und Schüler entdecken somit intuitiv und selbsttätig die Abhängigkeit des Kreisumfangs vom Durchmesser des Kreises, was eine wichtige Grundvoraussetzung für die Erarbeitung der Zahl Pi ist.

Aufgabenkommentare

1 Mit dieser Aufgabe wird das sichere Erkennen der Körper geschult. Ein wichtiger Teilaspekt wird in der Aufgabe schnell überlesen: Die Suche nach Gegenständen, die aus Teilen dieser Körper zusammengesetzt sind. Entscheidend für die Begriffsbildung sind positive Beispiele mit extrem veränderten relevanten Eigenschaften (zum Beispiel eine CD als Zylinder oder der Schraubenkopf als Teil einer Kugel). Darauf sollte bei der Aufgabenstellung unbedingt hingewiesen werden, um das Aufzählen trivialer Beispiele, wie Tennisball etc. einzuschränken.

2 Dieser andersartige Zugang zu Körpern mit gekrümmten Flächen bzw. Kanten ist nur handlungsorientiert gewinnbringend. Das Verbalisieren dieser Handlung verbindet Tätigkeit und mentale Vorstellung. Damit ist eine starke Verankerung des Begriffs

verbunden und somit eine bessere und weitere Vernetzung möglich.

5 Die für die raumgeometrischen Berechnungen in Klasse 10 notwendigen Grundvorstellungen können durch die intensive Auseinandersetzung mit dem hier präsentierten Problem entwickelt und gefördert werden.
Zuerst sollte eine Lösung ohne Modell gesucht werden. Die damit verbundenen Vorstellungen fördern die mentale Beweglichkeit der Bilder. Die kausalen Beziehungen zwischen der Größe des Mittelpunktswinkels bzw. der Länge der Mantellinie und der Höhe des Kegels werden durch die konkrete Handlung und die damit verbundene optische Wahrnehmung erkannt und vernetzt.
Die Aufgabe erinnert die Schülerinnen und Schüler an die Problemstellung des ► Serviceblattes „Mit Pyramiden experimentieren", Seite S 62. Auch hier war im Netz die Körperhöhe nicht messbar und musste auf andere Weise ermittelt werden.

6 Mit den Rotationskörpern werden die in Klasse 10 notwendigen Betrachtungen zu Körperschnitten propädeutisch angegangen.
Die für die Schulung des räumlichen Sehens wichtigen Aspekte sind dem Faktor 3 „Vorstellungsfähigkeit von Rotationen" (vgl. Exemplarischer Kommentar: *Raumvorstellung*, Seite K 57) zugeordnet.

7, 8 und **10** Bevor die Lernenden tätig werden, ist es spannend, den Verlauf der Linie auf dem Körpermodell zu skizzieren. Bei Aufgabe 10 könnte man Vermutungen darüber anstellen, welcher Körper entsteht und wie die Papierkante als Linie auf diesem Körper aussieht.

Üben • Anwenden • Nachdenken

3, 5 und **6** schulen die Beweglichkeit der mentalen Bilder. Sie können dem Faktor 4 „Veranschaulichungen" (vgl. Explarischer Kommentar; *Raumvorstellung*, Seite K 57) zugeordnet werden.
Damit alle Lernenden die Möglichkeit haben, eigene Vorstellungen aufzubauen, ist es erforderlich, diese Aufgaben nur in Einzelarbeit oder als Hausaufgabe bearbeiten zu lassen.

4 Durch die Begründung der Ergebnisse lassen sich alle relevanten Merkmale der Prismen wiederholen.

8 Die Suche nach der richtigen Anzahl startet in Teilaufgabe a) sicher noch durch Abzählen des in der geistigen Vorstellung vorhandenen Modells. Die weiteren Teilaufgaben können immer weniger auf diese Weise gelöst werden. Das bedeutet, die Lernenden müssen ihr Wissen über die Eigenschaften der Prismen anwenden, um die Aufgabe zu lösen. Und genau diese Begründungen sollten schriftlich oder mündlich noch einmal formuliert werden.

Beispiel:
Es sind immer genau so viele Mantelflächen wie die Grundfläche Ecken hat und dazu noch die Grund- und die Deckfläche.

9 Anwendung der in Aufgabe 8 gelernten Technik bei schwierigeren Körpern mit unregelmäßigen Grundflächen.

Viele Pyramiden

Der vorliegende Anstoß bietet einen handlungs- und produktorientierten Zugang zum Thema Pyramiden. Er sollte aber keinesfalls als reine Bastelübung gesehen werden, da er auch viele kognitive und inhaltliche Aspekte berücksichtigt. Die Aufgaben sind gut in arbeitsteiliger Gruppenarbeit (siehe unten) zu bewältigen. Durch ein gemeinsames Endprodukt werden übergeordnete Intentionen des Mathematikunterrichts angestrebt: So werden beispielsweise die sozialen Kompetenzen der Kooperations- und Kommunikationsfähigkeit, aber auch fachimmanente Intentionen wie sauberes und genaues Zeichnen und Arbeiten oder das Durchhaltevermögen gefördert. Die erste Aufgabe (ägyptische Pyramiden) bietet zusätzlich einen interessanten historischen Hintergrund, der eventuell durch eigene Recherchen informativ aufgearbeitet werden kann; mögliche Internetadressen: [www.aegypten-fotos.de/gizeh_d.htm] und [www.cheops-pyramide.net].
In diesem Anstoß haben die Lernenden zunächst Gelegenheit, verschiedene Pyramidennetze zu zeichnen und daraus Modelle zu bauen. Die gebastelten Einzelmodelle aus den Folgeaufgaben werden dann in den Teilaufgaben zwei bis vier zu einem größeren Ganzen zusammengebaut und unterstützen damit die Entwicklung des Raumvorstellungsvermögens.

Material
Jede Gruppe (3 bis 4 Schülerinnen und Schüler) benötigt
- Tonpapier oder Plakatkarton zum Basteln der Pyramiden und Pyramidenteile
- ► Serviceblätter „Die geviertelte Pyramide", Seite S 64 und „Aus drei mach' einen", Seite S 65 (evtl. auf dickeres Papier kopieren)
- Schere und Klebstoff
- ggf. Präsentationshilfen

Unterrichtsverlauf
Die Seite beinhaltet vier unterschiedlich schwierige und aufwändige Gruppenarbeitsaufträge. Somit kann der Anstoß auch als differenzierendes Material eingesetzt werden. Folgende Vorgehensweise ist denkbar:
Die im Schülerbuch aufgeführten Arbeitsaufträge und die notwendigen Anforderungen der einzelnen Aufgaben werden im Unterrichtsgespräch mit der Klasse geklärt. Die Schüler wählen selbst eine Arbeitsgruppe aus (Differenzierung), stellen arbeitsteilig die erforderlichen Teilkörper her und lösen die jeweilige Gruppenaufgabe.
• Einfache Zeichen- und Bastelaufgabe nach dem Vorbild der Cheops-Pyramide. Da das Netz sehr einfach zu zeichnen ist, wird keine Kopiervorlage angeboten.
• Herstellung eines schwierigeren Netzes aus vier gleichseitigen und zwei rechtwinkligen Dreiecken. Die Lösung – das Tetraeder – ist sehr schwierig zu finden, stellt deshalb für die Schülerinnen und Schüler eine überaus hohe Herausforderung dar und bietet eine sehr eindrucksvolle Lösung. Sollten die Lernenden trotz ausgiebiger Experimentierphase keine Lösungsideen finden, kann man ihnen schrittweise Lösungshinweise geben:
1. Es handelt sich um eine regelmäßige Pyramide mit einer dreieckigen Grundfläche (vier gleichseitige Dreiecke).
2. Legt aus jeweils zwei Teilen ein halbes Tetraeder zusammen. Die beiden Tetraederhälften sehen gleich aus. Sie besitzen eine quadratische Fläche.
3. Die beiden Tetraederhälften werden an den quadratischen Schnittflächen aneinander gelegt.
4. Die beiden quadratischen Flächen werden um 90° verdreht aneinander gesetzt.
Um den Schülerinnen und Schülern die aufwändige Zeichenarbeit abzunehmen, findet sich auf Seite S 64 das ► Serviceblatt „Die geviertelte Pyramide", das das zugrunde liegende Netz als Kopiervorlage anbietet.
• Herstellung von sechs Pyramiden und einem Würfel. Auch hier wird keine Kopiervorlage angeboten, da beide Netze sehr einfach zu zeichnen sind. Dennoch handelt es sich um eine sehr aufwändige Aufgabe, die mehrere Partner gemeinsam bearbeiten sollten. Das Produkt kann als „Innerei" aus einem Würfel herausgezaubert

sowie als Pyramidensechsling präsentiert werden. Gegebenenfalls können sich die Schülerinnen und Schüler, die sich mit dieser Aufgabe beschäftigen, eine besondere Art der Präsentation überlegen.

▪ Herstellung von drei Pyramiden (arbeitsteilig). Das ► Serviceblatt „Aus Drei mach' Einen", Seite S 65 bietet eine entsprechende Kopiervorlage für das Netz. Das Zusammensetzen des Endprodukts – ein Würfel aus den drei Pyramiden – stellt nicht ganz so hohe Anforderungen an die Schüler. Die Lernenden, die ihre Arbeit schneller erledigen als andere, schauen den noch arbeitenden Gruppen beim Basteln zu und bekommen somit einen Einblick in die übrigen, gegebenenfalls aufwändigeren Aufgabenstellungen und Probleme. Am Ende werden die Ergebnisse der einzelnen Gruppen vor der Klasse präsentiert. Die angefertigten Produkte werden nach entsprechender Würdigung im Klassenzimmer ausgestellt.

Zeitbedarf
etwa 1–2 Stunden

Alternativen
–   Eine Möglichkeit, diesen Anstoß weiter auszubauen und gegebenenfalls mit dem Fach Bildende Kunst zusammenzuarbeiten, wäre, die Lernenden maßstabsgetreue Vergrößerungen der vorliegenden Pyramiden entwerfen zu lassen. Diese großen Pyramiden könnten dann in Kunst aus stabilem Material nachgebaut, gestaltet und im Schulgebäude als Kunstwerke oder Knobelaufgaben präsentiert werden.
–   Sollte die Zeit im Unterricht jedoch zu knapp für die oben genannten ausführlichen Beschäftigungen sein, kann man die Anfertigung der Modelle auch als Hausaufgabe aufgeben und in geeigneter Verpackung zum Unterricht mitbringen lassen. Doppelbesetzungen in den Teilaufgaben zwei bis vier garantieren ausreichend viele Teilkörper für die Präsentation und Auswertung im Unterricht.

7 Terme. Variablen. Gleichungen

Kommentare zum Kapitel

In der Grundschule und im fünften Schuljahr wurden bereits erste algebraische Erfahrungen in Form von Platzhaltern und Lückenaufgaben gesammelt. Der Umgang mit Variablen ist den Schülerinnen und Schülern jedoch unbekannt. Auch auf die Verwendung von Formeln (z.B. die Flächenformel für das Rechteck) wurde bisher aus didaktischen Gründen verzichtet. Erst nach einer systematischen Einführung in die Bedeutung der Variablenschreibweise können die Lernenden das Formelaufstellen als eine sinnvolle und grundlegende mathematische Tätigkeit erfassen.

Intention und Schwerpunkt des Kapitels

Schwerpunkt ist ein erstes Umgehen mit Variablen und Termen. Im Vordergrund stehen dabei nicht die Umformungskalküle, sondern das Verständnis für die Bedeutung von Variablen. Dazu werden die Variablen in Sachsituationen zum Aufstellen von Termen und Formeln verwendet. Wichtig ist, dass die Termaufstellung kein Selbstzweck ist, sondern dass deren Nutzen für Anwendungssituationen erkennbar wird. Diese Einsicht wird vor allem durch Aufgaben, bei denen die Lernenden selbst den Sinn der Termaufstellung erkennen können, erreicht.
Des Weiteren werden in diesem Kapitel das Berechnen von Termwerten und das Aufstellen und Lösen einfacher Gleichungen thematisiert.
Der Einsatz von Tabellenkalkulationsprogrammen am PC wird in Methodenfenstern und Aufgaben immer wieder eingefordert. Außerdem werden verschiedene Methoden für das Aufstellen von Termen und das Lösen von einfachen Gleichungen in Form von Werkzeugkästen angeboten.

Bezug zu den Bildungsstandards

Leitidee Zahl: Die Schülerinnen und Schüler erfahren das Einbinden von Variablen als typisch mathematisches Element.
Leitidee Modellieren: Die Schülerinnen und Schüler
- erfassen Probleme in ihrer Komplexität und können sie durch die Wahl geeigneter Modelle beschreiben und bearbeiten.
- können mit dem Gleichheitszeichen korrekt umgehen.
- können Fragestellungen die passende Mathematik zuordnen.
- können Mathematik als geistige Konstruktion mit der erfahrbaren oder symbolischen Realität durch mathematisches Modellieren verknüpfen.

Weiterführende Hinweise

- Die Lerneinheiten im Schülerbuch folgen der Fachsystematik vom Einfachen zum Komplexeren: Ausgehend vom Begriff *Term* geht es über die Berechnung von Termwerten und das Aufstellen von Termen zum Lösen von einfachen Gleichungen. Die Schwierigkeiten werden dadurch isoliert und sehr ausführlich behandelt.
Die **alternative Einführung und Behandlung dieses Kapitels** bietet einen komplexen Einstieg und eine daran anschließende Isolierung der Probleme. Das hat den Vorteil, dass das Verständnis für den Sinn von Termen und Gleichungen schon früh gefördert wird. Allerdings stellt dies auch höhere Anforderungen an die Schülerinnen und Schüler. Die alternative Behandlung des Kapitels beschäftigt sich deshalb parallel mit den ersten drei Lerneinheiten und ermöglicht es den Lernenden, früh den Nutzen der algebraischen Schreibweise zu erkennen. Im Folgenden wird ein komplexer Einstieg mithilfe von Serviceblättern vorgestellt, im Anschluss wird auf die Vorgehensweise im Schülerbuch zurückgegriffen: Nach Behandlung der Auftaktseite bietet das
► Serviceblatt „Rechtecke aus Draht", Seite S 66, die Möglichkeit, an einfachen Figuren weitere Erkenntnisse zu gewinnen und die Einführung der üblichen Termschreibweise mit Variablen zu behandeln. Das ► Serviceblatt „Noch mehr Rechtecke", Seite S 67, beschäftigt sich mit dem Flächeninhalt von Rechtecken und schließt damit nahtlos an die Behandlung der Rechtecke im Schnittpunkt 1 an. Dort wurde aus didaktischen Gründen auf die Formel $A = a \cdot b$. verzichtet. Die Fläche wird als Produkt der Maßzahlen ohne Verwendung der Variablenschreibweise berechnet. Das ► Serviceblatt „Noch mehr Rechtecke" greift den Kerngedanken (Flächeninhalt = Flächeninhalt eines Streifens mal Anzahl der Streifen) auf und führt somit zur Formel. Der Nutzen einer Rechenvorschrift wird anhand von Umkehraufgaben und gleichartigen Aufgaben (vgl. Exemplarischer Kommentar: *Der Sinn von Termen und Formeln, Seite K 66*) deutlich. Eine erste Untersuchung funktionaler Aspekte (wie ändert sich x, wenn y verdoppelt wird) schließt sich an. Im ► Serviceblatt „Zahlenrätsel und Terme", Seite S 68, steht die Bedeutung der algebraischen Schreibweise im Mittelpunkt der Betrachtung. Zahlenrätsel müssen algebraisch erfasst werden (vgl. Malle, Günther: Didaktische Probleme der elementaren Algebra, Vieweg Verlag, Wiesbaden 1993, Seite 65 ff.). Das Ergebnis

kann mithilfe der Termschreibweise begründet werden. Besonders motivierend sind solche Aufgaben, wenn der Klasse das erste Zahlenrätsel mündlich als eine Art Zaubertrick vorgeführt wird. Die Lernenden sind erstaunt, dass alle auf dasselbe Ergebnis kommen und sind auf die Erklärung gespannt.

Wer diese alternative Behandlung des Kapitels bzw. der ersten drei Lerneinheiten bevorzugt, kann die Übungsaufgaben der ersten drei Lerneinheiten mischen und für die Sicherung und Vertiefung der entsprechenden Thematik nutzen. Die klare Trennung im Schülerbuch erleichtert das gezielte Üben als Hausaufgabe.

– Eigene Lösungsvorschläge und deren Wertung sind für den Erkenntnisgewinn besonders wichtig und sollten deshalb immer wieder in den Unterricht integriert werden.
– Dem operativen Durcharbeiten (vgl. Exemplarischer Kommentar: *Operative Prinzipien*, Seite K13 im Serviceband 1, ISBN 3-12-740352-6) kommt bei einem eher formalen Thema wie der Algebra besondere Bedeutung zu.

Auftaktseite: Mit Buchstaben rechnen

Labyrinthe

Das Beispiel ermöglicht ein erstes Umgehen mit dem Variablenbegriff. Die Lernenden erfahren, dass Buchstaben als Platzhalter dienen können und dass unterschiedliche Platzhalter auch verschiedene Bedeutungen haben. Durch die Wahl eines Buchstabens als Abkürzung für ein Wort wird dies besonders einsichtig. Wichtig ist auch der Hinweis auf die Unverbindlichkeit der Notationsform. Die Schülerinnen und Schüler können hier „Verbesserungsvorschläge" machen. Eine anschließende Reflexion über den Nutzen der Schreibweise (kürzere und übersichtlichere Darstellung) lässt erkennen, dass die Übung kein reiner Selbstzweck ist.

Streichholzketten

Die Aufgabe regt zu Tätigkeiten an, die für die elementare Algebra typisch sind:
1. Zu Beginn muss ein allgemeiner Zusammenhang, der für die geforderte Berechnung notwendig ist, entdeckt werden.
2. Dieser Zusammenhang wird allgemein beschrieben.
3. Eine Formel wird aufgestellt.
4. Zahlen werden eingesetzt und gesuchte Größen berechnet.
5. Zusammenhänge können mithilfe der Formel festgestellt und überprüft werden.

Dabei ist die algebraische Notation nicht selbstverständlich. Die Lernenden bringen deshalb eigene Vorschläge ein. Das Nachdenken über die Vor- und Nachteile der eigenen Notationsformen und ein Vergleich mit der algebraischen Schreibweise zeigt die Zweckmäßigkeit dieser Notation auf. Dabei geht es nicht darum, dass die Lernenden diese als „beste aller Schreibweisen" kennen lernen, sondern dass die Eigenheiten dieser mathematischen Darstellungsform erkennbar werden.

Konkret bietet sich das folgende Vorgehen an: Zuerst erfolgt eine Beschreibung des Zusammenhangs Anzahl der Quadrate → Anzahl der Streichhölzer: „Notiert möglichst kurz, wie die Anzahl der Quadrate mit der Zahl der Streichhölzer zusammenhängt." Anschließend werden die Fragen beantwortet. Eine abschließende Präsentation und die Diskussion der Schülerbeispiele führen zu den oben aufgezählten Zielen. Als Arbeitsform empfiehlt sich Partner- oder Gruppenarbeit.

Mögliche Schülerantworten:
– Notation in Wortform: Die Anzahl der Streichhölzer entspricht dreimal der Anzahl der Quadrate vermehrt um eins.
– Notation mit Abkürzungen (angeregt durch die „Labyrinthe"): AS = 3-mal AQ plus 1 oder $S = 3 \cdot Q + 1$

An diesem Beispiel kann der Sinn der kurzen, mathematischen Schreibweise besonders gut erklärt werden:
– Mithilfe der Rechenvorschrift (Formel) lassen sich die Fragen leicht beantworten,
– die Formel beschreibt den Zusammenhang kurz und präzise,
– Umkehrfragen lassen sich leicht durch „Rückwärtsrechnen" beantworten ($400 = 3 \cdot Q + 1$, also $399 = 3Q$ und somit $Q = 133$). An dieser Stelle sollten jedoch keine systematischen Lösungsversuche initiiert werden (vgl. dazu die Intentionen der Auftaktseite im Exemplarischer Kommentar: *Die Auftaktseite*, Seite K1).

Durch die Sachsituation können Zusammenhänge (dynamischer Variablenaspekt/funktionaler Zusammenhang) leicht erkannt und mit der Formel in Verbindung gebracht werden:
– Wächst die Anzahl der Quadrate, so wächst auch die Anzahl der Streichhölzer (Monotonieaspekt),
– der Umfang der Gesamtfigur wächst weniger stark als die Anzahl der Streichhölzer,
– die Anzahl der Streichhölzer wächst schneller als die Quadratzahl.

1 Terme mit Variablen

Intention der Lerneinheit

Die anhand der Auftaktseite erarbeitete Schreibweise für Buchstabenterme sowie die Bedeutung der Variablen wird aufgegriffen und vertieft.
- wissen, dass Variablen für Zahlen oder Größen stehen
- wissen, dass gleiche Buchstaben für Gleiches stehen
- Buchstabenterme interpretieren

Exemplarischer Kommentar
Der Sinn von Termen und Formeln

Ein Ziel des Algebraunterrichts ist es, den Lernenden das Formelaufstellen als eine sinnvolle und grundlegende Tätigkeit zu vermitteln. „Diese Einsicht kann durch die sorgfältige Auswahl von Aufgaben erreicht werden, die Schülern eine Chance geben, selbst einen Sinn zu entdecken. Dies kann dadurch verstärkt werden, dass der Lehrer im Anschluss an geeignete Aufgaben die Schüler zu Reflexionen über den Sinn der jeweiligen Aufgabe anregt, indem er fragt: „Welchen Sinn, Zweck, Vorteil, Nutzen bringt das Aufstellen einer Formel im Rahmen der gestellten Aufgabe mit sich?" (Malle, Günther: Didaktische Probleme der elementaren Algebra, Vieweg Verlag, Wiesbaden 1993, Seite 56).

Einige Beispiele, die den Sinn von Formeln verdeutlichen:
1. Mit Formeln und Termen können inner- und außermathematische Sachverhalte allgemein beschrieben werden. Das lohnt sich vor allem, wenn die zugrunde liegende Situation viele Einzelfälle umfasst.
   Beispiel: Die Fläche eines rechteckigen Grundstücks lässt sich mit dem Term $a \cdot b$ berechnen. Die Rechenvorschrift gilt für alle Rechtecke und erspart neue Überlegungen. Gleichartige Aufgaben, z.B. Wertetabellen für Grundstücksgrößen, können rasch abgearbeitet werden.
2. Sachverhalte können kurz und international verständlich beschrieben werden.
3. Mit Termen und Formeln kann man allgemeingültig argumentieren und begründen (beweisen).
4. Gegenseitige Abhängigkeiten werden anhand einer Formel leichter erkannt.
   Beispiel: Rechteckfläche: $A = a \cdot b$. Verdoppelt man die Länge, so verdoppelt sich die Fläche. Werden Länge und Breite verdoppelt, vervierfacht sich die Fläche.

5. Umkehraufgaben können leichter gelöst werden.
   Beispiel: Das Kantenmodell eines Würfels wird aus Draht gebastelt. Es sind 60 cm Draht vorhanden. Welche Kantenlänge ist maximal möglich?

Einstiegsaufgabe

Die Einstiegsaufgabe knüpft an die Auftaktseite an. Wichtig ist die Vereinbarung, dass sowohl x als auch y für jeweils gleich lange Kanten stehen. Die Kanten x und y haben jedoch unterschiedliche Längen. Die Aufgabe wird meist leicht bewältigt. Sie kann durch eine entsprechende Umkehraufgabe vertieft werden. Körper aus der Modellsammlung der Schule (Prismen, Pyramidenstümpfe usw.) oder eine Sammlung von Verpackungen sind das notwendige Material. Die Lernenden erhalten gruppenweise einige Körper und stellen (in Partner- oder Gruppenarbeit) passende Terme für die Kantenlänge auf. Diese werden groß auf einem Blatt notiert. Im Stuhlkreis werden die Körper und die notierten Formeln ungeordnet in die Mitte gelegt. Nun ordnen die Lernenden den Formeln die entsprechenden Körper zu und begründen ihre Wahl. Die Schülerinnen und Schüler, die die Formel aufgestellt haben, bestätigen die Gedanken und ergänzen sie.

Aufgabenkommentare

3 Die Terme können reine Zahlenterme, reine Buchstabenterme, aber auch gemischte Terme sein. Dies verdeutlicht den Zahlcharakter der Variablen.

4 Die Aufgabe erfordert eine Durchdringung der Termstruktur. Zielsetzung der relativ offenen Aufgabe ist es, eine Alltagsgeschichte zum entsprechenden Term zu erzählen (vgl. folgenden Punkt 4). Die offene Aufgabenstellung erlaubt jedoch auch andere Interpretationen. Einige Beispiele für Teilaufgabe a):
1. Mathematische Betrachtung: Der Term ist eine Summe aus einem Produkt und einer Zahl.
2. Lösungsaspekt: Ich berechne den Term, indem ich zuerst die Punktrechnung mache und dann zum Ergebnis 6,15 addiere.
3. Termaspekt: Ich kaufe drei gleiche „Dinge" und ein anderes „Ding". Das Wort „Ding" wird als Wortvariable verwendet, für die Zahlen eingesetzt wurden. Die Ausdrucksweise entspricht der algebraischen Notation $3x + y$.
4. Im Sinne des Modellierens: Einem mathematischen Modell (hier ein Term) wird eine passende Situation aus dem eigenen Erfahrungsbereich

zugeordnet. Beispiel: Ich kaufe drei Kisten Wasser zu je 2,89 € und eine Flasche Wein zu 6,15 €.

5 Die Formeln sind den Lernenden häufig noch nicht bekannt und sollten – zumindest teilweise – vorher im Unterricht erarbeitet werden. Die ► Serviceblätter „Rauten und mehr", Seite S 69, und „Rund um den Würfel", Seite S 70, greifen das Vorwissen aus Klasse 5 auf und führen auf die Formeln folgender Flächen:
„Rauten und mehr": Raute, Quadrat, Parallelogramm
„Rund um den Würfel": Oberfläche und Volumen von Würfeln.
Zusätzlich vertiefen die Lernenden das Verständnis über die Variablenschreibweise und machen erste Erfahrungen mit funktionalen Zusammenhängen. Einige der Aufgaben haben unterschiedliche Lösungswege und können wichtige Einsichten vermitteln. Beispiel: In Aufgabe 3 c) des Serviceblattes „Rauten und mehr" sind folgende Überlegungen möglich:

1. $U = 2 \cdot a + 2 \cdot b$
   $30 = 2 \cdot 7 + 2 \cdot b$
   $30 = 14 + 2 \cdot b$

„Rückwärtsrechnen" ergibt, dass $2 \cdot b = 16$ sein muss. Damit ist $b = 16 : 2 = 8$.
Die propädeutische Wirkung dieser Lösung ist enorm. Hier wird eine Gleichung intuitiv anhand anschaulicher Vorstellungen, die noch auf dem Grundschulwissen basieren, entsprechend dem systematischen Lösungsgang gelöst. Auf diese Vorstellungen kann später bei der systematischen Behandlung zurückgegriffen werden (vgl. Exemplarischer Kommentar: *Lösen von Gleichungen*, Seite K 70).

2. $15 = 7 + \square$ und

3. $30 = 2 \cdot (7 + b)$

Der Vergleich mit der ersten Lösung führt zu der (für die Lernenden zuerst überraschenden) Gleichheit von $2 \cdot a + 2 \cdot b$ und $2 \cdot (a + b)$. Die Übertragung des Verteilungsgesetzes auf die Algebra (mittels Zahlenbeispielen) macht den Zusammenhang deutlich.

9 Gesetzmäßigkeiten, die aus dem Zahlbereich bekannt sind, werden auf die Algebra übertragen. Dies ist ein für die Algebra typisches und wichtiges Vorgehen. Wer streng nach der Buchsystematik vorgeht, sollte hier die Gültigkeit dieses Vorgehens noch nicht behandeln. Der Nachweis durch Einsetzen von Zahlen sollte erst nach Lerneinheit *2 Berechnen von Termwerten* geführt werden. Dieser Nachweis ist methodisch bedeutsam, weil er den Zahlaspekt (Variable stehen für Zahlen oder Größen) der Schreibweise verdeutlicht und für ein

grundsätzliches Verfahren steht. Jede Gesetzmäßigkeit der elementaren Algebra kann durch Rückgriff auf Zahlen von den Schülerinnen und Schülern auf ihre Richtigkeit geprüft werden.

2 Berechnen von Termwerten

Intention der Lerneinheit
– wissen, dass Variablen für Zahlen oder Größen stehen
– wissen, dass gleiche Buchstaben für Gleiches stehen
– den Wert von Termen berechnen

Tipps und Anregungen für den Unterricht
– Wer die alternative Behandlung dieses Kapitels gewählt hat (vgl. Seite K 64), kann nach der Behandlung der ersten drei Serviceblätter mit der Einstiegsaufgabe fortfahren und anschließend die notwendigen Fertigkeiten mit ausgewählten Aufgaben aus dem Schülerbuch üben.
– Das ► Serviceblatt „Das Termspiel", Seite S 71 bietet zwei Spielvorlagen zum Berechnen von Termwerten (Partner- oder Gruppenarbeit).

Einstiegsaufgabe
Die Einstiegsaufgabe greift die Sinnfrage für Terme auf. Der Nutzen eines Terms wird durch einen relativ komplexen Sachzusammenhang deutlich. Entscheidend für das Verständnis ist die Interpretation des Terms. Dazu sind Fragen nach der Bedeutung der Variablen bzw. der festen Größen des Terms hilfreich. Die Zusatzfrage (Verbrauch 50 Liter) dient nicht nur als Impuls für eine weitere Termwertberechnung, sondern kann in leistungsstarken Gruppen zusätzlich die folgende Problemstellung initiieren: Der Term soll jetzt für alle anderen Flugzeuge mit unterschiedlichem Benzinverbrauch gelten. Diese wesentlich komplexere Situation kann nur mithilfe einer zusätzlichen Variablen beschrieben werden: $y \cdot x + \frac{1}{5} y + \frac{1}{2} y + 6$. Damit erfahren die Schülerinnen und Schüler in einer überschaubaren Sachsituation den engen Zusammenhang von realer Situation und Term.
Als zusätzliche vertiefende Übungen können die Lernenden Veränderungen des Terms interpretieren, zum Beispiel: $y \cdot x + \frac{1}{5} y + \frac{1}{2} y + 10$ u. ä.
Die Tätigkeiten entsprechen der *Leitidee Modellieren* (vgl. Exemplarischer Kommentar: *Modellieren* im Serviceband 1, ISBN 3-12-740352-6, Seite K 33).

Folgendes Diagramm veranschaulicht den Modellierungsprozess.

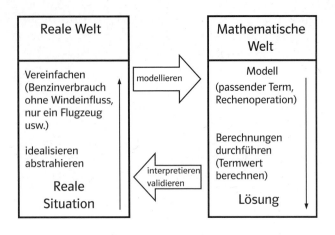

- Durch die schnelle Berechnung sowie die übersichtliche Darstellung wird den Lernenden rasch klar, welche Vorteile die Verallgemeinerung der Rechenvorschrift und der Einsatz des Computers bringen.
- Nicht blockiert durch langwierige Rechenprozesse mit schwierigen Zahlen lassen sich die Schülerinnen und Schüler auf übergeordnete Fragestellungen ein, die sie durch Veränderungen an den Daten schnell klären bzw. ausprobieren können. So kann z. B. die Auswirkung von Eintrittspreisänderungen auf die Einnahmen rasch abgelesen werden.

Aufgabenkommentare

6 Die Aufgabe steht im Zusammenhang mit dem ► Serviceblatt „Zahlenrätsel und Terme", Seite S 68. Wer dem Unterrichtsgang im Buch gefolgt ist, kann hier dieses Serviceblatt zur Vertiefung der Aufgabe einsetzen. Lernende, die den alternativen Einstieg behandelt haben, können zu dieser Aufgabe ein Zahlenrätsel schreiben.

7 Die Aufgabe steht im Zusammenhang mit dem ► Serviceblatt „Rechtecke aus Draht", Seite S 66. Das reine Ausfüllen der Tabelle entspricht Niveau A. Höhere Stufen können leicht erreicht werden:
- Erfinden eines passenden Sachzusammenhangs (Beispiel: Ein Kaninchengehege grenzt an zwei Seiten an eine Mauer. Max hat 20 m Zaun. Bei welchen Seitenlängen hat das Tier die maximale Fläche?).
- Zusätzliche, für die Mathematik wichtige Fragen stellen und klären (z. B. Ist das Quadrat immer dasjenige Rechteck [bei gleichem Umfang] mit der größten Fläche?).

8 Die Aufgabe vernetzt die Algebraregeln mit den entsprechenden Regeln aus dem Zahlbereich (vgl. Kommentar zu Aufgabe 9 in Lerneinheit *1 Terme mit Variablen*, Seite K 67).

9 Der Nutzen des heuristischen Hilfsmittels Tabelle wird für eine algebraische Fragestellung aufgezeigt. Die Aufgabe ist insbesondere propädeutisch für die Gleichungslehre zu sehen.

Tabellenkalkulationsprogramm I

Der Einsatz eines Tabellenkalkulationsprogramms ist für die Lernenden in mehrfacher Hinsicht sehr gewinnbringend:
- Die Schülerinnen und Schüler können die Benutzung des Programms in einem einfachen Sachzusammenhang üben.

3 Aufstellen von Termen

Intention der Lerneinheit
- wissen, dass Variablen für Zahlen oder Größen stehen
- wissen, dass gleiche Buchstaben für Gleiches stehen
- einfache Terme aufstellen

Tipps und Anregungen für den Unterricht
Wer die alternative Behandlung dieses Kapitels gewählt hat (vgl. Seite K 64), kann nach Behandlung der ersten drei Serviceblätter mit der Einstiegsaufgabe fortfahren und anschließend die notwendigen Fertigkeiten mit ausgewählten Aufgaben aus dem Schülerbuch üben. Um Abhängigkeiten in Formeln zu erkennen, sind dynamische Vorstellungen nötig (Beispiel: $y = a \cdot h$. Wenn a kleiner wird, dann wird auch y kleiner. Wenn sich h verdoppelt und a konstant bleibt, dann verdoppelt sich auch y). Aufgaben, die das Erkennen von Zusammenhängen von Größen in Formeln erfordern, können und sollten von Anfang an gestellt werden. Einige Aufgaben im Schülerbuch sind für entsprechende Zusatzfragen besonders geeignet (vgl. Hinweise zur Einstiegsaufgabe und zu den Aufgaben 7 und 9).
Weitere motivierende Übungen zum Aufstellen von Termen, verpackt als „Mathematische Zaubertricks", sind im gleichnamigen Heft erschienen (vgl. Hetzler, Isabelle: Mathematische Zaubertricks für die 5. bis 10. Klasse, Ernst Klett Verlag, Stuttgart 2002, ISBN 3-12-722861-9).

Einstiegsaufgabe
Die ikonische Darstellung ermöglicht die Ausbildung konkreter Vorstellungen. Es wird deutlich, dass Variablen für Größen (oder Zahlen) stehen. So wird die Variable a mit der Pakethöhe, die Variable b mit der Breite usw. verbunden. Mithilfe von Zu-

satzfragen kann der Sinn solcher Termaufstellungen verdeutlicht werden:

- Für verschiedene Paketgrößen soll der Schnurbedarf schnell errechnet werden.
- Ein Paket ist 3 cm hoch und 5 cm breit. Wie lang darf es sein, damit 42 cm Schnur reichen?
- Zusätzlich können sich erste dynamische Betrachtungen anschließen:
  Beispiel: Die Breite eines Paketes wird verdoppelt. Verdoppelt sich auch der Schnurbedarf? Wie erkennst du dies am Term? Ausgehend vom Konkreten wird der Zusammenhang zum Term aufgezeigt. Die Lernenden erfahren so, dass sich bei einer Summe alle Summanden verdoppeln müssen, damit sich der Summenwert verdoppelt,
- Kann man etwas über die Schnurlänge aussagen, wenn das Paket niedriger und länger wird?

Zusätzliche Übungen zu diesem Thema bietet das
► Serviceblatt „Verschnürungen", Seite S 72.

Aufgabenkommentare

2 Wichtig ist die Darstellung der Hälfte: die Gleichheit von $x : 2 = \frac{1}{2} x = 0{,}5\, x = \frac{x}{2}$ ist oft auch in höheren Klassen unklar.

5 Der Umfang sollte nicht mithilfe der Umfangsformel (U = 2a + 2b, also $U = 2 \cdot 3 \cdot x + 2 \cdot 2 \cdot x$), sondern auf anschaulicher Basis aufgestellt werden. Die deutliche Kennzeichnung der Teilstrecke x erlaubt auch ein Verkürzen der Formel aufgrund anschaulicher Überlegungen (drei Teilstrecken + zwei Teilstrecken + … ergeben 10 Teilstrecken). Die Aufgabe kann also für eine propädeutische Behandlung der Addition verwendet werden. Eine systematische Behandlung der Additionsregel darf jedoch noch nicht erfolgen.

7 und **9** Die Aufgaben eignen sich ebenfalls für eine propädeutische Betrachtung der Addition. An diesen etwas komplizierteren Beispielen wird außerdem der Sinn der Algebra besonders evident. Eine Termwertberechnung für unterschiedliche Werte von x macht den Sinn des Zusammenfassens einsichtig. Dynamische Fragestellungen können zu vertieften Einsichten führen. So wird an allen Beispielen deutlich, dass eine Verdoppelung von x auch zu einer Verdoppelung der Summe führt. Eine vergleichende Betrachtung ergibt den gemeinsamen Termaufbau $k \cdot x$. Bei solchen Termen führt jede Verdoppelung von x zwangsweise zu einer Verdoppelung des Termwertes. Die Betrachtung dieser allgemeinen Formel erklärt die Beobachtungen und zeigt einen weiteren Sinn der Algebra auf (vgl. hierzu Exemplarischer Kommentar: *Der Sinn von Termen und Formeln*, Seite K 66).

Variablen festlegen

Voraussetzung für die heuristische Strategie, Probleme mithilfe von Gleichungen zu lösen (vgl. Schülerbuchseite 144), ist die hier beschriebene Technik: Eine Variable wird festgelegt und einer Größe zugeordnet, um damit die davon abhängige Größe ausdrücken zu können. Dieses Verfahren wird anhand einfacher Beispiele eingeübt. Entscheidend für den Übungserfolg ist es, bei jeder Aufgabe beide Varianten notieren zu lassen (vgl. Beispiel im Schülerbuch).

11 siehe Kommentar zu folgendem X-Fenster

Abrechnungen

Die beiden Anwendungsaufgaben knüpfen an die Überlegungen des Methodenfensters *Tabellenkalkulation* I von Schülerbuchseite 139 an. Den Lernenden wird die Notwendigkeit eines allgemeingültigen Terms für die Formeleingabe im Tabellenkalkulationsprogramm deutlich. Wichtig für das Verständnis der Formel sind folgende Vorüberlegungen, die sich auf viele andere Sachzusammenhänge übertragen lassen:

- Von welchen Größen ist der Rechnungsbetrag abhängig?
- Welche Größe verändert sich bei jedem Einzelbeispiel?
- Wie verändert sich die Größe? Wird sie vermehrt oder vervielfacht?
- Welche Größen bleiben bei jeder Berechnung unverändert?

Schülerinnen und Schülern, die bei der Abstraktion zum Term bzw. zur Formel Probleme haben, hilft die konkrete Berechnung einiger Beispiele in Verbindung mit der Aufstellung des jeweiligen Zahlenterms.

Auch Aufgabe 11 (Schülerbuchseite 142) lässt sich sehr gut in die Arbeit mit dem Programm einbetten.

Weitere Fragestellungen, die sich mithilfe des Programms schnell lösen lassen, können von den Lernenden selbst formuliert werden.

Zum Beispiel die Frage nach der Anzahl der Maschinen für eine Million Muttern in einer Stunde u. Ä.

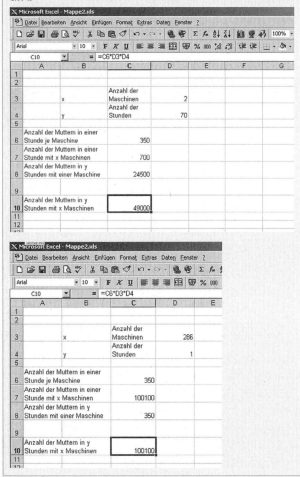

Da das Doppelte der Zahl vermindert um 4 6 ergibt, muss das Doppelte der gesuchten Zahl 10 sein.

$2 \cdot x = 10$

Wenn das Doppelte 10 ist, ist die gesuchte Zahl die Hälfte von 10, also 5.

2. Betonung des Einsetzungsaspekts

Die Variable wird als Leerstelle betrachtet, in die man Zahlen einsetzen darf. Die Lösung kann durch (systematisches) Probieren erfolgen.

$2 \cdot x - 4 = 6 \longrightarrow x = 5$, weil $2 \cdot 5 - 4 = 6$ gilt.

3. Betonung des Kalkülaspekts

Die Variable wird als bedeutungsloses Zeichen verstanden, mit dem nach bestimmten Regeln operiert werden darf.

$2 \cdot x - 6 = 4$

Ich wende zuerst die Regel „auf beiden Seiten darf dieselbe Zahl addiert werden" an.

$2 \cdot x - 6 + 6 = 4 + 6$

$2 \cdot x = 10$

Nun wende ich die Regel „man darf auf beiden Seiten durch dieselbe Zahl a (a ungleich 0) dividieren" an.

$x = 5$

Nach Malle ist im Anfangsunterricht der Gegenstandsaspekt besonders wichtig. Er ergibt sich problemlos aus dem vertrauten Zahlenrechnen. Spezielle Vorkenntnisse sind nicht erforderlich. Das Lösen von Gleichungen unter diesem Gesichtspunkt führt einsichtig auf die entsprechenden Kalküle. Diese werden jedoch intuitiv und nicht regelhaft angewendet. Das kalkülhafte Rechnen wird dadurch vorbereitet und kann später mithilfe der gewonnenen Erfahrungen begründet werden. Viele Gleichungen lassen sich jedoch unter dem Einsetzungsaspekt leichter lösen (Beispiel: $12 - y = 5$). Im Anfangsunterricht sollte man den jeweils für die Aufgabenstellung passenden Aspekt auswählen.
Im Schülerbuch wird vor allem der Einsetzungsaspekt betrachtet. Einige Aufgaben lassen sich jedoch mithilfe des Gegenstandsaspekts besser lösen. Die Schülerinnen und Schüler wenden meist automatisch das passende Verfahren an.

4 Einfache Gleichungen

Intention der Lerneinheit

- die gesuchte Zahl durch Probieren oder systematische Überlegungen bestimmen
- Gleichungen aufstellen
- Probleme mithilfe von Gleichungen lösen

Exemplarischer Kommentar
Lösen von Gleichungen

Gleichungen lassen sich unter drei Gesichtspunkten lösen (vgl. Malle, Günther: Didaktische Probleme der elementaren Algebra, Vieweg Verlag, Wiesbaden 1993, Seite 49 ff.). Sie werden im Folgenden am Beispiel von Aufgabe 1b) des Schülerbuches aufgezeigt.

1. Betonung des Gegenstandsaspekts

Die Lösung erfolgt durch inhaltliche Überlegungen.

$2 \cdot x - 4 = 6$

Einstiegsaufgabe

→ Der Text sollte nicht in eine Variablengleichung der Art $x + y = 59$ übersetzt werden. Das Ziel sind mögliche Zahlengleichungen ($50 + 9 = 59$; $40 + 19 = 59$). Durch das Aufstellen solcher Gleichungen werden der Einsetzungsaspekt sowie die nächsten Aufgaben vorbereitet.

→ Das Beispiel macht deutlich, welche Vorteile das Aufstellen einer Gleichung hat. Erst anhand der Gleichung $x + x + 2 + x + 4 = 51$ kann die Lösung einsichtig gefunden werden. Der Schwierigkeitsgrad der Gleichung führt fast zwingend auf das Einsetzungsverfahren, kombiniert mit dem Hilfsmittel der Tabelle.

Alternativer Einstieg

Ein einfacher Einstieg ist auch ohne den Mantel einer Sachsituation über Zahlenrätsel möglich. Beispiele:

1. Verdoppelt man meine gedachte Zahl und subtrahiert 5, so erhält man 25 oder
2. Meine Zahl vermindert um 7 ergibt 42.

Diese Rätsel führen auf die entsprechenden Gleichungen. Die Diskussion der Überlegungen, die zur Lösung führen, ergibt beide Lösungsgesichtspunkte. So wird Gleichung 1 von vielen Lernenden mithilfe des Gegenstandsaspekts und durch inhaltliche Überlegungen gelöst. Gleichung 2 hingegen dürfte vom Großteil mithilfe des Einsetzungsaspektes gelöst worden sein (die Lösung ist 49, weil $49 - 7 = 42$).

Wichtig ist, dass den Lernenden nicht <u>ein</u> Lösungskonzept (z.B. Lösung durch systematisches Probieren) aufgezwungen wird. Lösungen über inhaltliche Argumentationen sollten aufgrund ihres propädeutischen Charakters gefördert werden. Eine Einführung von Umformungsregeln wäre verfrüht.

Aufgabenkommentare

1 Die Erklärung der Variablenbedeutung zielt auf den Einsetzungsaspekt. Eine Variable steht als Platzhalter für Zahlen.

2 und **3** Die Schülerinnen und Schüler sollten selbst entscheiden, nach welchen Überlegungen sie die Gleichungen lösen. Eine Notation in Form eines mathematischen Kurzaufsatzes mit anschließender Diskussion unterschiedlicher Ansätze vertieft die Erkenntnisse. Die Aufgaben sind für solch unterschiedliche Zugänge prädestiniert. So wird Teilaufgabe 3d) vermutlich von allen nach dem Einsetzungsaspekt, 3j) über inhaltliche Überlegungen und 3l) wieder nach dem Einsetzungsaspekt, eventuell kombiniert mit dem Hilfsmittel der Tabelle, gelöst.

Mit Gleichungen Probleme lösen

Die heuristischen Hilfsmittel für die Problemlösung (vgl. Exemplarischer Kommentar: *Heuristik* Serviceband 1, ISBN 3-12-740352-6, Seite K 44) werden um das Hilfsmittel der Gleichungen erweitert. Hier kann auf die in Lerneinheit *3 Aufstellen von Termen* (Schülerbuchseite 141) geübte Technik zurückgegriffen werden.

9 Die Aufgabe steht im Zusammenhang mit dem ► Serviceblatt „Zahlenrätsel und Terme", Seite S 68. Der Trick kann mit entsprechenden Überlegungen aufgedeckt werden. Das selbstständige Auffinden des mathematischen Hintergrunds mithilfe algebraischer Überlegungen entspricht höheren Niveaustufen:

– Probleme, die über den geübten Standard hinausgehen, erkennen und bearbeiten (Niveau C).
– Mathematische Argumentationen (Begründungen, Beweise) entwickeln (Niveau C).
– Mathematische Modelle (hier Gleichungen) zum Problemlösen verwenden (Niveau B).

10 Die Aufgabe knüpft an das Schaufenster *Knobeln* an. Das Hilfsmittel Gleichung erlaubt die stringente Lösung. Eine übersichtliche Darstellung erleichtert das Aufstellen der Gleichung:

Kleinerer (Moritz): x
Größerer (Max): x + 6
Gleichung: Moritz + Max = 312 cm
x + x + 6 = 312

Die Lösung erfolgt am besten mithilfe inhaltlicher Überlegungen („Gegenstandsaspekt").

12 Die Aufgabe fördert die Kompetenz *mathematisch denken*. Die Schülerinnen und Schüler müssen logisch schließen und begründen (Niveau C). Geeignete Hilfsmittel können sinnvoll zur Lösungsfindung verwendet werden (Niveau B).

a) Die Aufgabe kann mit unterschiedlichen „heuristischen Strategien" gelöst werden:

– Hilfsmittel Gleichung: Halber Stein: x
Ganzer Stein: 2·x
Gleichung: $2 \cdot x = x + 1$
Lösung: x = 1 kg.

– Hilfsmittel Tabelle:

halber Ziegelstein	ganzer Ziegelstein
	(2·halber Stein)
3 kg	6 kg
0,5 kg	1 kg
1 kg	**2 kg**
	richtig, weil 1 kg + 1 kg = 2 kg

– Durch Überlegung: 1 kg muss dem Gewicht von $\frac{1}{2}$ Ziegelstein entsprechen.

b) Hier müssen zusätzlich Inhalte aus verschiedenen Themenbereichen verknüpft werden (Niveau C).

– Lösung durch logisches Schließen und Begründen:

$\frac{1}{3} + \frac{1}{4} = \frac{7}{12}$. Somit bleiben für den Mittelteil $1 - \frac{7}{12} = \frac{5}{12}$. Es gilt somit $\frac{5}{12}$ vom Gewicht = 1 kg. Als Gesamtgewicht ergibt sich $1\,\text{kg} \cdot \frac{12}{5} = 2{,}4\,\text{kg}$. Die Überlegung ist für viele Lernende nachvollziehbar. Eine zusätzliche Schwierigkeit liegt jedoch in der Berechnung des Ganzen (vgl. Exkurs *Typische Fehler bei der Multiplikation von Brüchen*, Seite K 31, und dort speziell die „von"-Problematik).

– Lösung mithilfe des Hilfsmittels Gleichungen: Vorüberlegung:

Gesamtgewicht:	x
Kopf:	$\frac{1}{3}$x
Schwanz:	$\frac{1}{4}$x
Mittelstück:	1 kg
Gleichung:	$x = \frac{1}{3}x + \frac{1}{4}x + 1$

Die Lösung erfolgt durch systematisches Probieren (Einsetzungsaspekt). Weil die Lösung eine Dezimalzahl ist, kann sie nur schwer mithilfe systematischen Probierens gefunden werden.

Hinweis: Die Zahlenproblematik (Lösung = 2,4) ist für den Kompetenzerwerb unerheblich. Diese Schwierigkeit kann durch Änderung des Gewichts des Mittelstückes (z. B. 5 kg) umgangen werden.

Üben • Anwenden • Nachdenken

Aufgabenkommentare

6 Es besteht wieder ein Zusammenhang zum ► Serviceblatt „Zahlenrätsel und Terme", Seite S 68. Entsprechend dem dort erarbeiteten Vorgehen kann das erstaunliche Ergebnis erklärt werden.

7 Die Aufgabe macht den Sinn algebraischer Betrachtungen deutlich. Mithilfe des Terms $4 \cdot a + 1$ (a = Anzahl Würfel) kann das Ergebnis der Teilaufgabe c), die auf anschaulicher Basis nicht mehr gelöst werden kann, gefunden werden.

8 Auch hier wird der Zweck von Termaufstellungen deutlich. Erst mithilfe einer Gleichung sind die Aufgaben leicht zu lösen. Die entstehenden Gleichungen werden am besten mithilfe von inhaltlichen Überlegungen gelöst.

10 und **11** Das Lösungsverfahren darf frei gewählt werden. Viele Aufgaben bieten sich für eine Lösung über den „Gegenstandsaspekt" an.

Rätsel

Anhand dieser Problemaufgaben lassen sich viele heuristische Strategien und Kompetenzen üben.

▪ Im ersten Beispiel ist die Kompetenz „mathematisch denken" (Zusammenhänge erkennen, logisch schließen und begründen) gefordert. Es sind mehrere Überlegungen möglich:

1. 3 kg würden noch 1,20 € kosten. Also kostet jetzt 1 kg 0,40 €. Diese Lösung erfordert wenig mathematische Kenntnisse. Sie zeigt nur auf, dass der Lernende den Text erfasst hat.

2. $\frac{1}{2} \cdot \frac{1}{3} = \frac{1}{6}$. $\frac{1}{6}$ von 2,40 € = 0,40 €. Dieser Lösungsgang zeigt zusätzlich vertieftes Bruchverständnis (Niveau C).

▪ Das Zahlenrätsel kann mithilfe des heuristischen Hilfsmittels „Tabelle" bzw. „Gleichung" gelöst werden.

1. Lösung mit einer Tabelle und durch systematisches Probieren entspricht Niveau A:
   – vertraute und direkt erkennbare Modelle für die Lösung benutzen (Modellieren).
   – Zum Lösen experimentelle Verfahren verwenden (Probleme mathematisch lösen).
   – Hilfsmittel in Situationen einsetzen, in denen ihr Einsatz geübt wurde (Hilfsmittel nutzen).

Zahl	Hälfte	Summe
4	2	6
10	5	15
16	8	24

2. Die Lösung mit einer Gleichung ($x + \frac{1}{2}x = 24$) entspricht Niveau B:
   – Zusammenhänge mathematisch beschreiben (mathematisch denken).
   – Natürliche Sprache in die symbolische Sprache übersetzen (mit Elementen der Mathematik umgehen können).

   Die Gleichung kann durch systematisches Probieren (evtl. mit Tabelle) gelöst werden (Einsetzungsaspekt).

3. Die Aufgabe lässt sich auch durch logisches Überlegen lösen. Ein Ganzes hat zwei Halbe. Dazu kommt noch ein Halbes. Insgesamt sind es also drei Halbe. Ein Halbes muss deshalb 24 : 3 = 8 sein. Das Ganze ist demnach 16. (Mathematisch denken/Niveau C).

▪ siehe Anmerkungen zum 2. Rätsel. Die logische Überlegung kann folgendermaßen aussehen: Wenn die Zahl dividiert durch ihre Hälfte 2 ergeben soll, dann muss 2 · die Hälfte der Zahl die Ausgangszahl ergeben. Dies stimmt aber immer, also gilt die Aussage für alle Zahlen. Dieser Schluss sollte durch Ausweitung auf die Bruchzahlen problematisiert und geprüft werden.

- Beim Münzrätsel bietet sich eine Lösung mithilfe einer Gleichung an. Der Sachzusammenhang (Münzvorstellung) legt eine Lösung über den Gegenstandsaspekt nahe.

- Man erhält nur dann eine Lösung der Aufgabe, wenn man davon ausgeht, dass die beiden Schwestern schon heute zusammen 26 Jahre alt sind (Präzisierung der Aufgabenstellung siehe unten). Sollte die Aufgabe so verstanden werden, dass die beiden Schwestern erst an Stefanies Geburtstag 26 Jahre alt sind, ist die Aufgabe nicht zu lösen. Durch das Aufstellen einer Gleichung kann die Unmöglichkeit einer Lösung begründet werden. Die Gleichung $2 \cdot x + x = 26$ lässt sich einsichtig auf $3 \cdot x = 26$ vereinfachen. Da sie aber Geburtstag hat, kommen nur ganzzahlige Jahre als Lösung in Frage. 26 ist aber nicht durch 3 teilbar, also kann es keine Lösung geben (Niveau B).

Solch unlösbare oder absichtlich missverständlich gestellte Rätsel verfolgen in der Algebra ein übergeordnetes Ziel: Die Unlösbarkeit lässt sich im Allgemeinen nicht durch Probieren, sondern erst durch das Aufstellen und Interpretieren von Termen nachweisen.

Mögliche Präzisierung der Aufgabenstellung: An meinem *nächsten* Geburtstag bin ich doppelt so alt wie meine Schwester Saskia *heute* ist. Zusammen sind wir *heute* 26 Jahre alt. Bei dieser Formulierung ergibt sich die folgende Lösung:

Alter Saskia heute: x

Alter Stefanie am nächsten Geburtstag: $2 \cdot x$

Alter Stefanie heute: $2 \cdot x - 1$

Gleichung (heute): $2 \cdot x - 1 + x = 26$

Lösung: Stefanie (heute): 17 Jahre; Saskia (heute): 9 Jahre. Diese Lösung entspricht im Schwierigkeitsgrad dem nächsten Rätsel.

- Die Aufgabenstellung ist für diese Altersstufe komplex. Das Aufstellen der Gleichung $x + 3 - 0{,}5 = 2x$ erfordert eine sorgfältige Textanalyse. Die Aufgabe entspricht somit Niveau C.

- Strukturieren der Situation, die zu modellieren ist. Übersetzen der Wirklichkeit in mathematische Strukturen, die komplex oder größtenteils unvertraut im Kontext sind (Modellieren).

- Probleme, die über den geübten Standard hinausgehen, bearbeiten (Probleme lösen).

- komplizierte, sprachlogisch komplexe mathematische Texte verstehend lesen (Kommunizieren).

- Das Knopfrätsel lässt sich nicht mithilfe von Gleichungen lösen, sondern erfordert sinnvolles und systematisches Probieren sowie Durchhaltevermögen.

8 Proportionale Zuordnungen

Kommentare zum Kapitel

Der Funktionsbegriff ist einer der zentralen Begriffe der Mathematik. Auch in der Schulmathematik spielen funktionale Betrachtungen in allen Klassenstufen eine wichtige Rolle. Während des fünften bis achten Schuljahres sollte noch keine rein abstrakte Funktionslehre betrieben werden. Begrifflichkeiten wie Funktion, proportionale Funktion oder Funktionsgraph sind in Klasse 6 noch nicht angebracht, in 7 oder spätestens in Klasse 8 werden sie jedoch meist eingeführt. Es genügt, wenn Abhängigkeiten von Größen in bedeutungshaltigen Situationen (arithmetischen oder geometrischen Situationen, Sachsituationen) untersucht werden (z. B. die Abhängigkeit eines Preises von der Warenmenge). In dieser Phase geht es nicht um abstrakte Funktionen, sondern um Abhängigkeiten inhaltlich deutbarer Größen. Damit soll der semantische Hintergrund zum späteren Funktionsbegriff erworben werden, der in erster Linie aus intuitiven Vorstellungen und vorbegrifflichem Handlungswissen in Bezug auf Abhängigkeiten besteht (vgl. Malle, Günther: *Funktionen untersuchen – ein durchgängiges Thema*, in mathematik lehren 103, Friedrich Verlag, Seelze 2000, Seite 4).
Eine zu kurze Behandlung dieser inhaltlichen Phase führt zu einem verständnislosen Operieren mit Regeln und Rechenschemata in den höheren Klassen.

In diesem Kapitel des Schülerbuches wird den Lernenden kein isoliertes Spezialwissen über Funktionen vermittelt. Sie lernen vielmehr, die im Alltag vorkommenden Sachsituationen mathematisch zu bewältigen. Um dieses Ziel zu erreichen, wird das funktionale Denken in den Mittelpunkt gestellt.
Auf der **Auftaktseite** steht die grafische Darstellung im Vordergrund. Sie bietet für die Schülerinnen und Schüler häufig trotz eines gewissen Vorwissens eine große Herausforderung, da die Lernenden oft versuchen, die grafische Darstellung konkret zu deuten, wie beispielsweise: „bergauf gehen" statt „vorwärts gehen".
Durch die Auftaktseite werden interessante Diskussionen ermöglicht, die anhand vertrauter Situationen erste Bekanntschaften mit den zwei wesentlichen Aspekten einer Funktion bewirken (vgl. Exemplarischer Kommentar: *Zwei Aspekte von Funktionen*, Seite K76). Im Mittelpunkt steht hier der für das funktionale Verständnis wichtige Kovariationsaspekt.
Die erste Lerneinheit arbeitet die in der Auftaktseite angerissenen Probleme auf und vertieft die beiden Funktionsaspekte. Dabei spielt der Rechengesichtspunkt (proportionale Zuordnung) noch keine Rolle. Unter Berücksichtigung der Lernstufe wird auf eine übertriebene mathematische Begrifflichkeit – wie etwa die Funktion als eindeutige Zuordnung – verzichtet. Die **zweite Lerneinheit** betrachtet mit der proportionalen Zuordnung eine im Alltag besonders wichtige Funktion. Auf eine schnelle Einführung des Dreisatzes wird zugunsten eines verständigen Umgangs verzichtet. Dies bedeutet, dass jede Situation zunächst daraufhin beurteilt werden muss, ob die entsprechende Zuordnung proportional ist oder nicht. Bevor den Lernenden ein Rechenalgorithmus vermittelt wird, wird der funktionale Charakter aufgezeigt.
Beispiel: Zwischen den beteiligten Größen, wie etwa „Menge ⟶ Preis", besteht eine bestimmte Gesetzmäßigkeit.
In der **dritten Lerneinheit** werden durch die entsprechenden Schaubilder die Grundlagen der Schlussrechnung vertieft. Anhand der Graphen erhalten die Schülerinnen und Schüler einen vertiefenden Einblick in funktionale Zusammenhänge und erkennen noch deutlicher, wann entsprechend der Schlussrechnung gerechnet werden darf. So erkennen sie beispielsweise, dass, wenn ein Preis entsprechend der Warenmenge wächst, zwischen den beiden zugeordneten Größen eine gegenseitige Abhängigkeit besteht. Wird die Abhängigkeit durch die Funktion bewusst erfasst und zur Lösung von Sachaufgaben verwendet, so spricht man von funktionalem Denken.
Erst nach den vielfältigen Übungen zu funktionalen Zusammenhängen wird in der **vierten Lerneinheit** das Dreisatzverfahren eingeführt. Es steht jetzt nicht mehr isoliert, sondern ist zentral in das funktionale Denken eingebettet.

In den Lerneinheiten werden, vor allem, wenn es um quantitave Aussagen geht, die Schaubilder immer im Karogitter dargestellt, um das Ablesen zu vereinfachen.

Intention und Schwerpunkt des Kapitels
Die Lernenden sollen sowohl Graphen und Tabellen anfertigen als auch die den Darstellungen zugrunde liegende Sachsituation interpretieren. Sie werden mit den verschiedenen Darstellungsweisen einer Zuordnung vertraut gemacht.
Die Behandlung vielfältiger Zuordnungen bildet den Hintergrund, vor dem sich dann die proportionale Zuordnung in ihrer Bedeutung für den Alltag abhebt. Der Schwerpunkt liegt dabei nicht auf mathe-

matisch präzisen Definitionen und Begrifflichkeiten, sondern auf dem Umgehen mit konkreten Zuordnungen aus dem Erfahrungsbereich der Schüler.

- Graphen interpretieren
- Tabellen für verschiedene Sachsituationen aufstellen
- konkrete Sachsituation daraufhin beurteilen, ob eine proportionale Zuordnung vorliegt
- das Dreisatz-Rechenverfahren anwenden

Bezug zu den Bildungsstandards

Leitidee Daten: Die Schülerinnen und Schüler
- können Tabellen lesen und auswerten.
- können Daten sammeln und in Tabellen erfassen.

Leitidee Modellieren: Die Schülerinnen und Schüler
- reflektieren die verwendeten mathematischen Modelle.
- können Fragestellungen die passende Mathematik zuordnen.
- können Mathematik als geistige Konstruktion mit der erfahrbaren oder symbolischen Realität durch mathematisches Modellieren verknüpfen.

Weiterführende Hinweise

Das korrekte Interpretieren von Funktionsgraphen ist für viele Schülerinnen und Schüler nicht leicht. Ein Funktionsgraph stellt keine Realsituation dar, sondern eine Menge von Zahlenpaaren. Dies ist den Lernenden anfangs oftmals nicht bewusst und es kommt zu Fehlinterpretationen. Eine häufige Interpretation ist, dass der Graph als fotografisches Abbild der realen Situation betrachtet wird (vgl. Schlöglhofer, Franz: Vom Foto-Graph zum Funktions-Graph, in: mathematik lehren 103, Seite 16ff., Friedrich Verlag, Seelze 2000). So interpretieren die Lernenden häufig den folgenden Graphen völlig falsch:

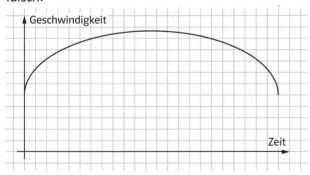

Der Graph sieht wie eine Kuppe aus. Deshalb wird die Fragestellung „Fährt das Auto über eine Kuppe oder durch eine Mulde?" häufig falsch beantwortet.

Auftaktseite: Sommerfest

Auf den beiden Auftaktseiten sind die Schaubilder nicht skaliert, da es um eine qualitative Deutung

der Schaubilder geht. Oftmals sind diese Darstellungen für die Lernenden jedoch nicht selbsterklärend (vgl. obige *Weiterführende Hinweise*). Viele Lernende interpretieren den Graphen als Realsituation:

Beispiel „Wettlaufen": Die Schülerinnen laufen auf unterschiedlichen Wegen ins Ziel. Der Weg von Marie ist der steilste.

Beispiel „Eierlauf": Der Weg steigt zuerst steil an, fällt dann ab und steigt schließlich wieder an.

Sollte die Klasse Schwierigkeiten mit der Abstraktion haben und die rein qualitativen Graphen nicht interpretieren können, ist folgende alternative Vorgehensweise denkbar:

Bevor ein eigenständiges Interpretieren erfolgt, wird mit den Schülerinnen und Schülern erarbeitet, wie die Graphen zu lesen sind. Dazu wird mithilfe des Textes „Wettlaufen" der Graph in einzelne „Momentaufnahmen" zerlegt. So kann anhand der ersten Aussage ein Zusammenhang zwischen dem Tempo und der Steilheit der Geraden hergestellt werden. Die Schilderung des Zieleinlaufes stellt die Bedeutung der Zeitachse dar. Das Verständnis für diese Vorgänge kann durch das Eintragen von (geschätzten) Zahlen auf den Achsen, gefolgt von einem punktweisen Ablesen der entsprechenden „Funktionswerte", erleichtert werden. So können z.B. dem Zeitpunkt (nach) einer Minute die Geschwindigkeiten 10 km/h; 13 km/h und 20 km/h zugeordnet werden. Dadurch wird für die Lernenden erkennbar, dass der Graph als eine Menge von Zahlenpaaren betrachtet werden muss (ohne diese Begrifflichkeiten zu verwenden).

Mit dem ► Serviceblatt „Temperaturunterschiede in Fantasiedorf", Seite S73, kann sich jeder Schüler in den Zahlenpaarcharakter einer grafischen Darstellung einarbeiten. Es berücksichtigt die beiden wesentlichen Aspekte einer Funktion (vgl. Exemplarischer Kommentar: *Zwei Aspekte von Funktionen*, Seite K72). Das Serviceblatt kann zur Vorbereitung der Auftaktseite verwendet werden.

Anschließend kann die Bearbeitung der ► Serviceblätter „Das Schneckenrennen (1) bis (5)", Seiten S74 bis S78, das Verständnis für die unterschiedlichen Darstellungsformen von Zuordnungen starten (nach einer Idee von M. Vogel, PH Ludwigsburg). Diese Serviceblätter könnten jedoch auch nach der Lerneinheit *1 Zuordnung und ihre Schaubilder* eingesetzt werden.

Unterrichtsverlauf:

Die Schüler werden erzählerisch in das Szenario eines „Schneckenrennens" eingeführt, in dem sechs Schnecken auf einer 50 cm langen Rennstrecke gegeneinander antreten. Jeder Rennverlauf ist durch eine Reporterbeschreibung, eine Renntabelle und ein Weg-Zeit-Diagramm dargestellt.

Die Schülerinnen und Schüler, die sich in Vierergruppen aufgeteilt haben, erhalten nun die Aufgabe, die verschiedenen Rennverläufe zu sortieren, indem sie die Tabellen Schaubilder und Rennbeschreibungen einander zuordnen. Sie müssen dazu die in Bezug auf Tabelle und Schaubild unwesentlichen Angaben der Verbalbeschreibungen bei der Sortierung aussondern, oder anders gesagt, die wesentlichen Angaben herauspicken. Angesichts der zum Teil sehr ausführlichen Rennkommentare muss man genügend Zeit für diese Phase einplanen. Als Ergebnis halten die einzelnen Gruppen die Ergebnisse ihrer Zuordnung über die Merkmale Schneckenname, Startnummer und Trikotfarbe fest.

Zur Differenzierung können die Gruppen, die früher fertig sind, bereits überlegen, welche Schnecke den Lauf bis zur 50-cm-Marke unter Beibehaltung der letztgenannten Geschwindigkeit gewinnen wird.

Die Ergebnisse der Gruppenarbeit werden gemeinsam in der Klasse besprochen. Hier können offene Fragen und Unklarheiten thematisiert werden. Auch in dieser Phase ist darauf zu achten, dass die Lernenden ihre Antworten ausführlich begründen.

In der anschließenden Einzelarbeit sollen die Schülerinnen und Schüler nun die unterschiedlichen Bewegungsmerkmale des Schneckenrennens in Tabelle, Text und Schaubild farbig markieren: stehen bleiben – am Start schummeln – schneller werden – langsamer werden – zurücklaufen – den Start verpassen – Zeitstrafe absitzen – Wegstrafe erhalten. Die anschließende Besprechung dient in diesem Fall dazu, die sprachlichen Umschreibungen mit den entsprechenden Veränderungen in Tabelle und Schaubild in Verbindung zu bringen und bei Verständnisfragen gegebenenfalls zu problematisieren.

Nach der intensiven Auseinandersetzung mit den vorgegebenen Rennverläufen in Sprache, Bild und Tabelle sind die Schülerinnen und Schüler nun in der Lage, neue Rennverläufe sinnvoll zu konstruieren. Hierzu entwerfen sie auf Millimeterpapier das Schaubild des Rennverlaufes eines weiteren Rennteilnehmers. Anschließend tauschen jeweils die Tischnachbarn ihre Schaubilder aus. Jeder schreibt nun zu dem erhaltenen Schaubild die zugehörige Tabelle und einen passenden Rennkommentar. Wenn die Schülerinnen und Schüler mit dieser Aufgabe fertig sind, tauschen sie ihre Arbeiten wieder mit demselben Tischnachbarn zurück und vergleichen die Ausführungen ihres Nachbarn mit dem eigenen konstruierten Rennverlauf.

Als inhaltlich anspruchsvollste Aufgabe erhalten die Schülerinnen und Schüler nach diesem Vorlauf eine fertige Verbalbeschreibung einer weiteren Rennschnecke. Sie sollen diese auf ihren mathematischen Gehalt hin interpretieren und durch eine entsprechende Darstellung in Tabelle und Schaubild selbst mathematisieren. Im Anschluss daran können die Schülerinnen und Schüler ihre Ergebnisse mit einer vorgegebenen Lösungskopie selbst überprüfen. Nur wenn Unklarheiten bestehen bleiben, erfolgt eine Besprechung im Klassenrahmen, ansonsten soll hier durch die Selbstkontrolle die Eigenverantwortlichkeit gefördert werden.

Der Rennsieger unter Beibehaltung der letztgenannten Geschwindigkeit kann über verschiedene Lösungswege ermittelt werden. Zwei sehr anschauliche Lösungswege sind in der geeigneten Schaubild- bzw. Tabellenfortsetzung zu sehen. Die Lösung über das Dreisatzverfahren ist zu diesem Zeitpunkt noch nicht möglich. Noch einige Bemerkungen zum Schluss: Die hier skizzierte Unterrichtssequenz ist in ihrer unterrichtlichen Umsetzung, auch was die zeitliche Einteilung anbelangt, variabel handhabbar. Die Abfolge ist nicht zwingend, sondern dient als Vorschlag für eigene didaktisch-methodische Entscheidungen. Wesentlicher als die Abfolge ist die unterrichts-situative Passung, welcher im Sinne eines verständnis-, zum Beispiel schülerorientierten Zugangs zur Thematik oberste Priorität eingeräumt werden sollte.

Eine mögliche Erweiterung dieser Unterrichtseinheit in Richtung Entwicklung des Proportionalitätsbegriffs wird an der Schnecke „Gustav" deutlich. Außerdem bieten ähnliche Aufgabenstellungen, die über ein Tabellenkalkulationsprogramm durch die Schüler selbst entwickelt werden, gute Möglichkeiten für einen computergestützten Mathematikunterricht.

1 Zuordnungen und ihre Schaubilder

Intention der Lerneinheit
– wissen, dass bei einer Zuordnung eine Zuordnung zweier Größenbereiche erfolgt
– Graphen zeichnen und interpretieren
– die Darstellungen Tabelle und Graph je nach Situation und Zweck verwenden und zwischen ihnen wechseln

Exemplarischer Kommentar
Zwei Aspekte von Funktionen

Dem Kommentar liegt der gleichnamige Artikel von Malle, Günther, in: mathematik lehren 103, Friedrich Verlag, Seelze 2000, Seite 8 ff. zugrunde. Jede Funktion weist einen *Zuordnungsaspekt* und einen *Kovariationsaspekt* auf. Beide sind praktisch bei jeder Funktionsdarstellung erkennbar. *Zuordnungsaspekt:* Tabellen werden zeilenweise gelesen und für jeden Ausgangswert x wird das zugehörige f(x) ermittelt. Bei Graphen wird entsprechend zu einem Wert der x-Achse der

zugehörige Wert der y-Achse (f(x)) abgelesen. Einige typische Fragen sind:
– Welches f(x) gehört zu einem bestimmten x?
– Welches x gehört zu einem bestimmten f(x)?
Kovariationsaspekt: Hier werden Tabellen senkrecht gelesen. Dabei wird festgestellt, wie sich die zugeordneten Werte f(x) ändern, wenn sich die x-Werte in einer bestimmten Art und Weise verändern. Typische Fragestellungen sind:
– Wie ändert sich f(x), wenn x wächst?
– Wie muss sich x ändern, damit f(x) fällt?
– Wie ändert sich f(x), wenn sich x verdoppelt?
– Wie ändert sich f(x), wenn x um eins erhöht wird?
Dieser Aspekt ist eng mit dem Veränderlichungsaspekt der Variablen verknüpft.
„Für das praktische Arbeiten mit Funktionen ist der Kovariationsaspekt unentbehrlich. Wer diesen Aspekt nicht kennt, und nur das weiß, was die Definition einer Funktion ausdrückt, kann in der Praxis mit Funktionen so gut wie nichts anfangen." (Malle)
Untersuchungen zeigen, dass Jugendliche zwar die zugehörigen Werte f(x) formal ablesen können, aber oft nicht imstande sind, die Funktion zu beschreiben und somit kein Verständnis für Zusammenhänge haben. Die Untersuchungen ergaben auch, dass dieser Aspekt leichter in anwendungsbezogenen Aufgaben, die Situationen aus dem Erfahrungsbereich der Lernenden darstellen, erworben werden kann. Dies spricht für eine gleichzeitige Behandlung beider Aspekte im sechsten und siebten Schuljahr im Rahmen der hier zugrunde liegenden Sachsituationen.

Einstiegsaufgabe

Die Einstiegsaufgabe knüpft an die Erkenntnisse der Auftaktseite an. Der Zahlenpaarcharakter wird durch die punktweise Darstellung betont. Die Beantwortung der Fragen sowie das Aufstellen einer Tabelle werden dadurch wesentlich erleichtert.

Alternativer Einstieg

Der alternative Einstieg geht von einer unendlichen Punktmenge (entsprechend der Erläuterungen zur Auftaktseite) aus. Durch das Markieren von Punkten und die zugehörige Interpretation als Zahlenpaar wird manchen Lernenden deutlicher bewusst, dass die Gerade für eine (unendliche) Punktmenge steht und sie nicht nur eine Verbindungslinie zwischen einigen Zahlenpaaren darstellt. Das ► Serviceblatt „Schraubenpreise – Graphen interpretieren", Seite S 79, kann vor der Einstiegsaufgabe im Schülerbuch bearbeitet werden.

Aufgabenkommentare

1 Die Aufgabe greift die Fragestellungen der Auftaktseite auf. Auch hier kann erneut der Zahlenpaarcharakter der Zuordnung durch Angabe und Eintrag einiger geschätzter Werte betont werden.

2 Die Aufgabe verdeutlicht, dass jedem Punkt der Geraden eine reale Situation zugeordnet werden kann. Da keine proportionale Zuordnung vorliegt, ist die Verbindungslinie keine Gerade. Die dadurch entstehende Problematik kann zwar angesprochen werden, sollte jedoch keinen Schwerpunkt bilden. Der Graph wird als ungefährer Ort betrachtet, der die Lage der Zahlenpaare beschreibt.

5 Das Einzeichnen der Änderung von f(x), wenn x um 1 erhöht wird („Treppenstufen"), macht die Gleichförmigkeit des Graphen deutlich. Dies trainiert den Kovariationsaspekt und bereitet Betrachtungen proportionaler Funktionen vor.
An diesem Beispiel kann auch erwähnt werden, weshalb die Linie durchgezogen werden darf. Dazu können Zwischenwerte wie Höhe nach 3,5 h, aber auch Umkehraufgaben wie Brenndauer bei 3,5 cm Höhe, abgelesen werden. Diese Betrachtung sollte jedoch keinen Schwerpunkt bilden, sondern ist eher propädeutisch für eine spätere systematische Behandlung zu sehen.

Schaubilder erzählen Geschichten

Kurze Geschichten
Die punktförmige Darstellung lässt das zugehörige Zahlenpaar klar erkennen und erleichtert so das Vergleichen. Einfache Orientierungsmuster im Koordinatensystem, wie „je weiter rechts, desto älter" bzw. „je weiter oben, desto schwerer", werden bewusst. Kompetenzen wie Argumentieren, Kommunizieren, Interpretieren und Begründen werden geübt.

Geschichten mit mehr Mitspielern
Die richtige Zuordnung erfordert eine vollständige Erfassung des Diagramms. So müssen z. B. für die Zuordnung Fahrrad und Schiff der Zusammenhang „je weiter rechts, desto teurer" und das gemeinsame Merkmal der geringen Geschwindigkeit erkannt und verknüpft werden. Eine Begründung der gewählten Zuordnung macht die häufig intuitiv erfasste Situation deutlich.

Verzwicktere Geschichten
Für eine richtige Interpretation ist der Kovariationsaspekt (vgl. Exemplarischer Kommentar: *Zwei Aspekte von Funktionen*, Seite K 72) ausschlaggebend.

Der Graph muss unter dem Gesichtspunkt „Wie verändert sich der Wasserstand in Abhängigkeit von der Zeit?" betrachtet und interpretiert werden. Dieses Beispiel macht deutlich, dass das Ablesen einzelner Werte den Gesamtvorgang nicht erschließt. Die situative Einkleidung in einen den Lernenden vertrauten Vorgang ermöglicht es, diesen wichtigen Aspekt einer Funktion zu trainieren.

2 Proportionale Zuordnungen

Intention der Lerneinheit

An Sachaufgaben aus dem Erfahrungsbereich der Lernenden wird mithilfe von Tabellen die Gesetzmäßigkeit dieser Funktionsart vermittelt. Dabei werden rechnerische Schwierigkeiten selten auftreten, da die Aufgaben meist mithilfe des Zweisatzverfahrens gelöst werden können.
- die Rechenregeln für proportionale Zuordnungen kennen
- proportionale Zuordnungen erkennen
- Wertetabellen mithilfe der Regeln 1 bis 3 (vgl. folgenden Exkurs) ausfüllen

Tipps und Anregungen für den Unterricht

Wertetabellen sind besonders gut geeignet, um den sachlich-rechnerischen Zusammenhang bei proportionalen Zuordnungen zu verdeutlichen. Durch Operatorpfeile wird dieser noch klarer hervorgehoben. Ein schematisches Anwenden beinhaltet jedoch Gefahren. „Wird nämlich ein Lösungsschema zu stark betont und zu ausschließlich verwendet, orientieren sich die Lernenden nur an bestimmten Äußerlichkeiten: Zeichnen der Pfeile links und rechts, mechanisches Hinschreiben ‚gleicher Operatoren' usw. Inhaltliches Argumentieren wie ‚Die doppelte Menge muss das Doppelte kosten', ‚Die Hälfte muss die Hälfte kosten', ‚5 kg müssen doppelt so viel wie 2 kg und noch 1 kg dazu kosten' kommen durch das bloße Manipulieren an der Tabelle zu kurz." (Zech, Friedrich: Mathematik erklären und verstehen, Cornelsen Verlag, Berlin 1995; Seite 269 ff).

Exkurs — Proportionale Funktion

Die proportionale Funktion ist eine Abbildung von einem Größenbereich in einen zweiten (z. B. Gewicht einer Ware → Preis der Ware) und wird durch die folgenden Eigenschaften charakterisiert:
1. Zum doppelten Gewicht gehört der doppelte Preis. Allgemein: Zum n-fachen der Ausgangsgröße x gehört das n-fache der zugeordneten Größe: $n \cdot x$ → $n \cdot f(x)$.
2. Zur Summe zweier Gewichte gehört die Summe der beiden zugeordneten Preise. Allgemein: $x_1 + x_2$ → $f(x_1) + f(x_2)$.
3. Dem Bruchteil eines Gewichts entspricht der entsprechende Bruchteil des Preises. Allgemein: $\frac{x}{n}$ → $\frac{1}{n} f(x)$
4. Es gilt eine Quotientengleichheit einander zugeordneter Wertepaare:
$x_1 : f(x_1) = x_2 : f(x_2)$ und umgekehrt
5. Es gilt die Quotientengleichheit entsprechender Wertepaare
$x_1 : x_2 = f(x_1) : f(x_2)$ (folgt aus 4)

Die Eigenschaften 1 bis 3 werden benötigt, um Wertetabellen vorteilhaft auszufüllen. Eigenschaft 4 tritt im Unterricht erst in der siebten Klasse in den Mittelpunkt der Betrachtung. Die Konstante, die sich aus der Quotientengleichheit ergibt, ist jedoch für den naturwissenschaftlichen Unterricht bedeutsam. Sie wird dort als *Proportionalitätsfaktor* bezeichnet und spielt vor allem bei Formeln eine wesentliche Rolle (z. B. U ist proportional zu I; U : I = konstant, daraus folgt: U = R · I). Im Schülerbuch wird dieser Aspekt im Themenfenster *Fahrrad* aufgegriffen.

Einstiegsaufgabe

Das Ausfüllen der Tabellen fällt den Lernenden aufgrund ihres Vorwissens leicht. Das Erarbeiten der oben genannten Rechenregeln 1 bis 3 bereitet ebenfalls keine Schwierigkeiten. Die Zusatzfrage weist auf den Kern der Einführung hin: „Wann darf so gerechnet werden?"

Aufgabenkommentare

1 bis **3** Die Tabellen sollten nicht nur mechanisch ausgefüllt werden. Die Begründungen für die gewählte Rechenart sind für das Verständnis wesentlich (vgl. *Tipps und Anregungen für den Unterricht*).

Fahrrad

Dieses Schaufenster knüpft an das Fenster Gangschaltung aus Kapitel *2 Teilbarkeit und Brüche* an. Hier wird die Übersetzung jedoch nicht über die Zähne des Zahnrades, sondern über die Umdrehungzahl des Rades definiert.

$$Ü = \frac{\text{Anzahl der Umdrehungen des Ritzels}}{\text{Anzahl der Umdrehungen des Kettenblatts}}$$

$$= \frac{\text{Anzahl der Zähne des Kettenblatts}}{\text{Anzahl der Zähne des Ritzels}}$$

Gegebenenfalls kann auf diese Thematik eingegangen werden.

Beispiel: Dreht sich das Kettenblatt mit 24 Zähnen einmal, so dreht sich das Ritzel mit 12 Zähnen zweimal.

$$Ü = \frac{24}{12} \text{ und}$$

$$Ü = \frac{2\ \text{Umdrehungen}}{1\ \text{Umdrehung}} = 2$$

4 Der Aufgabe liegt oben genannte Eigenschaft 4 zugrunde (vgl. Exkurs *Proportionale Funktion*, Seite K78). Durch die Quotientenbildung (mit anschließendem Kürzen) kann der Preis pro Ei bestimmt werden.

Rabatte

Zu Beginn der Schlussrechnung (und danach immer wieder) muss den Lernenden verdeutlicht werden, dass die Schlüsse nur bei Sachsituationen zulässig sind, denen proportionale Zusammenhänge zugrunde liegen. Anhand der Tabelle lässt sich leicht begründen, dass die Zuordnung nur in Teilen proportional ist. Die Proportionalität der Funktion Fünferpakete —▸ Preis wird am besten mithilfe einer speziellen Wertetabelle aufgezeigt.

Die Interpretation der zugehörigen Graphen kann alternativ auch nach der Lerneinheit *3 Schaubilder proportionaler Zuordnungen* erfolgen. Die Schülerinnen und Schüler können dann auf ein fundiertes Wissen über den Graphen einer proportionalen Zuordnung zurückgreifen und stellen den Zusammenhang zur Nichtproportionalität – die Punkte liegen nicht auf einer Ursprungsgeraden – her.

3 Schaubilder proportionaler Zuordnungen

Intention der Lerneinheit

Durch die grafische Darstellung erhalten die Lernenden einen Überblick über den funktionalen Zusammenhang. Sie erkennen noch deutlicher, wann gemäß den Rechenregeln für proportionale Zuordnungen geschlossen werden darf. Die Dreisatzrechnungen der Lerneinheit *4 Dreisatz* werden vorbereitet. Zusätzlich lernen die Schülerinnen und Schüler Vorteile grafischer Darstellungen kennen.

- Graphen mit und ohne Hilfe von Wertetabellen zeichnen
- proportionale Zuordnungen erkennen
- Wertepaare aus Graphen ablesen

Tipps und Anregungen für den Unterricht

Besonders wichtig für die Praxis ist die folgende Schlussfolgerung: Wenn der Graph einer proportionalen Zuordnung eine Ursprungsgerade ist, dann wird außer dem Nullpunkt nur noch ein Punkt benötigt, um den Graphen zu zeichnen. Eine Wertetabelle ist nicht mehr notwendig, weil in der Aufgabenstellung mindestens ein Wertepaar gegeben sein muss. Diese Erkenntnis spart Rechenarbeit und macht einen Vorteil von solchen grafischen Darstellungen aus (vgl. Schülerbuchseite 160, Aufgabe 9).

Einstiegsaufgabe

Der Einstieg knüpft an die Auftaktseite bzw. an Lerneinheit *1 Zuordnungen und Schaubilder* an und sichert dadurch die bisherigen Lernfortschritte. Durch die mögliche Zusatzfrage „Wie erkennst du, dass es eine proportionale Zuordnung ist?" wird der Zusammenhang zu den Rechenregeln hergestellt.

Aufgabenkommentare

4 Die Aufgabe verdeutlicht den Zusammenhang Graph / Wertetabelle / Rechenregeln einer proportionalen Zuordnung.

8 und **Randspalte** Die Aufgabe spricht Kompetenzen der *Leitidee Daten* an:
- gängige Darstellungsformen lesen und Informationen entnehmen
- Tabellen lesen und auswerten
- Daten sammeln und in Tabellen darstellen

Die Schaubilder machen deutlich, wie die Aussagen der Diagramme durch die Wahl des Maßstabs manipuliert werden können. Das Erstellen eines gemeinsamen Schaubildes macht dies einsichtig. Solche Erfahrungen sind die Grundlage für eine kritische Betrachtung dieser Darstellungen.

9 Die Aufgabe macht die Vorteile von grafischen Darstellungen deutlich:

1. Der Funktionscharakter wird klar. Zu jeder Länge in Zentimeter lässt sich die zugehörige Länge in Zoll ablesen (und umgekehrt).
2. Die Zeichnung leistet mehr als die Wertetabelle, weil man Zwischenwerte ablesen kann. Dabei hängt die Genauigkeit von Größe und Sorgfalt der Zeichnung ab.

Vorsicht Steigung ___i___

Dieser Infokasten bietet unterschiedliche Aspekte der Übung:

1. Kumulative Übung: Das Prozentrechnen wird eingebunden.
2. Praxisrelevante Übung: Der Begriff Steigung ist im Alltag gebräuchlich. Dennoch können viele Schülerinnen und Schüler nicht mit ihm umgehen (auch nicht nach der Fahrschule): So wird häufig eine Steigung von 100 % mit senkrecht verbunden.
3. Propädeutische Übung: Im achten Schuljahr wird die Steigung einer linearen Funktion bestimmt. Im zehnten Schuljahr kann der Tangens über die Steigung eingeführt werden.
4. Vertiefende Übung: Die Angabe in Prozent macht die Gleichförmigkeit des Anstiegs deutlich. Der Zusammenhang zu den entsprechenden Rechenregeln sollte aufgezeigt werden.
5. Zeichenübung: Übung des Zeichnens ohne eine Wertetabelle.

---

4 Dreisatz

Intention der Lerneinheit

Einfache Formen des Dreisatzes wurden im bisherigen Unterricht schon im Zusammenhang mit Sachaufgaben verwendet. In dieser Lerneinheit erfolgt eine systematische Behandlung vor dem Hintergrund der proportionalen Zuordnung.

- das Dreisatzverfahren bei Sachaufgaben anwenden
- beurteilen, ob in der konkreten Situation nach dem Dreisatzverfahren gerechnet werden darf

Tipps und Anregungen für den Unterricht

- In Anwendungsaufgaben darf nicht kritiklos der Lösungsalgorithmus des Dreisatzes genutzt und damit zugrunde gelegt werden, da die Proportionalität oft nicht gegeben ist. Die Einschätzung der Situation verlangt häufig eine Vielzahl von Informationen und kritisches Urteilsvermögen. Lässt sich die Proportionalität anhand der vorhandenen Kenntnisse begründen oder handelt es sich um eine mehr oder weniger plausible Annahme? Die Problematik wird anhand der Schülerbuchaufgaben 8 und 9 verdeutlicht.

- Entscheidend für den Schwierigkeitsgrad einer Dreisatzaufgabe sind die Größenverhältnisse und die Teilbarkeitsbeziehungen der beteiligten Größen. So fällt der Schluss von 0,6 kg auf 4 kg über die Zwischengröße 1 kg (aufgrund der „Problemaufgabe" 0,6 kg · ☐ = 1 kg) häufig schwerer als der Schluss von 600 g auf 4000 g über die Zwischengröße 100 g.

- Erneut sollte schematisches Rechnen zugunsten von inhaltlichen Argumentationen vermieden werden (vgl. auch _Tipps und Anregungen für den Unterricht_ zu Lerneinheit _2 Proportionale Zuordnungen_, Seite K 78). Dazu sind Aufgaben, die bei der Wahl einer vorteilhaften Zwischengröße Rechenvorteile bieten, besonders geeignet (vgl. Kommentar zur Schülerbuchaufgabe 5).

- Der Unterricht sollte nicht auf ein möglichst schnelles Beherrschen und Anwenden des Dreisatzverfahrens abzielen, sondern sollte auf die Reflexion und den Aufbau von Verständnis für Sachsituationen und ihre mathematische Bearbeitung hin ausgelegt werden.

- Bei realistischen Zahlenwerten ergibt sich beim Berechnen der Zwischengröße oft eine „Rundungsproblematik".
  Beispiel: 1,2 kg kosten 4 €. Wie viel kosten 4 kg? 1 kg würde dann $3,\overline{33}$ € kosten. Die Schwierigkeit sollte an dieser Stelle zwar thematisiert, jedoch nicht überbewertet werden. Eine praktikable Vereinbarung ist das Runden auf Cent, obwohl dies zu unterschiedlichen Ergebnissen führen kann. Im Beispiel führt die Zwischengröße 1 kg auf ein Endergebnis von 13,32 € und der Zwischenwert 100 g auf 13,20 €. Das Rechnen mit Brüchen (1 kg $\longrightarrow \frac{4}{1,2}$; 4 kg $\longrightarrow \frac{4 \cdot 4}{1,2} = 13,\overline{33}$ €) verkompliziert die Lösung wesentlich, garantiert aber die Genauigkeit. In diesem Zusammenhang ist der Hinweis auf den späteren Einsatz eines Taschenrechners sinnvoll. Dabei wird man ohne Notation eines Zwischenergebnisses die Division und Multiplikation in einem Zug durchführen und so Rundungsfehler vermeiden.

- Das Verständnis für die wichtigsten Aspekte des Kapitels kann anhand des ► Serviceblatts „Verständnisaufgaben", Seite S 80, überprüft werden. Partnerarbeit führt zu gewinnbringenden Diskussionen.

Einstiegsaufgabe

Die Einstiegsaufgabe schildert eine Situation, in der offensichtlich Proportionalität gegeben ist. Bei acht Heften dürfte der Rabattgesichtspunkt noch keine Rolle spielen. Aufgrund ihrer Vorerfahrungen sollten die Lernenden einen möglichen Rechenweg selbstständig finden. Die Aufgabe kann also in Einzel- oder Partnerarbeit mit der Maßgabe einer übersichtlichen, leicht nachvollziehbaren Darstellung bearbeitet werden. Unterschiedliche Schülerdarstellungen werden aufgegriffen und zu den beiden üblichen, im Schülerbuch aufgeführten Darstellungen ausgebaut.

Das im Schülerbuch folgende Beispiel kann zum Aufzeigen der Proportionalitätsproblematik dienen. Scheinbar ist der proportionale Zusammenhang evident. Bei näherer Betrachtung können sich jedoch Fragen ergeben, die ohne zusätzliche Informationen nicht geklärt werden können:

- Haben alle Schüler gleich viel eingezahlt? Vielleicht sind einige der Kinder später dazugekommen. Haben diese nachbezahlt?
- Wurde im Elternabend dieser Aspekt geklärt? Wie?
- Woher stammt der Überschuss (vielleicht aus einem Schullandheim in Klasse 5, an dem einige nicht teilgenommen haben)?

Aufgabenkommentare

Viele in den Aufgaben dargestellte Sachsituationen sind nicht zweifelsfrei proportional und geben die Gelegenheit zu entsprechenden Diskussionen. Der Infokasten *Näherungsweise proportional* kann als Einstieg in diese Problematik verwendet werden.

5 Die Aufgabe zeigt die Vorteile inhaltlicher Überlegungen auf. Die Wahl einer geschickten Zwischengröße erleichtert die Rechnung wesentlich, wodurch oft auch die Rundungsproblematik vermieden und ein genaues Endergebnis erzielt werden kann.

8 Diese Aufgabe ist auch vor dem Hintergrund „Proportional oder nur näherungsweise proportional?" zu sehen. So kann die Reststrecke unwegsam oder extrem steil sein. Der Wanderer kann müde werden und eine zusätzliche Pause benötigen. Er kann sich verlaufen oder plötzlich schneller werden, da es sich bewölkt usw.

9 Hier scheint auf den ersten Blick eine klare Anwendungsaufgabe für das Dreisatzverfahren vorzuliegen. Bei näherem Hinsehen müssen jedoch Zweifel auftreten. Wichtig ist in diesem Zusammenhang das Wort „durchschnittlich". Es soll offensichtliche Bedenken an der zu modellierenden Sachsituation

zerstreuen, wodurch die Realsituation allerdings stark vereinfacht wird. Für die Lösung relevante Umstände können verloren gehen. So können z. B. die 20 vom Fuchs gerissenen Hühner weit „unterdurchschnittliche Eierleger" gewesen sein. Ihr Verlust hätte somit kaum Auswirkungen auf die Gesamtproduktion. Der Zusatz durchschnittlich sollte deshalb keine schnelle Routinelösung initiieren, sondern Anlass für eine ernsthafte Diskussion sein, welche die Grenzen der Modellierung aufzeigt. In diesem Sinne wendet sich der Zusatz durchschnittlich eher an die Unterrichtenden als an die Lernenden.

Teilaufgabe c) ist aus dem mathematischen Blickwinkel interessant. Eine ausführliche Behandlung vertieft die geometrischen Einsichten. Die Lernenden werden vom Ansatz „Anzahl der Schafe ist proportional zur Zaunlänge" ausgehen, welcher mathematisch hinterfragt werden muss. Die Aufgabe ist ein klares Beispiel dafür, dass die Informationen nicht für eine korrekte Modellierung ausreichen. Es muss zuerst die Frage gestellt werden, ob das Grundstück quadratisch bleibt. Falls nicht, ist eine korrekte Berechnung der Zaunlänge (Umfang) nicht möglich, weil beim Rechteck kein Zusammenhang zwischen dem Umfang und der Fläche besteht (Es gilt nicht: „Je größer der Umfang, desto größer die Fläche"). Bleibt die quadratische Form erhalten, besteht zwar der Zusammenhang „Je größer der Umfang, desto größer die Fläche", aber es gilt nicht u proportional A:

$$\frac{u}{A} = \frac{4a}{a^2} = \frac{4}{a} \neq \text{const}$$

Es muss also aus der Zaunlänge zuerst auf die Fläche geschlossen werden. Die vorhandene Fläche wird dann mithilfe des Dreisatzes vergrößert. Daraus wird auf die neue Zaunlänge geschlossen. Diese Teilaufgabe beinhaltet höhere Kompetenzstufen.

10 Auch an dieser Aufgabe werden die Grenzen mathematischer Betrachtungsweisen deutlich. Der Preis ist nur ein Argument von vielen. Die (unterstellte) Kaufsituation beinhaltet noch viele andere Aspekte, wie beispielsweise die Lage. Die Zusatzfrage „Welches Grundstück würdest du kaufen?" kann entsprechende Diskussionen anregen und dadurch aufzeigen, dass die Mathematik nur eine Entscheidungshilfe sein kann.

Üben • Anwenden • Nachdenken

Tiere unterwegs

Die Informationen und Fragestellungen dieses Anstoßes nutzen das Interesse Zwölfjähriger an exotischen Tieren und Extremleistungen, um Anwendungen proportionaler Zusammenhänge und mathematisches Modellieren zu motivieren. An den vorliegenden Aufgaben kann der Modellierungsprozess in seiner Vierschrittigkeit (vgl. Kommentar, Seite K 68) intuitiv geübt und nach Abschluss der Bearbeitungsphase reflektierend thematisiert werden. Die Aufgaben verdeutlichen die Idealisierung, die vorgenommen werden muss, um eine Realsituation in ein mathematisches Modell zu übersetzen.
Am Beispiel des Monarchfalters heißt das:

Reale Ausgangssituation
In den USA zieht der Monarchfalter in zwölfstündigen Tagesetappen von mehr als 100 km bis zu 3000 km weit. Man hat Schwärme beobachtet, die 25 km lang und mehrere Kilometer breit waren. Wie lang kann der Durchzug eines Schwarms dauern?

Übergang zum mathematischen Modell
Damit die Dauer des Durchzugs berechnet werden kann, muss man idealisieren und einen proportionalen Zusammenhang zwischen Etappenlänge und Etappendauer unterstellen. Verarbeitung zur mathematischen Lösung:

Etappenlänge in km	Etappendauer in h
$:4 \diagdown \begin{matrix} 100 \\ 25 \end{matrix}$	$\begin{matrix} 12 \\ 3 \end{matrix} \diagdown :4$

Rückübersetzung auf die reale Situation
Man kann sich den Durchzug so vorstellen: Ab dem Zeitpunkt, an dem der Schwarm über uns erscheint, können bis zu seinem Verschwinden drei Stunden vergehen.

Was wir nicht berücksichtigt haben (idealisierte Wirklichkeit)
Kürzere oder längere Pausen bedingt durch geeignete Rastplätze; Witterungsbedingungen; Luftströmungen; geografische Besonderheiten etc.

Lohnende Seiten aus dem Internet
[www.nationalgeographic.de]
[www.natur-lexikon.com]
[www.pottwale.de]
[www.markuskappeler.ch]

9 Daten erfassen und auswerten

Kommentare zum Kapitel

Computer mit zunehmend leistungsfähigerer Software haben zu tief greifenden Veränderungen geführt, welche Daten erhoben und wie sie organisiert, ausgewertet und präsentiert werden können. Da Zeichen- und Rechenaufwand keine so bedeutende Rolle mehr spielen, sind plötzlich völlig andere Methoden brauchbar geworden und im Unterricht (auch in höheren Jahrgangsstufen) in angemessenem zeitlichem Umfang einsetzbar.
John W. Tukey hat für die EDA (vgl. Exemplarischer Kommentar: *Explorative Datenanalyse*, Seite K79) die Metapher des „Datendetektivs" geprägt, welcher ausgehend von einem realen Problem in den zugehörigen Daten interessante Strukturen und Besonderheiten aufdeckt, gefundenen Hinweisen nachgeht und Hypothesen bestätigt bzw. verwirft. Mit der Unterstützung solcher „Datendetektive" nimmt die Statistik neue Aufgaben wahr. Zuvor hatte sie sich vorwiegend darum bemüht, Wissenschaftlern sowohl beim Beschreiben des Datenmaterials als auch beim Testen von Hypothesen und bei der statistischen Absicherung von Ergebnissen zu unterstützen. Jetzt wird eine Unterstützung auch für die Phase der Hypothesenregenerierung angestrebt, in der es um das Erkennen von Strukturen und Auffälligkeiten in Daten geht.
Ziel der vorliegenden Unterrichtseinheit ist es, an Beispielen aufzuzeigen, wie Datensätze zum Leben erweckt werden können, aber auch, wie Entdeckungsreisen im Datenmaterial zu vertieften Erkenntnissen und Einsichten führen können. Damit können einerseits fachspezifische Lernziele erreicht werden und andererseits wird ein Beitrag zur Entwicklung einer allgemeinen *Datenkompetenz* geleistet. Unter dem Begriff *Datenkompetenz* wird eine Fülle von Fertigkeiten, Fähigkeiten, Begriffen und Einsichten zusammengefasst, die notwendig oder hilfreich beim sachgerechten Umgang mit Daten sind. Dazu gehören u.a.:
- das Wissen um und über Datenstrukturen,
- das Wissen über die unterschiedlichen Arten der Darstellungen und ihre Einsatzmöglichkeiten,
- das Denken nicht nur in Einzelfällen, sondern in Gruppen,
- die Fähigkeit, einen Prozess der Modellbildung über Daten zu planen,
- die Fähigkeit, über Daten und Schlussfolgerungen, die man aus den Daten zieht, zu kommunizieren.

Das Kapitel ist – entsprechend dem klassischen Dreischritt der Statistik – in drei Lerneinheiten aufgeteilt: *Daten erheben, Daten darstellen, Daten auswerten.*

Intention und Schwerpunkt des Kapitels
Die Schülerinnen und Schüler sollen
- statistische Daten sammeln und erfassen.
- die Daten in verschiedenen Darstellungsformen notieren.
- aus Schaubildern Daten entnehmen und interpretieren.
- unterschiedliche Darstellungen von Daten kritisch betrachten und daraus Schlussfolgerungen ziehen oder neue Fragen und Hypothesen entwickeln.

Bezug zu den Bildungsstandards
Leitidee Daten:
Die Schülerinnen und Schüler können Erhebungen zu einer Fragestellung aus der eigenen Erfahrenswelt machen, die Daten sammeln und in Tabellen erfassen.
Leitidee Modellieren:
Die Schülerinnen und Schüler können Situationen angemessen modellieren und die verwendeten mathematischen Modelle reflektieren.

Weiterführende Hinweise
Ausgangspunkt der Beschäftigung mit dem Thema Daten sollte ein reales Problem mit offenen Fragestellungen sein, die das persönliche Interesse der Schülerinnen und Schüler wecken. Deshalb ist im vorliegenden Kapitel das Arbeiten mit authentischem Datenmaterial von besonderer Bedeutung (im Serviceteil finden sich auf den Seiten S81 und S82 einige ► Serviceblätter, die passend zu den Aufgaben Vorlagen zum Erheben von Daten anbieten).
Die entscheidende Aufgabe in diesem Kapitel besteht für die Lernenden darin, aus allen zur Verfügung stehenden Informationen (u.a. Daten, die gegeben sind oder erst gesammelt werden) Einsichten zu gewinnen, mit denen Fragen beantwortet werden können. Besonders wichtig ist vor allem das Wechselspiel zwischen den für die Situation bedeutsamen Fragen, den aufgestellten Hypothesen, den Interpretationen von Beobachtungen und den Entdeckungen im Sinn- und Sachkontext, dem Kommunizieren über eigene Erkenntnisse und dem Heranziehen neuer, vielleicht vorteilhafterer Methoden.
Die hier angedeutete Arbeitsweise ist sehr komplex, wodurch die EDA jedoch besonders interessant gestaltet werden kann. Weiterhin kann den Schülerin-

nen und Schülern auf diese Weise ein projektartiger und von Eigenaktivitäten getragener Unterricht ermöglicht werden. Beispiele werden in den folgenden Veröffentlichungen ausführlich geschildert:

1. Kniep-Riehm, Eva-Maria: Wie ist das eigentlich mit dem Weihnachtsfest? In: Computer und Unterricht, Heft 17, Friedrich Verlag, Seelze 1995.
2. Pollok, Bruno: Vielseher lesen wenig, in: Mathe-Welt-Heft: „Datendetektiv auf Spurensuche", in: mathematik lehren, Heft 97, Friedrich Verlag, Seelze 1999. Hier werden die Möglichkeiten zum Üben an konkreten Beispielen und an aufbereiteten Daten angeboten. Schülerinnen und Schüler lernen eine Vielzahl statistischer Methoden und Hilfsmittel kennen, aber auch Fragen zu stellen und Methoden zur Beantwortung zu erforschen.

Auftaktseite: Tag für Tag

Beide lebensnahen Beispiele können Ausgangspunkt für erste Erfahrungen mit statistischem Datenmaterial sein. Die Unterschiede liegen in der Art des Datenmaterials und den daraus folgenden Fragestellungen und Darstellungsmöglichkeiten. Der **Wochenplan** ist eine persönliche Erhebung, aus dem sich sehr indiviuelle Fragestellungen ergeben können. Der Vergleich mit den Mitschülerinnen und Mitschülern kann als Motivation dienen, eine übersichtlichere Darstellung der erhobenen Daten vorzunehmen. Neue Fragestellungen ergeben sich am ehesten, wenn die Daten in der eigenen Klasse erhoben wurden. Gerade bei diesem Beispiel ist die Hypothesenbildung vor der Datenauswertung interessant. Vermutungen können bestätigt oder widerlegt werden. Das führt zu weiteren Nachforschungen im Datenmaterial und es kommt zu dem Dialog, der im folgenden Exemplarischen Kommentar angesprochen wird.

Ein Beispiel: Bei einer ersten Betrachtung der Datentabelle zeigt sich bei einem Schüler eine große Zeitspanne, die er in der Schule verbringt. Daraus ergibt sich die Frage, weshalb er bei gleicher Stundenzahl so viel mehr Zeit in der Schule verbringt als sein Mitschüler. Eine genauere Analyse ist erforderlich und zeigt z.B., dass er in allen Mittagspausen und in der Pause zwischen Nachmittagsschule und Sporttraining in der Schule bleibt.

Auch der **Schulweg** betrifft die ganze Klasse. Die zugehörige Datenerhebung ist im Unterricht schnell durchführbar und die Lernenden werden gleich mit dem Problem einer geeigneten Datenerfassung konfrontiert. Das authentische Datenmaterial kann anschließend mit dem Beispiel im Buch verglichen werden. Daraus ergeben sich meist wertvolle Diskussionen und Hypothesen zur Interpretation der Daten. Zum Beispiel könnte ein kurzer Schulweg fast aller Schüler bedeuten, dass es sich um eine Stadtschule handelt u.Ä.

Aus beiden Beispielen kann klar die Struktur für den Umgang mit Daten herausgearbeitet werden:

1. Datenerfassung
2. Darstellung von Daten
3. Interpretation der Daten/der Erhebung

Damit lassen sich die in den drei Lerneinheiten getrennten Aspekte immer wieder verknüpfen.

Exemplarischer Kommentar
Explorative Datenanalyse

Den folgenden Ausführungen liegt der Aufsatz „Auf Entdeckungsreisen in Daten" von Prof. Rolf Biehler zugrunde, veröffentlicht in mathematik lehren, Heft 97, Friedrich Verlag, Seelze 1999.

Die explorative Datenanalyse (EDA) bietet die Möglichkeit, computerunterstützt Daten zu explorieren. Das bedeutet, Daten zu drehen und zu wenden, um sie besser interpretierbar zu machen und im Interesse des untersuchten Sachproblems zu vertieften Erkenntnissen zu gelangen.

Charakteristische Merkmale für die Arbeitsweise der EDA:

1. Datenexploration ist ein interaktiver und iterativer Prozess, in dem Umwege und Irrwege als Lernchance begriffen werden.
2. Realen Daten wird Respekt entgegengebracht, weil man sich nicht gegenüber Unerwartetem durch Modelle und Hypothesen vorab immunisiert und ein waches Auge für auffällige Strukturen und Besonderheiten besitzt.
3. Begriffe und grafische Darstellungen dienen als Werkzeuge der Exploration und nicht nur als Mittel der Ergebnispräsentation.

Aufgrund der schnellen Auswertung und der Möglichkeit, rasch zu unterschiedlichen grafischen Darstellungen zu gelangen, wird eine differenziertere Betrachtung der Datensätze zugelassen. Sie werden nicht nur mit Mittelwert und Streuungsmaß zusammengefasst, sondern die Verteilungsform, Ausreißer oder sonstige Besonderheiten können untersucht werden. Daraus ergibt sich die Chance, einer auf diese Weise gefundenen Besonderheit nachzugehen und die Abhängigkeit der Daten von diesem Faktor systematisch zu untersuchen. Neue Fragestellungen können schnell untersucht werden, indem verschiedene Variablenpaare neu miteinander kombiniert, Teilmengen ausgewählt oder Achsenabschnitte gezoomt werden.

Der *Datendetektiv* (siehe Seite K 78) sichtet auf der Basis der Fragestellungen bzw. der aufgestellten Hypothesen sein Datenmaterial und bemüht sich um eine geeignete grafische Darstellung. Er muss über die Fähigkeit verfügen, Teildaten zu Gruppen zusammenzufassen und wissen, wie er mit Ausreißern umzugehen hat. In der Auseinandersetzung mit den Rohdaten (bzw. mit aufbereiteten Daten) muss er gemeinsame Strukturen und Besonderheiten erkennen und darauf mit einem Wechsel der Methode oder der Darstellung reagieren.

Neu für die Lernenden ist das offene Ende. Denn häufig fordern die mit dieser Arbeitsweise gewonnenen Ergebnisse zu neuen Fragestellungen und Hypothesen auf.

Der Computereinsatz ist ein mächtiges Werkzeug, beinhaltet jedoch auch die Gefahr,
- dass die Lernenden in Grafiken und Tabellen ertrinken und oft schon mit dem Ausdrucken solcher Ergebnisse das Problem als gelöst ansehen.
- dass neue Lernhürden dadurch entstehen, dass die Einarbeitung in ein Softwarewerkzeug in die Unterrichtseinheit integriert werden muss.
- dass Methoden unverstanden benutzt werden, ohne dass in angemessener Form die Anwendung von schwierigen Methoden „per Hand" an kleinen Datensätzen geübt werden.

1 Daten erfassen

Intention der Lerneinheit
- die Begriffe Strichliste und Häufigkeitsliste kennen und beide Listen erstellen
- aus beiden Listen Informationen herauslesen

Wichtig ist in diesem Zusammenhang, dass hier zunächst anhand kleiner, überschaubarer Datenmengen die Listen von Hand angelegt bzw. aus Strichlisten die Häufigkeitslisten erstellt werden. Dies bildet die Grundlage für den Aufbau eines vertieften Methodenverständnisses. Der Einsatz des Computers erweist sich erst später bei größeren Datenmengen als hilfreich (vgl. obiger Exemplarischer Kommentar).

Tipps und Anregungen für den Unterricht
- In Geschichte, EWG oder NWA gibt es eine Vielzahl interessanter und informativer Häufigkeitslisten, die sich für ähnliche Fragestellungen eignen wie die Schülerbuchaufgaben. Ein Austausch mit den Fachkollegen kann hier ein wichtiger Beitrag zum Vernetzen der einzelnen Fachinhalte sein.

- Um Daten der eigenen Klasse zu sammeln, erweist sich ein Fragebogen als geeignetes Werkzeug. Es bieten sich verschiedene Möglichkeiten der Umsetzung an:
a) Den Fragebogen selbst entwickeln und damit eine größere Menge von Daten erhalten, mit der im Unterricht gearbeitet werden kann.
b) Einen fertigen Fragebogen übernehmen. Damit werden immer noch die individuellen Daten der Klasse verwendet, vgl. ► Serviceblatt „Ein Klassen-Fragebogen", Seite S 81.

Einstiegsaufgabe
Die Aufgabe bietet die Möglichkeit, das Ordnen und Auflisten von Daten am abgebildeten Beispiel vorzunehmen. Sie kann aber auch Anregung für eine eigene Datenerhebung sein, was motivierend und zeitlich nicht viel aufwändiger ist. Dabei können die Schülerinnen und Schüler sich nach eigenem Interesse für ein Thema entscheiden. Im Sinne einer ganzheitlichen Betrachtung sollte nach der Datenerhebung das Aufstellen von Hypothesen und die Interpretation der Daten nicht ausgelassen werden. Die eigene Formulierung von Fragen, die an die gesammelten Daten gestellt werden können, führen zu einer intensiven Auseinandersetzung mit dieser statistischen Erhebung. Damit wird die Fähigkeit gefördert, über Daten und die daraus zu ziehenden Schlussfolgerungen zu kommunizieren.

Aufgabenkommentare

Trotz der Verteilung der drei Aspekte *Daten erfassen*, *Daten darstellen* und *Daten auswerten* in drei Lerneinheiten ist die Verknüpfung in jeder Lerneinheit sinnvoll und möglich.
Beispiele:
- *Datenerfassung* ist der Schwerpunkt dieser Lerneinheit und deshalb in allen Aufgaben vertreten,
- *Darstellung von Daten* bieten die beiden Listen,
- *Auswertung und Interpretation von Daten* wird in den Aufgaben 1, 3, 5 und 6 besonders thematisiert.

1 Die Schülerinnen und Schüler werden zunächst die genauen Werte ablesen.
Zum Beispiel: Vier Jungen wollen eine Klassenlehrerin. Oder: Nur drei Mädchen bevorzugen einen Klassenlehrer usw. Das ist der erste Schritt zur allgemeinen Interpretation dieser Daten. An dieser kleinen, für die Lernenden noch überschaubaren Datenmenge bietet sich eine gute Möglichkeit, über die Gesamterhebung zu allgemeinen Aussagen zu kommen. Ein Beispiel: Ungefähr gleich viele Mädchen und Jungen können nicht sagen, was ihnen

lieber wäre. Oder: Mädchen tendieren mehr zu einer Lehrerin und Jungen mehr zu einem Lehrer.

2 Mit der Aufgabe lässt sich gut veranschaulichen, wann eine Strichliste bzw. wann eine Häufigkeitsliste sinnvoller ist. Mit dem Wechsel zur Häufigkeitsliste lassen sich die Fragen schneller beantworten. Um allerdings die Daten zu erheben, eignet sich eher die Strichliste.

3, 4 und **5** Die Aufgaben können mit den Daten der Aufgaben bearbeitet werden oder als Idee für eine eigene Befragung dienen. Die Fragestellungen bleiben gleich, sind jedoch von größerem Interesse.

2 Daten darstellen

Intention der Lerneinheit
– das Datenmaterial in geeignete Diagrammformen übertragen
– die unterschiedlichen Diagrammformen wie Säulen- und Bilddiagramm als auch Kreis- und Streifendiagramm kennen
– Diagramme lesen und interpretieren
Das eigene Zeichnen fördert das Verständnis für diesen Aspekt der Explorativen Datenanalyse. Deshalb ist ein Verzicht auf den Einsatz des Computers zu Beginn der Lerneinheit wichtig (vgl. obiger Exemplarischer Kommentar). Die damit verbundene Auseinandersetzung mit den Schwierigkeiten, die das Übertragen von Daten aus Listen in die verschiedenen Diagramme mit sich bringt, ermöglicht den Einsatz unterschiedlicher Strategien und die Anwendung der Kenntnisse aus vorangegangenen Kapiteln (vgl. dazu Kommentar zur Methode „Säulen- und Bilddiagramme zeichnen").

Tipps und Anregungen für den Unterricht
Um mit dem Zeichnen verschiedener Diagrammformen vertraut zu werden, sind Schreibhilfen, Tipps und aufbereitetes Datenmaterial hilfreich. Damit werden die Lernenden langsam an die neue Aufgabe herangeführt und die Motivation bleibt erhalten. Die ► Serviceblätter „Zahlen in Bildern – Diagramme (1) und (2)", Seite S 83 und S 84, und „Im Tierreich – Diagramme", Seite S 85, bieten Übungen zu allen Diagrammformen.

Einstiegsaufgabe
Wenn die Schülerinnen und Schüler aufgefordert werden, in diese Stunde verschiedene Diagramme aus Zeitschriften mitzubringen, kann gleich in eine Diskussion über den Zweck und über die Arten der Diagramme eingestiegen werden. Der Wechsel von einem Diagramm zu einem anderen ist am schnells-

ten mit dem Einstiegsbeispiel zu ermöglichen, weil die meisten Beispiele aus Veröffentlichungen oftmals zu komplex sind oder kein schülernahes Thema bieten. Dabei wird das Zeichnen von Diagrammen aus Klasse 5 wiederholt. Der Vergleich der gezeichneten Diagramme mit dem Piktogramm im Buch führt zu einer differenzierten Betrachtung und Bewertung unterschiedlicher Diagramme.

Aufgabenkommentare

1 Bei dieser Fragestellung üben die Lernenden, Teilgruppen zu bilden (vgl. obiger Exemplarischer Kommentar). Eine Vertiefung kann mit der Umkehraufgabe erreicht werden. Das heißt die Schülerinnen und Schüler formulieren ähnliche Fragestellungen zu diesem Diagramm, z. B. „Wie viele Kinder haben maximal drei Geschwister?".

2 einfache Übung zum Training der Zeichenfertigkeit

3 Eignet sich sehr gut zur mündlichen Bearbeitung, um das Lesen eines Bilddiagramms zu üben und die Eigenheiten dieses Diagrammtyps kennen zu lernen.
Information: Das Schulranzengewicht sollte nicht mehr als 12 % des Körpergewichts betragen.

Körpergewicht	Schulranzengewicht
18–23 kg	2,2–2,8 kg
24–28 kg	2,9–3,4 kg
29–33 kg	3,5–4,0 kg
34–38 kg	4,1–4,6 kg
39–43 kg	4,7–5,2 kg
44–48 kg	5,3–5,8 kg
49–53 kg	5,9–6,4 kg
54–58 kg	6,5–7,0 kg

Säulen- und Bilddiagramme zeichnen

An einem Beispiel wird ausführlich erläutert, wie man aus einer Häufigkeitstabelle ein Bild- bzw. ein Säulendiagramm entwickelt. Die beiden Diagrammarten sind aus Klasse 5 bekannt. Neu ist das Berechnen der Säulenhöhe. Hier sollte unbedingt der Zusammenhang zur proportionalen Zuordnung hergestellt werden und so die neue Berechnungsart in das Wissensnetz integriert werden. Dazu kann die Getränketabelle um die Zeile „Säulenhöhe" erweitert werden. Eine Vorüberlegung legt die Annahme eines proportionalen Zusammenhangs (doppelte Häufigkeit

→ doppelte Säulenhöhe) nahe. Anschließend werden Möglichkeiten zur Bestimmung der zugeordneten Säulenhöhenwerte diskutiert. Der rechnerischen Lösung im Schülerbuch liegt das Dreisatzverfahren zugrunde. Dies sollte thematisiert werden, damit alle Lernenden den Zusammenhang zum Kapitel *8 Proportionale Zuordnungen* erkennen. Die Zahlenproblematik realer Werte und die Vielzahl notwendiger Rechnungen lässt, auch vor dem Hintergrund der für eine zeichnerische Darstellung nicht notwendigen hohen Genauigkeit, andere Lösungsmöglichkeiten zu. So können die Werte grafisch (Funktionsgraph) oder mithilfe von Doppelskalen näherungsweise bestimmt werden:

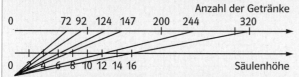

Die Lernenden erfahren damit eine Anwendungsmöglichkeit von Graphen proportionaler Zuordnungen bzw. von Doppelskalen und ihr Wissen über Proportionalität wird weiter vernetzt und vertieft.

Nach ersten Übungen zum Zeichnen der beiden Diagrammformen kann den Schülerinnen und Schülern entsprechend die selbstständige Bearbeitung der beiden anderen Diagrammtypen „Kreis- und Streifendiagramm" vorgeschlagen werden. Dazu müssen sie die beim Säulendiagramm gelernte Technik übertragen. Denn auch hier ist die Zuordnung von Datenwert und Winkelgröße bzw. Streifenlänge proportional.

Als erste Anwendungsaufgabe ist Aufgabe 7, Schülerbuchseite 174, gut geeignet.

4 Die Aufgabe bietet einen Gesprächsanlass, um die typischen Eigenheiten der beiden Diagrammformen zu vergleichen. Damit lernen die Schülerinnen und Schüler, welche Fragestellungen sich mit dem Säulendiagramm bzw. mit dem Streifendiagramm besser beantworten lassen. In Aufgabe 4a) werden Vergleiche angestellt oder eine Rangfolge festgelegt, während Aussagen über einzelne Ergebnisse erst durch das Umrechnen getroffen werden können. Die Lernenden sollen erkennen, dass die Auswahl eines Diagramms entscheidend von den Fragen abhängt, die später mit dem Diagramm beantwortet werden sollen.

Arbeiten mit dem Computer

In der Vielfalt der Diagrammtypen, die ein Tabellenkalkulationsprogramm bietet, liegt auch eine Gefahr. Die vielen Ausprägungen eines Diagrammtyps verleiten rasch dazu, die eigentliche Aufgabe – ein für die Fragestellung relevantes Diagramm zu finden – in den Hintergrund zu stellen. Deshalb ist gerade bei der Arbeit mit dem PC eine differenzierte Begründung der Auswahl wichtig. Die Möglichkeit, in kurzer Zeit unterschiedliche Diagramme zu erstellen, führt zu vergleichenden Diskussionen. Als weitere Beispielaufgabe sind die Aufgabe 8 bzw. Aufgabe 9 von Schülerbuchseite 175 gut einsetzbar, da hier mehrere Diagramme gezeichnet werden sollen.

8 Das ► Serviceblatt „Schülerumfrage – Was fällt euch beim Lernen leicht?", Seite S 82, bietet eine Kopiervorlage zum Erheben der Daten.

3 Daten auswerten

Intention der Lerneinheit
- Kennwerte Minimum, Maximum, Spannweite und Mittelwert einer statistischen Erhebung kennen
- Ermittlung der Kennwerte aus einer Häufigkeitstabelle
- Interpretation statistischer Daten mithilfe dieser Kennwerte

Tipps und Anregungen für den Unterricht
Das Stellen von geeigneten Fragen bzw. das Formulieren von möglichen Folgerungen zu einer statistischen Erhebung kann trainiert werden. Dazu ist nicht unbedingt Material aus Realsituationen notwendig.

Einstiegsaufgabe
Die Frage nach dem größten bzw. kleinsten Sammelergebnis ist naheliegend und somit ist der Einstieg zu den Kennwerten schnell und geschickt möglich. Sobald eine weitere Sammelliste einer zweiten Schülergruppe – zum Beispiel aus der Parallelklasse – hinzukommt, können vergleichende Fragestellungen den Sinn der Kennwerte deutlich hervorheben. In diesem Zusammenhang kann geklärt werden, dass ein Kennwert alleine wenig aussagekräftig ist. Erst durch die Angabe mehrerer Kennwerte sind in der Regel qualitative Aussagen und Rückschlüsse auf die Daten und die Qualität der Erhebung möglich. Dieses lässt sich besonders

beim Vergleich verschiedener Statistiken zeigen. Die beiden Beispiele zur Körpergröße und zur Fehleranalyse sind aus der Lebenswelt der Schülerinnen und Schüler und können deshalb zu einer ersten Analyse mithilfe dieser Kennwerte eingesetzt werden.

Aufgabenkommentare

1 bis 6 Die Übungen zum Bestimmen der Kennwerte verzichten auf einen realen Anwendungsbezug. Das fördert das Gefühl für die Zahlenwerte und trainiert die Fertigkeiten beim Berechnen. Außerdem vermitteln sie Kenntnisse über die Abhängigkeiten der Kennwerte von einzelnen Daten, wie beispielsweise die Veränderung des Mittelwerts, wenn extreme Werte weggelassen werden.

7 Wenn hier zunächst nur Teilaufgabe a) bearbeitet wird, besteht die Möglichkeit, aus der Auswertung der Daten die Forderung nach einer Teilgruppenbildung zu entwickeln.
Zum Beispiel könnte sich ergeben, dass die größten Schüler in der Klasse Mädchen sind. Führt das zwangsläufig zu der Aussage, dass die Mädchen größer sind? Eine Betrachtung der getrennten Daten könnte die Frage eindeutig klären.

8 Mit der in dieser Aufgabe angesprochenen Realsituation verknüpfen die Lernenden Vorstellungen, sodass sie über die Bestimmung der Kennwerte hinaus sinnvolle Aussagen zu den Erhebungen machen und die Bedeutung der Kennwerte erklären können.

9 Die Umkehrung der Fragestellung vertieft das Verständnis über die Bedeutung bzw. die Interpretation der Kennwerte. Bei dieser Aufgabe bietet sich eine mündliche Bearbeitung in Partnerarbeit an, um möglichst allen Lernenden eine intensive und selbstständige Auseinandersetzung anzubieten. Hilfreich ist die Forderung, bei jedem Beispiel den verwendeten Kennwert und die Bedeutung der Aussage anzugeben.
Bei der Besprechung im anschließenden Unterrichtsgespräch können durch intensivere Betrachtungen einzelner Beispiele a) der Nutzen weiterer Kennwerte aufgezeigt und b) die unterschiedliche Auslegung der angebotenen Kennwerte untersucht werden.
Beispiel zu a): In Teilaufgabe e) ist nicht ersichtlich, ob Ausreißer (viel Stadtverkehr) den Durchschnitt deutlich nach oben verändert haben.
Beispiel zu b): Der Notendurchschnitt sagt wenig über die Leistungsstärke einer Klasse aus. Er kann sich aus lauter Noten zwischen 2 und 3,5 ergeben,

aber genauso aus Extremwerten. Die Diskussion darüber zeigt den Schülerinnen und Schülern an einem für sie nahe liegenden Beispiel die Aussagekraft dieses <u>einen</u> Kennwerts.

14 Die Aufgabe bietet einen guten Ausgangspunkt zur Thematisierung der Aussagekraft <u>eines</u> Kennwertes. Die Fragen nach der Qualität der statistischen Erhebung und die Rückschlüsse auf die anderen Kennwerte zeigen schnell, dass ein Kennwert nicht ausreicht, um informative Aussagen zu machen.
Beispiel: Die Extremwerte könnten 0 und 12 Bücher sein, was zu einem anderen Rückschluss über das Leseverhalten in der Klasse führen würde als bei 30 und 42 Büchern.

15 Über den Vergleich des unterschiedlichen Datenmaterials und über die Bedeutung der Kennwerte für diese Erhebungen ergeben sich für die Teilaufgaben d) und g) zwangsläufig Aussagen, die zum Begriff des häufigsten Wertes führen, der für die Analyse von vielen Statistiken bedeutsam ist. Eine erläuternde Information können die Schülerinnen und Schüler im Infokasten daneben selbstständig nachlesen.

16 Das Streichen der Ausreißer bei Bewertungen verhindert eine unfaire (parteiische) Bewertung. Das lässt sich anhand der Aufgabe einsichtig zeigen.

Üben • Anwenden • Nachdenken

Aufgabenkommentare

1 und **2** Die Schülerinnen und Schüler können zeigen, ob sie gelernt haben, mithilfe von Diagrammen und den Kennwerten Aussagen über statistische Erhebungen zu machen. In Aufgabe 1 werden die Lernenden durch die Fragestellungen der Teilaufgaben enger geführt, während Aufgabe 2 offen ist und jeder Lernende eigene Schlussfolgerungen formulieren kann.

3 Die Schülerinnen und Schüler üben hier nicht nur das Zeichnen von Diagrammen, sondern erkennen auch den Vorteil, den Diagramme gegenüber Häufigkeitslisten haben. Beim Einsatz eines Tabellenkalkulationsprogramms lassen sich die Diagramme rasch ändern und die zur Beantwortung von Fragen sinnvolle Rangfolge darstellen.

4 bis **6** Übungen zu allen drei Diagrammformen: Der Hinweis auf die Methodenfenster der Schülerbuchseiten 173 und 174 ermöglicht eine selbstständige Bearbeitung der Aufgaben.

7 Das zweiseitige Diagramm ist neu für die Lernenden. Die dargestellten Beispiele erlauben jedoch eine eigenständige Bearbeitung.

10 Bei der Besprechung der Aufgabe ist die Thematisierung der hier verwendeten wissenschaftlichen Methode des Auszählens nicht abzählbarer Objekte sinnvoll. Weitere Beispiele aus der Biologie oder anderen Naturwissenschaften zeigen den Schülerinnen und Schülern die Bedeutung dieser Methode.

Der Serviceteil

Der Serviceteil beinhaltet die im ersten Teil des Servicebandes erwähnten und zum Teil kommentierten Kopiervorlagen. Diese **Serviceblätter** sind entsprechend der Abfolge des Schülerbuches sortiert. Sie sind meist selbsterklärend und können ohne größere Anweisungen als Kopie an die Schülerinnen und Schüler verteilt werden. Die notwendigen **Lösungen** der Serviceblätter, die keine Selbstkontrolle enthalten, finden sich gesammelt am Ende des Serviceteils.

Aufbau eines Serviceblattes

Die **oberste Zeile** jedes Serviceblattes nimmt Bezug auf das entsprechende Schülerbuch-Kapitel und verweist somit auch auf das Kapitel des Kommentarteils, in dem sich weitere inhaltliche oder methodische Anmerkungen zum Einsatz im Unterricht finden. Eine genaue Zuordnung zu den einzelnen Lerneinheiten finden Sie außerdem in der Übersichtstabelle auf den Seiten VII bis X. Rechts oben finden Sie auf einigen Serviceblättern ein Symbol, das eine Aussage über die Art des Serviceblattes macht.

Anstoß* Spiel Basteln

Partner-arbeitsblatt* Tandembogen* Mathe-Domino*

Fitnesstest* Kopfrechenblatt* Knobeln

* Eine Erläuterung dieser Serviceblätter finden Sie unter Methoden der Serviceblätter

In der **Fußzeile** jedes Serviceblattes finden sich Angaben zur Sozialform (⸝ Einzel-, Partner- oder Gruppenarbeit) und zum Zeitbedarf. Wenn für die Bearbeitung der Kopiervorlage üblicherweise nicht mehr als 15 bis 20 Minuten benötigt werden, entfällt die Angabe.

Methoden der Serviceblätter

Einige der Serviceblätter basieren auf besonderen Methoden und tauchen im Serviceteil häufiger auf.

Tandembogen

Ein Tandembogen erwartet von den Lernenden eine hohe Selbsttätigkeit und fördert damit sowohl das im Bildungsplan geforderte selbstständige Lernen als auch die Entwicklung der kommunikativen Fähigkeiten und der Kooperationsbereitschaft. Er wird in Partnerarbeit bearbeitet und so in der Mitte gefaltet und zwischen zwei Schüler gestellt, dass jeder seine Aufgaben („Aufgaben für Partner A") und gleichzeitig die Lösungen des Anderen („Lösungen für Partner B") vor sich hat. Die Kinder bearbeiten abwechselnd die Aufgaben und geben sich gegenseitig direkt ein Feedback über die Richtigkeit der Lösung. Bei Unsicherheiten oder Fehlern im Hinblick auf die genannten Lösungen treten die Lernenden häufig spontan in eine gewinnbringende Diskussion. Tandembögen können sowohl als erste Absicherung und Anwendung des neu Gelernten als auch zur Auffrischung von früheren Inhalten eingesetzt werden. In Übungsstunden bieten sie die Möglichkeit, die Lernenden schnell wieder an die in dieser Stunde zu übenden Inhalte heranzuführen und durch erste Erfolgserlebnisse die Übungsbereitschaft zu erhöhen. Tandembögen vgl. Seite S 17, S 33, S 37, S 45, S 50

Partnerarbeitsblatt

Ein Partnerarbeitsblatt ist eine doppelt vorhandene Kopiervorlage mit unterschiedlichen Aufgaben. Jedes Partnerarbeitsblatt 1 kann nur in Korrespondenz mit dem zweiten Blatt sinnvoll bearbeitet werden. Dabei geben die Aufgaben des ersten Blattes Hinweise zu den Lösungen und Aufgaben des zweiten und umgekehrt. Das Partnerarbeitsblatt fördert die Selbsttätigkeit der Lernenden; die Kontrolle durch den Partner ermöglicht eine intensive individuelle Auseinandersetzung zunächst auf Schülerebene. Die Ergebniskontrolle ist im Unterschied zum Tandembogen erst nach der Bearbeitung des ganzen Blattes sinnvoll, da die Aufgabenstellung des Partnerarbeitsblattes 1 die Lösung des Partnerarbeitsblattes 2 beinhaltet. Nach der Lösung bilden die beiden Arbeitsblätter die Grundlage der Ergebniskontrolle. Dabei werden Fehler oder Unklarheiten selbstständig diskutiert und überarbeitet. Partnerarbeitsblatt vgl. Seite S 38/S 39

Mathe-Domino

Die Kopiervorlage der **Domino-Schlange** beinhaltet meist nur 12 Dominosteine und ist von einem Schüler in Einzelarbeit zu lösen. Er schneidet die auf der Vorlage unsortiert angeordneten Domino-steine aus und legt aus ihnen eine Dominoschlange mit einem Anfangs- und Endstein.
vgl. Seiten S 23, S 28, S 36

Serviceblätter zum Anstoß

Die Anstöße des Schülerbuches bieten Themen, die zum Entdecken und Weiterdenken einladen und sich besonders für eine ausführliche Behandlung im Rahmen eines Projekts eignen. Im Serviceteil finden Sie passgenau auf diese Anstöße abge-stimmte Serviceblätter, die die Projektumsetzung des Anstoßes unterstützen. Meist sind diese Serviceblätter jedoch auch einzeln und unabhängig vom Anstoß einsetzbar. Ausführliche Kommentare zur unterrichtlichen Umsetzung stehen im voran-gegangenen Kommentarteil, vgl. Seiten S 22 bis S 24, S 42 bis S 44, S 51 bis S 56, S 64/S 65

Aufgaben des Schülerbuches als Kopiervorlage

Einige Aufgaben des Schülerbuches erfordern von den Lernenden aufwändige Vorarbeit beim Ab-zeichnen oder Abschreiben. Aus diesem Grund finden Sie im Serviceteil einige Kopiervorlagen, die diese Aufgaben direkt abbilden und somit eine Be-arbeitung ohne große Vorarbeit ermöglichen.
Kopiervorlagen Seiten S 4, S 64/S 65

Kapitelübergreifende Serviceblätter

Neben den kapitelspezifischen Serviceblättern fin-den Sie im Folgenden auch kapitelübergreifende Kopiervorlagen, die an unterschiedlichen Stellen zur Übung, Wiederholung und Festigung des Basiswis-sens in den Unterricht integriert werden können. So wird den in den Bildungsstandards geforderten Ansprüchen nach vernetzendem und nachhaltigem Lernen entsprochen. Sowohl die schriftlich zu bear-beitenden Fitnesstests als auch die Kopfrechen-blätter eignen sich besonders gut als Hausaufgabe. Sie nehmen je nach Kenntnisstand und Arbeitsver-halten der Schülerinnen und Schüler zwischen 10 und 20 Minuten Zeit in Anspruch.

Die Kopfrechenblätter

Viele Rechenregeln, Grundverfahren oder Wissens-elemente lassen sich mithilfe von Kopfrechenaufga-ben wachhalten. Bereits Gelerntes bleibt damit län-ger verfügbar und kann als Grundlage für weiterfüh-rende Lernziele dienen. Durch die Kopfrechen-blätter werden die Beweglichkeit des Denkens, das Zahlverständnis und die Abstraktionsfähigkeit geschult. Sie beinhalten neben Kopfrechenauf-gaben auch einige kopfgeometrische Übungen.
Die folgende Tabelle bietet einen Überblick über die in den Kopfrechenblättern behandelten Themen und gibt Informationen über den frühestmöglichen Einsatz.

Nr.	Themenschwerpunkt	frühester Einsatz
1	Bruchschreibweise, Größe	nach Kap. 2, LE 5
2	Erweitern und Kürzen	nach Kap. 2, LE 7
3	Addition von Brüchen	nach Kap. 3, LE 2
4	Bruchrechnen, Ordnen von Brüchen	nach Kap. 3, LE 5
5	Bruchrechnen	nach Kap. 4, LE 2
6	Dezimalbrüche, Bruchrechnen	nach Kap. 4, LE 3
7	Multiplikation von Dezimalbrüchen	nach Kap. 5, LE 3
8	Dezimal-/Bruchrechnen, Dreisatz	nach Kap. 8

Kopfrechenblätter vgl. Seite S 86 bis S 93

Die Fitnesstests

Die Vergleichsarbeiten zu den Bildungsstandards überprüfen drei verschiedene Anforderungsbereiche bzw. Niveaus (vgl. Serviceband 1, ISBN 3-12-740352-6, Seite K5). Die hier angebotenen Fitnesstests bereiten überwiegend Niveau A vor. Die Kompetenzen dieses Niveaus beziehen sich vor allem auf die Wiedergabe von grundlegenden Begriffen und Sätzen, sowie auf die Verwendung und das Beschreiben von geübten Rechenverfahren. In den folgenden Rubriken wird das Basiswissen unterschiedlicher inhaltlicher Bereiche wiederholt und gefestigt: Rechentechnik (thematisiert auch Rechenregeln und -gesetze), Wissen, geometrische Grundkonstruktionen, Raumvorstellung, Zeigen und Begründen.

Dabei werden auf einem Serviceblatt Kompetenzen und Inhalte verschiedener innermathematischer Bereiche angesprochen. Es werden nicht alle Themengebiete gleich gewichtet, sondern der Schwerpunkt liegt auf dem für die Jahrgangsarbeiten notwendigen Basiswissen. Die Rubrik „Knack-die-Nuss-Ecke" beinhaltet komplexere Fragestellungen und Zusammenhänge und bereitet damit auf Niveau B vor.

Die folgende Tabelle verschafft einen Überblick über die in den Fitnesstests behandelten Inhalte und gibt Informationen über den frühestmöglichen Einsatz. Die Fitnesstests sind nicht für eine kurzfristige Vorbereitung der Jahresarbeiten konzipiert. Sie sollen sukzessive über das Jahr verteilt eingesetzt werden. So können die wesentlichen Inhalte des Schuljahres nachhaltig gesichert werden.

Nr.	Themenschwerpunkt	frühester Einsatz
1	Grundrechenarten, Winkel	nach Kap. 1
2	Grundrechenarten, Grundwissen Geometrie	nach Kap. 3, LE 2
3	Winkel, Bruchrechnen	nach Kap. 3
4	Bruchrechnen	nach Kap. 3
5	Bruchrechnen	nach Kap. 3
6	Bruchrechnen, Würfel	nach Kap. 3
7	Bruchrechnen, Winkel	nach Kap. 4
8	Dezimalbruchrechnen	nach Kap. 5
9	Bruchrechnen, Raumvorstellung	nach Kap. 5
10	Dezimal-/Bruchrechnen, Terme	nach Kap. 7

Fitnesstest vgl. Seite S 94 bis S 103

Kreisbilder zum Knobeln

Schülerbuchseite 9, Schaufenster Knobeln

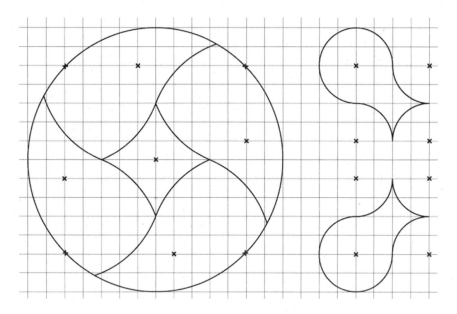

Wenn ihr die Figuren sinnvoll zerschneidet, könnt ihr aus dem Kreis ein Windrad und aus den Fischen Quadrate legen.

Schatten und toter Winkel

Schülerbuchseite 13, Aufgaben 7 und 8

7 Welchen Schatten wirft die Baumkrone im Scheinwerferlicht an die Hauswand?

8 In manchen Verkehrssituationen kannst du als Radfahrer von anderen Fahrzeugführern leicht übersehen werden. Der Pkw-Fahrer kann den Radfahrer nicht sehen, wenn dieser durch die Dachholme des Autos verdeckt wird. Skizziere.

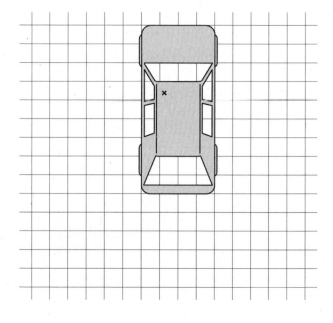

Ernst Klett Verlag GmbH, Stuttgart 2005

Winkelgrößen

Material: Schere, Klebstoff

1 Herr Dübler dreht den Kranausleger bis zum LKW nach links.
Färbe das durch den Kranausleger überstrichene Gebiet.

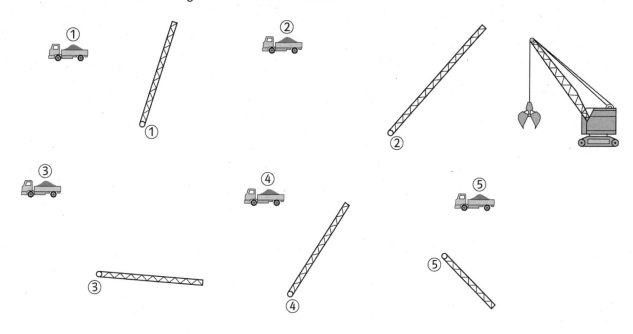

2 Schneide die gefärbten Flächen aus. Klebe die entstandenen Winkel der Größe nach in dein Heft.

3 Ordne die Winkel der Größe nach ($W_1 < \dots$)
Prüfe durch Ausschneiden und klebe die Winkel in dein Heft.

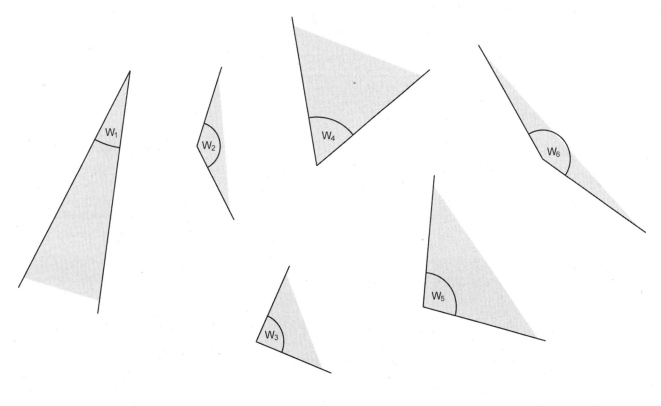

Volltreffer – Wer trifft ins Schwarze?

Material: Geodreieck

1 Spieler A sucht sich eine Zielscheibe aus und schätzt den Winkel (immer gegen den Uhrzeigersinn), um den der Pfeil gedreht werden muss, damit die Zielscheibe getroffen wird.

2 Spieler B notiert den Schätzwert in der Tabelle und zeichnet anschließend mit diesem Wert den Winkel.

3 Trifft der neue Schenkel den äußersten Rand, erhält A einen Punkt, beim zweiten Ring zwei Punkte und beim inneren Ring drei Punkte.

4 Jetzt ist Spieler B an der Reihe.

Gewonnen hat, wer die meisten Punkte erreicht.

	Name		Name	
	Schätzung	Punkte	Schätzung	Punkte
Scheibe 1				
Scheibe 2				
Scheibe 3				
Scheibe 4				
Scheibe 5				
Scheibe 6				
Summe				

Die Winkelscheibe – Ein Spiel für zwei

Material: Schere, bunter Karton/Tonpapier in zwei Farben oder Buntstifte

Bastelanleitung: Klebt eure beiden Kreisscheiben auf unterschiedlichen farbigen Karton/Tonpapier oder malt sie auf der Rückseite farbig an. Schneidet die beiden Kreisscheiben an der gestrichelten Linie bis zum Mittelpunkt ein. Steckt sie dann so ineinander, dass die beiden Winkelskalen auf einer Seite liegen.

Spielbeschreibung: Einer von euch beiden beginnt. Er oder sie hält die Winkelscheibe so, dass der Partner oder die Partnerin die Winkelskala nicht sehen kann. Nacheinander stellt er oder sie zehn unterschiedliche Winkel ein. Der Mitspieler oder die Mitspielerin schätzt die Größe des eingestellten Winkels. Er oder sie notiert die Schätzung und daneben die tatsächliche Winkelgröße, die der Partner oder die Partnerin nach jeder Schätzung bekannt gibt. Nach zehn Durchgängen werden die Rollen getauscht. Am Ende werden die Abweichungen addiert. Derjenige hat gewonnen, dessen Summe am kleinsten ist.
Viel Spaß beim Einstellen und Schätzen!

geschätzte Winkelgröße	tatsächliche Winkelgröße	Abweichung
70°	55°	15°
115°	105°	10°

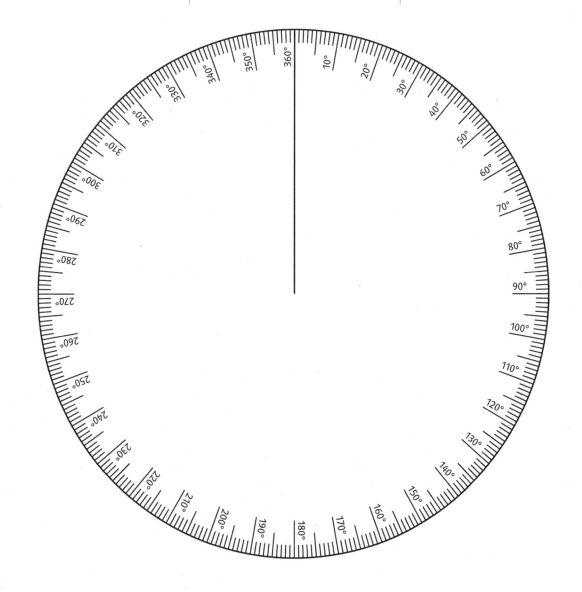

Winkel berechnen

1 Berechne die gesuchten Winkel.
Kannst du alle berechnen? Begründe! Es gilt a ∥ b.

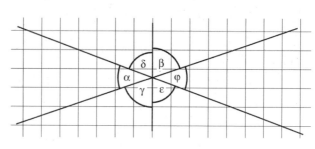

_____

_____

_____

_____

2 Welche Winkel sind Scheitelwinkel?
Welche beiden Winkel ergeben zusammen einen
Nebenwinkel zu ß?
Notiere weitere solcher Beispiele.

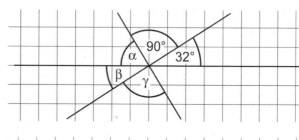

_____

_____

3 Berechne alle Winkel.

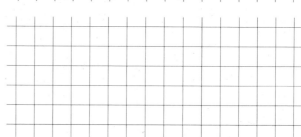

_____

_____

_____

4 Begründe die folgenden Aussagen mithilfe einer
Rechnung und einer entsprechenden Zeichnung.
a) Wenn an einer Geradenkreuzung ein Winkel 90°
hat, dann sind alle Winkel rechte Winkel.

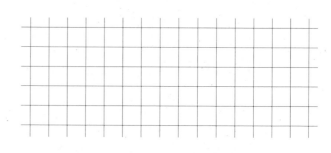

_____

_____

b) Wenn zwei Geraden sich nicht senkrecht
schneiden, ist einer der Nebenwinkel ein stumpfer
und der andere ein spitzer Winkel.

_____

_____

_____

5 Begründe, weshalb α und β keine Nebenwinkel
sind.

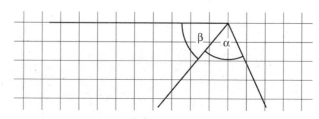

_____

_____

Winkelmemory

Material: Schere

Spielbeschreibung: Gespielt wird zu zweit: Schneidet die 20 quadratischen Karten entlang der dicken Linien aus. Legt alle Karten verdeckt auf den Tisch und mischt sie. Es wird abwechselnd gespielt. Jeder, der an der Reihe ist, darf zwei Karten aufdecken. Wenn die beiden Karten zusammenpassen, darf die Spielerin oder der Spieler sie behalten und ist noch einmal dran. Passen sie nicht, werden sie wieder herumgedreht und der nächste ist an der Reihe. Derjenige, der den größten Kartenstapel sammelt, hat gewonnen.

		Wechselwinkel	Kreisausschnitt
Nebenwinkel	Scheitelwinkel	stumpfer Winkel	spitzer Winkel
überstumpfer Winkel	Stufenwinkel	rechter Winkel	gestreckter Winkel

Ein Messgerät für Steigungswinkel

Material: Schere, Pappe/Karton, Klebstoff, Briefklammer, Locher,
ein Stück Wolle/Faden, Gewicht (alternativ Radiergummi o.Ä.)

Bastelanleitung: Klebe die unten stehende Abbildung auf ein Stück Pappe oder Karton.
Befestige am markierten Punkt A mit einer Briefklammer ein Stück Wolle bzw. Faden (Schlinge formen und
diese zwischen Briefklammer und Pappe befestigen).
Binde an das Ende des Fadens ein leichtes Gewicht. Du kannst auch ein Radiergummi oder etwas Ähnliches
verwenden.

Verwendung: Mit diesem Messgerät kannst du die
Steigungswinkel verschiedener Gegenstände
messen.
Wie „steil" ist das Treppengeländer?
Wie groß ist der Steigungswinkel bei einer Rampe?
Suche möglichst viele verschiedenen Gegenstände,
bei denen du den Steigungswinkel messen kannst.

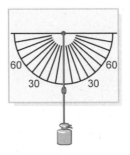

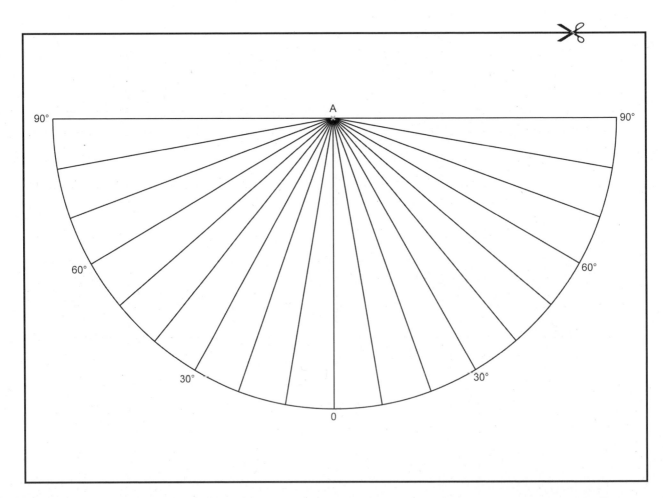

Zahlenspiel für 3 bis 5 Spieler (1)

Schülerbuchseite 25

- Schneidet die 120 Karten aus. Mischt die Karten, verteilt sie gleichmäßig und legt sie offen vor euch hin.
- Wer die 2 hat, ruft „2" aus und legt die Karten verdeckt vor sich hin. Alle anderen Spielerinnen und Spieler legen die Karten, auf denen eine gerade Zahl steht, verdeckt in die Mitte des Tischs.
- Wer die 3 hat, ruft sie aus und legt sie verdeckt vor sich hin. Alle Karten mit Zahlen, die ohne Rest durch 3 teilbar sind, werden verdeckt in die Mitte gelegt.
- Immer mit der kleinsten noch offenen Zahl geht es so lange weiter, bis alle Karten verdeckt sind.
- Wer am Ende die meisten verdeckten Karten besitzt, hat Glück gehabt und soll erklären, welche Art von Zahlen auf seinen Karten steht.

2	22	42	62	82	102
3	23	43	63	83	103
4	24	44	64	84	104
5	25	45	65	85	105
6	26	46	66	86	106
7	27	47	67	87	107
8	28	48	68	88	108
9	29	49	69	89	109
10	30	50	70	90	110

Zahlenspiel für 3 bis 5 Spieler (2)

11	31	51	71	91	111
12	32	52	72	92	112
13	33	53	73	93	113
14	34	54	74	94	114
15	35	55	75	95	115
16	36	56	76	96	116
17	37	57	77	97	117
18	38	58	78	98	118
19	39	59	79	99	119
20	40	60	80	100	120
21	41	61	81	101	121

Teilbarkeit durch 3 und 9

Material: farbige Plättchen (alternativ: Münzen, Bonbons, Knöpfe o. Ä.)

T	H	Z	E

1 Lege mit deinen Plättchen die Zahl 24 in die obige Stellenwerttafel. Zähle die Plättchen und trage die Anzahl in die unten abgebildete Tabelle ein.
Prüfe, ob die Zahl durch 3 bzw. durch 9 teilbar ist und trage dein Ergebnis in die letzte Spalte ein (ja/nein).

Zahl	Anzahl der Plättchen	Zahl ist teilbar durch	
		3	9
24			
711			
5304			

2 Verfahre mit den beiden folgenden Zahlen in der Tabelle ebenso.
Beachte: Zuerst Plättchen legen, diese dann zählen und am Ende die Teilbarkeit prüfen.

3 Vervollständige die Tabelle mit drei weiteren Beispielen.
Wähle die drei Zahlen nach folgenden Bedingungen aus:
– Die erste Zahl ist durch 3, aber nicht durch 9 teilbar.
– Die zweite Zahl ist durch 9 teilbar.
– Die dritte Zahl hat weder 3 noch 9 als Teiler.

4 Diskutiert in der Gruppe folgende Fragen:
a) Was hat die Anzahl der Plättchen mit der Zahl zu tun?
Tipp: Betrachtet dazu erneut die Plättchen in der Stellenwerttafel.
b) Welchen Zusammenhang erkennst du zwischen der Anzahl der Plättchen und der Teilbarkeit?

Zusatzaufgabe
a) Finde eine dreistellige Zahl, die den Teiler 3 hat, aber nicht durch 9 teilbar ist. Formuliere eine Regel.
b) Finde eine vierstellige Zahl, die nur durch 3 teilbar ist aber nicht durch 9.

Teilbarkeiten, Primzahlen und Zahlenpaare

1 Welche der Zahlen gehört nicht dazu? Begründe.

2 Was haben die Zahlen gemeinsam?

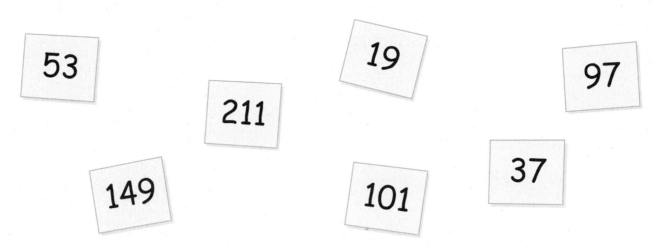

3 Bilde aus den vorhanden Zahlen Zahlenpaare.
Begründe, in welcher Beziehung die Zahlenpaare zueinander stehen.

Gemischte Zahlen

1 Welche gemischte Zahl ist dargestellt?

a)

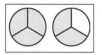 =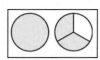

$$\frac{3}{3}+\frac{2}{3} \qquad = \qquad 1+\frac{2}{3}$$

b)

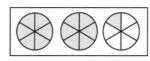 =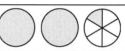

_____   =   _____

2 Schreibe als Bruch und als gemischte Zahl.

a)   b)   c)   d)

      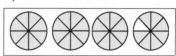

_____   _____   _____   _____

3 Schreibe als gemischte Zahl

a) $\frac{8}{3}$ = $2+\frac{2}{3}$ = _____

b) $\frac{5}{4}$ = _____ = _____

c) $\frac{8}{7}$ = _____ = _____

d) $\frac{11}{5}$ = _____ = _____

e) $\frac{12}{8}$ = _____ = _____

f) $\frac{19}{9}$ = _____ = _____

Beachte

$1 = \frac{1}{1} = \frac{2}{2} = \frac{3}{3} = \dots$

$2 = \frac{2}{1} = \frac{4}{2} = \frac{6}{3} = \frac{8}{4} = \dots$

$3 = \frac{3}{1} = \frac{6}{2} = \frac{9}{3} = \frac{12}{4} = \dots$

Stimmt's?

$1\frac{1}{4};\ 1\frac{4}{1};\ 1\frac{3}{1};\ 1\frac{8}{4};\ 1\frac{2}{3};\ 5\frac{8}{1};\ 5\frac{9}{1};\ 5\frac{2}{1};\ 5\frac{10}{3};\ 5\frac{3}{5};\ 3\frac{8}{1};$

4 Schreibe als Bruch.

a) $2\frac{3}{4}$ = $\frac{8}{4}+\frac{3}{4}$ = _____

b) $5\frac{5}{8}$ = _____

c) $3\frac{5}{11}$ = _____

d) $7\frac{8}{11}$ = _____

e) $9\frac{5}{15}$ = _____

f) $17\frac{3}{7}$ = _____

g) $11\frac{2}{3}$ = _____

h) $15\frac{5}{9}$ = _____

i) $8\frac{6}{11}$ = _____

5 Verwandle in Minuten.

a) $1\frac{1}{3}$ h = $60\ min\ +$ _____

b) $2\frac{1}{4}$ h = _____

c) $\frac{5}{4}$ h = _____

Beachte

$1\frac{1}{2}$ h

$= 60\ min + 30\ min$

$= 90\ min$

Übungen zum Erweitern

1 a) Welche Brüche haben denselben Wert wie die folgenden Brüche? Die Skizze dient dir als Hilfe. Ergänze jede Reihe um ein weiteres Glied.

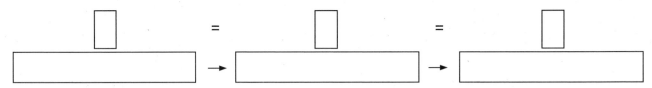

b)

c) Wähle einen eigenen Bruch und gehe ebenso vor wie in Teilaufgabe a).

2 Ergänze die folgenden Sätze.

Bei $\frac{4}{10}$ nimmt man _____ so viele Stücke wie bei $\frac{2}{5}$. Die Stücke sind aber _____ so groß.

Deshalb ist $\frac{2}{5}$ _____ wie $\frac{4}{10}$.

genau   das gleiche   halb   größer   doppelt   kleiner

3 Ein Bruch passt nicht in die Reihe. Streiche ihn. Warum passt er nicht?

a) $\frac{3}{4}$; $\frac{15}{20}$; $\frac{6}{8}$; $\frac{6}{12}$; $\frac{30}{40}$ _____

b) $\frac{1}{5}$; $\frac{3}{15}$; $\frac{5}{20}$; $\frac{2}{10}$; $\frac{7}{35}$ _____

4 Richtig oder falsch? Du erhältst einen Lösungssatz.

	wahr	falsch
Beim Erweitern wird der Bruchteil größer.	Wahrheit	Vertrauen
Beim Erweitern werden die Stücke größer.	bleibt	ist
Beim Erweitern werden die Stücke kleiner.	gut	besser
Beim Erweitern erhältst du mehr Stücke.	Kontrolle	als
Beim Erweitern wird der Zähler multipliziert und der Nenner bleibt gleich.	war	ist
Beim Erweitern bleibt der Bruchteil gleich groß.	besser.	am besten.

Lösungssatz: _____

Tandembogen 🚲 Erweitern

Aufgaben für Partner B

1 a) Mit welcher Zahl wurde erweitert?

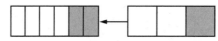

b) Nenne die passenden Brüche.

2 Wurde richtig erweitert? $\frac{2}{5} = \frac{4}{5}$
Begründe. Ist es noch gleich viel?

3 Erweitere mit 5: $\frac{1}{5} = \square$

4 Mit welcher Zahl wurde erweitert? $\frac{3}{8} = \frac{15}{40}$
Begründe, weshalb richtig erweitert wurde.

5 Welche Zahl passt? $\frac{5}{6} = \frac{\square}{18}$

6 Erweitere auf den Nenner 20 · $\frac{4}{5} = \square$

Lösungen für Partner A

1 a) Mit 4
b) $\frac{1}{3} = \frac{4}{12}$

2 Ja, weil Zähler und Nenner verdoppelt wurden. Es ist noch gleich viel.

3 $\frac{4}{20}$

4 Mit 4.
Zähler und Nenner wurden mit derselben Zahl multipliziert.

5 20

6 $\frac{12}{15}$

Hier knicken

- -

Hier knicken

Tandembogen 🚲 Erweitern

Aufgaben für Partner A

1 a) Mit welcher Zahl wurde erweitert?

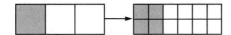

b) Nenne die passenden Brüche.

2 Wurde richtig erweitert? $\frac{2}{3} = \frac{4}{6}$
Begründe. Ist es noch gleich viel?

3 Erweitere mit $4 : \frac{1}{5} = \square$

4 Mit welcher Zahl wurde erweitert? $\frac{3}{7} = \frac{12}{28}$
Begründe, weshalb richtig erweitert wurde.

5 Welche Zahl passt? $\frac{5}{6} = \frac{\square}{24}$

6 Erweitere auf den Nenner 15 · $\frac{4}{5} = \square$

Lösungen für Partner B

1 a) Mit 2
b) $\frac{1}{3} = \frac{2}{6}$

2 Nein, es wurde nur der Zähler verändert. Es ist nicht mehr gleich viel, weil es mehr gleich große Stücke sind.

3 $\frac{5}{25}$

4 Mit 5.
Zähler und Nenner wurden mit derselben Zahl multipliziert.

5 15

6 $\frac{16}{20}$

Kreisteile

Material: Schere

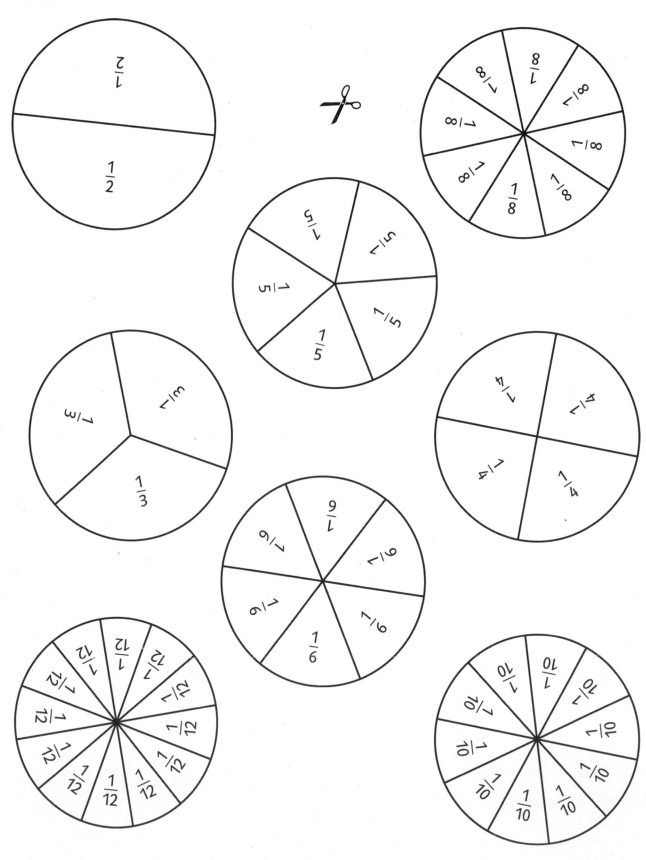

Vergleichen von Bruchteilen 1

Bei Karins Geburtstag blieb eine ganze Menge Kuchen übrig.

Obstkuchen: $\frac{5}{12}$ Himbeerkuchen $\qquad$ $\frac{7}{12}$ Kirschkuchen

Cremetorten: $\frac{3}{4}$ Schokocremetorte $\qquad$ $\frac{5}{8}$ Walnusstorte

Sahnetorten: $\frac{1}{2}$ Käsesahnetorte $\qquad$ $\frac{3}{4}$ Pfirsichtorte $\qquad$ $\frac{2}{3}$ Moccatorte

1 Legt die Bruchteile mit euren Kreisteilen. Begründet eure Antworten.

a) Von welchem Obstkuchen blieb mehr übrig? _____

b) Von welcher Cremetorte blieb mehr übrig? _____

c) Warum ist Frage a) leichter zu beantworten als Frage b)? _____

_____

d) Erklärt mithilfe der unten abgebildeten Kreise, warum $\frac{3}{4}$ größer ist als $\frac{5}{8}$.

Zeichnet und färbt dazu die Kreisteile ein.

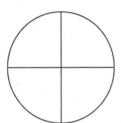 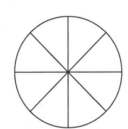 

2 a) Von welcher Sahnetorte ist am meisten übrig, von welcher am wenigsten?

_____

b) Welcher der drei Bruchteile an Sahnetorten kann man (ohne Kreisteile) leicht vergleichen?

_____

c) Ersetzt die Viertel- und Drittelstücke durch Zwölftelstücke. Zeichnet und färbt.
Erklärt, warum $\frac{3}{4}$ größer ist als $\frac{2}{3}$.

 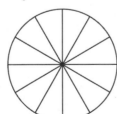 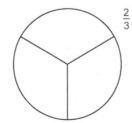 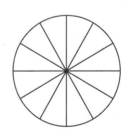

_____

_____

Vergleichen von Bruchteilen 2

- Lege zuerst beide Bruchteile und vergleiche die Größe.
- Setze < oder > richtig ein. Gib an, um wieviel der erste Bruch größer oder kleiner ist.
- Erkläre deinen Lösungsweg.

Zusatzaufgaben

a) $\dfrac{3}{8}$ ☐ $\dfrac{1}{4}$, und zwar um ▭

c) $\dfrac{3}{5}$ ☐ $\dfrac{7}{10}$, und zwar um ▭

b) $\dfrac{2}{3}$ ☐ $\dfrac{5}{6}$, und zwar um ▭

d) $\dfrac{2}{3}$ ☐ $\dfrac{5}{12}$, und zwar um ▭

Lösungsweg: _____

_____

_____

_____

✂ ---

Vergleichen von Bruchteilen 3

- Versuche es jetzt ohne zu legen.
- Setze < oder > richtig ein. Gib an, um wieviel der erste Bruch größer oder kleiner ist.
- Erkläre deinen Lösungsweg.

Zusatzaufgaben

a) $\dfrac{7}{9}$ ☐ $\dfrac{5}{18}$, und zwar um ▭

c) $\dfrac{9}{14}$ ☐ $\dfrac{6}{7}$, und zwar um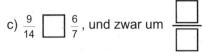

b) $\dfrac{2}{3}$ ☐ $\dfrac{11}{15}$, und zwar um ▭

d) $\dfrac{15}{24}$ ☐ $\dfrac{5}{6}$, und zwar um ▭

Lösungsweg: _____

_____

_____

_____

Vergleichen von Bruchteilen 4

- Versuche es jetzt ohne zu legen. Prüfe durch Legen der Bruchteile.
- Setze < oder > richtig ein. Gib an, um wieviel der erste Bruch größer oder kleiner ist.
- Erkläre deinen Lösungsweg.

Zusatzaufgaben

a) $\frac{5}{6}$ ☐ $\frac{3}{4}$, und zwar um ☐/☐

c) $\frac{2}{3}$ ☐ $\frac{1}{4}$, und zwar um ☐/☐

b) $\frac{1}{3}$ ☐ $\frac{2}{4}$, und zwar um ☐/☐

d) $\frac{4}{9}$ ☐ $\frac{3}{4}$, und zwar um ☐/☐

Lösungsweg: _____

_____

_____

_____

✂

Vergleichen von Bruchteilen 5

1 Setze < oder > richtig ein.

$\frac{1}{2}$ ☐ $\frac{1}{4}$ $\frac{3}{8}$ ☐ $\frac{3}{10}$ $\frac{137}{327}$ ☐ $\frac{137}{326}$

Woran siehst du, welcher Bruch größer ist?
Begründe an einem Beispiel.

_____

_____

2 > oder <? Setze ein und notiere deine Überlegungen.

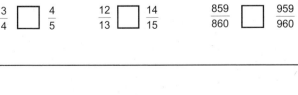

$\frac{3}{4}$ ☐ $\frac{4}{5}$ $\frac{12}{13}$ ☐ $\frac{14}{15}$ $\frac{859}{860}$ ☐ $\frac{959}{960}$

_____

_____

3 Suche einen „Trick", der den Vergleich erleichtert.
Beschreibe den Trick.

$\frac{4}{7}$ ☐ $\frac{1}{2}$ $\frac{7}{15}$ ☐ $\frac{5}{7}$ $\frac{10}{19}$ ☐ $\frac{13}{24}$

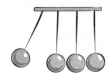

Lerne dein Rad genauer kennen – ein Steckbrief

Material: 1 Fahrrad, 1 Bandmaß, Kreide, 1 Plakatkarton, 1 Arbeitsblatt „Übersetzungs-Domino"

Du kennst dein Fahrrad und die Fahrräder deiner Freunde sicher schon recht genau. Trotzdem kannst du noch einiges mehr rund um dein Fahrrad erfahren. Erstelle mit deinen Gruppenpartnern den Steckbrief eines eurer Fahrräder. Diesen könnt ihr mithilfe eures Plakatkartons und Farbstiften, Fotos und Zeichnungen schön gestalten. Der unten abgebildete Steckbrief dient als Vorschlag für eure Ausarbeitungen.

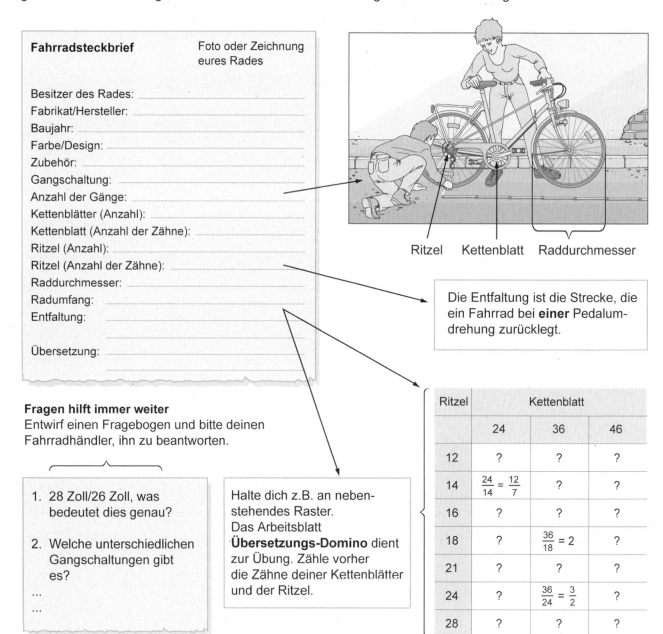

Fahrradsteckbrief — Foto oder Zeichnung eures Rades

Besitzer des Rades: _____
Fabrikat/Hersteller: _____
Baujahr: _____
Farbe/Design: _____
Zubehör: _____
Gangschaltung: _____
Anzahl der Gänge: _____
Kettenblätter (Anzahl): _____
Kettenblatt (Anzahl der Zähne): _____
Ritzel (Anzahl): _____
Ritzel (Anzahl der Zähne): _____
Raddurchmesser: _____
Radumfang: _____
Entfaltung: _____
Übersetzung: _____

Ritzel Kettenblatt Raddurchmesser

Die Entfaltung ist die Strecke, die ein Fahrrad bei **einer** Pedalumdrehung zurücklegt.

Fragen hilft immer weiter
Entwirf einen Fragebogen und bitte deinen Fahrradhändler, ihn zu beantworten.

1. 28 Zoll/26 Zoll, was bedeutet dies genau?

2. Welche unterschiedlichen Gangschaltungen gibt es?
...
...

Halte dich z.B. an nebenstehendes Raster.
Das Arbeitsblatt **Übersetzungs-Domino** dient zur Übung. Zähle vorher die Zähne deiner Kettenblätter und der Ritzel.

Ritzel	Kettenblatt		
	24	36	46
12	?	?	?
14	$\frac{24}{14} = \frac{12}{7}$	?	?
16	?	?	?
18	?	$\frac{36}{18} = 2$	?
21	?	?	?
24	?	$\frac{36}{24} = \frac{3}{2}$	?
28	?	?	?

Zur Beantwortung deiner Fragen kannst du auch im Internet recherchieren:
www.pollux-lernsoftware.de/fahrrad.htm (Radprüfung zum Downloaden)
www.quarks.de/fahrrad/index.htm (Seite mit interessanten Infos)
did.mat.uni-bayreuth.de/~gsh/projects/fahrrad/ (Rund um das Fahrrad)
www.bike-fitline.com/fahrrad-geschichte.htm (alles zur Geschichte des Fahrrads)
www.quarks.de/fahrrad/0407.htm (Infos zur Kettenschaltung)
www.quarks.de/fahrrad/0406.htm (Infos zur Entfaltung)

Lerne dein Rad genauer kennen – Übersetzungs-Domino

Material: Schere
Beschreibung: Zerschneide das Domino und bestimme die Übersetzungen der Rennrad-Schaltung. Wenn du die Dominosteine richtig aneinanderlegst, erhältst du eine Dominoschlange mit einem Anfangs- und einem Endpunkt.

52 Zähne
42 Zähne
12 Zähne
13 Zähne
14 Zähne
15 Zähne
16 Zähne
17 Zähne
19 Zähne
21 Zähne

(Schlange)	52 : 15	$2\frac{4}{5}$	42 : 21
$4\frac{1}{3}$	42 : 14	$3\frac{1}{2}$	52 : 12
		$3\frac{3}{13}$	52 : 19
4	42 : 15	$3\frac{1}{17}$	42 : 13
		$2\frac{14}{19}$	52 : 14
$2\frac{8}{17}$	52 : 13	$3\frac{5}{7}$	42 : 17
		$2\frac{4}{19}$	52 : 17
$3\frac{7}{15}$	42 : 12	3	52 : 16
		$2\frac{5}{8}$	42 : 19
$3\frac{1}{4}$	52 : 21	$2\frac{10}{21}$	42 : 16
		2	(Schlange)

Lerne dein Rad genauer kennen – Versuchsbogen

Material: 1 Fahrrad, 1 Bandmaß, Kreide, 1 Stoppuhr

Versuchsbeschreibung: Vergleicht die Gänge eurer Fahrräder und beschreibt was ihr beobachtet. Bildet dafür Gruppen von jeweils drei Schülerinnen und Schülern. Jede Gruppe benötigt ein Fahrrad.
Legt im Schulhof eine Strecke (z.B. 20 m) fest. Ihr müsst euch entscheiden, welcher Schüler welchen Gang wählt. Tretet immer gleichmäßig. In jeder Gruppe fährt ein Schüler und zählt die Anzahl der Umdrehungen, ein anderer nimmt die Zeit, der dritte Schüler notiert das Ergebnis. Wechselt euch ab.
Notiert eure Beobachtungen in der abgebildeten Tabelle.

Wichtig: In der letzten Tabellenspalte stehen eure Beobachtungen beim Radfahren auf der „Teststrecke"
(Kraftaufwand, besondere Anmerkungen zur Zeit, ...)

Name	Zeit	Anzahl der Pedalumdrehungen	Übersetzung	Beobachtung/Erklärung
Kleinster Gang				
Kleiner Gang				
Mittlerer Gang				
Großer Gang				
Größter Gang				

Aus: 3-12-740362-3 Schnittpunkt 2, BW, Serviceband   Ernst Klett Verlag GmbH, Stuttgart 2005

Bruchstreifen

Material zur Einstiegsaufgabe von Schülerbuchseite 54

Material: Schere

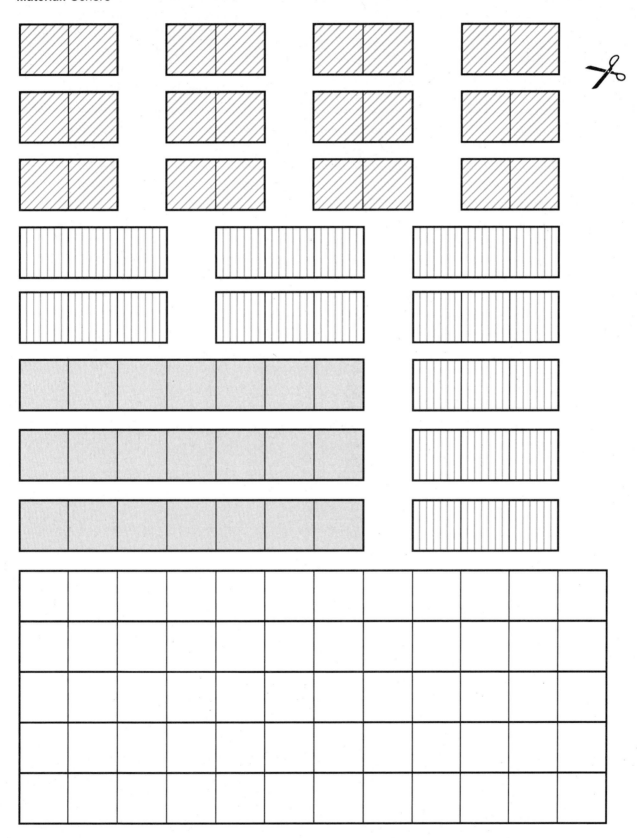

Zauberquadrate

Vervollständige die beiden angefangenen Zahlenquadrate.
Senkrecht, waagrecht und diagonal ergibt sich immer dieselbe Summe.

	$\frac{7}{13}$	$\frac{6}{13}$
		$\frac{1}{13}$
$\frac{4}{13}$		$\frac{8}{13}$

$\frac{17}{25}$		$\frac{1}{25}$	$\frac{8}{25}$	$\frac{15}{25}$
$\frac{6}{25}$	$\frac{13}{25}$	$\frac{20}{25}$	$\frac{22}{25}$	
			$\frac{11}{25}$	$\frac{18}{25}$
	$\frac{16}{25}$		$\frac{5}{25}$	$\frac{7}{25}$
$\frac{3}{25}$		$\frac{12}{25}$	$\frac{19}{25}$	

Einführung der Addition ungleichnamiger Brüche

Notiere für folgende Aufgaben, welche Kreisscheibe du verwendest.
Anschließend löse die Aufgaben mithilfe deiner Kreisscheibe.

1 Kreisscheibe _____

a) $\dfrac{3}{4} + \dfrac{1}{6} = \dfrac{\square}{\square}$

b) $\dfrac{1}{3} + \dfrac{1}{4} = \dfrac{\square}{\square}$

c) $*\dfrac{2}{3} + \dfrac{3}{4} = \dfrac{\square}{\square}$

2 Kreisscheibe _____

a) $\dfrac{1}{2} + \dfrac{2}{5} = \dfrac{\square}{\square}$

b) $\dfrac{3}{5} + \dfrac{1}{10} = \dfrac{\square}{\square}$

c) $*\dfrac{4}{5} + \dfrac{1}{2} = \dfrac{\square}{\square}$

3 Kreisscheibe _____

a) $\dfrac{3}{4} + \dfrac{1}{8} = \dfrac{\square}{\square}$

b) $\dfrac{1}{2} + \dfrac{1}{8} = \dfrac{\square}{\square}$

c) $*\dfrac{3}{4} + \dfrac{5}{8} = \dfrac{\square}{\square}$

4 Kreisscheibe _____

a) $\dfrac{1}{2} + \dfrac{1}{3} = \dfrac{\square}{\square}$

b) $\dfrac{1}{6} + \dfrac{1}{2} = \dfrac{\square}{\square}$

c) $*\dfrac{1}{3} + \dfrac{5}{6} = \dfrac{\square}{\square}$

Stimmt's?

$\dfrac{1}{8}$	$\dfrac{5}{8}$	$\dfrac{11}{8}$	$\dfrac{5}{9}$	$\dfrac{4}{9}$	$\dfrac{7}{9}$
$\dfrac{11}{12}$	$\dfrac{7}{12}$	$\dfrac{11}{12}$	$\dfrac{8}{10}$	$\dfrac{7}{10}$	$\dfrac{13}{10}$

(Die Einträge des Kästchens „Stimmt's?" sind auf dem Kopf stehend gedruckt.)

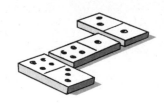

Additions- und Subtraktionsdomino

Material: Schere

Spielbeschreibung: Schneide die Dominosteine entlang der dickeren Linien aus. Lege die Teile dann so aneinander, dass immer zwei passende Dominoteile aneinander stoßen. So erhältst du eine schöne Domino-schlange mit einem Anfangs- und einem Endstein.

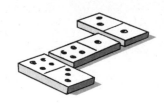 (Schlange)	$\dfrac{1}{2}+\dfrac{1}{4}$	$\dfrac{3}{4}$	$\dfrac{5}{6}-\dfrac{5}{12}$	$\dfrac{5}{12}$	$\dfrac{2}{3}-\dfrac{1}{2}$
$\dfrac{1}{6}$	$\dfrac{1}{10}$	$\dfrac{3}{5}-\dfrac{1}{2}$	$\dfrac{2}{3}$	$\dfrac{1}{2}+\dfrac{1}{6}$	$\dfrac{5}{6}-\dfrac{\square}{\square}=\dfrac{1}{2}$
$\dfrac{2}{6}=\dfrac{1}{3}$	$\dfrac{3}{5}-\dfrac{\square}{\square}=\dfrac{1}{2}$	$\dfrac{1}{10}$	$\dfrac{\square}{\square}-\dfrac{1}{5}=\dfrac{1}{2}$	$\dfrac{7}{10}$	$\dfrac{3}{8}+\dfrac{1}{6}$
$\dfrac{13}{24}$	$\dfrac{1}{12}+\dfrac{\square}{\square}=1$	$\dfrac{11}{12}$	$1-\dfrac{\square}{\square}=\dfrac{5}{8}$	$\dfrac{3}{8}$	$\dfrac{5}{8}-\left(\dfrac{1}{8}+\dfrac{1}{4}\right)$
$\dfrac{1}{4}$	$\dfrac{4}{9}-\left(\dfrac{1}{3}+\dfrac{1}{9}\right)$	0	$\dfrac{5}{13}+\dfrac{1}{5}$	$\dfrac{38}{65}$	(Schlange)

Mathematisches Parkett

Material: ein Würfel für die Gruppe, für jeden Mitspieler ein Blatt Papier und ein Stift

Spielbeschreibung: Der jüngste Spieler der Gruppe beginnt. Er würfelt und bestimmt mit seiner Augenzahl die Anzahl der Eckkreise, die er auf dem Spielplan ankreuzen darf. Gelingt es ihm, alle Eckkreise eines Feldes zu besetzen, darf er den darin eingetragenen Bruch auf seinem Konto verbuchen und auf seinem Blatt notieren. Dann ist der nächste an der Reihe. Auch dieser markiert die Ecken von Spielfeldern und besetzt sie damit. Er hat nun die Möglichkeit, bereits begonnene Felder zu vervollständigen und so mehrere Brüche auf seinem Konto gutzuschreiben. Entscheidend ist, wer die letzte Ecke besetzt. Werden mit einem Kreuz gleich mehrere Figuren vollendet, bekommt der Spieler entsprechend viele Brüche gutgeschrieben. Das Spiel ist beendet, wenn alle Ecken markiert sind. Die Brüche jedes Spielers werden addiert. Gewonnen hat, wer die meisten Punkte sammeln konnte.

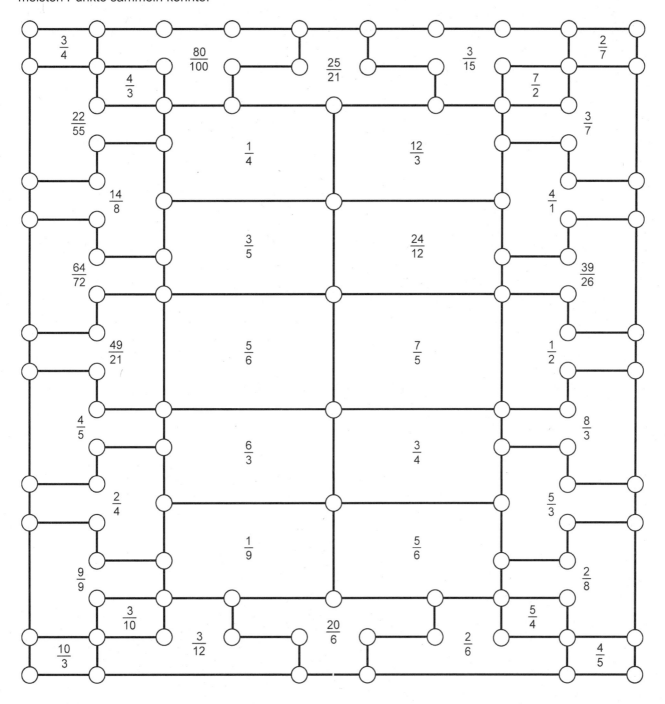

3 zusammen ergeben 2

Material: Schere

Spielbeschreibung: Schneidet die 28 Zahlenkarten aus. Jede Schülerin und jeder Schüler eurer Klasse erhält eine Karte. Bildet nun so Dreiergruppen, dass die Summe der drei Brüche zwei ergibt.

Beispiel: $\frac{1}{4} + \frac{5}{12} + 1\frac{1}{3} = 2$

$\frac{3}{4}$	$1\frac{1}{3}$	$\frac{1}{4}$	$\frac{5}{14}$
$\frac{3}{5}$	$\frac{1}{3}$	$\frac{1}{7}$	$1\frac{1}{15}$
$\frac{1}{6}$	$\frac{23}{30}$	$1\frac{1}{4}$	$\frac{1}{5}$
$\frac{2}{5}$	$1\frac{1}{5}$	$1\frac{1}{2}$	$\frac{7}{10}$
$\frac{1}{8}$	$1\frac{5}{24}$	$\frac{5}{8}$	$\frac{11}{20}$
$\frac{3}{8}$	$1\frac{1}{8}$	$\frac{1}{2}$	$\frac{8}{15}$
$\frac{2}{3}$	$\frac{4}{5}$	$\frac{5}{12}$	$\frac{5}{6}$

Vervielfachen von Brüchen

1 Notiere die dargestellte Multiplikationsaufgabe. Gib auch das Ergebnis an.

a)

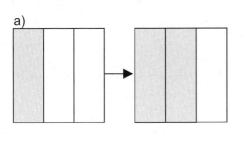

b)

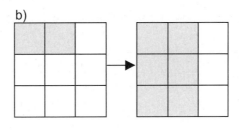

_____ = _____   _____ = _____

2 Vervollständige für $2 \cdot \dfrac{2}{5}$ die Zeichnung. Notiere auch das Ergebnis.

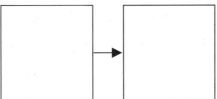

Ergebnis: _____

3 Ergänze die Zeichnungen.

a) Vervielfache $\dfrac{1}{4}$ mit 2.

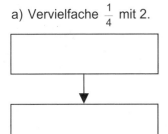

b) Erweitere $\dfrac{1}{4}$ mit 2.

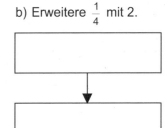

Notiere deine Ergebnisse und beschreibe die Unterschiede.

_____

_____

4 Warum darfst du bei $2 \cdot \dfrac{1}{4}$ nicht den Nenner mit 2 multiplizieren? Begründe deine Meinung mithilfe der Zeichnungen aus Aufgabe 3.

_____

_____

5 Stelle die folgenden Aufgaben am Zahlenstrahl dar. Notiere sie als Multiplikationsaufgabe und berechne.

a) $\dfrac{3}{5} + \dfrac{3}{5} + \dfrac{3}{5} =$ _____ = _____

b) $\dfrac{1}{6} + \dfrac{1}{6} + \dfrac{1}{6} + \dfrac{1}{6} + \dfrac{1}{6} + \dfrac{1}{6} =$ _____ = _____

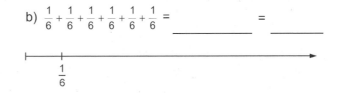

$\dfrac{1}{5}$ $\dfrac{1}{6}$

Teilen von Brüchen

1 Notiere die dargestellte Divisionsaufgabe. Gib auch das Ergebnis an.

a)

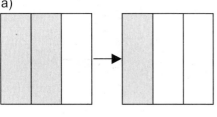

$$\frac{2}{3} : \Box \quad = \quad \frac{\Box}{\Box}$$

b)

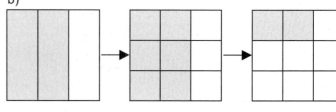

$$\frac{\Box}{\Box} : 3 \quad = \quad \frac{\Box}{\Box} : 3 \quad = \quad \frac{\Box}{\Box}$$

2 Vervollständige für $\frac{4}{5} : 2 =$ die Zeichnung. Notiere auch das Ergebnis.

Ergebnis: _____

3 Ergänze die Zeichnungen.

a) Teile $\frac{2}{4}$ mit 2.

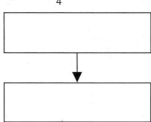

b) Kürze $\frac{2}{4}$ mit 2.

Notiere deine Ergebnisse und beschreibe die Unterschiede.

_____

_____

4 Warum darfst du bei $\frac{2}{4} : 2$ nicht den Nenner durch 2 dividieren? Begründe mithilfe der Zeichnungen aus Aufgabe 3.

_____

_____

5 Stelle die Aufgaben am Zahlenstrahl dar. Überlege dir zuerst eine geeignete Einteilung.

a) $\frac{3}{4} : 3 =$ _____

$\frac{3}{4}$

b) $\frac{1}{2} : 2 =$ _____

$\frac{1}{2}$

Tandembogen 🚲 Vervielfachen und Teilen von Brüchen

Aufgaben für Partner B

1 Notiere eine passende Rechnung.

a)

b)

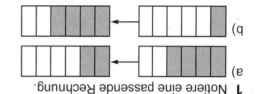

2 Schreibe als Multiplikationsaufgabe und löse sie.

a) $\frac{2}{9} + \frac{2}{9} + \frac{2}{9} + \frac{2}{9} + \frac{2}{9}$ b) Das Dreifache von $\frac{4}{7}$.

3 Berechne im Kopf. $\frac{3}{4} : 4$

4 Berechne. Gib das Ergebnis als gemischte Zahl an. $5 \cdot \frac{7}{3}$

5 Berechne. Kürze. $5 \cdot \frac{3}{10}$

6 Vervollständige. $1\frac{1}{4} : \square = \frac{1}{4}$

Lösungen für Partner A

1 a) $5 \cdot \frac{1}{6} = \frac{5}{6}$

b) $\frac{4}{6} : 2 = \frac{2}{6} = \frac{1}{3}$

2 a) $\frac{3}{8}$

b) $\frac{1}{7}$

3 $\frac{3}{20}$

4 $\frac{12}{7} = 1\frac{5}{7}$

5 $\frac{20}{10} = 2$

6 6

Hier knicken

- -

Hier knicken

Tandembogen 🚲 Vervielfachen und Teilen von Brüchen

Aufgaben für Partner A

1 Notiere eine passende Rechnung.

a)

b)

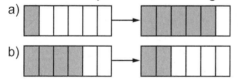

2 Schreibe als Multiplikationsaufgabe und löse sie.

a) $\frac{1}{8} + \frac{1}{8} + \frac{1}{8}$ b) Den vierten Teil von $\frac{4}{7}$.

3 Berechne im Kopf. $\frac{3}{5} : 4$

4 Berechne. Gib das Ergebnis als gemischte Zahl an. $4 \cdot \frac{3}{7}$

5 Berechne. Kürze. $5 \cdot \frac{4}{10}$

6 Vervollständige. $1\frac{1}{5} : \square = \frac{1}{5}$

Lösungen für Partner B

1 a) $\frac{4}{6} : 2 = \frac{2}{6}$

b) $\frac{1}{6} \cdot 4 = \frac{4}{6}$

2 a) $\frac{2}{9} \cdot 5 = \frac{10}{9} = 1\frac{1}{9}$

b) $\frac{12}{7} = 1\frac{5}{7}$

3 $\frac{3}{16}$

4 $\frac{15}{7} = 2\frac{1}{7}$

5 $\frac{15}{10} = 1\frac{1}{2}$

6 5

Multiplikationsreihen

1 Vervollständige und setze die Reihe um ein Glied fort. Findest du einen Zusammenhang zwischen den Faktoren und dem Ergebnis? Stelle in Teilaufgabe d) selbst eine entsprechende Multiplikationsreihe auf und prüfe deine Vermutung.

a) $2 \cdot 1 = $ _____

$1 \cdot \frac{1}{2} = $ _____

$\frac{1}{2} \cdot \frac{1}{4} = $ _____

$= $ _____

b) $4 \cdot \frac{1}{4} = $ _____

$1 \cdot \frac{1}{4} = $ _____

$\frac{1}{4} \cdot \frac{1}{4} = $ _____

$= $ _____

c) $\frac{3}{5} \cdot \frac{1}{2} = $ _____

$\frac{3}{5} \cdot \frac{1}{4} = $ _____

$\frac{3}{5} \cdot \frac{1}{8} = $ _____

$= $ _____

d) _____

_____

_____

_____

_____

2 Vervollständige und setze die Reihe um ein Glied fort. Findest du einen Zusammenhang zwischen den Faktoren und dem Ergebnis? Stelle in Teilaufgabe d) selbst eine entsprechende Multiplikationsreihe auf und prüfe deine Vermutung.

a) $\frac{1}{8} \cdot \frac{1}{5} = $ _____

$\frac{1}{4} \cdot \frac{2}{5} = $ _____

$\frac{1}{2} \cdot \frac{4}{5} = $ _____

$= $ _____

b) $\frac{3}{1} \cdot \frac{8}{5} = $ _____

$\frac{3}{2} \cdot \frac{4}{5} = $ _____

$\frac{3}{4} \cdot \frac{2}{5} = $ _____

$= $ _____

c) $\frac{2}{7} \cdot \frac{3}{4} = $ _____

$\frac{4}{7} \cdot \frac{3}{8} = $ _____

$\frac{8}{7} \cdot \frac{3}{16} = $ _____

$= $ _____

d) _____

_____

_____

_____

_____

3 Finde Aufgaben mit doppeltem, halb so großem und viermal so großem Ergebnis.
Gib mehrere Möglichkeiten an.

	Ergebnis doppelt so groß	Ergebnis halb so groß	Ergebnis viermal so groß
$\frac{5}{8} \cdot \frac{12}{18}$			
$\frac{3}{4} \cdot \frac{1}{10}$			

Führt das Erweitern $\frac{3}{4} \cdot \frac{1}{10} = \frac{3}{4} \cdot \frac{2}{20}$ auf eine der geforderten Aufgaben?

Begründe auf der Rückseite ohne zu rechnen!

Aus: 3-12-740362-3 Schnittpunkt 2, BW, Serviceband
Ernst Klett Verlag GmbH, Stuttgart 2005

Einführung der Division

Vorüberlegung

1 Ein Gefäß fasst 10 Liter Wasser. Es soll mit einem Schöpflöffel gefüllt werden. Wie oft muss man schöpfen, wenn der Löffel

a) 5 l b) 2 l c) 1 l d) $\frac{1}{2}$ l e) $\frac{1}{5}$ l f) $\frac{2}{5}$ l fasst?

Suche die Lösung. Notiere die Ergebnisse auf der Rückseite des Blattes und begründe sie anschließend deinem Partner.

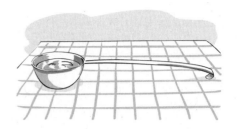

2 Vervollständige die Tabelle und den Lückentext. Kannst du dir das Ergebnis der letzten Aufgabe ohne eine Rechnung überlegen?

Dividend	:	Divisor	=	Ergebnis
8 000	:	200	=	
8 000	:	100	=	
8 000	:	50	=	
8 000	:		=	

Der Dividend ist immer gleich. Der Divisor wird laufend halbiert. Auf das Ergebnis hat dies folgende Auswirkung:

Wenn der Divisor halbiert wird, wird

das Ergebnis _____ so groß.

Division durch eine Bruchzahl

3 Vervollständige die Tabelle.

Dividend	:	Divisor	=	Ergebnis
120	:	4	=	
120	:	2	=	
120	:	1	=	
120	:	$\frac{1}{2}$	=	
120	:	$\frac{1}{4}$	=	
120	:	$\frac{3}{4}$	=	

Schildere deine Überlegungen zu den beiden letzten Aufgaben.

4 Vervollständige die Tabelle.

Dividend	:	Divisor	=	Ergebnis
400	:	20	=	
400	:	4	=	
400	:	1	=	
400	:	$\frac{1}{4}$	=	
400	:	$\frac{1}{5}$	=	
400	:	$\frac{2}{5}$	=	

5 Berechne im Kopf.

a) $10 : \frac{1}{2} =$ _____

b) $20 : \frac{1}{4} =$ _____

c) $6 : \frac{1}{3} =$ _____

d) $6 : \frac{2}{3} =$ _____

e) $5 : \frac{1}{3} =$ _____

f) $5 : \frac{2}{3} =$ _____

Notiere für die letzte Aufgabe eine Rechnung: _____

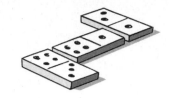

Divisionsdomino

Material: Schere

Spielbeschreibung: Schneide die Dominosteine entlang der dickeren Linien aus. Lege die Teile dann so aneinander, dass immer zwei passende Dominoteile aneinander stoßen. So erhältst du eine schöne Dominoschlange mit einem Anfangs- und einem Endstein.

(Schlange)	$4 : 2$	2	$4 : 1$	4	$4 : \frac{1}{2}$
8	$5 : \frac{1}{4}$	20	$5 : \frac{2}{4}$	10	$3 : \frac{2}{5}$
$7\frac{1}{2}$	$1 : \frac{7}{9}$	$1\frac{2}{7}$	$\frac{2}{7} : \frac{1}{2}$	$\frac{4}{7}$	$\frac{5}{8} : \frac{1}{3}$
$1\frac{7}{8}$	$\frac{2}{9} : \frac{2}{5}$	$\frac{10}{18} = \frac{5}{9}$	$\frac{2}{3} : \frac{3}{5}$	$1\frac{1}{9}$	$\frac{4}{5} : 3$
$\frac{4}{15}$	$\frac{5}{8} : \frac{3}{4}$	$\frac{5}{6}$	$\frac{7}{12} : \frac{2}{3}$	$\frac{7}{8}$	$1\frac{2}{3} : 2$
$\frac{5}{6}$	$1\frac{1}{2} : \frac{1}{2}$	3	$16 : 24$	$\frac{2}{3}$	(Schlange)

Tandembogen  Vergleichen

Aufgaben für Partner B

1 Wie heißen die markierten Zahlen?

a)

b)

2 Welche Zahl ist größer?
a) 0,84 oder 0,8399?
b) 4,87 oder 4,8700?
c) 5,7 oder 5,078?

3 Nenne einen Dezimalbruch mit einer Stelle nach dem Komma, der zwischen 7,79 und 7,89 liegt.

4 Gib zu 3,147 zwei benachbarte Dezimalbrüche mit einer Dezimalen an.

5 Wieso ist 0,29 kleiner als 0,3? 29 ist doch mehr als 3. Erläutere deine Begründung deinem Partner.

Lösungen für Partner A

1 a) 1,9; 2,2; 2,8; 3,6
b) 1,99; 2,02; 2,1; 2,14

2 a) 0,54
b) 1,87
c) gleich groß

3 2,9

4 3,65 und 3,66

5 0,1 bedeutet $\frac{1}{10} = \frac{10}{100} = \frac{100}{1000}$.
0,099 bedeutet $\frac{99}{1000}$. Es ist also um $\frac{1}{1000}$ weniger.

Hier knicken

Hier knicken

Tandembogen 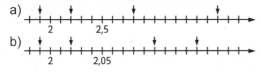 Vergleichen

Aufgaben für Partner A

1 Wie heißen die markierten Zahlen?
a)

b)

2 Welche Zahl ist größer?
a) 0,54 oder 0,5399?
b) 1,87 oder 1,089?
c) 5,7 oder 5,70?

3 Nenne einen Dezimalbruch mit einer Stelle nach dem Komma, der zwischen 2,89 und 2,99 liegt.

4 Gib zu 3,657 zwei benachbarte Dezimalbrüche mit zwei Dezimalen an.

5 Wieso ist 0,1 größer als 0,099? 1 ist doch kleiner als 99. Erläutere deine Begründung deinem Partner.

Lösungen für Partner B

1 a) 1,8; 2,4; 2,7; 3,4
b) 1,98; 2,04; 2,09; 2,14

2 a) 0,84
b) gleich groß
c) 5,7

3 7,8

4 3,1 und 3,2

5 0,3 bedeutet $\frac{3}{10} = \frac{30}{100}$.
0,29 bedeutet $\frac{29}{100}$. Es ist also um $\frac{1}{100}$ weniger.

Brüche und Dezimalbrüche – Partnerarbeitsblatt 1

1 a) Schreibe die angegebenen Maße mithilfe eines Dezimalbruches an das Maßband.

$\frac{1}{10}$ m $\frac{2}{10}$ m $\frac{4}{10}$ m $\frac{6}{10}$ m 1 m $1\frac{1}{10}$ m $1\frac{4}{10}$ m

b) Schreibe die angegebenen Maße mithilfe eines gewöhnlichen Bruches an das Maßband.

0,2 m 0,21 m 0,23 m 0,24 m 0,27 m 0,29 m 0,3 m

2 a) Welche Längen sind markiert? Notiere. _____

0,58 m   0,72 m

b) Schreibe alle sechs am Zahlenstrahl eingetragenen Dezimalbrüche als gewöhnliche Brüche.

_____ = _____ ; _____ = _____ ; _____ = _____

_____ = _____ ; _____ = _____ ; _____ = _____

c) Welcher Bruch ist um 3 cm größer als 0,6 m? Notiere ihn in der dezimalen und in der gewöhnlichen Bruchschreibweise. Gib den Größenunterschied in beiden Schreibweisen an.

3 Vervollständige die Tabelle.

Dezimalbruch	gewöhnlicher Bruch	in zwei Maßeinheiten
1,9 m		
	$1\frac{9}{100}$ m	
		2 € 8 ct
3,004 kg		
		7 dm 8 cm

4 a) Welche Bedeutung hat die zweite Stelle nach dem Komma? _____

b) Welche Bedeutung hat die erste Stelle nach dem Komma? _____

c) An welcher Stelle stehen bei Dezimalbrüchen die Tausendstel? _____

Brüche und Dezimalbrüche – Partnerarbeitsblatt 2

1 a) Schreibe die angegebenen Maße mithilfe eines gewöhnlichen Bruches an das Maßband.

| 0,1 m | 0,2 m | 0,4 m | 0,6 m | 1 m | 1,1 m | 1,4 m |

b) Schreibe die angegebenen Maße mithilfe eines Dezimalbruches an das Maßband.

| $\frac{2}{10}$ m | $\frac{21}{100}$ m | $\frac{23}{100}$ m | $\frac{24}{100}$ m | $\frac{27}{100}$ m | $\frac{29}{100}$ m | $\frac{3}{10}$ m |

2 a) Beschrifte den Zahlenstrahl mit 0,6 m; 0,63 m; 0,68 m und 0,7 m.

0,58 m   0,65 m

b) Schreibe alle sechs am Zahlenstrahl eingetragenen Dezimalbrüche als gewöhnliche Brüche.

_____ = _____ ;   _____ = _____ ;   _____ = _____

_____ = _____ ;   _____ = _____ ;   _____ = _____

b) Um wie viel ist 0,63 m größer als 0,6 m?
Gib das Ergebnis als Dezimalbruch, als
gewöhnlichen Bruch und in Zentimeter an.

3 Vervollständige die Tabelle.

Dezimalbruch	gewöhnlicher Bruch	in zwei Maßeinheiten
	$1\frac{9}{10}$ m	
		1 m 9 cm
2,08 €		
	$3\frac{4}{1000}$ kg	
7,8 dm		

4 a) An welcher Stelle nach dem Komma stehen die Hundertstel? _____

b) An welcher Stelle nach dem Komma stehen die Zehntel? _____

c) Welche Bedeutung hat die dritte Stelle nach dem Komma? _____

Quadromino (1)

Material: Schere

Spielbeschreibung: Schneide die 48 Quadrate an den dickeren Linien aus. Lege die Kärtchen so zusammen, dass nebeneinanderliegende Anteile von Figuren, Brüchen, Dezimalbrüchen oder Prozentwerten gleich sind. Bei richtiger Lösung erhältst du einen Satz aus dem Buch MOMO von Michael Ende.

Die folgende Tabelle gibt die Inhalte der Quadrate wieder (oben/links/Mitte/rechts/unten):

75% · C · 0,06 · 4/4	I · 40% · 1/10	0,375 · S · 32% · 1/4	Z · 0/4 · 14%	0,5% · I · 1/25
0,5 · I · 6% · 1/50	E · 1/2 · 0,01	G · 1,6 · 7/20	0,1 · T · 20% · 1/20	5/6 · D · 1,4 · 1/100
A · 40% · 0,05 · 7/3	0,4 · N · 4% · 1/6	N · 0,3 · 15% · 3/25	E · 5/8 · 0,4	0,625 · Ä · 1%
0,625 · A · 0,32 · 19/20	S · 0,2 · 1% · 10/12	3/50 · L · 99%	E · 0,05 · 7/5	85% · S · 1/200
N · 0,18 · 5% · 7/50	0,375 · H · 5/2	95% · C · 1/4 · 12,5	70% · G · 0,85 · 2/5	

✂

Aus: 3-12-740362-3 Schnittpunkt 2, BW, Serviceband Ernst Klett Verlag GmbH, Stuttgart 2005

Quadromino (2)

⏱ 45 min   ♦ Partnerarbeit

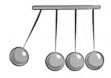

Bundesjugendspiele – Punktetabellen

Wettkampfkarte in der Leichtathletik: Mädchen

50 m

13,4	13,3	13,2	13,1	13,0	12,9	12,8	12,7	12,6	12,5	12,4	12,3	12,2	12,1	12,0	11,9	11,8	11,7	11,6	11,5	11,4	11,3	11,2	11,1	11,0
2	6	10	15	19	23	28	32	37	41	46	51	56	61	66	71	76	81	87	92	98	103	109	115	121
10,9	10,8	10,7	10,6	10,5	10,4	10,3	10,2	10,1	10,0	9,9	9,8	9,7	9,6	9,5	9,4	9,3	9,2	9,1	9,0	8,9	8,8	8,7	8,6	8,5
127	133	139	146	152	158	166	172	179	187	194	201	203	217	225	233	241	249	258	267	276	285	294	304	314
8,4	8,3	8,2	8,1	8,0	7,9	7,8	7,7	7,6	7,5	7,4	7,3	7,2	7,1	7,0	6,9	6,8	6,7	6,6	6,5	6,4	6,3			
324	334	344	355	366	377	389	401	413	426	438	452	465	479	493	508	523	538	554	571	588	605			

Weitsprung

1,21	1,25	1,29	1,33	1,37	1,41	1,45	1,49	1,53	1,57	1,61	1,65	1,69	1,73	1,77	1,81	1,85	1,89	1,93	1,97	2,01	2,05	2,09	2,13	2,17
3	11	20	28	37	45	53	61	68	76	84	91	99	106	113	121	128	135	142	149	155	162	169	175	182
2,21	2,25	2,29	2,33	2,37	2,41	2,45	2,49	2,53	2,57	2,61	2,65	2,69	2,73	2,77	2,81	2,85	2,89	2,93	2,97	3,01	3,05	3,09	3,13	3,17
168	195	201	208	214	220	226	232	238	245	250	256	262	268	274	280	285	291	297	302	308	313	319	324	330
3,21	3,25	3,29	3,33	3,37	3,41	3,45	3,49	3,53	3,57	3,61	3,85	3,69	3,73	3,77	3,81	3,85	3,89	3,93	3,97	4,01	4,05	4,09	4,13	4,17
335	340	346	351	356	362	367	372	377	382	387	392	397	402	407	412	417	422	427	432	437	441	446	451	456
4,21	4,25	4,29	4,33	4,37	4,41	4,45	4,49	4,53	4,57	4,61	4,65	4,69	4,73	4,77	4,81	4,85	4,89	4,93	4,97	5,01	5,05	5,09	5,13	5,17
460	465	470	474	479	483	488	493	497	502	506	511	515	519	524	528	533	537	541	546	550	554	558	563	567
5,21	5,25	5,29	5,33	5,37	5,41	5,45	5,49	5,53	5,57	5,61	5,65	5,69	5,73	5,77	5,81	5,85	5,89	5,93	5,97	6,01	6,05	6,09	6,13	6,17
571	575	580	584	588	592	596	600	604	608	613	617	621	625	629	633	637	641	645	648	652	656	660	664	668
16,21	6,25	6,29	6,33	6,37	6,41	6,45	6,49	6,53	6,57	6,61	6,65	6,69	6,73	6,77	6,81									
672	676	680	683	687	691	695	699	702	706	710	714	717	721	725	728									

Schlagball 80 g

4,5	5,0	5,5	6,0	6,5	7,0	7,5	8,0	8,5	9,0	9,5	10,0	10,5	11,0	11,5	12,0	12,5	13,0	13,5	14,0	14,5	15,0	15,5	16,0	16,5
11	24	36	48	60	71	81	92	102	111	121	130	139	147	156	164	173	181	188	196	204	211	218	226	233
17,0	17,5	18,0	18,5	19,0	19,5	20,0	20,5	21,0	21,5	22,0	22,5	23,0	23,5	24,0	24,5	25,0	25,5	26,0	26,5	27,0	27,5	28,0	28,5	29,0
240	247	253	260	267	273	280	286	292	299	305	311	317	323	329	334	340	346	351	357	363	368	373	379	384
29,5	30 0	30,5	31,0	31,5	32,0	32,5	33,0	33,5	34,0	34,5	35,0	35,5	36,0	36,5	37,0	37,5	38,0	38,5	39,0	39,5	40,0	40,5	41,0	41,5
389	395	400	405	410	415	420	425	430	435	440	445	450	455	459	464	469	473	478	483	487	492	496	501	505
42,0	42,5	43,0	43,5	44,0	44,5	45,0	45,5	46,0	46,5	47,0	47,5	48,0	48,5	49,0	49,5	50,0	50,5	51,0	51,5	52,0	52,5	53,0	53 5	54,0
510	514	518	523	527	531	536	540	544	548	552	557	581	565	569	573	577	581	585	589	593	597	601	605	609
54,5	55,0	55,5	56,0	56 5	57,0	57,5	58,0	58,5	59,0	59,5	60,0	60,5	61,0	61,5	62,0	62,5	63,0	63,5	64,0	64,5	65,0	65,5	66,0	66,5
613	617	620	624	628	632	636	639	643	647	651	654	658	662	665	669	673	676	680	683	687	690	694	698	701
67,0	67,5	68,0	68,5	69,0	69,5	70,0	70,5	71,0	71,5	72,0	72,5	73,0	73,5	74,0	74,5	75,0	75,5	76,0						
705	708	712	715	718	722	725	729	732	735	739	742	746	749	752	756	759	762	765						

Wettkampfkarte in der Leichtathletik: Jungen

50 m

12,9	12,8	12,7	12,6	12,5	12,4	12,3	12,2	12,1	12,0	11,9	11,8	11,7	11,6	11,5	11,4	11,3	11,2	11,1	11,0	10,9	10,8	10,7	10,6	10,5
2	6	10	15	19	24	28	33	37	42	47	52	57	62	67	73	78	84	89	95	101	107	113	119	125
10,4	10,3	10,2	10,1	10,0	9,9	9,8	9,7	9,6	9,5	9,4	9,3	9,2	9,1	9,0	8,9	8,8	8,7	8,6	8,5	8,4	8,3	8,2	8,1	8,0
131	138	144	151	158	165	172	179	187	194	202	210	218	225	234	263	252	261	270	279	289	299	309	319	330
7,9	7,8	7,7	7,6	7,5	7,4	7,3	7,2	7,1	7,0	6,9	6,8	6,7	6,6	6,5	6,4	6,3	6,2	6,1	6,0	5,9	5,8			
340	352	363	375	386	399	411	425	439	451	465	4801	494	510	525	542	558	575	593	612	630	650			

Weitsprung

1,33	1,37	1,41	1,45	1,49	1,53	1,57	1,61	1,65	1,69	1,73	1,77	1,81	1,85	1,89	1,93	1,97	2,01	2,05	2,09	2,13	2,17	3,21	2,25	2,29
1	9	16	24	32	39	46	54	61	68	75	82	89	95	102	109	115	122	128	134	141	147	153	159	165
2,33	2,37	2,41	2,45	2,49	2,53	2,57	2,61	2,65	2,69	2,73	2,77	2,81	2,85	2,89	2,93	2,97	3,01	3,05	3,09	3,13	3,17	3,21	3,25	3,29
171	177	183	189	195	201	206	212	218	223	229	234	240	245	251	256	261	266	272	277	282	287	292	297	302
3,33	3,37	3,41	3,45	3,49	3,53	3,57	3,61	3,65	3,69	3,73	3,77	3,81	3,85	3,89	3,93	3,97	4,01	4,05	4,09	4,13	4,17	4,21	4,25	4,29
308	313	317	322	327	332	337	342	347	351	356	361	366	370	375	379	384	389	393	398	402	407	411	416	420
4,33	4,37	4,41	4,45	4,49	4,53	4,57	4,61	4,65	4,69	4,73	4,77	4,81	4,85	4,89	4,93	4,97	5,01	5,05	5,09	5,13	5,17	5,21	5,25	5,29
424	429	433	438	442	446	450	455	459	483	467	472	476	480	484	488	492	496	500	504	508	513	517	521	524
5,33	5,37	5,41	5,45	5,49	5,53	5,57	5,61	5,65	5,69	5,73	5,77	5,81	5,85	5,89	5,93	5,97	6,01	6,05	6,09	6,13	6,17	6,21	6,25	6,29
528	532	536	540	544	548	552	556	560	563	567	571	575	579	582	586	590	594	597	601	605	608	612	616	619
6,33	6,37	6,41	6,45	6,49	6,53	6,57	6,61	6,65	6,69	6,73	6,77	6,81	6,85	6,89	6,93	6,97	7,01	7,05	7,09	7,13	7,17	7,21	7,25	7,29
623	627	630	634	638	641	645	648	652	655	659	662	666	669	673	676	680	683	687	690	694	697	700	704	707
7,33	7,37	7,41	7,45	7,49	7,53	7,57	7,61	7,65	7,69	7,73	7,77	7,81	7,85	7,89	7,93	7,97	8,01	8,05						
711	714	717	721	724	727	731	734	737	741	744	747	750	754	757	760	763	767	770						

Schlagball 80 g

8,0	8,5	9,0	9,5	10,0	10,5	11,0	11,5	12,0	12,5	13,0	13,5	14,0	14,5	15,0	15,5	16,0	16,5	17,0	17,5	18,0	18,5	19,0	19,5	20,0
2	10	18	25	32	40	46	53	60	66	73	79	85	91	97	103	109	114	120	125	131	136	141	146	152
20,5	21,0	21,5	22,0	22,5	23,0	23,5	24,0	24,5	25,0	25,5	26,0	26,5	27,0	27,5	28,0	28,5	29,0	29,5	30,0	30,5	31,0	31,5	32,0	32,5
157	162	166	171	176	181	186	190	195	200	204	209	213	217	222	226	230	235	239	243	247	251	255	259	263
33,0	33,5	34,0	34,5	35,0	35,5	36,0	36,5	37,0	37,5	35,0	38,5	39,0	39,5	40,0	40,5	41,0	41,5	42,0	42,5	43,0	43,5	44,0	44,5	45,0
267	271	275	279	283	287	290	294	298	302	305	309	313	316	320	323	327	331	334	338	341	345	348	351	355
45,5	46,0	46,5	47,0	47,5	48,0	48,5	49,0	49,5	50,0	50,5	51,0	51,5	52,0	52,5	53,0	53,5	54,0	54,5	55,0	55,5	56,0	56,5	57,0	57,5
358	362	365	368	372	375	378	381	385	388	391	394	397	401	404	407	410	413	416	419	422	425	428	431	434
58,0	58,5	59,0	59,5	60,0	60,5	61,0	61,5	62,0	62,5	63,0	63,5	64,0	64,5	65,0	65,5	66,0	66,5	67,0	67,5	68,0	68,5	69,0	69,5	70,0
437	440	443	446	449	452	455	458	461	464	467	469	472	475	478	481	484	486	489	492	495	497	500	503	506
70,5	71,0	71,5	72,0	72,5	73,0	73,5	74,0	74,5	75,0	75,5	76,0	76,5	77,0	77,5	78,0	78,5	79,0	79,5						
508	511	514	516	519	522	524	527	530	532	535	537	540	543	545	548	550	553	556						

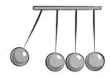

Bundesjugendspiele – Wer ist der bessere Sportler?

Ergebnisse Hannes

50 m

12,9	12,8	12,7	12,6	12,5	12,4	12,3	12,2	12,1	12,0	11,9	11,8	11,7	11,6	11,5	11,4	11,3	11,2	11,1	11,0	10,9	10,8	10,7	10,6	10,5
2	6	10	15	19	24	28	33	37	42	47	52	57	62	67	73	78	84	89	95	101	107	113	119	125
10,4	10,3	10,2	10,1	10,0	9,9	9,8	9,7	9,6	9,5	9,4	9,3	9,2	9,1	9,0	8,9	8,8	8,7	8,6	8,5	8,4	8,3	(8,2)	8,1	8,0
131	138	144	151	158	165	172	179	187	194	202	210	218	225	234	263	252	261	270	279	289	299	(309)	319	330
7,9	7,8	7,7	7,6	7,5	7,4	7,3	7,2	7,1	7,0	6,9	6,8	6,7	6,6	6,5	6,4	6,3	6,2	6,1	6,0	5,9	5,8			
340	352	363	375	386	399	411	424	439	451	465	4801	494	510	525	542	558	575	593	612	630	650			

Weit-sprung

1,33	1,37	1,41	1,45	1,49	1,53	1,57	1,61	1,65	1,69	1,73	1,77	1,81	1,85	1,89	1,93	1,97	2,01	2,05	2,09	2,13	2,17	3,21	2,25	2,29
1	9	16	24	32	39	46	54	61	68	75	82	89	95	102	109	115	122	128	134	141	147	153	159	165
2,33	2,37	2,41	2,45	2,49	2,53	2,57	2,61	2,65	2,69	2,73	2,77	2,81	2,85	2,89	2,93	2,97	3,01	3,05	3,09	3,13	3,17	3,21	3,25	3,29
171	177	183	189	195	201	206	212	218	223	229	234	240	245	251	256	261	266	272	277	282	287	292	297	302
3,33	3,37	3,41	3,45	3,49	3,53	3,57	3,61	3,65	3,69	3,73	3,77	3,81	3,85	3,89	(3,93)	3,97	4,01	4,05	4,09	4,13	4,17	4,21	4,25	4,29
308	313	317	322	327	332	337	342	347	351	356	361	366	370	375	(379)	384	389	393	398	402	407	411	416	420
4,33	4,37	4,41	4,45	4,49	4,53	4,57	4,61	4,65	4,69	4,73	4,77	4,81	4,85	4,89	4,93	4,97	5,01	5,05	5,09	5,13	5,17	5,21	5,25	5,29
424	429	433	438	442	446	450	455	459	483	467	472	476	480	484	488	492	496	500	504	508	513	517	521	524
5,33	5,37	5,41	5,45	5,49	5,53	5,57	5,61	5,65	5,69	5,73	5,77	5,81	5,85	5,89	5,93	5,97	6,01	6,05	6,09	6,13	6,17	6,21	6,25	6,29
528	532	536	540	544	548	552	556	560	563	567	571	575	579	582	586	590	594	597	601	605	608	612	616	619
6,33	6,37	6,41	6,45	6,49	6,53	6,57	6,61	6,65	6,69	6,73	6,77	6,81	6,85	6,89	6,93	6,97	7,01	7,05	7,09	7,13	7,17	7,21	7,25	7,29
623	627	630	634	638	641	645	648	652	655	659	662	666	669	673	676	680	683	687	690	694	697	700	704	707
7,33	7,37	7,41	7,45	7,49	7,53	7,57	7,61	7,65	7,69	7,73	7,77	7,81	7,85	7,89	7,93	7,97	8,01	8,05						
711	714	717	721	724	727	731	734	737	741	744	747	750	754	757	760	763	767	770						

Schlagball 80 g

8.0	8,5	9,0	9,5	10,0	10,5	11,0	11,5	12,0	12,5	13,0	13,5	14,0	14,5	15,0	15,5	16,0	16,5	17,0	17,5	18,0	18,5	19,0	19,5	20,0
2	10	18	25	32	40	46	53	60	66	73	79	85	91	97	103	109	114	120	125	131	136	141	146	152
20,5	21,0	21,5	22,0	22,5	23,0	23,5	24,0	24,5	25,0	25,5	26,0	26,5	27,0	27,5	28,0	28,5	29,0	29,5	30,0	30,5	31,0	31,5	32,0	32,5
157	162	166	171	176	181	186	190	195	200	204	209	213	217	222	226	230	235	239	243	247	251	255	259	263
33,0	33,5	34,0	34,5	35,0	35,5	36,0	36,5	37,0	37,5	35,0	38,5	(39,0)	39,5	40,0	40,5	41,0	41,5	42,0	42,5	43,0	43,5	44,0	44,5	45,0
267	271	275	279	283	287	290	294	298	302	305	309	(313)	316	320	323	327	331	334	338	341	345	348	351	355
45,5	46,0	46,5	47,0	47,5	48,0	48,5	49,0	49,5	50,0	50,5	51,0	51,5	52,0	52,5	53,0	53,5	54,0	54,5	55,0	55,5	56,0	56,5	57,0	57,5
358	362	365	368	372	375	378	381	385	388	391	394	397	401	404	407	410	413	416	419	422	425	428	431	434
58,0	58,5	59,0	59,5	60,0	60,5	61,0	61,5	62,0	62,5	63,0	63,5	64,0	64,5	65,0	65,5	66,0	66,5	67,0	67,5	68,0	68,5	69,0	69,5	70,0
437	440	443	446	449	452	455	458	461	464	467	469	472	475	478	481	484	486	489	492	495	497	500	503	506
70,5	71,0	71,5	72,0	72,5	73,0	73,5	74,0	74,5	75,0	75,5	76,0	76,5	77,0	77,5	78,0	78,5	79,0	79,5						
508	511	514	516	519	522	524	527	530	532	535	537	540	543	545	548	550	553	556						

Ergebnisse Tobias

50 m

12,9	12,8	12,7	12,6	12,5	12,4	12,3	12,2	12,1	12,0	11,9	11,8	11,7	11,6	11,5	11,4	11,3	11,2	11,1	11,0	10,9	10,8	10,7	10,6	10,5
2	6	10	15	19	24	28	33	37	42	47	52	57	62	67	73	78	84	89	95	101	107	113	119	125
10,4	10,3	10,2	10,1	10,0	9,9	9,8	9,7	9,6	9,5	9,4	9,3	9,2	9,1	9,0	8,9	8,8	8,7	8,6	8,5	8,4	8,3	8,2	8,1	(8,0)
131	138	144	151	158	165	172	179	187	194	202	210	218	225	234	263	252	261	270	279	289	299	309	319	(330)
7,9	7,8	7,7	7,6	7,5	7,4	7,3	7,2	7,1	7,0	6,9	6,8	6,7	6,6	6,5	6,4	6,3	6,2	6,1	6,0	5,9	5,8			
340	352	363	375	386	399	411	424	439	451	465	4801	494	510	525	542	558	575	593	612	630	650			

Weit-sprung

1,33	1,37	1,41	1,45	1,49	1,53	1,57	1,61	1,65	1,69	1,73	1,77	1,81	1,85	1,89	1,93	1,97	2,01	2,05	2,09	2,13	2,17	3,21	2,25	2,29
1	9	16	24	32	39	46	54	61	68	75	82	89	95	102	109	115	122	128	134	141	147	153	159	165
2,33	2,37	2,41	2,45	2,49	2,53	2,57	2,61	2,65	2,69	2,73	2,77	2,81	2,85	2,89	2,93	2,97	3,01	3,05	3,09	3,13	3,17	3,21	3,25	3,29
171	177	183	189	195	201	206	212	218	223	229	234	240	245	251	256	261	266	272	277	282	287	292	297	302
3,33	3,37	3,41	(3,45)	3,49	3,53	3,57	3,61	3,65	3,69	3,73	3,77	3,81	3,85	3,89	3,93	3,97	4,01	4,05	4,09	4,13	4,17	4,21	4,25	4,29
308	313	317	(322)	327	332	337	342	347	351	356	361	366	370	375	379	384	389	393	398	402	407	411	416	420
4,33	4,37	4,41	4,45	4,49	4,53	4,57	4,61	4,65	4,69	4,73	4,77	4,81	4,85	4,89	4,93	4,97	5,01	5,05	5,09	5,13	5,17	5,21	5,25	5,29
424	429	433	438	442	446	450	455	459	483	467	472	476	480	484	488	492	496	500	504	508	513	517	521	524
5,33	5,37	5,41	5,45	5,49	5,53	5,57	5,61	5,65	5,69	5,73	5,77	5,81	5,85	5,89	5,93	5,97	6,01	6,05	6,09	6,13	6,17	6,21	6,25	6,29
528	532	536	540	544	548	552	556	560	563	567	571	575	579	582	586	590	594	597	601	605	608	612	616	619
6,33	6,37	6,41	6,45	6,49	6,53	6,57	6,61	6,65	6,69	6,73	6,77	6,81	6,85	6,89	6,93	6,97	7,01	7,05	7,09	7,13	7,17	7,21	7,25	7,29
623	627	630	634	638	641	645	648	652	655	659	662	666	669	673	676	680	683	687	690	694	697	700	704	707
7,33	7,37	7,41	7,45	7,49	7,53	7,57	7,61	7,65	7,69	7,73	7,77	7,81	7,85	7,89	7,93	7,97	8,01	8,05						
711	714	717	721	724	727	731	734	737	741	744	747	750	754	757	760	763	767	770						

Schlagball 80 g

8.0	8,5	9,0	9,5	10,0	10,5	11,0	11,5	12,0	12,5	13,0	13,5	14,0	14,5	15,0	15,5	16,0	16,5	17,0	17,5	18,0	18,5	19,0	19,5	20,0
2	10	18	25	32	40	46	53	60	66	73	79	85	91	97	103	109	114	120	125	131	136	141	146	152
20,5	21,0	21,5	22,0	22,5	23,0	23,5	24,0	24,5	25,0	25,5	26,0	26,5	27,0	27,5	28,0	28,5	29,0	29,5	30,0	30,5	31,0	31,5	32,0	32,5
157	162	166	171	176	181	186	190	195	200	204	209	213	217	222	226	230	235	239	243	247	251	255	259	263
33,0	33,5	34,0	34,5	35,0	35,5	36,0	36,5	37,0	37,5	35,0	38,5	39,0	39,5	40,0	40,5	41,0	41,5	(42,0)	42,5	43,0	43,5	44,0	44,5	45,0
267	271	275	279	283	287	290	294	298	302	305	309	313	316	320	323	327	331	(334)	338	341	345	348	351	355
45,5	46,0	46,5	47,0	47,5	48,0	48,5	49,0	49,5	50,0	50,5	51,0	51,5	52,0	52,5	53,0	53,5	54,0	54,5	55,0	55,5	56,0	56,5	57,0	57,5
358	362	365	368	372	375	378	381	385	388	391	394	397	401	404	407	410	413	416	419	422	425	428	431	434
58,0	58,5	59,0	59,5	60,0	60,5	61,0	61,5	62,0	62,5	63,0	63,5	64,0	64,5	65,0	65,5	66,0	66,5	67,0	67,5	68,0	68,5	69,0	69,5	70,0
437	440	443	446	449	452	455	458	461	464	467	469	472	475	478	481	484	486	489	492	495	497	500	503	506
70,5	71,0	71,5	72,0	72,5	73,0	73,5	74,0	74,5	75,0	75,5	76,0	76,5	77,0	77,5	78,0	78,5	79,0	79,5						
508	511	514	516	519	522	524	527	530	532	535	537	540	543	545	548	550	553	556						

✝ Gruppenarbeit

Aus: 3-12-740362-3 Schnittpunkt 2, BW, Serviceband

Ernst Klett Verlag GmbH, Stuttgart 2005

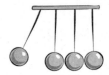

Bundesjugendspiele – Mindestpunktzahlen

Mindestpunktzahlen für die Urkunden – Jungen

Alter	Siegerurkunde	Ehrenurkunde
11	675	875
12	750	975
13	825	1050
14	900	1125

Mindestpunktzahlen für die Urkunden – Mädchen

Alter	Siegerurkunde	Ehrenurkunde
11	700	900
12	775	975
13	825	1025
14	850	1050

Bundesjugendspiele – Knobelaufgabe

Hanna (13 Jahre) erhielt bei den Bundesjugendspielen eine Ehrenurkunde, Bettina (13 Jahre) eine
Siegerurkunde.

Bekannt sind auch die Einzelleistungen der beiden
Schülerinnen.

Sprung: 3,45 m; 2,77 m
Lauf: 8,6 s; 8,2 s
Wurf: 27 m; 17 m

Kannst du die Punktezahl von Hanna und Bettina
bestimmen?

Lösungen für Partner A

1 a) 5,5
b) 4,33
c) 0,55

2 a) 100 + 300 = 400
b) 4 + 8 = 12
c) 14 − 12 = 2

3 a) $\frac{3}{10} + \frac{6}{10} = \frac{9}{10} = 0,9$
b) $1\frac{3}{10} - \frac{2}{100} = 1\frac{30}{100} - \frac{2}{100} = 1\frac{28}{100} = 1,28$

4 a) 3,6
b) 4,41
c) 0,15
d) 0,06

Aufgaben für Partner B

1 Berechne im Kopf.
a) 5,2 − 1,1
b) 2,2 + 0,23
c) 0,7 + 0,13

2 Überschlage.
a) 546,89 + 189,975
b) 0,987 + 9,8602
c) 14,08 − 12,949

3 Wandle in gewöhnliche Brüche um und berechne.
a) 0,9 − 0,6
b) 1,3 + 0,02

4 Bestimme die fehlende Zahl.
a) ☐ − 0,9 = 4,5
b) 0,05 + ☐ = 4,5
c) ☐ − 0,03 = 0,3
d) 1,54 − ☐ = 1,1

Tandembogen 🚲 Addition und Subtraktion

Hier knicken

- -

Hier knicken

Tandembogen 🚲 Addition und Subtraktion

Aufgaben für Partner A

1 Berechne im Kopf.
a) 4,2 + 1,3
b) 4,2 + 0,13
c) 0,42 + 0,13

2 Überschlage.
a) 136,89 + 279,975
b) 3,987 + 7,8602
c) 14,28 − 12,349

3 Wandle in gewöhnliche Brüche um und berechne.
a) 0,3 + 0,6
b) 1,3 − 0,02

4 Bestimme die fehlende Zahl.
a) ☐ + 0,9 = 4,5
b) 0,09 + ☐ = 4,5
c) ☐ − 0,03 = 0,12
d) 1,04 − ☐ = 0,98

Lösungen für Partner B

1 a) 4,1
b) 2,43
c) 0,83

2 a) 500 + 200 = 700
b) 1 + 10 = 11
c) 14 − 13 = 1

3 a) $\frac{9}{10} - \frac{6}{10} = \frac{3}{10} = 0,3$
b) $1\frac{3}{10} + \frac{2}{100} = 1\frac{30}{100} + \frac{2}{100} = 1\frac{32}{100} = 1,32$

4 a) 5,4
b) 4,45
c) 0,33
d) 0,44

Multiplikation mit Zehnerpotenzen

1 Löse wie im Beispiel. Berechne die Aufgaben durch Umwandeln in einen gewöhnlichen Bruch.

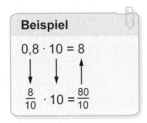

Beispiel

$0,8 \cdot 10 = 8$

$\frac{8}{10} \cdot 10 = \frac{80}{10}$

a) $0,08 \cdot 100 =$ _____

$\frac{8}{100} \cdot 100 =$ _____

b) $0,08 \cdot 1000 =$ _____

c) $0,63 \cdot 100 =$ _____

d) $0,87 \cdot 10 =$ _____

e) $0,28 \cdot 1000 =$ _____

2 Vergleiche deine Lösungen mit denen deiner Partnerin oder deines Partners. Formuliert gemeinsam eine Rechenregel.

Multiplikation mit 10: <u>Multipliziert man einen Dezimalbruch</u> _____

_____

Multiplikation mit 100: _____

_____

Multiplikation mit 1000: _____

_____

3 Berechne mithilfe eurer neuen Regel.

a) $0,76 \cdot 10 =$ _____

b) $8,9 \cdot 10 =$ _____

c) $0,089 \cdot 100 =$ _____

d) $0,089 \cdot 1000 =$ _____

e) $0,089 \cdot 10 =$ _____

f) $8,9 \cdot 100 =$ _____

Vergleiche deine Ergebnisse mit denen deiner Partnerin oder deines Partners. Diskutiert die Unterschiede, findet mögliche Fehler und einigt euch auf die richtige Lösung.

4 Berechne.

a) $0,19 \cdot \boxed{} = 1,9$

b) $0,19 \cdot \boxed{} = 19$

c) $0,078 \cdot \boxed{} = 7,8$

d) $\boxed{} \cdot 10 = 0,67$

e) $\boxed{} \cdot 100 = 0,09$

f) $\boxed{} \cdot 1000 = 0,09$

g) $7,09 \cdot 100 = \boxed{}$

h) $0,806 \cdot \boxed{} = 8,06$

i) $5,089 \cdot 1000 = \boxed{}$

Division durch Zehnerpotenzen

1 Löse wie im Beispiel. Berechne durch Umwandeln in einen gewöhnlichen Bruch.

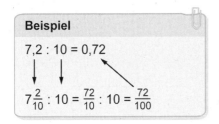

Beispiel

$7,2 : 10 = 0,72$

$7\frac{2}{10} : 10 = \frac{72}{10} : 10 = \frac{72}{100}$

a) $7,2 : 100 \quad =$ _____

$\frac{72}{10} : 100 \quad =$ _____

b) $0,7 : 1\,000 \quad =$ _____

c) $0,7 : 10 \quad =$ _____

2 Vergleiche deine Lösungen mit denen deiner Partnerin oder deines Partners. Formuliert gemeinsam eine Rechenregel.

Division durch 10: _Dividiert man einen Dezimalbruch_ _____

_____

Division durch 100: _____

_____

Division durch 1 000: _____

_____

3 Berechne mithilfe eurer neuen Regel.

a) $6,8 : 10 \quad =$ _____

b) $8,3 : 100 \quad =$ _____

c) $0,9 : 100 \quad =$ _____

d) $7,3 : 100 \quad =$ _____

e) $0,08 : 100 \quad =$ _____

f) $0,98 : 100 \quad =$ _____

g) $54,8 : 1\,000 \quad =$ _____

h) $54,8 : 100 \quad =$ _____

i) $54,8 : 10 \quad =$ _____

Vergleiche deine Ergebnisse mit denen deiner Partnerin oder deines Partners. Diskutiert die Unterschiede, findet mögliche Fehler und einigt euch auf die richtige Lösung.

4 Berechne.

a) $11,9 \cdot 10 \quad =$ ☐

b) ☐ $: 10 \quad = 0,09$

c) $5,67 :$ ☐ $= 0,056\,7$

Entscheide, ob du multiplizieren oder dividieren musst. Setze das Rechenzeichen in das Kästchen ein. Vergleiche die Regel für die Multiplikation mit der für die Division. Formuliere den Unterschied auf der Rückseite des Blattes.

d) ☐ ☐ $10 \quad = 6,78$

e) $45,89$ ☐ ☐ $= 458,9$

f) $0,78$ ☐ ☐ $= 78$

Vervielfachen von Dezimalbrüchen

1 Mache eine Überschlagsrechnung.

$4 \cdot 1,12 \approx$ _____ ; $6 \cdot 1,983 \approx$ _____ ; $3 \cdot 5,8 \approx$ _____ ; $12 \cdot 3,2 \approx$ _____

2 Berechne mithilfe der Stellenwerttafel. Das Beispiel hilft dir weiter.

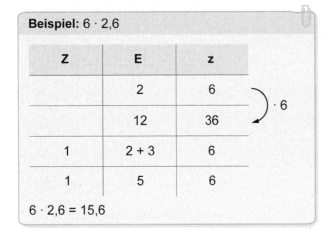

Beispiel: $6 \cdot 2,6$

Z	E	z	
	2	6	
	12	36	$\cdot\,6$
1	2 + 3	6	
1	5	6	

$6 \cdot 2,6 = 15,6$

a) $3 \cdot 1,3 =$ _____

Z	E	z

b) $7 \cdot 2,2 \quad =$ _____

Z	E	z

c) $8 \cdot 4,32 \quad =$ _____

Z	E	z	h

3 Schreibe zuerst als Additionsaufgabe. Überprüfe dein Ergebnis durch einen Überschlag.

a) $3 \cdot 1,2 = \underline{1,2 + 1,2 + 1,2} \quad =$ _____   b) $4 \cdot 0,13 =$ _____ $=$ _____

c) $6 \cdot 0,4 =$ _____ $=$ _____   d) $3 \cdot 12,3 =$ _____ $=$ _____

Vergleicht eure Ergebnisse. Diskutiert die Unterschiede und findet eine gemeinsame Lösung.

4 Berechne auf der Rückseite des Blattes. Überprüfe durch einen Überschlag.

a) $27 \cdot 1,8 =$ _____   b) $32 \cdot 0,93 =$ _____   c) $15 \cdot 2,54 =$ _____   d) $38 \cdot 0,78 =$ _____

Vergleicht eure Ergebnisse. Diskutiert die Unterschiede und findet eine gemeinsame Lösung.

5 Berechne im Kopf. Überprüfe dein Ergebnis durch Umwandeln in gewöhnliche Brüche.

Beispiel

$3 \cdot 1,7 \qquad = \qquad 5,1$

$3 \cdot 1\frac{7}{10} = 3 \cdot \frac{17}{10} = \frac{51}{10} = 5\frac{1}{10}$

a) $4 \cdot 1,2 \quad =$ _____ $=$ _____

b) $3 \cdot 0,72 \quad =$ _____ $=$ _____

Vergleicht eure Ergebnisse. Diskutiert die Unterschiede und findet eine gemeinsame Lösung.

Aus: 3-12-740362-3 Schnittpunkt 2, BW, Serviceband

5 Rechnen mit Dezimalbrüchen

Multiplikation von Dezimalbrüchen

1 Mache eine Überschlagsrechnung.

$0,9 \cdot 2,1 \approx$ _____ ; $0,6 \cdot 1,983 \approx$ _____ ; $1,3 \cdot 5,8 \approx$ _____ ; $1,2 \cdot 3,2 \approx$ _____

2 Wandle zuerst in gewöhnliche Brüche um. Berechne dann.

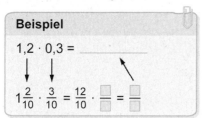

Beispiel

$1,2 \cdot 0,3 =$ _____

$1\frac{2}{10} \cdot \frac{3}{10} = \frac{12}{10} \cdot \frac{\square}{\square} = \frac{\square}{\square}$

a) $1,2 \cdot 0,03 =$ _____

b) $0,12 \cdot 0,3 \ =$ _____

c) $12 \cdot 0,3 =$ _____

d) $1,6 \cdot 0,03 =$ _____

e) $12 \cdot 0,04 \ =$ _____

Vergleicht eure Ergebnisse. Diskutiert Unterschiede und findet eine gemeinsame Lösung.

3 $23 \cdot 18 = 414$. Du musst bei den folgenden Aufgaben nicht rechnen.
Überprüfe deine Lösung durch einen Überschlag.

$23 \cdot 1,8 =$ _____ ; $2,3 \cdot 1,8 =$ _____ ; $0,23 \cdot 1,8 =$ _____ ; $2,3 \cdot 0,18 =$ _____ ; $0,23 \cdot 0,18 =$ _____

Vergleicht eure Ergebnisse. Diskutiert die Unterschiede und findet eine Lösung. Füllt die Tabelle aus.

Aufgabe	Ergebnis	Anzahl der Dezimalstellen beim 1. Faktor	Anzahl der Dezimalstellen beim 2. Faktor	Anzahl der Dezimalen im Ergebnis
$23 \cdot 1,8$		0	1	
$2,3 \cdot 1,8$				

Formuliert auf der Rückseite des Blattes eine Regel für die Kommasetzung bei der Multiplikation von Dezimalbrüchen.

4 Berechne im Kopf. Mache vor jeder Aufgabe zuerst einen Überschlag.

a) $0,6 \cdot 0,2 =$ _____

b) $0,6 \cdot 0,02 \ =$ _____

c) $0,6 \cdot 2 =$ _____

d) $2,1 \cdot 3 =$ _____

e) $21 \cdot 0,3 =$ _____

f) $2,1 \cdot 0,03 =$ _____

5 a) Schreibe 0,72 als Produkt aus zwei Dezimalzahlen. $\underline{0,72 =}$ _____

b) Schreibe 0,08 als Produkt aus drei Dezimalzahlen. $\underline{0,08 =}$ _____

Tandembogen 🚲 Division

Aufgaben für Partner B

1 Wurden beide Zahlen gleich verändert? Wie?
a) $600 : 30$ und $6 : 3$
b) $100 : 0,5$ und $10 : 5$

2 Haben beide Aufgaben dasselbe Ergebnis? Begründe.
a) $450 : 80$ und $4\ 500 : 80$
b) $4,5 : 0,5$ und $450 : 50$

3 Ergänze so, dass beide Aufgaben dasselbe Ergebnis haben. Begründe.
a) $4\ 500 : \blacksquare$ und $45 : 9$
b) $\blacksquare : 3,2$ und $32 : 4$

4 Berechne. Benenne zuerst die zu rechnende Aufgabe.
a) $4,2 : 0,06$ b) $4,2 : 6$

5 Frieder rechnet $5,7 : 0,01 = 570$. Was meinst du?

Lösungen für Partner A

1 a) Ja; beide Zahlen wurden mit 10 multipliziert.
b) Ja; beide Zahlen wurden mit 10 multipliziert.

2 a) Nein; eine Zahl wurde verdoppelt, die andere wurde halbiert.
b) Ja; beide Zahlen wurden verzehnfacht.

3 a) $450 : 9$; beide durch 10.
b) $30,5 : 5$; beide mal 10.

4 a) $48 : 6 = 8$
b) $4\ 800 : 6 = 800$

5 Falsch! $42 : 1 = 42$

Hier knicken

Hier knicken

Tandembogen 🚲 Division

Aufgaben für Partner A

1 Wurden beide Zahlen gleich verändert? Wie?
a) $600 : 30$ und $6\ 000 : 300$
b) $0,08 : 0,4$ und $0,8 : 4$

2 Haben beide Aufgaben dasselbe Ergebnis? Begründe.
a) $500 : 80$ und $1\ 000 : 40$
b) $4,5 : 0,5$ und $45 : 5$

3 Ergänze so, dass beide Aufgaben dasselbe Ergebnis haben. Begründe.
a) $4\ 500 : 90$ und $450 : \blacksquare$
b) $\blacksquare : 5$ und $3,05 : 0,5$

4 Berechne. Benenne zuerst die zu rechnende Aufgabe.
a) $4,8 : 0,6$ b) $4,8 : 0,006$

5 Katja rechnet $4,2 : 0,1 = 4,2$. Was meinst du?

Lösungen für Partner B

1 a) Nein; eine wurde durch 100 und die andere durch 10 dividiert.
b) Nein; eine Zahl wurde verzehnfacht, die andere gezehntelt.

2 a) Nein; eine Zahl wurde verzehnfacht, die andere bleibt gleich.
b) Ja; beide Zahlen wurden verhundertfacht.

3 a) $4\ 500 : 900$; beide durch 100.
b) $3,2 : 0,4$; beide durch 10.

4 a) $420 : 6 = 70$
b) $4,2 : 6 = 0,7$

5 Richtig: $570 : 1 = 570$

S50

Ernst Klett Verlag GmbH, Stuttgart 2005

Vierschanzentournee – Wertungskarten

Material: Schere

Aufgabe: Zerschneidet die acht Wertungskarten und teilt sie unter euch auf.

Zonta, Peter — SLO — 2 Sprünge

	Weite	PR1	PR2	PR3	PR4	PR5
Oberstdorf	128,5	18,5	18,5	18,5	18,5	18,5
	125,0	17,5	18,0	18,0	18,0	18,0
Garmisch-Partenkirchen	119,0	18,0	18,0	18,0	18,5	17,5
	117,5	18,5	18,5	18,5	18,5	18,5
Innsbruck	128,0	18,5	19,0	19,0	19,0	19,0
	128,5	19,5	20,0	19,5	19,5	19,5
Bischofshofen	134,0	18,5	19,0	19,5	19,5	19,0
	131,5	19,5	19,0	19,5	19,0	19,5

Ahonen, Janne — FIN — 2 Sprünge

	Weite	PR1	PR2	PR3	PR4	PR5
Oberstdorf	123,5	18,5	18,5	18,5	18,5	18,0
	126,5	18,5	18,5	18,5	18,5	18,5
Garmisch-Partenkirchen	120,0	18,5	18,5	19,0	18,5	18,5
	120,0	18,5	18,5	18,5	17,5	18,0
Innsbruck	132,5	17,5	17,5	18,0	17,5	17,5
	121,0	18,5	19,5	19,0	19,0	19,0
Bischofshofen	131,5	19,5	19,5	19,0	19,5	19,5
	132,0	19,5	19,5	19,5	20,0	19,5

Kasai, Noriaki — JPN — 2 Sprünge

	Weite	PR1	PR2	PR3	PR4	PR5
Oberstdorf	124,5	18,5	18,5	18,5	18,5	18,5
	131,5	19,5	19,0	19,0	19,0	19,5
Garmisch-Partenkirchen	116,0	19,0	19,0	18,5	18,5	19,0
	117,5	19,0	19,0	18,5	19,0	19,0
Innsbruck	127,0	18,5	20,0	19,5	19,5	19,5
	120,5	19,0	19,5	19,0	19,5	19,0
Bischofshofen	126,5	19,0	19,0	19,5	19,0	19,0
	129,0	19,5	19,5	19,5	19,5	19,5

Hoellwart, Martin — AUT — 2 Sprünge

	Weite	PR1	PR2	PR3	PR4	PR5
Oberstdorf	126,5	18,5	18,5	19,0	18,5	18,5
	133,0	19,5	19,5	19,5	19,5	19,5
Garmisch-Partenkirchen	118,5	19,5	19,5	19,0	19,0	19,0
	121,0	19,5	19,5	19,5	19,5	19,5
Innsbruck	131,5	19,0	20,0	19,5	19,5	19,5
	117,5	19,0	20,0	18,5	19,0	19,0
Bischofshofen	130,5	19,0	19,0	19,5	19,0	19,0
	131,5	19,5	20,0	20,0	19,5	19,5

Pettersen, Sigurd — NOW — 2 Sprünge

	Weite	PR1	PR2	PR3	PR4	PR5
Oberstdorf	133,0	19,0	19,5	19,5	19,0	18,5
	143,5	17,0	18,0	17,0	17,5	17,5
Garmisch-Partenkirchen	123,0	18,0	17,5	18,5	17,0	18,5
	120,5	18,5	18,5	18,5	19,0	18,5
Innsbruck	131,0	18,5	18,0	18,5	18,0	19,0
	120,0	19,0	19,0	18,5	19,0	19,0
Bischofshofen	132,5	19,5	19,5	19,5	19,5	19,0
	133,5	19,5	19,5	19,5	19,0	19,5

Spaeth, Georg — GER — 2 Sprünge

	Weite	PR1	PR2	PR3	PR4	PR5
Oberstdorf	129,0	18,5	19,5	19,0	18,5	19,0
	127,0	18,5	19,0	18,5	18,5	19,0
Garmisch-Partenkirchen	120,5	18,5	18,5	18,5	18,5	18,5
	118,5	18,5	19,0	19,0	19,0	19,0
Innsbruck	127,5	18,5	19,5	19,0	19,5	19,5
	117,0	19,0	19,0	18,5	19,0	18,5
Bischofshofen	131,5	19,5	19,5	19,5	19,0	19,5
	130,0	19,5	19,5	19,0	19,5	19,0

Morgenstern, Thomas — AUT — 2 Sprünge

	Weite	PR1	PR2	PR3	PR4	PR5
Oberstdorf	132,5	19,0	19,0	19,0	19,0	19,0
	129,5	19,0	19,0	19,0	19,0	19,0
Garmisch-Partenkirchen	115,5	19,0	18,5	18,5	18,0	18,5
	116,0	18,5	18,5	18,5	18,5	18,5
Innsbruck	128,5	19,0	19,5	19,0	19,5	19,5
	118,5	19,0	20,0	19,0	19,0	19,0
Bischofshofen	138,0	19,5	20,0	19,5	18,5	19,5
	125,0	19,0	19,0	19,0	19,0	19,0

Uhrmann, Michael — GER — 2 Sprünge

	Weite	PR1	PR2	PR3	PR4	PR5
Oberstdorf	128,5	18,5	18,5	18,5	18,5	18,0
	132,0	18,5	18,5	19,0	18,5	18,5
Garmisch-Partenkirchen	118,0	18,5	18,5	19,0	18,5	18,5
	116,5	18,5	18,0	18,5	18,5	18,0
Innsbruck	125,5	18,5	19,0	18,5	18,5	19,0
	119,5	19,0	19,5	19,0	19,0	18,5
Bischofshofen	130,5	19,5	19,0	19,0	18,5	19,0
	128,5	19,0	19,0	19,5	19,0	19,0

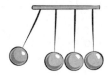

Die Vierschanzentournee – Aufgabenkarten

Aufgabenkarte – Gruppe Oberstdorf

Zerschneidet den Bogen mit den acht Wertungskarten (Arbeitsblatt „Vierschanzentournee – Wertungs-karten). Jedes Gruppenmitglied erhält ein bis zwei Karten. Berechnet die jeweilige Weitennote und Haltungsnote beider Sprünge für den Sportler auf eurer Wertungskarte (die Rechenschritte findet ihr auf Schülerbuchseite 112). Beide Noten (die Weiten- und die Haltungsnote) werden addiert und bilden die Sprungnote. Jetzt addiert ihr beide Sprungnoten und erhaltet die totale Sprungnote. Notiert die Ergebnisse eurer Berechnung auf ein Extrablatt. Tragt anschließend eure Ergebnisse zusammen, vergleicht die totalen Sprungnoten und bestimmt die Rangfolge der Skispringer. Füllt dann euren Wertungsbogen vollständig (<u>Vierschanzentournee – Wertung Oberstdorf</u>) aus.

Aufgabenkarte – Gruppe Innsbruck

Zerschneidet den Bogen mit den acht Wertungskarten (Arbeitsblatt „Vierschanzentournee – Wertungs-karten). Jedes Gruppenmitglied erhält ein bis zwei Karten. Berechnet die jeweilige Weitennote und Haltungsnote beider Sprünge für den Sportler auf eurer Wertungskarte (die Rechenschritte findet ihr auf Schülerbuchseite 112). Beide Noten (die Weiten- und die Haltungsnote) werden addiert und bilden die Sprungnote. Jetzt addiert ihr beide Sprungnoten und erhaltet die totale Sprungnote. Notiert die Ergebnisse eurer Berechnung auf ein Extrablatt. Tragt anschließend eure Ergebnisse zusammen, vergleicht die totalen Sprungnoten und bestimmt die Rangfolge der Skispringer. Füllt dann euren Wertungsbogen vollständig (<u>Vierschanzentournee – Wertung Innsbruck</u>) aus.

Aufgabenkarte – Gruppe Garmisch-Partenkirchen

Zerschneidet den Bogen mit den acht Wertungskarten (Arbeitsblatt „Vierschanzentournee – Wertungs-karten). Jedes Gruppenmitglied erhält ein bis zwei Karten. Berechnet die jeweilige Weitennote und Haltungsnote beider Sprünge für den Sportler auf eurer Wertungskarte (die Rechenschritte findet ihr auf Schülerbuchseite 112). Beide Noten (die Weiten- und die Haltungsnote) werden addiert und bilden die Sprungnote. Jetzt addiert ihr beide Sprungnoten und erhaltet die totale Sprungnote. Notiert die Ergebnisse eurer Berechnung auf ein Extrablatt. Tragt anschließend eure Ergebnisse zusammen, vergleicht die totalen Sprungnoten und bestimmt die Rangfolge der Skispringer. Füllt dann euren Wertungsbogen vollständig (<u>Vierschanzentournee – Wertung Garmisch-Partenkirchen</u>) aus.

Aufgabenkarte – Gruppe Bischofshofen

Zerschneidet den Bogen mit den acht Wertungskarten (Arbeitsblatt „Vierschanzentournee – Wertungs-karten). Jedes Gruppenmitglied erhält ein bis zwei Karten. Berechnet die jeweilige Weitennote und Haltungsnote beider Sprünge für den Sportler auf eurer Wertungskarte (die Rechenschritte findet ihr auf Schülerbuchseite 112). Beide Noten (die Weiten- und die Haltungsnote) werden addiert und bilden die Sprungnote. Jetzt addiert ihr beide Sprungnoten und erhaltet die totale Sprungnote. Notiert die Ergebnisse eurer Berechnung auf ein Extrablatt. Tragt anschließend eure Ergebnisse zusammen, vergleicht die totalen Sprungnoten und bestimmt die Rangfolge der Skispringer. Füllt dann euren Wertungsbogen vollständig (<u>Vierschanzentournee – Wertung Bischofshofen</u>) aus.

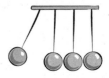

Die Vierschanzentournee – Wertung Oberstdorf

Unten seht ihr den Wertungsbogen der Vierschanzentournee in Oberstdorf. Für einige Springer wurden die Weiten und die Wertungen der Sprünge bereits eingetragen.

1 Überprüft die eingetragene Wertung des Springers Rok Benkovic.
2 Vervollständigt die Wertung von Tommy Ingebrigtsen, Adam Malysz, Roar Ljoekelsoey und Tami Kiuru.
3 Bestimmt die Ränge der restlichen Springer mithilfe der acht Wertungskarten (Arbeitsblatt „Die Vierschanzentournee – Wertungskarten").
TIPP: Wenn ihr nicht genau wisst, wie ihr vorgehen sollt, hilft euch die Aufgabenkarte weiter.

FIS World Cup Skispringen – Vierschanzentournee 2003/2004

Oberstdorf   Garmisch-Partenkirchen   Innsbruck   Bischofshofen

K-Punkt: 120 m

Jury:

Punktwert/Meter: 1,8

Rang	Name	Nat	Weite	Weiten-note	PR1	PR2	PR3	PR4	PR5	Haltungs-note	Runde total	Total
1.												
2.												
3.												
4.												
5.												
6.	Benkovic, Rok	SLO	133,5	84,3	19,0	19,0	18,5	18,0	19,0	56,5	140,8	261,6
			123,5	66,3	18,0	18,5	18,0	18,0	18,5	54,5	120,8	
7.												
8.	Ingebrigtsen, Tommy	NOR	124,5		17,5	18,0	18,0	18,0	18,5			260,2
			132,0		18,5	17,5	19,0	19,0	19,0			
9.	Malysz, Adam	POL	121,5		18,0	18,0	18,0	18,0	18,0			254,4
			131,5		19,0	19,0	19,0	19,0	19,0			
10.	Ljoekelsoey, Roar	NOR	125,5		19,0	18,5	18,5	18,5	18,0			254,4
			127,5		19,0	18,5	18,5	18,5	18,5			
11.												
12.	Kiuru, Tami	FIN	124,5		18,0	18,0	18,0	18,0	18,0			252,0
			128,0		18,5	18,5	18,5	18,5	18,5			
13.												

Die Vierschanzentournee – Wertung Garmisch-Partenkirchen

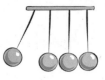

Unten seht ihr den Wertungsbogen der Vierschanzentournee in Garmisch-Partenkirchen. Für einige Springer wurden die Weiten und die Wertungen der Sprünge bereits eingetragen.

1 Überprüft die eingetragene Wertung des Springers Sven Hannawald.

2 Vervollständigt die Wertung von Matti Lindstroem, Lars Bystoel, Maximilian Mechler und Simon Ammann.

3 Bestimmt die Ränge der restlichen Springer mithilfe der acht Wertungskarten (Arbeitsblatt „Die Vierschanzentournee – Wertungskarten").

TIPP: Wenn ihr nicht genau wisst, wie ihr vorgehen sollt, hilft euch die Aufgabenkarte weiter.

FIS World Cup Skispringen – Vierschanzentournee 2003/2004

Oberstdorf **Garmisch-Partenkirchen** Innsbruck Bischofshofen

K-Punkt: 115 m

Jury:

Punktwert/Meter: 1,8

Rang	Name	Nat	Weite	Weiten-note	PR1	PR2	PR3	PR4	PR5	Haltungs-note	Runde total	Total
1.												
2.												
3.												
4.												
5.												
6.												
7.												
8.												
9.	Hannawald, Sven	GER	114,5	59,1	18,5	18,0	18,5	18,5	18,0	55,0	114,1	231,9
			116,0	61,8	19,0	19,0	18,5	18,5	18,0	56,0	117,8	
10.	Lindstroem, Matti	FIN	115,5		18,0	18,0	18,0	18,0	18,0			230,8
			115,5		18,5	18,5	18,5	18,0	17,5			
11.	Bystoel, Lars	NOR	115,5		18,5	18,0	18,5	18,0	18,0			228,1
			114,0		19,0	18,0	18,5	18,0	18,0			
12.	Mechler, Maximilian	GER	114,5		18,0	18,5	19,0	18,0	18,0			227,3
			114,0		18,0	18,5	18,5	18,5	18,5			
13.	Ammann, Simon	SUI	114,0		18,5	18,5	18,5	18,0	18,0			225,4
			114,0		18,0	17,5	18,5	18,0	18,0			

Die Vierschanzentournee – Wertung Innsbruck

Unten seht ihr den Wertungsbogen der Vierschanzentournee in Innsbruck. Für einige Springer wurden die Weiten und die Wertungen der Sprünge bereits eingetragen.

1 Überprüft die eingetragene Wertung des Springers Matti Lindstroem.

2 Vervollständigt die Wertung von Lars Bystoel, Sven Hannawald, Akira Higashi und Maximilian Mechler.

3 Bestimmt die Ränge der restlichen Springer mithilfe der acht Wertungskarten (Arbeitsblatt „Die Vierschanzentournee – Wertungskarten").

TIPP: Wenn ihr nicht genau wisst, wie ihr vorgehen sollt, hilft euch die Aufgabenkarte weiter.

FIS World Cup Skispringen – Vierschanzentournee 2003/2004

Oberstdorf   Garmisch-Partenkirchen   **Innsbruck**   Bischofshofen

K-Punkt: 120 m

Jury:

Punktwert/Meter: 1,8

Rang	Name	Nat	Weite	Weiten-note	PR1	PR2	PR3	PR4	PR5	Haltungs-note	Runde total	Total
						Punktrichter						
1.												
2.	Lindstroem, Matti	FIN	126,5	71,7	19,0	19,5	19,0	19,5	19,0	57,5	129,2	253,9
			124,0	67,2	19,5	19,0	19,0	19,5	19,0	57,5	124,7	
3.												
4.												
5.												
6.												
7.												
8.	Bystoel, Lars	NOR	130,0		18,5	19,5	19,0	19,0	19,5			245,7
			116,5		19,0	19,5	18,5	19,0	18,5			
9.	Hannawald, Sven	GER	128,0		19,5	20,0	19,5	19,5	19,0			244,4
			117,5		19,0	19,0	18,5	18,5	18,5			
10.												
11.												
12.	Higashi, Akira	JPN	124,5		18,0	18,5	19,0	18,5	18,5			237,3
			119,0		18,5	18,5	18,5	18,5	18,5			
13.	Mechler, Maximilian	GER	127,5		18,5	19,0	18,5	19,0	18,5			236,0
			115,0		18,5	19,0	18,0	18,5	18,5			

Die Vierschanzentournee – Wertung Bischofshofen

Unten seht ihr den Wertungsbogen der Vierschanzentournee in Bischofshofen. Für einige Springer wurden die Weiten und die Wertungen der Sprünge bereits eingetragen.

1 Überprüft die eingetragene Wertung des Springers Matti Lindstroem.
2 Vervollständigt die Wertung von Matti Hautamaeki, Roar Ljoekelsoey, Andreas Goldberger und Lars Byestoel.
3 Bestimmt die Ränge der restlichen Springer mithilfe der acht Wertungskarten (Arbeitsblatt „Die Vierschanzentournee – Wertungskarten").
TIPP: Wenn ihr nicht genau wisst, wie ihr vorgehen sollt, hilft euch die Aufgabenkarte weiter.

FIS World Cup Skispringen – Vierschanzentournee 2003/2004

Oberstdorf   Garmisch-Partenkirchen   Innsbruck   **Bischofshofen**

K-Punkt: 120 m

Jury:

Punktwert/Meter: 1,8

Rang	Name	Nat	Weite	Weiten-note	PR1	PR2	PR3	PR4	PR5	Haltungs-note	Runde total	Total
1.												
2.												
3.												
4.												
5.												
6.												
7.	Lindstroem, Matti	FIN	133,0	83,4	19,0	19,5	19,5	19,0	19,0	57,5	140,9	274,1
			129,0	76,2	19,0	19,0	19,0	19,0	19,0	57,0	133,2	
8.	Hautamaeki, Matti	FIN	134,5		19,5	19,5	19,5	19,5	19,5			251,7
			124,5		19,0	19,0	19,0	19,0	19,0			
9.												
10.	Ljoekelsoey, Roar	NOR	124,0		19,0	19,0	19,0	19,0	19,0			247,1
			133,0		19,5	19,0	19,5	19,0	19,0			
11.												
12.	Goldberger, Andreas	AUT	129,5		19,5	19,5	19,5	19,5	20,0			244,1
			125,0		19,0	19,5	19,0	19,5	19,0			
13.	Bystoel, Lars	NOR	127,0		19,5	19,5	19,5	19,5	19,5			242,7
			127,0		19,0	19,0	18,5	19,0	19,0			

Ein aufblasbarer Würfel

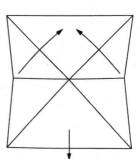

Material: ein quadratisches Stück Papier (21 cm x 21 cm)

① Quadrat zwei Mal diagonal falten

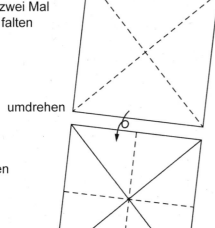

umdrehen

② beide Mittellinien knicken

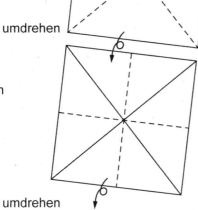

umdrehen

③ in den Markierungen nach innen falten, so dass ein Dreieck entsteht

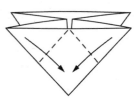

④ die beiden vorderen Ecken nach unten falten

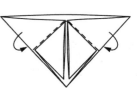

⑤ beide verbleibenden Ecken nach hinten falten

⑥ die Spitzen der vorderen Dreiecke zur Mitte einschlagen

⑦ die verbleibenden hinteren Ecken zurückschlagen

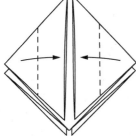

⑧ Es entstehen zwei ungleiche Hälften: die obere Hälfte ist geschlossen, auf der unteren erhält man vorne zwei kleine Dreiecke; die Spitzen dieser Drei-ecke nach oben falten (ebenso auf der Rückseite)

⑨ die Dreiecke in die Taschen seitlich ein-schieben (ebenso auf der Rückseite)

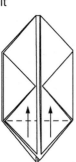

⑩ beide in der Grafik eingezeichneten Linien nach vorne und hinten gut knicken

So wie hier!

⑪ Modell wie angezeigt halten und in die einzige Öffnung oben hinein-blasen

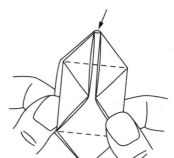

⑫ So sieht dein fertiger Würfel aus! Die Würfel-kanten können vorsichtig nachgeknickt werden.

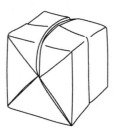

Aus: 3-12-740362-3 Schnittpunkt 2, BW, Serviceband

Einen offenen Würfel falten

Material: ein DIN-A4-Blatt

①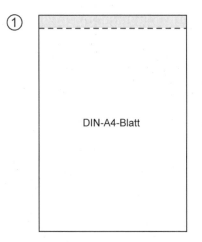

Falte einen 1,7 cm breiten Streifen nach vorne.

②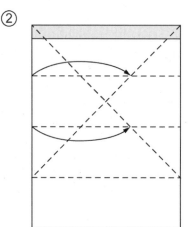

Viertele das Blatt waagrecht. Falte die Quadratdiagonalen bei den drei oberen Streifen.

③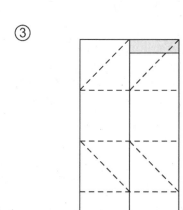

Falte den linken Blattrand auf die rechten Schnittpunkte der diagonalen und der waagrechten Faltlinien.

④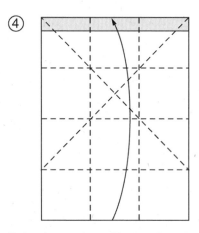

Falte den rechten Blattrand nach links bis zur neuen Faltlinie. Falte alle waagrechten und senkrechten Falten vorne und hinten scharf nach.

⑤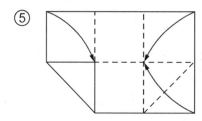

Falte die untere Blattkante auf die obere Blattkante. Falte die linke untere Quadratecke nach vorne auf die gegenüberliegende Quadratecke.

⑥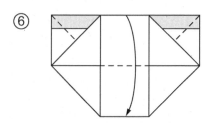

Falte ebenso die rechte Qadratecke schräg nach vorne oben. Falte in der vorderen Lage ebenso die beiden oberen Eckquadrate. Vorsicht: Nur die obenliegende Ecke falten. Der untere Teil bleibt liegen.

⑦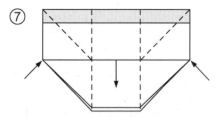

Klappe die vordere Lage nach unten.

⑧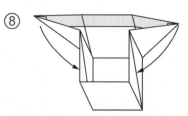

Klappe den Würfel auf, indem du die „Tasche" öffnest. Drücke mit Daumen und Zeigefinger rechts und links ein.

⑨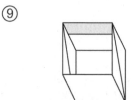

Schiebe die Spitzen links und rechts in die Taschen der Seitenwände.

⏱ 20 min   ⸙ Einzelarbeit

Ein Prisma bauen und zeichnen (1)

Material: Schere, Kleber

Schneide das unten abgebildete
Körpernetz aus. Falte es entlang
der dickeren Linien und klebe
das Netz zu einem Prisma
zusammen. Betrachte
anschließend deinen Körper.
Wie sieht dein Prisma von vorne
aus, wie von der Seite? Und was
siehst du, wenn du ihn von oben
anschaust. Zeichne in deinem
Heft die unterschiedlichen
Ansichten deines Prismas.

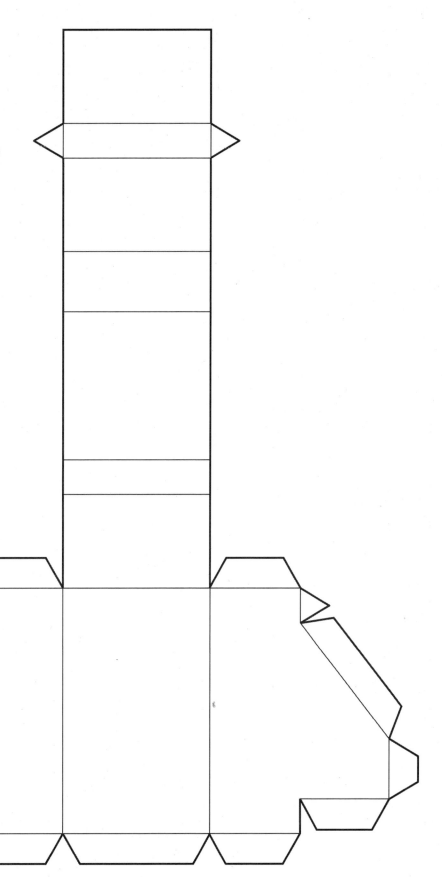

Aus: 3-12-740362-3 Schnittpunkt 2, BW, Serviceband   **S59**   Ernst Klett Verlag GmbH, Stuttgart 2005

Ein Prisma bauen und zeichnen (2)

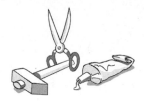

Material: Schere, Kleber

Schneide das unten abgebildete Körpernetz aus. Falte es entlang der Linien und klebe das Netz zu einem Prisma zusammen.

Lege dein Prisma so auf deinen Tisch, dass es auf der Grundfläche steht. Markiere die oben liegende Fläche mit einem O und die auf dem Tisch liegende Fläche mit U. Beschrifte ebenso die Vorderseite (V) und die Rückseite (R). Betrachte anschließend dein Prisma. Wie sieht dein Prisma von vorne aus, wie von der Seite? Und was siehst du, wenn du ihn von oben anschaust. Zeichne in deinem Heft die unterschiedlichen Ansichten deines Prismas.

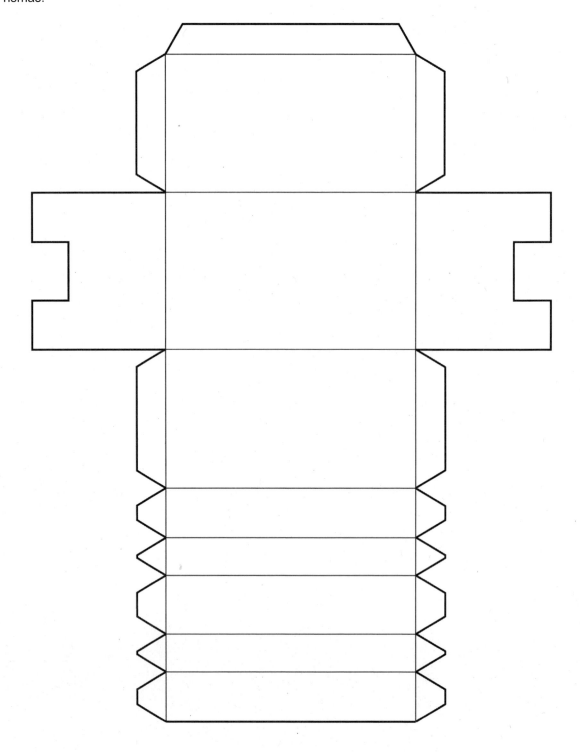

Die schnelle Pyramide

Material: Schere, zwei Blatt DIN-A4-Papier

①   Blatt quer aufs Hilfsblatt legen.

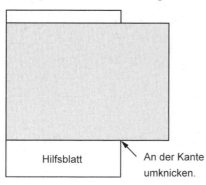

An der Kante umknicken.

Hilfsblatt

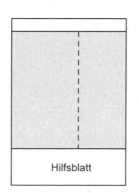

Hilfsblatt

②

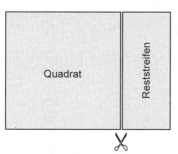

Quadrat   Reststreifen

Reststreifen abschneiden.

③

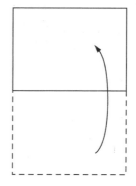

Hilfsblatt in der Mitte falten.

④

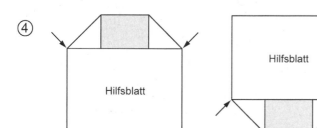

Hilfsblatt   Hilfsblatt

Hilfsblatt eckenbündig aufs Quadrat legen.
Quadratecken zum Hilfsblatt hin umknicken.

⑤

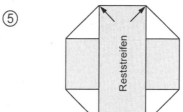

Reststreifen

Faltungen mit Reststreifen
kontrollieren.

⑥

Diagonalen falten.

(Vorsicht: Von Eck zu Eck!
Nicht von Kantenmitte zu Kantenmitte.
Am besten zwei gegenüberliegende Ecken
greifen und aufeinander falten.)

⑦

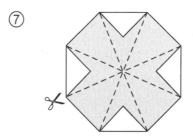

Radius an einer Stelle einschneiden.
Durch Übereinanderlegen verschiedener
Dreiecke erhältst du unterschiedliche
Pyramiden. Wie viele verschiedene
findest du?

Mit Pyramiden experimentieren

Material: Schere

Unten siehst du das Netz zweier Pyramiden. Zeichne das Schrägbild dieser Pyramiden. Verwende die Längen, die auch im unten abgebildeten Netz auftauchen. Überprüfe deine Zeichnung durch das Herstellen der Körpermodelle.

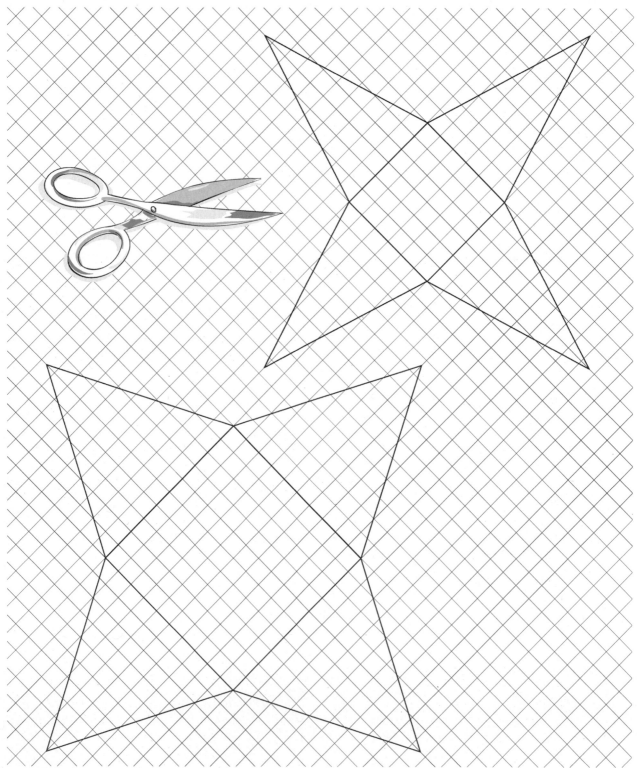

aus: Schnittpunkt aktuell, Ernst Klett Verlag, Stuttgart 2002, ISBN 3-12-747401-6

Baupläne und Schrägbilder von Würfelkörpern

Unten siehst du Baupläne für verschiedene Körper, die aus kleinen Würfeln zusammengesetzt sind. Die Schrägbilder dieser zusammengesetzten Körper kannst du auf Dreieckspapier leicht zeichnen. Du kannst die Körper auch selbst aus Würfeln bauen und dadurch zur Lösung gelangen oder deine Lösung kontrollieren.

Beispiel:
Du schaust von oben auf den Würfelkörper. Der Bauplan zeigt dir, wie viele Würfel an welcher Stelle aufeinander stehen.

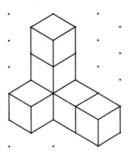

So sieht das entsprechende Schrägbild aus.

Ergänze den Bauplan bzw. das Schrägbild der Würfelkörper.
Tipp: Zeichne mit Bleistift, denn du musst sicher häufiger radieren.

Bauplan	Schrägbild	Bauplan	Schrägbild

a)

d)

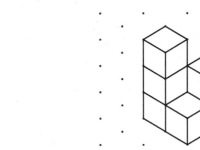

b)

e)

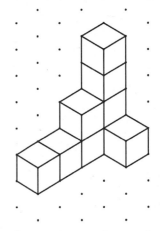

c)

3	3
2	2
1	1

f)

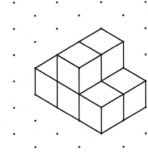

Idee aus: mathematik lehren, Heft 77, Friedrich Verlag, Velber 1996

Die geviertelte Pyramide

Material: Schere, Kleber

Schneide das Netz aus und falte es an den vorgegebenen Linien. Klebe es zu einem Körper zusammen. Bilde mit drei Mitschülerinnen und Mitschülern eine Vierergruppe. Baut aus euren vier Körpern eine Pyramide. Findet ihr die Lösung? Wie sieht die Pyramide aus?

Viel Spaß beim Basteln und Knobeln!

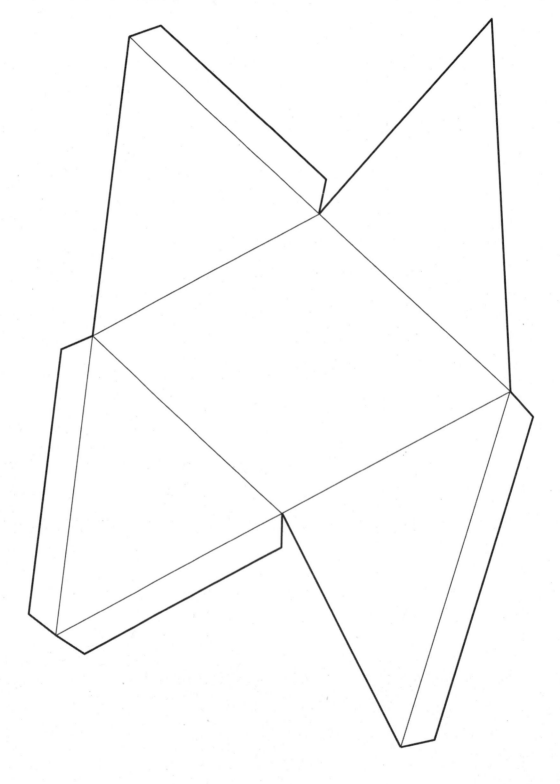

Aus: 3-12-740362-3 Schnittpunkt 2, BW, Serviceband

Ernst Klett Verlag GmbH, Stuttgart 2005

Aus Drei mach' Einen!

Material: Schere, Kleber

Schneide das Netz aus und falte es an den vorgegebenen Linien. Klebe es zu einer Pyramide zusammen.
Bilde mit zwei Mitschülerinnen und Mitschülern eine Dreiergruppe. Baut aus euren drei schiefen Pyramiden
einen Körper. Es gibt eine ganz einfache Lösung, die gar nicht so leicht zu finden ist. Schafft ihr es
gemeinsam?

Viel Spaß beim Basteln und Knobeln!

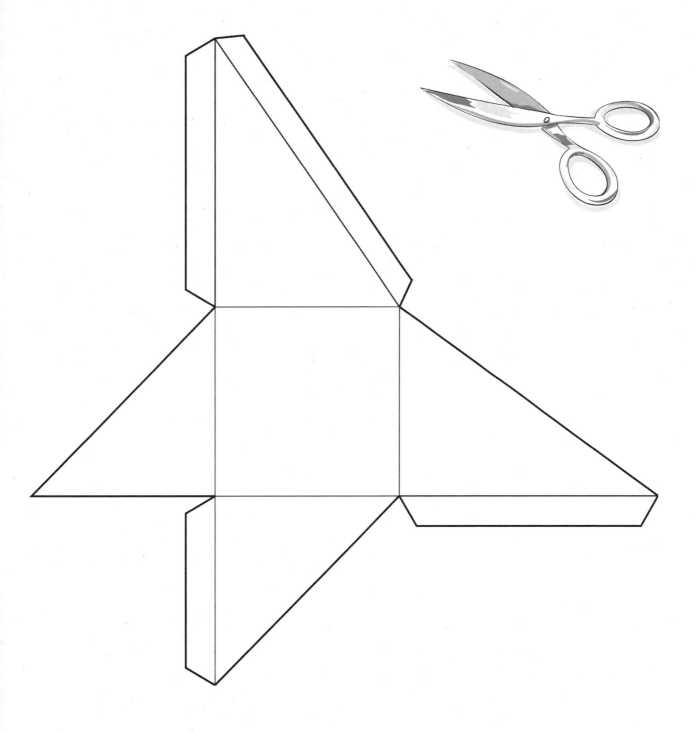

Ernst Klett Verlag GmbH, Stuttgart 2005

Rechtecke aus Draht

1 Aus Draht wird ein Rechteck gebastelt. Berechne die Länge des Drahtes (D), wenn eine Seite 7 cm und die andere Seite 5 cm lang ist.

a) Notiere zuerst eine Rechnung.

     D = _____ = _____

b) Bezeichne die längere Seite des Rechtecks mit x und die kürzere mit y.
Stelle einen **Term** zur Berechnung der Drahtlänge D auf, der für **alle Rechtecke** verwendet werden kann.

D = _____

c) Vervollständige mithilfe deines Terms die Tabelle.

Länge x	8,1 cm	13 cm		0,6
Breite y	2 cm		120 cm	3,2
Drahtlänge D		30 cm	300 cm	

2 Zur Verbesserung der Stabilität wird in der Mitte der langen Rechtecksseite noch ein Drahtstück eingezogen. Wie viel Draht benötigt man jetzt für das Rechteck mit den gleichen Seitenlängen wie das aus Aufgabe 1a)?

a) Löse zuerst mithilfe eines Zahlenterms.

   D = _____ = _____

b) Stelle einen Term für alle Rechtecke auf. Nenne die längere Seite x und die andere y.

D = _____

c) Vervollständige die Tabelle.

x	24 cm		1,8 cm
y	6 cm	3 cm	
Drahtlänge		17 cm	6,9 cm

3 Gib einen Term zur Berechnung der Gesamtdrahtlänge an. Vervollständige die Tabelle.
Die längere Seite ist x die kürzere y.

a)   D = _____

x	4 cm		1,5 cm
y	2 cm	3 cm	
Drahtlänge		27 cm	6,1 cm

b)   D = _____

x	5 cm		1,8 cm
y	4 cm	4 cm	
Drahtlänge		41 cm	7,9 cm

Aus: 3-12-740362-3 Schnittpunkt 2, BW, Serviceband   Ernst Klett Verlag GmbH, Stuttgart 2005

Noch mehr Rechtecke

1 Zeichne in das Rechteck Zentimeterquadrate ein. Überlege anhand der Zeichnung, wie du den Flächeninhalt berechnen kannst.

a) Notiere die Rechenvorschrift in Worten und als Zahlenterm.

_____

_____

_____

_____

b) Bezeichne die Rechtecklänge mit l und die Breite mit b. Notiere einen allgemeinen Term zur Flächenberechnung.

A = _____

c) Berechne die fehlenden Größen. Alle Flächen sind Rechtecke.

d) Überlege, welche Vorteile eine solche Rechenvorschrift hat. Notiere Stichworte.

Länge (l)	3,2 cm		25 cm
Breite (b)	3 cm	4 cm	
Fläche (A)		48 cm^2	175 cm^2

_____

_____

_____

e) Untersuche mithilfe der Formel, welche Auswirkung das Verdoppeln einer oder beider Seitenlängen auf den Flächeninhalt hat. Trage deine Werte in die Tabelle ein. Notiere die Feststellung.

	Originalgröße	l verdoppelt	b verdoppelt	beide verdoppelt
Länge (l)				
Breite (b)				
Fläche (A)				

_____

f) Lea möchte ein Kaninchengehege bauen, das 2,4 m lang ist und eine Fläche von 3,6 m^2 haben soll. Sie überlegt sich die Breite. Erkläre ihr die notwendige Rechnung. Verwende dazu die Rechenformel.

_____

_____

2 Stelle eine entsprechende Formel für den Flächeninhalt eines Quadrats auf. Benötigst du wieder zwei unterschiedliche Variable? Begründe auf der Rückseite.

_____

Aus: 3-12-740362-3 Schnittpunkt 2, BW, Serviceband   Ernst Klett Verlag GmbH, Stuttgart 2005

Zahlenrätsel und Terme

1 Denke dir eine Zahl. Addiere 3. Verdopple das Ergebnis.
Subtrahiere 4. Dividiere das Ergebnis durch 2. Subtrahiere die
ursprünglich gedachte Zahl.
Welche Zahl erhältst du? Experimentiere anhand mehrerer Ausgangszahlen.

Zur Begründung der Lösung denken wir uns die von einem Schüler gedachte
(unbekannte) Zahl durch
a) ein Säckchen dargestellt, das eine unbekannte Anzahl an Kugeln enthält
b) die Variable x dargestellt.

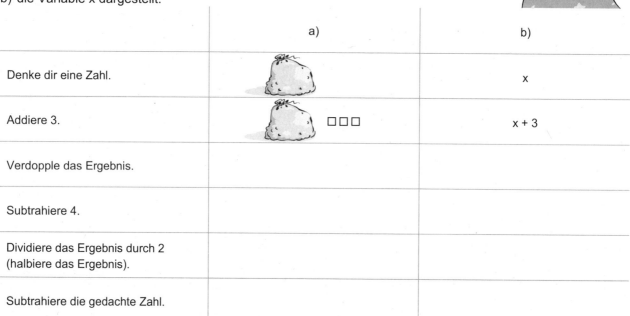

	a)	b)
Denke dir eine Zahl.	🪅	x
Addiere 3.	🪅 ☐☐☐	x + 3
Verdopple das Ergebnis.		
Subtrahiere 4.		
Dividiere das Ergebnis durch 2 (halbiere das Ergebnis).		
Subtrahiere die gedachte Zahl.		

2 Begründe die folgenden zwei Zahlenrätsel wie oben.

a) Denke dir eine Zahl. Addiere 1. Verdreifache das
Ergebnis. Subtrahiere das Dreifache der
gedachten Zahl. Du erhältst 3!

b) Denke dir eine Zahl. Vervierfache sie.
Addiere 4. Dividiere das Ergebnis durch 4.
Du erhältst eine um eins größere Zahl.

3 Stelle selber eine „Termkette" auf, die wieder zu der gedachten Zahl führt. Überlege dir ein dazu passendes Rätsel. Du kannst das Rätsel auch zu einem Zaubertrick ausbauen. Vielleicht fällt dir ein passender Zauberspruch ein.

⏱ 20-25 min   ✦ Einzelarbeit

Rauten und mehr

1 Unten siehst du eine Raute.

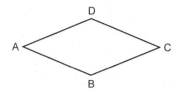

a) Darfst du alle vier Seiten mit dem gleichen Buchstaben bezeichnen? Begründe.

b) Stelle eine Formel zur Umfangsberechnung auf.

U = _____

c) Berechne mit der Formel die fehlenden Werte für eine Raute.

Seitenlänge	3 cm	1,2 cm	12 cm	4,8 cm
Umfang				

d) Wie ändert sich der Umfang, wenn die Seitenlänge vervierfacht wird? _____

e) Welche Seitenlänge muss eine Raute mit Umfang 220 cm haben? Erläutere deinen Rechenweg.

_____

2 Welches Viereck hat dieselbe Umfangsformel wie die Raute?
a) Zeichne es (a = 3,0 cm).   b) Zähle einige besondere Eigenschaften dieses Vierecks auf.

3 Unten siehst du ein Parallelogramm.

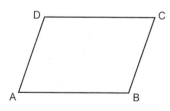

a) Darfst du alle Seiten mit dem gleichen Buchstaben bezeichnen? Begründe.

b) Stelle eine Formel zur Umfangsberechnung auf:

U = _____

c) Ein Parallelogramm soll den Umfang 30 cm und die Länge 7 cm haben. Berechne die Breite. Notiere deine Rechnungen ausführlich.

_____

_____

⏱ 20-25 min   ⬩ Einzelarbeit

Aus: 3-12-740362-3 Schnittpunkt 2, BW, Serviceband   **S69**   Ernst Klett Verlag GmbH, Stuttgart 2005

Rund um den Würfel

Gegeben ist ein Würfel mit der Kantenlänge 4,0 cm.

1 a) Zeichne das Schrägbild. b) Zeichne das Netz im Maßstab 1:4. c) Berechne die Oberfläche.

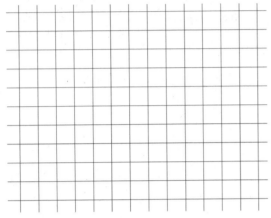

_____

_____

_____

_____

_____

_____

2 a) Stelle einen Zahlenterm für die Berechnung der Oberfläche auf: O = _____

b) Stelle einen Buchstabenterm für die Berechnung der Oberfläche auf, der für alle Würfel gilt. Wie viele unterschiedliche Variablen benötigst du? Begründe.

_____   O = _____

3 Erinnere dich! Wie wurde das Volumen eines Würfels berechnet?
a) Stelle einen Zahlenterm auf. Die Skizze hilft dir bei der Lösung.

V = _____

b) Stelle einen Buchstabenterm auf:

V = _____

c) Berechne das Volumen für die Kantenlänge 4 cm.

V = _____

1 cm

4 a) Vervollständige die Tabelle mithilfe der Formeln.

Kantenlänge	2 cm	8 cm		
Oberfläche			54 cm²	
Volumen				1 000 cm³

b) Wie ändert sich die Oberfläche bzw. das Volumen, wenn die Kantenlänge verdoppelt wird?

_____

Das Termspiel

Material: 1 Spielvorlage, 1 bzw. 2 Würfel, 1 Bleistift

Spielbeschreibung: An einem Gruppentisch mit 2 bis 5 Schülerinnen und Schülern trägt jeder seinen Namen in die Spielvorlage ein. Eine Schülerin oder ein Schüler würfelt einmal, wählt einen der Terme aus, setzt für die Variable x die gewürfelte Zahl ein und berechnet den Wert des Terms. Dann trägt sie bzw. er den Wert des Terms in die entsprechende Spalte ein und gibt Blatt, Stift und Würfel an die nächste Spielerin bzw. den nächsten Spieler weiter.
In den nächsten Runden darf ein Term, dessen Feld schon ausgefüllt ist, nicht mehr benutzt werden. Sind nach acht Runden alle Terme einmal berechnet, werden alle Ergebnisse addiert. Gewinner ist, wer die höchste Summe erreicht hat.

Termspiel 1 wird mit einem Würfel gespielt (für Anfänger).
Termspiel 2 wird mit zwei Würfeln gespielt (für Könner).

---✂

Termspiel 1

Beispiel: $2x + 4 \longrightarrow 2 \cdot$ $+ 4 = 16$

Name	x	x + 4	x + 9	2x + 6	3x	3x + 10	4x	4x + 5	Summe

---✂

Termspiel 2

Beispiel: $2x + 3 \longrightarrow 2 \cdot$ $+ 3 = 17$

Name	30 – x	x – 2	3x + 8	2x + x	2x – 2	4x – 4	5x	8x – 2x	Summe

⏱ 30 min   ⬆ Gruppenarbeit

Verschnürungen

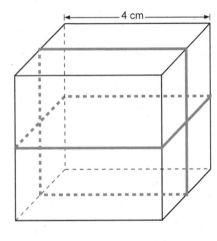

1 a) Ein würfelförmiges Paket wird verschnürt. Stelle einen Zahlenterm zur Berechnung der Schnurlänge auf.

S = _____

Stelle eine Zahlenterm auf, wenn für die Schlaufe 5 cm hinzukommen.

S = _____

b) Bezeichne die Kantenlänge des Paketes mit a. Stelle einen Buchstabenterm für die Schnurlänge S auf (ohne Schlaufe).

S = _____

Ergänze den Buchstabenterm um die für die Schlaufe benötigte Schnurlänge.

S = _____

c) Berechne die Schnurlänge für a = 9 cm mithilfe deiner Formel.

S = _____ = _____

d) Stelle für die Kantenlänge a einen Buchstabenterm zur Berechnung der Gesamt-Kantenlänge K des Würfels auf.

K = _____

e) Die Gesamtkantenlänge eines Würfels beträgt K = 72 cm. Wie lang ist eine Kante? Berechne sie mit deiner eben aufgestellten Formel. Wie viel Schnur wird jetzt benötigt?

_____

_____

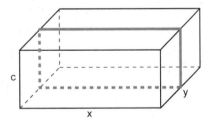

2 Die Schachtel ist ein Quader.
a) Berechne die Schnurlänge S und die gesamte Kantenlänge K. Die Schachtel hat die Länge x = 5 cm, die Breite y = 4 cm und die Höhe c = 2 cm.

S = _____ K = _____

b) Stelle Formeln für die Gesamtkantenlänge (K) und die Schnurlänge (S) auf. Bezeichne die Länge mit x, die Breite mit y und die Höhe mit c.

S = _____ K = _____

c) Welche Maße sind bei einer Schnurlänge von 30 cm möglich? Überlege mithilfe der Formel.

_____

_____

d) Für eine weitere Verschnürung gilt: S = 4 x + 4 y + 4 z. Ergänze die Skizze entsprechend.

Temperaturunterschiede in Fantasiedorf

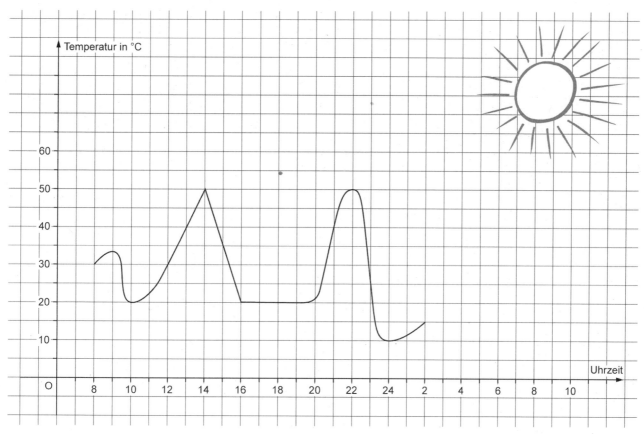

Der obige Graph gibt den Temperaturverlauf an einem Tag in Fantasiedorf wieder.

1 Welche Aussagen sind richtig? Notiere r (richtig) oder f (falsch).

1. Die Temperatur war um 12 Uhr über 20 °C. ☐

2. Um 10 Uhr waren es 20 °C. ☐

3. Um 23 Uhr war es wärmer als um 10 Uhr. ☐

4. Zwischen 10 und 18 Uhr stieg die Temperatur immer an. ☐

5. Zwei Mal betrug die Temperatur 50 °C. ☐

6. Von 16 bis 24 Uhr ist die Temperatur um 40 °C gefallen. ☐

7. Von 20 bis 22 Uhr ist die Temperatur gleichmäßig angestiegen. ☐

8. Von 14 bis 16 Uhr ist die Temperatur gleichmäßig gefallen. ☐

9. Von 16 bis 19 Uhr blieb die Temperatur gleich. ☐

10. Zwischen 8 und 12 Uhr waren es nie über 40 °C. ☐

2 Wann war es die tiefste Temperatur in Fantasiedorf?
Notiere das Wertepaar (Uhrzeit und Temperatur). _____

3 Erläutere, wie du die Temperatur um 11.30 Uhr ablesen kannst.

_____

_____

_____

4 Nach 2 Uhr nachts wurde folgendes festgestellt: Die Temperatur stieg von 2 bis 8 Uhr gleichmäßig an. Um 8.00 Uhr hatte es 30 °C. Von 8 bis 10 Uhr blieb die Temperatur gleich. Ergänze den Graphen.

Das Schneckenrennen (1)

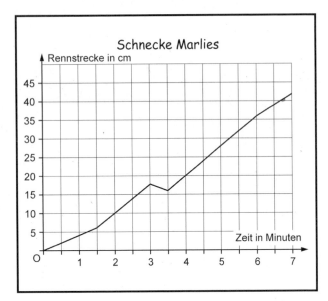

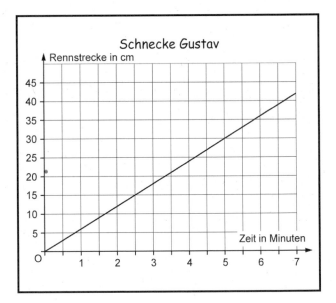

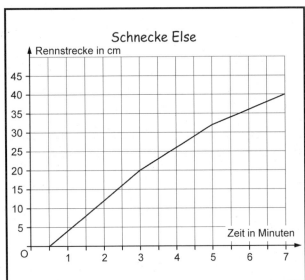

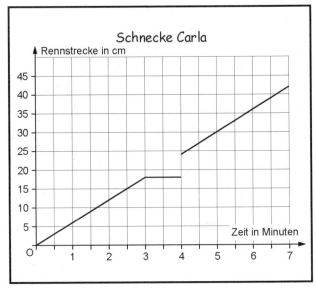

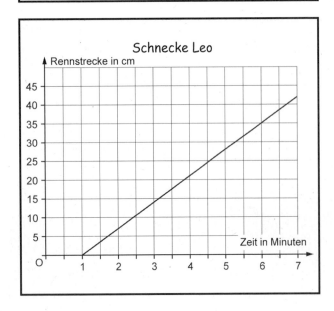

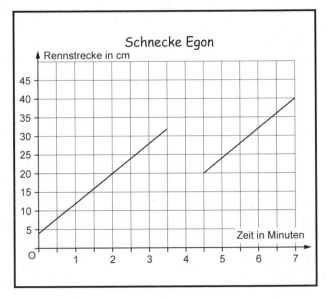

Das Schneckenrennen (2)

Schnecke mit der Startnummer 1

Zeit in min.	0	0,5	1	1,5	2	2,5	3	3,5	4	4,5	5	5,5	6	6,5	7
Strecke in cm	0,0	2,0	4,0	6,0	10,0	14,0	18,0	16,0	20,0	24,0	28,0	32,0	36,0	39,0	42,0

Schnecke mit der Startnummer 2

Zeit in min.	0	0,5	1	1,5	2	2,5	3	3,5		4,5	5	5,5	6	6,5	7
Strecke in cm	0,0	3,0	6,0	9,0	12,0	15,0	18,0	18,0		27,0	30,0	33,0	36,0	39,0	42,0

Schnecke mit der Startnummer 3

Zeit in min.	0	0,5	1	1,5	2	2,5	3	3,5	4	4,5	5	5,5	6	6,5	7
Strecke in cm	0,0	0,0	4,0	8,0	12,0	16,0	20,0	23,0	26,0	29,0	32,0	34,0	36,0	38,0	40,0

Schnecke mit der Startnummer 4

Zeit in min.	0	0,5	1	1,5	2	2,5	3	3,5	4	4,5	5	5,5	6	6,5	7
Strecke in cm	0,0	0,0	0,0	3,5	7,0	10,5	14,0	17,5	21,0	24,5	28,0	31,5	35,0	38,5	42,0

Schnecke mit der Startnummer 5

Zeit in min.	0	0,5	1	1,5	2	2,5	3	3,5	4	4,5	5	5,5	6	6,5	7
Strecke in cm	0,0	3,0	6,0	9,0	12,0	15,0	18,0	21,0	24,0	27,0	30,0	33,0	36,0	39,0	42,0

Schnecke mit der Startnummer 6

Zeit in min.	0	0,5	1	1,5	2	2,5	3	3,5		4,5	5	5,5	6	6,5	7
Strecke in cm	4,0	8,0	12,0	16,0	20,0	24,0	28,0	32,0		20,0	24,0	28,0	32,0	36,0	40,0

Das Schneckenrennen (3)

Rennbeschreibungen

Die Schnecke mit dem **grünen** Trikot ist eine bedächtige Schnecke und sie glaubt an die Gleichmäßigkeit der Geschwindigkeit, die zum Sieg verhelfen wird. Deshalb wählt sie mit dem Startschuss eine Geschwindigkeit, mit der sie in 1 min 6 cm zurücklegt, weil sie weiß, dass sie diese Geschwindigkeit über den gesamten Rennverlauf halten kann. Und tatsächlich, nach 2 min des Rennens liegt sie gleichauf mit der Verfolgergruppe der führenden Schnecke, die allerdings beim Start geschummelt hat und sicher noch disqualifiziert werden wird. Sie will sich gerade Sorgen über die Schnecke mit dem gelben Trikot machen, die sich aus dem Verfolgerfeld gelöst hat, als die neben ihr laufende Schnecke 1 auf einmal umkehrt. Besorgt, ob etwas passiert ist, bleibt sie stehen und bietet der umkehrenden Schnecke ihre Hilfe an. Als sie sich vergewissert hat, dass keine Hilfe vonnöten ist, will sie gerade ihr Rennen wieder aufnehmen, als die große Hand der Rennleitung sie zur Belohnung für ihre Hilfsbereitschaft auf die Stelle setzt, an die sie bei gleich bleibender Geschwindigkeit nach 1 min Rennunterbrechung gelangt wäre. „Das ist fair.", denkt sie und setzt das Rennen mit ihrer Anfangstaktik fort. Tatsächlich überquert sie mit der Führungsgruppe aus drei weiteren Schnecken damit zum gleichen Zeitpunkt die 42-cm-Marke.

Die Schnecke mit dem **roten** Trikot ist vor dem Start beleidigt, weil man ihr die Außenbahn zugewiesen hat, obwohl sie als stärkste Läuferin im Teilnehmerkreis gilt. „Na wartet,", denkt sie sich, „ich werde heute nicht nur gewinnen, sondern auch noch das ganze Feld durch einen absolut überlegenen Sieg deklassieren." Still und heimlich lässt sie ihren Startblock auf der Außenbahn um 4 cm nach vorne verschieben und mit dem Startschuss spurtet sie mit dem mörderischen Tempo von 8 cm in einer Minute los. „Läuft ja alles glatt.", denkt sie sich nach 2,5 min, als sie das Verfolgerfeld schon weit hinter sich sieht und rennt in gleichem Tempo weiter. Plötzlich merkt sie nach einer weiteren Minute, wie sie vom Boden hochgehoben und 1 min in der Luft gehalten wird. Unter sich sieht sie, wie das Feld immer weiter zieht, sie strampelt und schreit, aber erst nach 1 min in der Luft wird sie wieder abgesetzt und dann auch noch bei der 20-cm-Marke. „Frechheit!", denkt sie sich, weiß aber, dass sie eigentlich im Unrecht war. Trotzdem gibt sie nicht auf: mit einer unglaublich hohen Anfangsgeschwindigkeit von 4 cm in einer halben Minute zieht sie abermals los und holt tatsächlich immer mehr auf. 7 min nach Rennbeginn hat sie wieder zur Schnecke mit dem gelben Trikot aufgeschlossen. Ob es ihr gelingt, die anderen auch noch einzuholen?

Die Schnecke mit dem **gelben** Trikot steht wie die anderen gespannt an der Start linie, als sie plötzlich merkt, dass einer ihrer Rennschuhe offen ist. „Verflixt!", denkt sie und bückt sich schnell, um ihre Schuhe zu binden. Als sie wieder aufblickt, sind die anderen schon gestartet. „Noch mal verflixt!", entfährt es ihr und sie spurtet mit der gleichen Geschwindigkeit wie die Schnecke, die zu diesem Zeitpunkt in Führung liegt, los. Mit diesem Tempo hat sie nach 2 min des Rennverlaufs gut zu den anderen Schnecken aufgeschlossen. „Weiter so!", denkt sie, aber bereits 1 min später muss sie ihrem hohen Anfangstempo Tribut zollen und verlangsamt sich auf die Geschwindigkeit von 6 cm in 1 min. Als sie mit diesem Tempo die 30-cm-Marke überquert und feststellt, dass sie zu diesem Zeitpunkt in Führung liegt, denkt sie: „Jetzt schaukeln wir das Rennen noch gemütlich nach Hause.", und verringert ihr Tempo ab der 5. Rennminute auf die Geschwindigkeit von 8 cm in 2 min. Damit ist sie allerdings zusammen mit der roten Rennschnecke auf den letzten Platz zurückgefallen, als sie die 40-cm-Marke erreicht.

Das Schneckenrennen (4)

Rennbeschreibungen

Die Schnecke mit dem **braunen** Trikot ist eine taktisch gewiefte Schnecke und sie startet das Rennen beim Startschuss mit dem Vorhaben, erst langsam zu beginnen und dann durch die gesparten Kraftreserven das Feld von hinten aufzurollen. Als sie auch noch sieht, wie zwei Renngegner zunächst am Startplatz zurückbleiben, ist sie sich ihrer Taktik erst recht sicher und beschleunigt nach 1,5 Rennminuten auf das Doppelte ihrer Anfangsgeschwindigkeit. Als sie sich nach weiteren 1,5 min gerade freuen will, dass die nächste vor ihr liegende Schnecke gerade langsamer wird, verliert sie ihren Schuh und muss 2 cm zurückkriechen, um diesen anzuziehen. Gerade als sie wieder umdreht, um mit ihrer hohen Geschwindigkeit von 8 cm pro Minute die Verfolgung wieder aufzunehmen, sieht sie, wie die führende Schnecke wegen Schummelns am Start ihre Weg- und Zeitstrafe erhält. Sie glaubt mit ihrem hohen Tempo wieder an eine Siegmöglichkeit, muss aber nach 2,5 min feststellen, dass ihr die Kräfte mit diesem Tempo nicht ins Ziel reichen und sie verlangsamt auf eine Geschwindigkeit von 3 cm in einer halben Minute.

Die Schnecke mit dem **schwarzen** Trikot konzentriert sich ganz auf den Start, als sie plötzlich bemerkt, wie die neben ihr startende Schnecke sich den Schuh bindet. „So was Blödes!", schießt ihr unwillkürlich durch den Kopf und sie fängt an zu lachen, bis ihr die Tränen in die Augen schießen. Als sie wieder aufblickt, sind die andern schon lange weg. Auch die „Schuh-bind-Schnecke" ist schon beinahe 5 cm entfernt, als sie schließlich mit der zu diesem Zeitpunkt zweitschnellsten Geschwindigkeit startet. „Wenn ich dieses Tempo beibehalte, werde ich die anderen bestimmt einholen.", denkt sie sich gerade, als sie sieht, wie die braune Schnecke ihren Schuh verliert und ein kurzes Stück zurück muss. Obwohl die schwarze Schnecke zu diesem Zeitpunkt hinten liegt, wird sie durch dieses Ereignis in dem Glauben an ihre Renntaktik bestärkt und als sie nach einer weiteren halben Minute sieht, wie die derzeit führende Schnecke eine Zeit- und eine Weg-Strafe erhält, scheint ihr sogar noch ein Sieg möglich zu werden. Und tatsächlich: Nach weiteren 3,5 min hat sie zur Spitzengruppe aufgeschlossen.

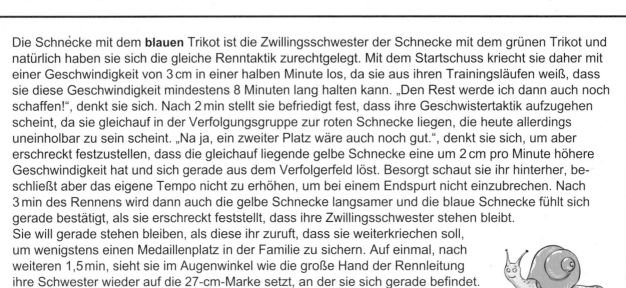

Das Schneckenrennen (5)

Rennbeschreibungen

Die Schnecke mit dem **blauen** Trikot ist die Zwillingsschwester der Schnecke mit dem grünen Trikot und natürlich haben sie sich die gleiche Renntaktik zurechtgelegt. Mit dem Startschuss kriecht sie daher mit einer Geschwindigkeit von 3 cm in einer halben Minute los, da sie aus ihren Trainingsläufen weiß, dass sie diese Geschwindigkeit mindestens 8 Minuten lang halten kann. „Den Rest werde ich dann auch noch schaffen!", denkt sie sich. Nach 2 min stellt sie befriedigt fest, dass ihre Geschwistertaktik aufzugehen scheint, da sie gleichauf in der Verfolgungsgruppe zur roten Schnecke liegen, die heute allerdings uneinholbar zu sein scheint. „Na ja, ein zweiter Platz wäre auch noch gut.", denkt sie sich, um aber erschreckt festzustellen, dass die gleichauf liegende gelbe Schnecke eine um 2 cm pro Minute höhere Geschwindigkeit hat und sich gerade aus dem Verfolgerfeld löst. Besorgt schaut sie ihr hinterher, beschließt aber das eigene Tempo nicht zu erhöhen, um bei einem Endspurt nicht einzubrechen. Nach 3 min des Rennens wird dann auch die gelbe Schnecke langsamer und die blaue Schnecke fühlt sich gerade bestätigt, als sie erschreckt feststellt, dass ihre Zwillingsschwester stehen bleibt.
Sie will gerade stehen bleiben, als diese ihr zuruft, dass sie weiterkriechen soll, um wenigstens einen Medaillenplatz in der Familie zu sichern. Auf einmal, nach weiteren 1,5 min, sieht sie im Augenwinkel wie die große Hand der Rennleitung ihre Schwester wieder auf die 27-cm-Marke setzt, an der sie sich gerade befindet. Gemeinsam setzen sie ihr Rennen mit der gleichen Geschwindigkeit fort.

Erweiterungsschnecke

 Als die Schnecke **Immerzuspät** noch später auf der Bahn 7 neben der roten Schnecke nachplatziert wird, bemerkt sie deren Betrug. „Wollen wir doch mal sehen, wer hier schlauer ist.", denkt sie sich und verschiebt ihren Startblock ebenfalls nach vorn, allerdings nur um 2 cm. „Das fällt neben der viel auffälligeren Schummelei bestimmt nicht auf und wenn einer erwischt und bestraft wird, dann höchstens Schummel-Schnecke rot." Um nicht so sehr aufzufallen, beginnt sie auch mit einer unauffälligen Geschwindigkeit von 6 cm in einer Minute. Diese Geschwindigkeit erhöht sie nach einer Rennminute auf 4 cm pro halbe Minute. Nach 30 Sekunden bekommt sie aber starkes Seitenstechen und bleibt eine halbe Minute stehen, um sich ein bisschen zu erholen. Danach nimmt sie das Rennen wieder auf und legt in den folgenden 1,5 min sehr gute 12 cm zurück. Schon voller Zuversicht auf einen möglichen Sieg, erschrickt sie als sie plötzlich feststellen muss, dass offensichtlich auch ihre Startschummelei bemerkt wurde: Die große Hand der Rennleitung hebt sie hoch und so sehr sie auch strampelt, sie kommt in der Zeitstrafe von 1 min keinen Zentimeter weiter. Wenigstens darf ich an der Stelle weiterlaufen, an der ich vor der Zeitstrafe war.", denkt sie sich, als sie feststellt, dass Schummel-Schnecke rot nicht nur ebenfalls 1 min aussetzen musste, sondern auch noch nach hinten gesetzt wurde. Sie versucht noch einmal mit einer Geschwindkeit von 8 cm in 1 min vorzulegen, verliert aber bereits nach einer halben Minute den Mut und rennt ab der fünften Rennminute nur noch mit einer Geschwindigkeit von 6 cm pro Minute. Nach 6,5 Rennminuten gibt sie schließlich auf und läuft langsam zurück zum Start.

Schraubenpreise – Graphen interpretieren

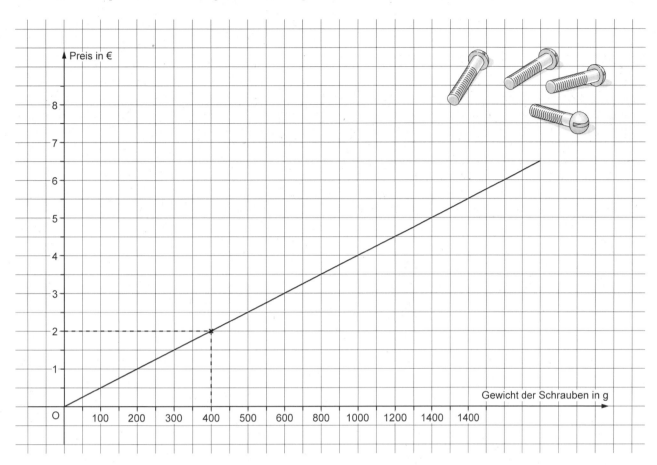

1 In diesem Graphen ist die Zuordnung von zwei Größen dargestellt. Welche Größen werden hier einander zugeordnet?

_____ $\longrightarrow$ _____

2 In der Zeichnung ist die Zuordnung eines Größenpaares hervorgehoben. Wie heißt dieses Größenpaar?

_____

3 Markiere auf dem Graphen zwei weitere Größenpaare und notiere sie.

_____

4 a) Lies aus dem Graphen ab, wie viel 600 g Schrauben kosten. _____

b) Welche Schraubenmenge kann für 1 Euro bzw. für 4,5 Euro gekauft werden?

1 € _____   4,50 € _____

5 Wie ändert sich der Preis, wenn doppelt so viel gekauft wird? Prüfe an mindestens drei Beispielen.

Beispiele: _____

Feststellung: _____

_____

Verständnisaufgaben

1 Preis

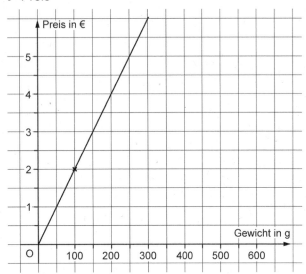

Stellt der Graph eine proportionale Zuordnung dar? Begründe deine Antwort mit mehreren Aussagen.

2 Vervollständige die Tabelle mit den Zahlen so, dass eine proportionale Zuordnung entsteht.

Größe x					2
Größe y	1	2	3	4	

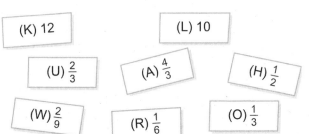

Die **nicht** in die Tabelle einsetzbaren Zahlen ergeben ein Lösungswort.

3 Sind die Aussagen für proportionale Zuordnungen richtig oder falsch? Kreuze an.

Aussage	richtig	falsch
4 kg kosten 6,40 €. 500 g kosten den achten Teil von 6,40 €.		
1 kg einer Ware kostet 4,50 €. $\frac{1}{4}$ kg davon kostet viermal so viel.		
250 g kostet 3,45 €. 1 kg kostet viermal so viel.		
Klaus überlegt: Wenn 200 g 4 € kosten, dann kostet 450 g 2 · 4 € + 1 € = 9 €. Wie hat Klaus überlegt?		
1,6 kg einer Ware kosten 8 €. Wie viel kosten 1,2 kg? Marc überlegt so: 8 € - 1 € = 7 €. Wie hat er überlegt?		

4 Proportional, näherungsweise proportional oder nicht proportional? Entscheide und Begründe.
a) Karin lernt in der Realschule sechs Jahre Englisch. Im ersten Jahr lernt sie 300 englische Wörter. Wie viele lernt sie in den sechs Jahren?
b) Gerd läuft beim 5000-m-Lauf den ersten Kilometer in vier Minuten. Wie lange benötigt er für 5 km?
c) Zwei Arbeiter benötigen für den Aushub eines Grabens acht Stunden. Wie lange benötigen vier Arbeiter?
d) Ein Füller kostet 4,50 €. Wie viel kosten drei dieser Füller?

Ein Klassen-Fragebogen

Fragebogen

Name: _____

Vorname: _____

○ Junge   ○ Mädchen

Welches ist deine Lieblingsfarbe? _____

Welches ist dein Lieblingstier? _____

Kannst du schwimmen?   ○ Ja   ○ Nein

Bist du Rechts- oder Linkshänder? ○ Rechts   ○ Links

Wie lange brauchst du morgens für den Schulweg? _____ Minuten

Was ist deine Lieblingssportart? _____

Wie viele Geschwister hast du?   ○ keine
                                   ○ 1 Schwester oder Bruder
                                   ○ 2 Schwestern oder Brüder
                                   ○ 3 Schwestern oder Brüder
                                   ○ mehr als 3 Geschwister

- ✂

Fragebogen

Name: _____

Vorname: _____

○ Junge   ○ Mädchen

Welches ist deine Lieblingsfarbe? _____

Welches ist dein Lieblingstier? _____

Kannst du schwimmen?   ○ Ja   ○ Nein

Bist du Rechts- oder Linkshänder? ○ Rechts   ○ Links

Wie lange brauchst du morgens für den Schulweg? _____ Minuten

Was ist deine Lieblingssportart? _____

Wie viele Geschwister hast du?   ○ keine
                                   ○ 1 Schwester oder Bruder
                                   ○ 2 Schwestern oder Brüder
                                   ○ 3 Schwestern oder Brüder
                                   ○ mehr als 3 Geschwister

Schülerumfrage – Was fällt euch beim Lernen leicht?

Schülerbuchseite 175, Aufgabe 8

Beim alltäglichen Lernen gibt es Dinge, die einem leichter oder weniger leicht fallen. Führt in eurer Klasse die Schülerbefragung mit dem abgebildeten Fragebogen durch.
Wertet das Ergebnis eurer Befragung aus. Zeichne dazu für jede Zeile der Tabelle ein Diagramm.

Aufgabe	sehr schwer	schwer	geht so	leicht	sehr leicht
Lernstoff behalten					
Klassenarbeiten vorbereiten					
regelmäßig üben und wiederholen					
Texte lernen und verstehen					
Nachschlagewerke benutzen					
Hefte ordentlich führen					

✂ --

Schülerumfrage – Was fällt euch beim Lernen leicht?

Schülerbuchseite 175, Aufgabe 8

Beim alltäglichen Lernen gibt es Dinge, die einem leichter oder weniger leicht fallen. Führt in eurer Klasse die Schülerbefragung mit dem abgebildeten Fragebogen durch.
Wertet das Ergebnis eurer Befragung aus. Zeichne dazu für jede Zeile der Tabelle ein Diagramm.

Aufgabe	sehr schwer	schwer	geht so	leicht	sehr leicht
Lernstoff behalten					
Klassenarbeiten vorbereiten					
regelmäßig üben und wiederholen					
Texte lernen und verstehen					
Nachschlagewerke benutzen					
Hefte ordentlich führen					

Zahlen in Bildern (1)

1 Die Strichliste zeigt die Schulwegzeiten der Schüler aus der Klasse 6b. Zeichne ein Säulendiagramm.

Zeit (in min)	Anzahl der Schüler
0 bis 5	|||||	
6 bis 10	||||| |||
11 bis 15	||||| ||
16 bis 20		
21 bis 25	|||||
26 bis 30	||

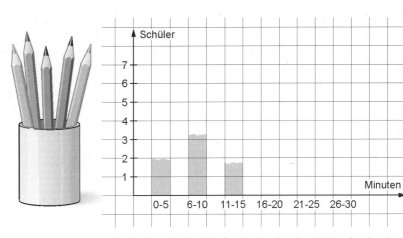

2 So kommen die Schüler der Klasse 6c zur Schule:

Verkehrsmittel	Anzahl der Schüler
Bus/Bahn	8
zu Fuß	12
Fahrrad	5
Auto	4

Erstelle ein Balkendiagramm. Achte auf die richtige Beschriftung der Achsen.

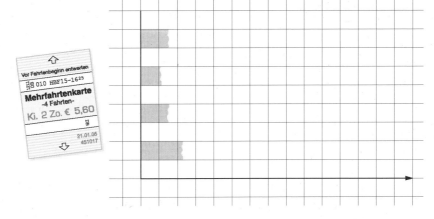

3 Für ein Klassenfest der 6a mit 28 Schülern hat die Klassensprecherin eine Umfrage bezüglich des Lieblingsessens ihrer Mitschüler gestartet. Das Ergebnis siehst du hier in einem Kreisdiagramm dargestellt.

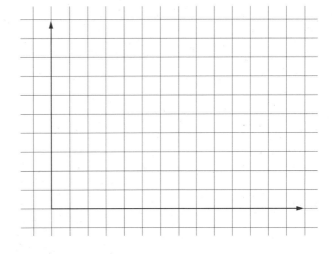

a) Welches ist die „unbeliebteste" Lieblingsspeise?

_____

b) Wie viele Kinder essen am liebsten

Pizza? _____ Hamburger? _____

c) Am Tag des Klassenfestes werden Pizza und Hamburger angeboten. Wie viele Kinder der Klasse sind

jetzt enttäuscht? _____

d) Übertrage die Ergebnisse der Umfrage in ein Säulen- oder Balkendiagramm.
(Hähnchen/Döner/Spagetti = 1 Balken oder 1 Säule).

🕐 30 min   ⭡ Einzelarbeit

Zahlen in Bildern (2)

4 a) Schreibe in Stichworten auf, was du aus den beiden Diagrammen ablesen kannst.

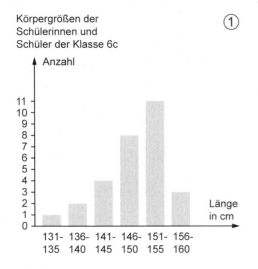

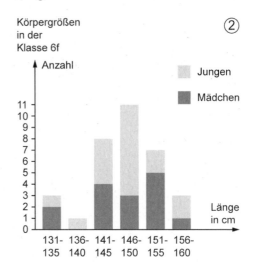

Diagramm 1: _____

_____

Diagramm 2: _____

_____

b) Kannst du aus den Diagrammen ablesen, wie viele Kinder 1,47 m groß sind? _____

Begründe deine Antwort. _____

5 Was ist bei den folgenden Diagrammen falsch bzw. was fehlt?

a)
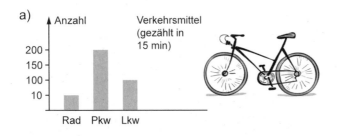

b)
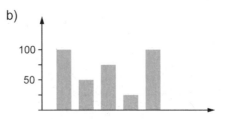

c)
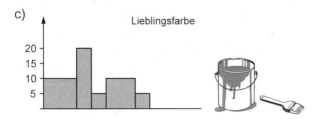

d)
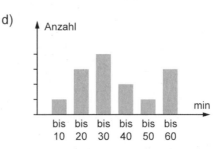

a) _____   b) _____

c) _____   d) _____

Berichtige die Fehler oder ergänze Fehlendes farbig.

Aus: 3-12-740362-3 Schnittpunkt 2, BW, Serviceband   **S84**   Ernst Klett Verlag GmbH, Stuttgart 2005

Im Tierreich – Diagramme

1 Die Säugetiere bilden eine der fünf Klassen des Tierstamms der Wirbeltiere. Ihren Namen haben sie erhalten, weil die Weibchen ihre Jungen säugen, d. h. sie mit Milch aus Milchdrüsen ernähren.

a) Welche maximale Körperlänge können diese Säugetiere erreichen?
Notiere die Länge in cm.

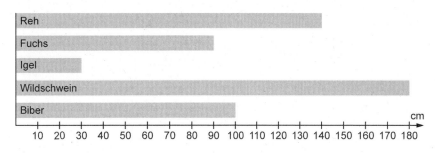

Igel: _____ Fuchs: _____ Biber: _____ Reh: _____ Wildschwein: _____

b) Ein Wildschwein kann ein Höchstalter von ungefähr 30 Jahren erreichen. Ein Biber wird bis zu 25 Jahre alt. Ein Reh erreicht manchmal ein Alter von 16 Jahren. Das Höchstalter von Fuchs und Igel liegt bei 14 Jahren.
Stelle diese Angaben in einem Säulendiagramm dar.

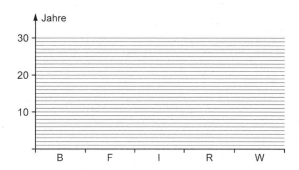

2 Das Bilddiagramm zeigt dir die ungefähre (gerundete) Zahl der in Deutschland lebenden Wirbeltierarten. Dabei steht ein Symbol für zehn Arten.
a) Setze es in ein Streifendiagramm um. (3 mm für 10 Arten)

Reptilien   Amphibien   Säugetiere   Fische   Vögel

R

b) Weltweit kennt man folgende Mengen dieser Wirbeltierarten: Fische: 20 600; Amphibien: 2500; Reptilien: 6300; Vögel: 8600; Säugetiere: 3700.
Stelle die Zahlen in einem Kreisdiagramm dar.

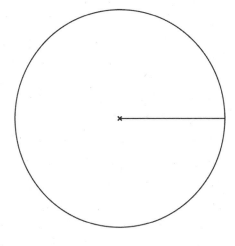

Tipp: Summe aller Arten entsprechen 360°

_____ entsprechen 360°

100 entsprechen _____

20 600 entsprechen _____

2500 entsprechen _____

6300 entsprechen _____

8600 entsprechen _____

3700 entsprechen _____

360°

Kopfrechenblatt 1

1 Schreibe als Bruch.

a) ein Drittel _____   b) drei Viertel _____   c) zwei Fünftel _____

2 Welcher Bruchteil ist gefärbt?

a)    b) 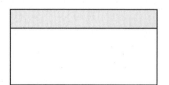   c)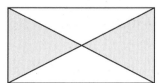

_____   _____   _____

3 Gib in der geforderten Einheit an.

a) 7 m 8 cm = _____ cm   7 m 8 dm = _____ dm   8 km 5 m = _____ m

b) 6 kg 80 g = _____ g   2 h 5 min = _____ min   5 € 6 ct = _____ ct

4 a) $\frac{1}{10}$ kg = _____ g $\frac{7}{10}$ kg = _____ g

    b) $\frac{2}{5}$ kg = _____ g $\frac{4}{5}$ kg = _____ g

    c) $\frac{6}{5}$ kg = _____ g $\frac{9}{5}$ kg = _____ g

    d) $\frac{1}{500}$ kg = _____ g $\frac{17}{500}$ kg = _____ g

> $\frac{1}{5}$ kg bedeutet:
> Der fünfte Teil von 1 kg;
> also 1000 g : 5 = 200 g
> $\frac{3}{5}$ sind dreimal so viel
> wie $\frac{1}{5}$, also 3 · 200 g = 600 g

5 Berechne im Kopf

a)   5 · 12 = _____   8 · 2 · 5 = _____   5 · _____ = 60

b) 80 : 16 = _____   123 − 97 − 3 = _____   107 − _____ = 89

c)   9 · 15 = _____   86 + 25 + 14 = _____   630 : _____ = 70

Knack-die-Nuss-Ecke

Gib die Größen als Bruch in der größeren Einheit an.

a) 400 g = _____ kg   b) 300 g = _____ kg   c) 13 ct = _____ €

d) 90 ct = _____ €   e) 375 g = _____ kg   f) 700 m = _____ km

g) 5 dm = _____ m   h) 10 min = _____ h   i) 50 min = _____ h

Kopfrechenblatt 2

1 a) $\dfrac{5}{6} = \dfrac{10}{\square}$ $\dfrac{7}{12} = \dfrac{\square}{36}$ $\dfrac{1}{5} = \dfrac{5}{\square}$ $\dfrac{2}{9} = \dfrac{\square}{45}$

   b) $\dfrac{2}{\square} = \dfrac{8}{16}$ $\dfrac{2}{18} = \dfrac{\square}{36}$ $\dfrac{5}{6} = \dfrac{\square}{30}$ $\dfrac{1}{\square} = \dfrac{3}{12}$

   c) $\dfrac{8}{9} = \dfrac{\square}{27}$ $\dfrac{16}{24} = \dfrac{2}{\square}$ $\dfrac{2}{5} = \dfrac{\square}{30}$ $\dfrac{\square}{7} = \dfrac{3}{21}$

Teilbarkeitsregeln

durch 2: Die letzte Ziffer muss durch _____ teilbar sein.

durch 5: Die letzte Ziffer muss eine _____ oder _____ sein.

durch 10: Die letzte Ziffer muss eine _____ sein.

durch 3 und 9: Die _____ muss durch _____ teilbar sein.

---

2 a) Kürze die Bruchzahlen mit 8.

$\dfrac{8}{16} =$ _____ $\dfrac{24}{8} =$ _____ $\dfrac{80}{48} =$ _____

b) Kürze die Bruchzahlen mit 6.

$\dfrac{6}{12} =$ _____ $\dfrac{30}{36} =$ _____ $\dfrac{60}{6} =$ _____

c) Kürze die Brüche soweit wie möglich.

$\dfrac{8}{18} =$ _____ $\dfrac{8}{10} =$ _____ $\dfrac{12}{24} =$ _____

$\dfrac{48}{16} =$ _____ $\dfrac{24}{25} =$ _____ $\dfrac{36}{54} =$ _____

3 Gib in der kleineren Einheit an.

a) $\dfrac{2}{5}$ kg = _____ $\dfrac{1}{8}$ kg = _____ $\dfrac{3}{5}$ h = _____ $\dfrac{7}{10}$ km = _____

b) $\dfrac{3}{20}$ € = _____ $\dfrac{3}{12}$ h = _____ $\dfrac{9}{100}$ kg = _____ $\dfrac{1}{4}$ m = _____

4 Erweitere die Brüche auf den kleinsten gemeinsamen Nenner wie im Beispiel.

a) $\dfrac{2}{5} =$ _____

    $\dfrac{7}{10} =$ _____

b) $\dfrac{3}{4} =$ _____

    $\dfrac{4}{5} =$ _____

c) $\dfrac{5}{16} =$ _____

    $\dfrac{1}{2} =$ _____

> **Beispiel**
>
> $\dfrac{5}{6} = \dfrac{10}{12}$
>
> $\dfrac{1}{4} = \dfrac{3}{12}$

d) $\dfrac{1}{3} =$ _____

    $\dfrac{5}{6} =$ _____

    $\dfrac{1}{2} =$ _____

e) $\dfrac{7}{9} =$ _____

    $\dfrac{1}{4} =$ _____

    $\dfrac{1}{12} =$ _____

f) $\dfrac{2}{15} =$ _____

    $\dfrac{7}{30} =$ _____

    $\dfrac{9}{60} =$ _____

g) $\dfrac{1}{3} =$ _____

    $\dfrac{1}{4} =$ _____

    $\dfrac{1}{2} =$ _____

Kopfrechenblatt 3

1 a) $\frac{1}{4} + \frac{2}{10} = \frac{\square}{20} + \frac{\square}{20} = \frac{\square}{\square}$ b) $\frac{5}{6} - \frac{1}{4} = \frac{\square}{12} - \frac{\square}{12} = \frac{\square}{\square}$

> **Addieren**
>
> 1. Auf denselben Nenner erweitern.
> 2. Zähler addieren und den Nenner beibehalten.
>
> $\frac{2}{9} + \frac{1}{6} = \frac{4}{18} + \frac{3}{18} = \frac{7}{18}$

c) $\frac{1}{8} + \frac{1}{6} = \frac{\square}{24} + \frac{\square}{\square} = \underline{\hspace{1cm}}$ d) $\frac{5}{9} - \frac{1}{3} = \frac{\square}{9} - \frac{\square}{\square} = \underline{\hspace{1cm}}$

e) $\frac{4}{5} - \frac{1}{10} = \underline{\hspace{2cm}}$ f) $\frac{3}{10} + \frac{1}{5} = \underline{\hspace{2cm}}$

g) $\frac{1}{4} + \frac{1}{6} = \underline{\hspace{2cm}}$ h) $\frac{5}{8} - \frac{1}{2} = \underline{\hspace{2cm}}$ i) $\frac{5}{6} - \frac{3}{4} = \underline{\hspace{2cm}}$

2 a) Um wie viel ist $\frac{3}{5}$ mehr als $\frac{1}{2}$? $\underline{\hspace{6cm}}$

b) Um wie viel ist $\frac{1}{6}$ weniger als $\frac{1}{4}$? $\underline{\hspace{6cm}}$

c) Was ist mehr? $\frac{3}{5}$ kg oder $\frac{7}{20}$ kg? $\underline{\hspace{6cm}}$

3 a) $\frac{3}{5} + \frac{\square}{\square} = \frac{4}{5}$ b) $\frac{\square}{\square} - \frac{3}{8} = \frac{1}{8}$ c) $\frac{2}{5} + \frac{\square}{10} = \frac{7}{10}$

d) $\frac{7}{5} - \frac{\square}{10} = \frac{7}{10}$ e) $\frac{4}{\square} + \frac{1}{3} = \frac{7}{9}$ f) $\frac{5}{8} - \frac{1}{\square} = \frac{3}{8}$

4 Gerd spart auf ein Fahrrad. Von seinen Eltern erhält er ein Viertel und von seinen Großeltern zwei Fünftel des Fahrradpreises.

a) Welchen Bruchteil bekommt er insgesamt geschenkt? $\underline{\hspace{4cm}}$

b) Was kostet das Fahrrad, wenn seine Eltern ihm 125 € geben? $\underline{\hspace{4cm}}$

c) Welchen Betrag bekommt er von den Großeltern? $\underline{\hspace{4cm}}$

d) Welchen Bruchteil muss er selbst bezahlen? $\underline{\hspace{4cm}}$

Knack-die-Nuss-Ecke

Setze die Ziffern richtig ein.

a) 1; 2; 3; 5; 5 und 5   b) 1; 1; 2; 3; 5 und 6   c) 1; 2; 3; 4; 5 und 6

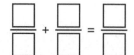

$\frac{\square}{\square} - \frac{\square}{\square} = \frac{\square}{\square}$ $\frac{\square}{\square} + \frac{\square}{\square} = \frac{\square}{\square}$ $\frac{\square}{\square} + \frac{\square}{\square} = \frac{\square}{\square}$

Kopfrechenblatt 4

1 a) $\dfrac{4}{5} \cdot \dfrac{1}{8} =$ _____

b) $\dfrac{5}{16} \cdot \dfrac{8}{9} =$ _____

c) $\dfrac{7}{10} \cdot \dfrac{2}{7} =$ _____

d) $\dfrac{8}{9} \cdot \dfrac{3}{4} =$ _____

e) $\dfrac{3}{4} \cdot 5 =$ _____

Multiplikationsregel

_____

_____

_____

_____

2 a) $12\dfrac{2}{3} + 11\dfrac{1}{6} =$ _____

b) $16\dfrac{4}{5} - 11\dfrac{3}{10} =$ _____

c) $34\dfrac{3}{5} + 12\dfrac{1}{2} =$ _____

d) $7\dfrac{5}{6} + 15\dfrac{2}{9} =$ _____

e) $23\dfrac{1}{4} - 12\dfrac{5}{6} =$ _____

3 Gib in der geforderten Einheit an.

a) $\dfrac{3}{5}$ km = _____ m

$\dfrac{7}{25}$ m = _____ cm

b) $\dfrac{1}{12}$ h = _____ min

$\dfrac{4}{15}$ h = _____ min

c) $\dfrac{1}{250}$ kg = _____ g

$\dfrac{17}{50}$ € = _____ ct

d) $\dfrac{1}{4}$ a = _____ m^2

$\dfrac{3}{5}$ l = _____ ml

4 a) Wie viel ist die Hälfte von $\dfrac{1}{2}$ Liter? _____ l = _____ ml

b) Berechne $\dfrac{3}{5}$ von $\dfrac{7}{20}$ kg. _____ kg = _____ g

5 Ordne die Brüche nach ihrer Größe. Verwende das Zeichen >.

a) $\dfrac{3}{4}$; $\dfrac{2}{5}$; $\dfrac{7}{10}$; $\dfrac{1}{20}$; $\dfrac{1}{4}$; $\dfrac{1}{5}$; $\dfrac{7}{20}$; $\dfrac{1}{10}$ _____

b) $2\dfrac{1}{4}$; $3\dfrac{1}{8}$; $1\dfrac{9}{10}$; 4 ; $\dfrac{19}{4}$; $\dfrac{7}{10}$; $\dfrac{60}{8}$ _____

Knack-die-Nuss-Ecke

a) $4 \cdot 4 =$ _____

$4 \cdot 2 =$ _____

$4 \cdot 1 =$ _____

$4 \cdot \dfrac{1}{2} =$ _____

$4 \cdot \dfrac{1}{4} =$ _____

b) $\dfrac{3}{4} \cdot 3 =$ _____

$\dfrac{3}{4} \cdot 1\dfrac{1}{2} =$ _____

$\dfrac{3}{4} \cdot \dfrac{3}{4} =$ _____

$\dfrac{3}{4} \cdot \dfrac{3}{8} =$ _____

$\dfrac{3}{4} \cdot \dfrac{3}{16} =$ _____

c) $\dfrac{1}{3} \cdot 18 =$ _____

$\dfrac{1}{3} \cdot 6 =$ _____

$\dfrac{1}{3} \cdot 2 =$ _____

$\dfrac{1}{3} \cdot \dfrac{2}{3} =$ _____

$\dfrac{1}{3} \cdot \dfrac{2}{9} =$ _____

Was fällt dir auf? _____

_____

Kopfrechenblatt 5

1 a) $12\frac{3}{4} - 2\frac{1}{2} =$ _____ $6\frac{2}{3} + 3\frac{1}{6} =$ _____ $6\frac{1}{5} - 3\frac{1}{10} =$ _____

 b) $56\frac{7}{8} - 2\frac{1}{6} =$ _____ $9\frac{3}{4} + 7\frac{5}{6} =$ _____ $9\frac{1}{4} - 7\frac{1}{2} =$ _____

 c) $15\frac{2}{3} - 1\frac{5}{9} =$ _____ $2\frac{3}{8} + 5\frac{1}{12} =$ _____ $8\frac{1}{6} - 5\frac{2}{3} =$ _____

2 Rechne wie im Beispiel.

 a) 5,9 km = _____ = _____

 b) 8,2 € = _____ = _____

 c) 1,1 h = _____ = _____

 d) 4,98 kg = _____ = _____

 e) 0,009 km = _____ = _____

 f) $2\frac{3}{10}$ € = _____ = _____

 g) $4\frac{7}{1000}$ kg = _____ = _____

$6{,}8\,kg = 6\frac{8}{10}\,kg = 6\,800\,g$

$7\frac{8}{10}\,€ = 7{,}8\,€$

$= 780\,ct$

Die erste Dezimale bedeutet zehntel.

3 a) Um wie viel sind 0,47 Liter mehr als 0,4 Liter? Um wie viel sind es weniger als 0,5 Liter? Gib das Ergebnis als Dezimalbruch und als gewöhnlichen Bruch an.

 _____

 b) Um wie viel sind 0,73 kg mehr als 0,5 kg? Um wie viel sind es weniger als 1 kg? Notiere das Ergebnis in beiden Schreibweisen.

 _____

 c) Um wie viel sind 1,7 km mehr als 1 km 570 m? Um wie viel sind es weniger als 1900 m? Notiere das Ergebnis in beiden Schreibweisen.

 _____

Multiplikation von Bruchzahlen

Zähler mal Zähler und Nenner mal Nenner.
Kürze vor dem Rechnen!

a) $\frac{7}{8} \cdot 4 = \frac{7 \cdot 4}{8} = \frac{7 \cdot 1}{2} = \frac{7}{2} = 3\frac{1}{2}$

b) $\frac{2}{5} \cdot \frac{3}{4} = \frac{1 \cdot 3}{5 \cdot 2} = \frac{3}{10}$

4 a) $\frac{3}{5} \cdot \frac{1}{3} =$ ____ b) $1\frac{2}{3} \cdot \frac{1}{5} =$ ____ c) $4 \cdot \frac{3}{8} =$ ____

 d) $\frac{5}{12} \cdot \frac{2}{5} =$ ____ e) $1\frac{1}{2} \cdot 1\frac{1}{4} =$ ____ f) $2 \cdot 1\frac{1}{3} =$ ____

 g) $\frac{3}{8} \cdot \frac{2}{9} =$ ____ h) $2\frac{1}{4} \cdot \frac{2}{9} =$ ____ i) $6 \cdot \frac{2}{5} =$ ____

 j) $\frac{5}{9} \cdot \frac{3}{5} =$ ____ k) $1\frac{1}{5} \cdot \frac{5}{6} =$ ____ l) $\frac{4}{7} \cdot 5 =$ ____

Kopfrechenblatt 6

1 Verwandle in die angegebene Einheit.

a) $\frac{9}{10}$ km = _____ m

b) $1\frac{3}{5}$ kg = _____ g

c) $\frac{7}{100}$ dm³ = _____ cm³

d) $\frac{1}{25}$ cm² = _____ mm²

e) $2\frac{1}{4}$ a = _____ m²

f) $\frac{17}{500}$ km = _____ m

g) $\frac{1}{20}$ h = _____ min

h) $5\frac{4}{5}$ cm = _____ mm

i) $\frac{1}{4}$ € = _____ ct

2 Wandle in einen Dezimalbruch um.

$\frac{7}{25}$ = _____

$\frac{9}{50}$ = _____

$\frac{9}{500}$ = _____

$\frac{3}{20}$ = _____

$\frac{3}{200}$ = _____

$\frac{9}{100}$ = _____

> **Umformen durch Erweitern**
>
> $\frac{4}{25} = \frac{16}{100} = 0{,}16$
>
> Beachte: Es gibt bis 50 nur elf Zahlen, die du auf 10; 100 usw. erweitern kannst.

3 Zähle alle Nenner bis 50 auf, die du auf 10, 100 usw. erweitern kannst.

_____

4 Wandle um.

a) 0,2 h = _____ min

b) 1,8 km = _____ m

c) 1,08 km = _____ m

d) 1,008 km = _____ m

> **Division von Bruchzahlen**
>
> Mit dem Kehrwert multiplizieren.
> Kürze vor dem Rechnen.
>
> a) $\frac{3}{5} : \frac{3}{4} = \frac{3}{5} \cdot \frac{4}{3} = \frac{1}{5} \cdot \frac{4}{1} = \frac{4}{5}$
>
> b) $\frac{3}{4} : 5 = \frac{3}{4 \cdot 5} = \frac{3}{20}$
>
> c) $1\frac{2}{3} : 2\frac{1}{2} = 1\frac{2}{3} \cdot \frac{2}{5} = \frac{5}{3} \cdot \frac{2}{5} = \frac{1}{3} \cdot \frac{2}{1} = \frac{2}{3}$

5 a) $\frac{1}{3} : \frac{2}{3}$ = _____

$1 : \frac{7}{8}$ = _____

$3 : 18$ = _____

$1\frac{1}{2} : 3$ = _____

$2\frac{2}{3} : 0$ = _____

$\frac{2}{5} : \frac{3}{10}$ = _____

b) $12\frac{3}{5} + 3\frac{1}{2}$ = _____

$16\frac{7}{8} - 1\frac{1}{4}$ = _____

$23\frac{1}{3} - 2\frac{5}{9}$ = _____

$13\frac{5}{8} + 1\frac{1}{4}$ = _____

c) $\frac{1}{3} \cdot 1\frac{1}{5}$ = _____

$4 \cdot \frac{5}{12}$ = _____

$1\frac{1}{2} \cdot 1\frac{1}{4}$ = _____

$2\frac{1}{4} \cdot 3$ = _____

Knack-die-Nuss-Ecke

Herr Mayer erhält ein Fünftel eines Lottogewinns. Herr Müller erhält die Hälfte.

a) Wer erhält den größeren Bruchteil? Um wie viel erhält er mehr? _____

b) Herr Carstens erhält den Rest. Welchen Bruchteil erhält er? _____

c) Wie hoch ist der Gewinn, wenn Herr Mayer 20 000 € erhält? _____

✝ Einzelarbeit

Aus: 3-12-740362-3 Schnittpunkt 2, BW, Serviceband

© Als Kopiervorlage freigegeben.

Ernst Klett Verlag GmbH, Stuttgart 2005

Kopfrechenblatt 7

1 Vervollständige.

	10	100	1000
0,09			
0,019			
0,1007			

Multiplikation

1. Rechne ohne das Komma.
2. Trenne im Ergebnis durch das Komma so viele Stellen ab, wie beide Faktoren zusammen haben.

2 Berechne.

a) $0,4 \cdot 0,3 =$ _____

$0,04 \cdot 3 =$ _____

b) $0,02 \cdot 8 =$ _____

$0,2 \cdot 0,8 =$ _____

c) $10,1 \cdot 0,2 =$ _____

$1,01 \cdot 0,02 =$ _____

d) $0,077 \cdot 100 =$ _____

$0,077 \cdot 10 =$ _____

e) $12 \cdot 0,4 =$ _____

$12 \cdot 0,04 =$ _____

f) $0,06 \cdot 11 =$ _____

$0,6 \cdot 11 =$ _____

3 Setze das Komma in den zweiten Faktor richtig ein.

a) $3,4 \cdot 406 = 138,04$

b) $0,082 \cdot 34 = 0,2788$

c) $5,6 \cdot 1008 = 5,6448$

4 Finde drei passende Aufgaben.

a) _____ $= 0,12$

_____ $= 0,12$

_____ $= 0,12$

b) _____ $= 1,2$

_____ $= 1,2$

_____ $= 1,2$

Knack-die-Nuss-Ecke

Berechne.

a) $1,2 \cdot 20 =$ _____

$1,2 \cdot 2 =$ _____

$1,2 \cdot 0,2 =$ _____

$1,2 \cdot 0,02 =$ _____

$1,2 \cdot 0,002 =$ _____

b) $14 \cdot 3 =$ _____

$14 \cdot 1 =$ _____

$14 \cdot 0,2 =$ _____

$14 \cdot 0,03 =$ _____

$14 \cdot 0,02 =$ _____

c) $0,25 \cdot 4 =$ _____

$0,25 \cdot 1 =$ _____

$0,25 \cdot 0,5 =$ _____

$0,25 \cdot 0,1 =$ _____

$0,25 \cdot 0,02 =$ _____

Was fällt dir auf? _____

_____

Kopfrechenblatt 8

1 Berechne.

a) $\dfrac{2}{3} : \dfrac{1}{3} =$ _____

$\dfrac{3}{7} : 7 =$ _____

$1 : \dfrac{5}{7} =$ _____

$\dfrac{2}{3} : \dfrac{2}{7} =$ _____

$1\dfrac{1}{4} : 1\dfrac{1}{3} =$ _____

b) $1\dfrac{1}{3} : 3 =$ _____

$5 : \dfrac{1}{5} =$ _____

$18 : 16 =$ _____

$\dfrac{2}{5} : 3 =$ _____

$2 : 1\dfrac{1}{2} =$ _____

Division von Bruchzahlen

Mit dem Kehrbruch multiplizieren!

a) $\dfrac{8}{15} : \dfrac{2}{3} = \dfrac{8}{15} \cdot \dfrac{3}{2} = \dfrac{4 \cdot 1}{5 \cdot 1} = \dfrac{4}{5}$

b) $\dfrac{7}{10} : 3 = \dfrac{7}{10 \cdot 3} = \dfrac{7}{30}$

c) $1\dfrac{1}{2} : 1\dfrac{1}{4} = \dfrac{3}{2} : \dfrac{5}{4} = \dfrac{3}{2} \cdot \dfrac{4}{5} = \dfrac{6}{5} = 1\dfrac{1}{5}$

d) $22 : 16 = \dfrac{22}{16} = \dfrac{11}{8} = 1\dfrac{3}{8}$

---

c) $16\dfrac{1}{5} + 3\dfrac{1}{10} =$ _____

$16 - 10\dfrac{3}{4} =$ _____

d) $\dfrac{5}{8} - \dfrac{1}{4} =$ _____

$13 + 8\dfrac{3}{5} =$ _____

e) $16\dfrac{5}{8} - 10\dfrac{1}{6} =$ _____

$\dfrac{3}{5} + \dfrac{5}{6} =$ _____

f) $5\dfrac{3}{5} + 4\dfrac{1}{2} =$ _____

$\dfrac{7}{8} + 11\dfrac{3}{4} =$ _____

2 Löse mithilfe des Dreisatzes.
a) Acht Flaschen kosten 4,80 €. Was kosten neun Flaschen?
b) 800 g Käse kosten 12 €. Was kosten 1,6 kg?

3 Forme in Dezimalbrüche um.

$\dfrac{1}{5} =$ _____ $\quad 2\dfrac{3}{50} =$ _____ $\quad \dfrac{2}{9} =$ _____ $\quad 1\dfrac{1}{9} =$ _____ $\quad 3\dfrac{2}{9} =$ _____ $\quad \dfrac{3}{9} =$ _____ $\quad 4\dfrac{1}{3} =$ _____

4 Berechne.

a) $1,3 \cdot 0,2 =$ _____ $\quad 1,3 \cdot 0,02 =$ _____ $\quad 1,3 \cdot 2 =$ _____ $\quad 1,3 \cdot 20 =$ _____

b) $2,4 : 0,4 =$ _____ $\quad 2,4 : 0,04 =$ _____ $\quad 2,4 : 4 =$ _____ $\quad 2,4 : 40 =$ _____

c) $1,2 + 3,7 =$ _____ $\quad 1,2 + 3,07 =$ _____ $\quad 4,6 - 1,7 =$ _____ $\quad 4,6 - 1,07 =$ _____

---

5 Ermittle die Eurobeträge.

a) Gerd erhält 32 € Taschengeld. Davon spart er $\dfrac{5}{8}$. _____

b) Klaus spart $\dfrac{2}{3}$ von seinem Taschengeld, nämlich 60 €. _____

Knack-die-Nuss-Ecke

Alle Aufgaben im Kopf rechnen.

a) $0,6 \cdot \boxed{} = 18$

b) $4,5 : \boxed{} - 0,1 = 0,4$

c) $\dfrac{3}{4} : \boxed{} = \dfrac{3}{8}$

d) $\left(\dfrac{1}{2} + \dfrac{1}{4}\right) \cdot \boxed{} = \dfrac{3}{8}$

e) $12 - \boxed{} = 9\dfrac{3}{4}$

f) $\dfrac{9}{10} - \left(\dfrac{1}{2} + \boxed{}\right) = \dfrac{1}{10}$

g) $2,4 : \boxed{} = 120$

h) $\left(2,6 - \boxed{}\right) : 0,5 = 5$

Fitnesstest 1

Rechentechnik Klasse 5

1 a) <u>2078 · 276</u> =

b) 83 005 : 12 =

Wissen

2 a) Setze die Reihe fort.

> spitze Winkel: $0° < β < 90°$
>
> rechte Winkel: _____
>
> _____
>
> _____
>
> _____

b) Erläutere den Begriff Nebenwinkel mithilfe einer Zeichnung. Triff eine Aussage über die Größen der Winkel.

Begründen

3 a) Was ist mehr? $\frac{1}{5}$ Kuchen oder $\frac{1}{6}$ Kuchen? Begründe auf der Rückseite des Blattes.

b) Berechne den Winkel β. In welcher Zeichnung kannst du ihn nicht berechnen? Begründe.

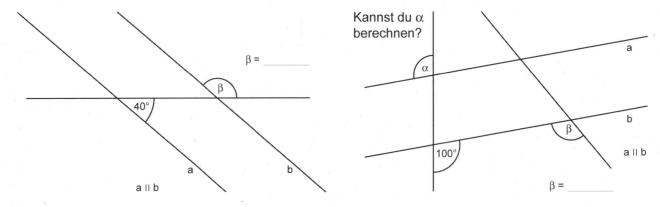

Knack-die-Nuss-Ecke

Ich kenne noch alle Rechenregeln aus Klasse 5.

Bestimme die fehlende Zahl. Notiere die Rechenregel bzw. das Rechengesetz.

a) 60 − 20 : 2 = ☐ _____

b) 340 − (120 + ☐) = 150 _____

c) 390 − (48 − (8 + 9)) = ☐ _____

Fitnesstest 2

Wissen

1 Beschreibe den Lösungsweg für die Berechnung des folgenden Terms. 3409 − (342 − 42 : 6)

Rechentechnik

2 a) 4041 · 570   b) 504 170 : 32   c)
$$\begin{array}{r} 454\,899 \\ +\ 245\,980 \\ +\ \ \ 20\,141 \\ +\ 104\,607 \\ \hline \end{array}$$

3 a) $\frac{4}{5} - \frac{1}{2} =$ b) $\frac{3}{8} + \frac{1}{4} =$ c) $7\frac{1}{5} + 3\frac{1}{10} =$ d) $9\frac{5}{8} - 4\frac{1}{4} =$

e) $\frac{1}{10} + \frac{3}{5} =$ f) $\frac{5}{6} - \frac{1}{8} =$ g) $12\frac{3}{5} - 8 =$ h) $\frac{2}{3} + \frac{3}{4} =$

Grundwissen Geometrie

4 a) Wie heißt das Viereck? _____

b) Notiere die besonderen Eigenschaften.

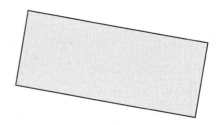

c) Zeichne die Diagonalen ein und miss die Schnittwinkel der Diagonalen. _____

d) Berechne den Flächeninhalt des Vierecks. _____

Knack-die-Nuss-Ecke

1 Ein Würfel hat die Kantenlänge a = 4,0 cm.

a) Wie viele cm³-Würfelchen haben in einer Reihe Platz? _____

b) Wie viele cm³-Würfelchen bilden die unterste Schicht? _____

c) Wie viele Schichten sind es? _____

d) So wird das Volumen berechnet: _____

2 Ein Quader ist 5 cm lang und 3 cm breit. Wie hoch muss er sein, damit sein Volumen 30 cm³ beträgt?

3 Bei einem Quader wird die Höhe verdoppelt und die Länge halbiert. Die Breite bleibt gleich. Wie ändert sich sein Volumen?

Ich kann durch Überlegen herausfinden, wie man das Volumen berechnet.

Fitnesstest 3

Rechentechnik

1 Berechne im Kopf.

a) $\dfrac{1}{4} \cdot \dfrac{2}{3}$ = _____

   $\dfrac{3}{5} \cdot 3$ = _____

   $16\dfrac{1}{6} + 7\dfrac{1}{4}$ = _____

   $\dfrac{2}{5} : 5$ = _____

b) $\dfrac{5}{6}$ von 30 € = _____ ct

   $\dfrac{1}{5}$ h = _____ min

   $\dfrac{3}{4}$ kg = _____ g

   $2\dfrac{3}{10}$ km = _____ m

Grundwissen Geometrie

2 a) Zeichne ein Rechteck mit den Seiten $\overline{AB}$ = 4,0 cm und $\overline{BC}$ = 3,0 cm. Berechne den Umfang und den Flächeninhalt.

b) Berechne die Winkelgrößen.

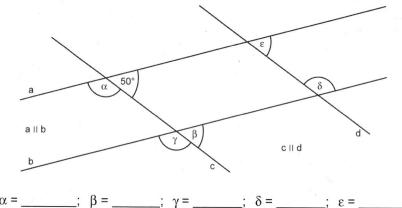

α = _____ ; β = _____ ; γ = _____ ; δ = _____ ; ε = _____

Wissen

3 Was passiert mit einem Bruchteil, bei dem Zähler und Nenner mit derselben Zahl multipliziert werden?

_____

_____

Zeigen und Begründen

4 Zeige, dass $\dfrac{27}{42}$ nicht die Grunddarstellung des Bruches ist. Begründe mit einer passenden Regel.

_____

_____

Knack-die-Nuss-Ecke

Berechne.

a) $12\dfrac{1}{3} - \left(4\dfrac{2}{5} + 5\dfrac{1}{2}\right)$

= _____

= _____

= _____

b) $20 - \left(4\dfrac{1}{4} - 3\dfrac{1}{2}\right) : 1\dfrac{1}{4}$

= _____

= _____

= _____

c) $58 - 7\dfrac{3}{5} \cdot 2\dfrac{1}{2} : \dfrac{1}{3}$

= _____

= _____

= _____

Fitnesstest 4

Rechentechnik

1 Berechne.

a) $4\frac{2}{3} \cdot \frac{2}{7} =$ _____

b) $\frac{3}{5} : \frac{7}{15} =$ _____

c) $16\frac{1}{6} - 7\frac{3}{4} =$ _____

d) $\frac{2}{5} : \frac{1}{2} + \frac{3}{4} \cdot \frac{2}{3} =$ _____

Grundwissen Geometrie

2 Zeichne auf der Rückseite des Blattes das Netz eines Würfels mit der Kantenlänge 1,5 cm. Berechne die Oberfläche.

$O =$ _____

Wissen

3 a) Welche drei Brüche haben den Hauptnenner 36? Kreuze an.

○ $\frac{2}{3}; \frac{3}{4}; \frac{1}{9}$

○ $\frac{1}{6}; \frac{3}{4}; \frac{7}{8}$

○ $\frac{5}{12}; \frac{1}{16}; \frac{5}{9}$

○ $\frac{7}{18}; \frac{1}{4}; \frac{5}{6}$

b) Verbinde.

$\frac{4}{5} \cdot \frac{3}{4}$ ◆　　◆ in reine Brüche umwandeln

$2\frac{1}{4} : 1\frac{1}{2}$ ◆　　◆ in der gemischten Schreibweise rechnen

$6\frac{5}{12} - 4\frac{3}{4}$ ◆　　◆ vor dem Rechnen kürzen

$\frac{2}{3} \cdot \frac{5}{9}$ ◆　　◆ Zähler · Zähler, Nenner · Nenner

Zeigen und Begründen

4 Klaus behauptet: Ich kann zwei Brüche auch vergleichen, indem ich sie auf denselben Zähler erweitere. Zeige dies am Beispiel von $\frac{2}{21}$ und $\frac{3}{25}$ und begründe, weshalb einer der beiden Brüche größer ist als der andere.

Knack-die-Nuss-Ecke

Richtig (r) oder falsch (f)?

a) $\frac{3}{5}$ von $\frac{1}{2}$ kg sind 300 g. ☐

b) Die Hälfte von $\frac{3}{5}$ kg ist gleich viel wie ein Viertel von $\frac{8}{10}$ kg. ☐

c) $\frac{3}{4}$ liegt genau in der Mitte zwischen $\frac{2}{3}$ und $\frac{4}{5}$. ☐

d) $\frac{103}{205}$ ist größer als $\frac{122}{245}$. ☐

Fitnesstest 5

Rechentechnik

1 Berechne im Kopf.

a) $1\frac{2}{3} \cdot \frac{1}{5} =$ _____

$\frac{3}{5} : \frac{1}{2} =$ _____

$16\frac{5}{6} - 7\frac{1}{4} =$ _____

b) $\frac{3}{4}$ kg = _____ g

$\frac{3}{5}$ h = _____ min

$\frac{3}{5}$ m^2 = _____ dm^2

c) $\frac{4}{5}$ von 200 € = _____

$\frac{3}{4}$ von 1 km = _____

$\frac{7}{10}$ von 2 h = _____

Wissen

2 a) Ordne die Brüche der Größe nach

$\frac{3}{4} ; \frac{3}{8} ; \frac{1}{4} ; \frac{1}{6} ; \frac{1}{10} ; 1\frac{1}{12}$

_____

$\frac{3}{4} ; \frac{5}{6} ; \frac{3}{7} ; \frac{5}{12} ; \frac{9}{14} ; \frac{11}{12}$

_____

b) Verbinde.

96° ♦   ♦ spitzer Winkel

87° ♦   ♦ gestreckter Winkel

180° ♦   ♦ stumpfer Winkel

200° ♦   ♦ überstumpfer Winkel

3 Notiere die Erweiterungsregel für Brüche.

_____

_____

Zeigen und Begründen

4 Zeige mithilfe von zwei Zeichnungen, dass $\frac{3}{4} = \frac{6}{8}$ gilt und begründe.

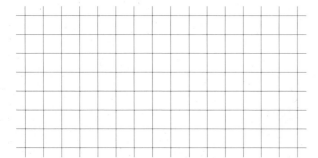

Knack-die-Nuss-Ecke

> Die Rechengesetze aus Klasse 5 bringen auch beim Bruchrechnen Rechenvorteile.

Berechne im Kopf.
Welches Gesetz bzw. welche Rechenregel verwendest du?

$2\frac{7}{24} + \frac{3}{4} + \frac{1}{4} =$ [ ] _____

$\frac{5}{8} + 2\frac{1}{2} + \frac{3}{8} =$ [ ] _____

$\frac{5}{8} \cdot 1\frac{1}{2} \cdot \frac{2}{3} =$ [ ] _____

$7\frac{5}{8} - 3\frac{1}{3} - 2\frac{2}{3} =$ [ ] _____

Fitnesstest 6

Wissen

1 a) Schreibe in der jeweils anderen Schreibweise. $\frac{16}{3}$ = _____ $5\frac{3}{4}$ = _____

b) Gib eine Bruchzahl mit Nenner 16 an, die   – größer als 1 ist. _____.

                                           – kleiner als $\frac{1}{2}$ ist. _____

c) Kreuze die Bruchzahlen an, die für eine natürliche Zahl stehen: $\frac{4}{5}$; $\frac{18}{9}$; $\frac{12}{5}$; $\frac{12}{6}$; $\frac{12}{4}$; $\frac{30}{6}$; $\frac{25}{4}$; $\frac{1}{20}$.

Welche Aussage kannst du über Zähler und Nenner dieser Bruchzahlen machen?

_____

_____

Rechentechnik

2 Berechne.

a) $309 \cdot 460$ b) $85\,603 : 31$ c) $(2\frac{1}{2} - 1\frac{1}{4}) \cdot \frac{1}{5}$ d) $2\frac{1}{2} - 1\frac{1}{4} \cdot \frac{1}{5}$

                                                         = _____   = _____

                                                          = _____   = _____

e) Berechne im Kopf. $\frac{5}{8} - \frac{1}{2}$ = _____ $\frac{5}{8} \cdot \frac{1}{2}$ = _____ $\frac{5}{8} : 2$ = _____ $\frac{5}{8} : \frac{1}{2}$ = _____

Grundwissen Geometrie

3 a) Zu welchem Körper passt das abgebildete Netz (Maßstab 1 : 2; das heißt 1 cm entspricht 2 cm in der Wirklichkeit)?

b) Zeichne ein Schrägbild (im Maßstab 1 : 1) und berechne die Oberfläche.

c) Trage die Linien ins Schrägbild ein.

d) Beschrifte das Netz mit unten, oben, rechts, links, hinten.

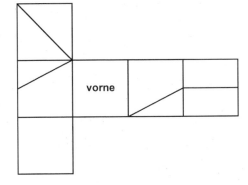

Knack-die-Nuss-Ecke

a) Zeige, dass $\frac{8}{9} : \frac{2}{3}$ kleiner als $\frac{8}{9} : \frac{1}{6}$ ist. Begründe, ohne zu rechnen.

_____

b) Gib eine Aufgabe $\frac{8}{9} : \boxed{}$ an, bei der das Ergebnis noch größer ist. _____

Aus: 3-12-740362-3 Schnittpunkt 2, BW, Serviceband   Ernst Klett Verlag GmbH, Stuttgart 2005

Fitnesstest 7

Zeigen und Begründen

1 Vergleiche an einem selbst gewählten Beispiel die Multiplikation mit 3 und das Erweitern mit 3. Vergleiche das Ergebnis und erläutere.

_____

_____

Rechentechnik

2 Berechne im Kopf.

a) $\frac{2}{3} + \frac{1}{2} =$ _____ $\frac{2}{7} \cdot 5 =$ _____ $\frac{2}{5} + 1\frac{1}{2} =$ _____ $\frac{1}{2} - \frac{2}{5} =$ _____

b) $\frac{3}{7} : 4 =$ _____ $2 - \frac{2}{3} =$ _____ $23\frac{2}{3} + 11\frac{3}{4} =$ _____ $1\frac{2}{3} \cdot \frac{2}{5} =$ _____

Grundwissen Geometrie

3 Miss die folgenden Winkel. Schätze zuerst.

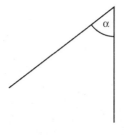
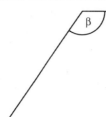
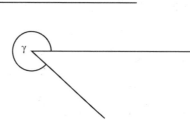

Winkel			
geschätzt			
gemessen			

Wissen

4 Mit welchem Verfahren würdest du die Brüche in Dezimalbrüche umwandeln? Verbinde.

durch Erweitern

$\frac{2}{3}$ $\frac{3}{5}$ $\frac{7}{500}$ $\frac{3}{8}$ $\frac{7}{16}$ $3\frac{3}{4}$ $12\frac{1}{9}$ $\frac{7}{25}$

durch Division

Knack-die-Nuss-Ecke

a) $\frac{2}{3} - \dfrac{\square}{\square} = \frac{1}{6}$ b) $\frac{2}{3} \cdot \dfrac{\square}{\square} = \frac{1}{3}$ c) $\dfrac{\square}{\square} : \frac{1}{2} = \frac{1}{2}$ d) $\frac{7}{8} \cdot \dfrac{\square}{\square} = \frac{1}{4}$

Fitnesstest 8

Grundwissen Geometrie

1 Ergänze die Zeichnung so, dass zwei Nebenwinkel entstehen. Beschrifte sie. Triff eine Aussage über die Nebenwinkel.

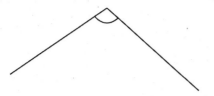

Rechentechnik

2 Berechne im Kopf.

$\frac{2}{3} + \frac{1}{4} =$ _____ ; $\frac{2}{3} : 5 =$ _____ ; $34\frac{2}{3} - 1\frac{1}{2} =$ _____ ; $1\frac{1}{2} : \frac{2}{5} =$ _____ ; $1\frac{1}{3} \cdot \frac{1}{2} =$ _____

3 Berechne schriftlich.

a) $207,6 - 62,06 - 111,9 =$ b) $503,08 \cdot 5,6 =$ c) $7,62 : 1,8 =$

4 Schreibe als Dezimalbruch. $\frac{17}{50} =$ _____ $\frac{2}{3} =$ _____ $3\frac{7}{200} =$ _____

Wissen

5 Ordne der Größe nach: $\frac{3}{4}$; $0,8$; $0,\overline{8}$; $0,7\overline{9}$; $\frac{9}{10}$; $0,89$ _____

Zeigen und Begründen

6 a) Zeige, um wie viel sich $\frac{7}{20}$ und $\frac{7}{25}$ unterscheiden. Gib das Ergebnis auch in Prozent an.

_____

b) Begründe anhand der Bruchschreibweise, weshalb der eine Bruch kleiner sein muss.

_____

Knack-die-Nuss-Ecke

Ich habe ein gutes Zahlgefühl und kann das ohne zu rechnen!

Verbinde mit dem richtigen Ergebnis.

$45,78 : 0,24$ ♦   ♦ $12,5079$

$1,038 \cdot 12,05$ ♦   ♦ $190,75$

$248,63 - 100,9 - 45,2 - 0,098$ ♦   ♦ 4568

$11,42 : 0,0025$ ♦   ♦ $102,432$

$(40,72 + 45,68) : 0,1$ ♦   ♦ 864

Fitnesstest 9

Zeigen und Begründen

1 Veranschauliche an der Zeichnung das Erweitern mit 2.
Begründe, weshalb der Wert des Bruches gleich bleibt.

erweitert mit 2 ⟶   erweitert mit 2 ⟶

Raumvorstellung

2 Gegeben ist das folgende Körpernetz eines
vierseitigen Prismas (maßstabsgerecht verkleinert).

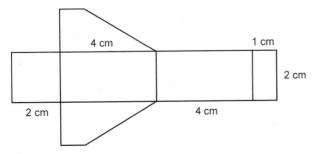

4 cm   1 cm

2 cm

2 cm   4 cm

Gib die Körperhöhe an: h = _____

3 Vier prismenförmige Gefäße haben die unten
gezeichneten Grundflächen und sind gleich hoch.
Das quadratische Prisma ist halb mit Wasser gefüllt.
Das Wasser wird umgefüllt. Zu welchem Bruchteil
werden die anderen Prismen gefüllt?

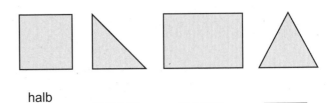

halb   _____ _____ _____

Wissen

4 Wie musst du das Komma
zum Rechnen verschieben?
Notiere die entsprechende
Aufgabe.

2,83 : 0,6 = _____

458 : 0,56 = _____

0,785 : 0,69 = _____

5 Welche der Tabellen gehört zu einer proportionalen Zuordnung?
Begründe und Vervollständige dann die Tabelle.

Gewicht	10	15	45	
Preis	22	33		35

Gewicht	10	25	50	
Preis	20	40		100

_____

_____

Knack-die-Nuss-Ecke

Setze Rechenzeichen so ein, dass du eine wahre Aussage erhältst.

$\frac{3}{5}$ ☐ $\frac{1}{2}$ > 1 $1\frac{1}{2}$ ☐ $\frac{3}{4}$ < 1 $\frac{3}{7}$ ☐ $\frac{3}{8}$ > 1

0,78 ☐ 4,2 > 1   8,3 ☐ 4,6 < 4   7,98 ☐ 0,5 > 10

2,3 ☐ (1,6 + 0,5) < 1   4,7 ☐ (1,3 − 1,26) > 100   0,99 ☐ (2,7 − 2,65) > 1

† Einzelarbeit

Aus: 3-12-740362-3 Schnittpunkt 2, BW, Serviceband

S102

© Als Kopiervorlage freigegeben.

Ernst Klett Verlag GmbH, Stuttgart 2005

Fitnesstest 10

Zeigen und Begründen

1 Es gilt $3\,257 \cdot 245 = 797\,965$. Gib die Ergebnisse der folgenden Aufgaben an ohne zu rechnen. Begründe.

a) $325,7 \cdot 24,5 =$ _____

b) $0,245 \cdot 32,57 =$ _____

Rechentechnik

2 Berechne den Term schrittweise.

$0,6 \cdot \left(\dfrac{7}{8} - \dfrac{1}{3} \cdot \dfrac{3}{4} \right) + \dfrac{7}{8} : 0,7 =$ _____

3 Im Supermarkt gibt es $4,5\,kg$ Pakete zu $5,40\,€$ und $6\,kg$ Pakete zu $7,80\,€$. Unterstreiche das günstigere Angebot. Begründe rechnerisch.

Raumvorstellung

4 Für die fehlende Fläche des Prismanetzes sind fünf mögliche Lagen angegeben. Färbe die richtigen ein.

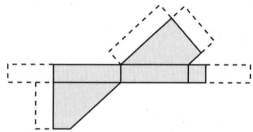

Wissen

5 a) Welcher Bruchteil ist gefärbt? Ergänze so, dass $\dfrac{13}{18}$ gefärbt sind.

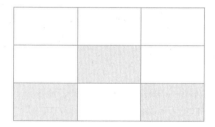

b) Ordne die Zahlen nach der Größe.

$0,76;\ 0,759;\ 0,7598;\ 0,81;\ \dfrac{4}{5};\ \dfrac{2}{3};\ \dfrac{17}{20}$

c) Berechne die Terme für die angegebenen Werte.

x	y	$3 \cdot x + y$	$x \cdot (5 \cdot y - 9)$
3	4		

Knack-die-Nuss-Ecke

1 Stelle einen Term mit den Variablen a und b auf, der für $a = 8$ und $b = 5$ den Termwert 50 hat.

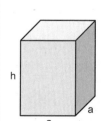

2 Gib die Oberfläche der abgebildeten quadratischen Säule mithilfe eines Terms an.

1 Kreis und Winkel

Kreisbilder zum Knobeln, Seite S 4

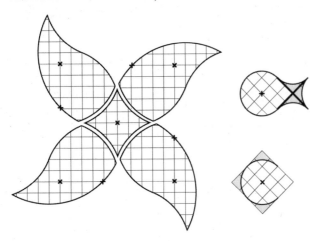

Schatten und toter Winkel, Seite S 4

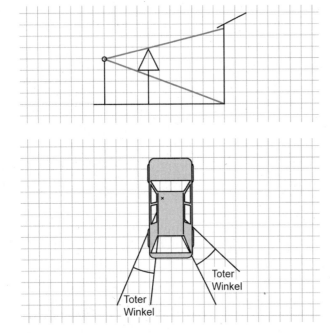

Winkelgröße, Seite S 5

2 ④ < ① < ⑤ < ② < ③

3 $W_1 < W_4 < W_3 < W_5 < W_2 < W_6$

Winkel berechnen, Seite S 8

1 $\alpha = 130°$ (Nebenwinkel zu 50°);
$\varepsilon = 180°$ (Scheitelwinkel zu einem Winkel α', der ein Stufenwinkel zu α ist); $\gamma = 50°$ (Nebenwinkel zu ε); δ kann nicht berechnet werden, weil c nicht parallel zu b.

2 Scheitelwinkel: α und φ; β und γ; ε und δ
Nebenwinkel zu β: φ und ε; δ und α
und individuelle Lösungen.

3 $\alpha = 58°$; $\beta = 32°$; $\gamma = 90°$

---

4 a)

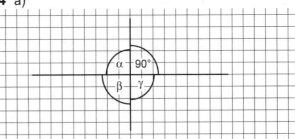

$\alpha = 180° - 90° = 90°$. $\alpha = \gamma$ (Scheitelwinkel); $\beta = 90°$ (Scheitelwinkel)

b)

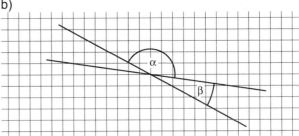

$\beta < 90°$; daraus folgt $\alpha > 90°$ weil $\alpha + \beta = 180°$.

5 $\varepsilon + \beta \neq 180°$

2 Teilbarkeiten und Brüche

Teilbarkeit durch 3 und 9, Seite S 13

1 bis **3**

Zahl	Anzahl der Plättchen	Zahl ist teilbar durch	
		3	9
24	6	ja	nein
711	9	ja	ja
5 304	12	ja	nein

und individuelle Lösungen

4 a) Jede Zahl besteht aus verschiedenen Ziffern. Die Anzahl der Plättchen entspricht der Summe dieser Ziffern. Man nennt diese Summe Quersumme.
b) Wenn bei einer Zahl die Anzahl der Plättchen (Quersumme) durch 3 teilbar ist, dann ist auch die Zahl selbst durch 3 teilbar. Ist die Anzahl der Plättchen sogar durch 9 teilbar, dann teilt 9 auch die ursprüngliche Zahl.

Zusatzaufgabe
mögliche Lösungen:
a) 123; eine Zahl ist nur dann durch 3 und nicht durch 9 teilbar, wenn ihre Quersumme durch 3 und nicht durch 9 teilbar ist.
b) 1236

Teilbarkeiten, Primzahlen und Zahlenpaare, Seite S 14

1 65 ist als einzige Zahl nicht durch 3 teilbar.

2 Keine der Zahlen hat einen Teiler (außer 1 und sich selbst). Alle Zahlen sind also Primzahlen.

3 Es gibt verschiedene Möglichkeiten, Zahlenpaare zu bilden; mögliche Antworten:
144 und 48, denn $144 = 3 \cdot 48$;
144 und 72, denn $144 = 2 \cdot 72$
25 und 144, denn beide sind Quadratzahlen
234 und 144, denn beide sind gerade Zahlen
117 und 234, denn $234 = 2 \cdot 117$
72 und 189, denn beide sind durch 9 teilbar usw.

Gemischte Zahlen, Seite S 15

1 b) $2\frac{1}{6}$

2 a) $\frac{4}{3} = 1\frac{1}{3}$ b) $\frac{23}{10} = 2\frac{3}{10}$

c) $\frac{8}{5} = 1\frac{3}{5}$ d) $\frac{31}{8} = 3\frac{7}{8}$

3 a) $2\frac{2}{3}$ b) $1\frac{1}{4}$ c) $1\frac{1}{7}$

d) $2\frac{1}{5}$ e) $1\frac{4}{8}$ f) $2\frac{1}{9}$

4 a) $\frac{11}{4}$ b) $\frac{45}{8}$ c) $\frac{38}{11}$

d) $\frac{85}{11}$ e) $\frac{140}{15}$ f) $\frac{122}{7}$

g) $\frac{35}{3}$ h) $\frac{140}{9}$ i) $\frac{94}{11}$

5 a) 60 min + 20 min =   80 min
b)   120 min + 15 min = 135 min
c)   60 min + 15 min =   75 min

Übungen zum Erweitern, Seite S 16

1 a) $\frac{1}{2} = \frac{2}{4} = $ z.B. $\frac{4}{8}$ b) $\frac{2}{5} = \frac{4}{10} = $ z.B. $\frac{8}{20}$
c) individuelle Lösungen

2 doppelt; halb; das gleiche

3 a) $\frac{6}{12}$, denn die richtige Erweiterung
von $\frac{3}{4}$ ist $\frac{9}{12}$.

b) $\frac{5}{20}$, denn die richtige Erweiterung von $\frac{1}{5}$ ist $\frac{4}{20}$.

4 f; f; w; w; f; w

Vergleichen von Bruchteilen, Seite S 19

1 a) Kirschkuchen   b) Schokocremetorte
c) Beide Brüche haben den gleichen Nenner, sodass man direkt vergleichen kann.

d) $\frac{3}{4}$ nimmt mehr Fläche ein.

2 a) am meisten: Pfirsichtorte; am wenigsten: Käsesahnetorte

b) $\frac{1}{2}$ und $\frac{3}{4}$

c) $\frac{3}{4} = \frac{9}{12}$; $\frac{2}{3} = \frac{8}{12}$

$\frac{9}{12}$ nimmt eine größere Fläche ein als $\frac{8}{12}$.

Vergleichen von Bruchteilen 2 und 3, Seite S 20

Blatt 2
a) größer: um $\frac{1}{8}$ b) kleiner: um $\frac{1}{6}$

c) kleiner: um $\frac{1}{10}$ d) größer: um $\frac{3}{12}$

Blatt 3
a) größer: um $\frac{9}{18}$ b) kleiner: um $\frac{1}{15}$

c) kleiner: um $\frac{3}{14}$ d) kleiner: um $\frac{5}{24}$

Vergleichen von Bruchteilen 4 und 5, Seite S 21

Blatt 4
Man erweitert beide Brüche bis sie den gleichen Nenner haben und vergleicht die Zähler.
a) größer: um $\frac{1}{12}$ b) kleiner: um $\frac{2}{12}$

c) größer: um $\frac{5}{12}$ d) kleiner: um $\frac{11}{36}$

Blatt 5
1 >; >; <
Am Nenner lässt sich die Größe ablesen, weil die Zähler gleich sind. Je größer der Nenner, desto kleiner die Stücke, desto kleiner die Bruchzahl.

2 <; <; < Es fehlt bei $\frac{3}{4}$ $\frac{1}{4}$ zum Ganzen und
bei $\frac{4}{5}$ fehlt $\frac{1}{5}$. $\frac{1}{4} > \frac{1}{5}$ also muss $\frac{3}{4} < \frac{4}{5}$ sein.

3 >; <; < Die Vergleichsgröße ist hier $\frac{1}{2}$.
$\frac{7}{15} < \frac{1}{2}$ und $\frac{5}{7} > \frac{1}{2}$, also $\frac{7}{15} < \frac{5}{7}$

3 Rechnen mit Brüchen

Zauberquadrate, Seite S 26

$\frac{2}{13}$	$\frac{7}{13}$	$\frac{6}{13}$
$\frac{9}{13}$	$\frac{5}{13}$	$\frac{1}{13}$
$\frac{4}{13}$	$\frac{3}{13}$	$\frac{8}{13}$

$\frac{17}{25}$	$\frac{24}{25}$	$\frac{1}{25}$	$\frac{8}{25}$	$\frac{15}{25}$
$\frac{6}{25}$	$\frac{13}{25}$	$\frac{20}{25}$	$\frac{22}{25}$	$\frac{4}{25}$
$\frac{25}{25}$	$\frac{2}{25}$	$\frac{9}{25}$	$\frac{11}{25}$	$\frac{18}{25}$
$\frac{14}{25}$	$\frac{16}{25}$	$\frac{23}{25}$	$\frac{5}{25}$	$\frac{7}{25}$
$\frac{3}{25}$	$\frac{10}{25}$	$\frac{12}{25}$	$\frac{19}{25}$	$\frac{21}{25}$

Vervielfachen von Brüchen, Seite S 31

1 a) $2 \cdot \frac{1}{3} = \frac{2}{3}$ b) $3 \cdot \frac{2}{9} = \frac{6}{9}$

2 mögliche Lösung:

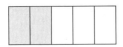

Ergebnis: $\frac{4}{5}$

3 a) mögliche Lösung: b) mögliche Lösung:

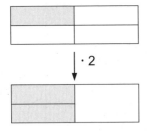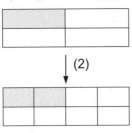

Durch das Vervielfachen wird das Ergebnis größer, durch das Erweitern verändert sich nur die Größe der Stücke. Das Ergebnis, d. h. der Bruchteil, bleibt gleich.

4 Ich erhalte zwei Viertelstücke. Bei der Multiplikation des Nenners mit 2 verdopple ich die Anzahl der Teile, in die das Ganze zerlegt ist (siehe Zeichnung zu 3 b). Das heißt, ich würde ein Achtelstück erhalten.

5 a) $3 \cdot \frac{3}{5} = \frac{9}{5}$

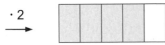

b) $6 \cdot \frac{1}{6} = 1$

Teilen von Brüchen, Seite S 32

1 $\frac{2}{3} : 2 = \frac{1}{3}$; $\frac{2}{3} : 3 = \frac{6}{9} : 3 = \frac{2}{9}$

2 mögliche Lösung: $\frac{4}{5} : 2 = \frac{2}{5}$

3 a) mögliche Lösung: b) mögliche Lösung:

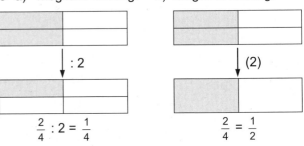

$\frac{2}{4} : 2 = \frac{1}{4}$ $\frac{2}{4} = \frac{1}{2}$

Der Wert ändert sich durch das Teilen, man bekommt nur halb so viel. Durch das Kürzen ändert sich das Ergebnis hingegen nicht.

4 In der Zeichnung zu Aufgabe 3 a) sieht man das Ergebnis der Division $\frac{2}{4} : 2 = \frac{1}{4}$. Man erhält also eines von vier Teilen. Teilt man Zähler und Nenner durch 2, erhält man den gekürzten Bruch $\frac{1}{2}$ (siehe Zeichnung zu 3 b). Man erhält also die gleiche Menge wie vorher, nämlich zwei von vier bzw. einen von zwei Teilen.

5 a) $\frac{3}{4} : 3 = \frac{1}{4}$

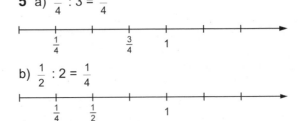

b) $\frac{1}{2} : 2 = \frac{1}{4}$

Multiplikationsreihen, Seite S 34

1 a) 2; $\frac{1}{2}$; $\frac{1}{8}$; $\frac{1}{4} \cdot \frac{1}{8} = \frac{1}{32}$

b) 1; $\frac{1}{4}$; $\frac{1}{16}$; $\frac{1}{16} \cdot \frac{1}{4} = \frac{1}{64}$

c) $\frac{3}{10}$; $\frac{3}{20}$; $\frac{3}{40}$; $\frac{3}{5} \cdot \frac{1}{16} = \frac{3}{80}$

d) individuelle Lösungen
Vermutung: Halbiert oder viertelt man einen der Faktoren, so ist auch das Ergebnis nur noch die Hälfte oder ein Viertel des vorhergehenden Ergebnisses (siehe a) und c)). Halbiert man beide Faktoren, so erhält man nur noch ein Viertel des ursprünglichen Ergebnisses.

2 a) $\frac{1}{40}$; $\frac{2}{20}$; $\frac{4}{10}$; $1 \cdot \frac{8}{5} = \frac{8}{5}$

b) $\frac{24}{5}$; $\frac{12}{10}$; $\frac{6}{20}$; $\frac{3}{8} \cdot \frac{1}{5} = \frac{3}{40}$

c) $\frac{6}{28}$; $\frac{12}{56}$; $\frac{24}{112}$; $\frac{16}{7} \cdot \frac{3}{32} = \frac{48}{224}$

d) individuelle Lösungen

Vermutung: Verdoppelt man beide Faktoren, so vervierfacht sich das Ergebnis (a), halbiert man beide Faktoren, so beträgt das Ergebnis ein Viertel (b), halbiert man einen Faktor und verdoppelt den anderen, so bleibt das Ergebnis unverändert (c).

3 mögliche Lösungen:

	Ergebnis doppelt so groß	Ergebnis halb so groß	Ergebnis viermal so groß
$\frac{5}{8} \cdot \frac{12}{18}$	$\frac{10}{8} \cdot \frac{12}{18}$	$\frac{5}{8} \cdot \frac{6}{18}$	$\frac{20}{8} \cdot \frac{12}{18}$
$\frac{3}{4} \cdot \frac{1}{10}$	$\frac{6}{4} \cdot \frac{1}{10}$	$\frac{3}{4} \cdot \frac{1}{20}$	$\frac{3}{4} \cdot \frac{4}{10}$

Nein, das Ergebnis führt auf keine der geforderten Aufgaben, da der Wert des Bruches beim Erweitern erhalten bleibt.

Einführung der Division, Seite S 35

1 a) 2-mal　　b) 5-mal　　c) 10-mal
d) 20-mal　　e) 50-mal　　f) 25-mal

2

Dividend	Divisor	Ergebnis
8 000	200	40
8 000	100	80
8 000	50	160
8 000	25	320

Das Ergebnis verdoppelt sich.

3

Dividend	Divisor	Ergebnis
120	4	30
120	2	60
120	1	120
120	$\frac{1}{2}$	240
120	$\frac{1}{4}$	480
120	$\frac{3}{4}$	160

In der vorletzten Aufgabe halbiert sich der Divisor, also verdoppelt sich das Ergebnis. In der letzten Aufgabe verdreifacht sich der Divisor, also ist das Ergebnis ein Drittel des vorhergenden.

4

Dividend	Divisor	Ergebnis
400	20	20
400	4	100
400	1	400
400	$\frac{1}{4}$	1 600
400	$\frac{1}{5}$	2 000
400	$\frac{2}{5}$	1 000

$(400 : \frac{1}{5}) : 2 = 1\,000$

5 a) 20　　　b) 80　　　c) 18
d) 9　　　e) 15　　　f) $\frac{15}{2}$

4 Dezimalbrüche

Bundesjugendspiele – Wer ist der bessere Sportler? Seite S 43

Die Ergebnisse sind nicht zu vergleichen, da es sich um unterschiedliche Disziplinen handelt. Hier müssen die Punkte addiert werden, die es für jede Leistung gibt.
Hannes: 309 + 379 + 313 = 1 001
Hannes hat mehr Punkte erzielt.
Tobias: 330 + 322 + 334 = 986

Bundesjugendspiele – Knobelaufgabe, Seite S 44

Hanna: 367 + 304 + 363 = 1034 Punkte
Bettina: 274 + 344 + 240 = 858 Punkte

5 Rechnen mit Dezimalbrüchen

Multiplikation mit Zehnerpotenzen, Seite S 46

1 a) 8　　b) 80　　c) 63　　d) 8,7　　e) 280

2 Multiplikation mit 10: Multipliziert man einen Dezimalbruch mit 10, so versetzt man das Komma um eine Stelle nach rechts.
Multiplikation mit 100: Multipliziert man mit 100, so versetzt man das Komma um zwei Stellen nach rechts. Multiplikation mit 1000: Hier wird das Komma um drei Stellen nach rechts versetzt.

3 a) 7,6　　　b) 89　　　c) 8,9
d) 89　　　e) 0,89　　　f) 890

4 a) 10　　　b) 100　　　c) 100
d) 0,067　　e) 0,000 9　　f) 0,000 09
g) 709　　　h) 10　　　i) 5 089

Division durch Zehnerpotenzen, Seite S 47

1 a) $\frac{72}{1000} = 0,072$ b) $\frac{7}{10000} = 0,0007$

c) $\frac{7}{100} = 0,07$

2 Division durch 10: Dividiert man einen Dezimalbruch durch 10, verschiebt sich das Komma um eine Stelle nach links.
Division durch 100: Das Komma wird um zwei Stellen nach links verschoben.
Division durch 1000: Dividiert man durch 1000, versetzt man das Komma um drei Stellen nach links.

3 a) 0,68   b) 0,083   c) 0,009
d) 0,073   e) 0,0008   f) 0,0098
g) 0,0548   h) 0,548   i) 5,48

4 a) 119   b) 0,9   c) 100
d) 0,678 · 10 oder 67,8 : 10   e) 45,89 · 10
f) 0,78 · 100
Beim Multiplizieren mit 10; 100; 1000; … wird das Komma um eine, zwei, drei, … Stellen nach rechts verschoben; beim Dividieren nach links.

Vervielfachen von Dezimalbrüchen, Seite S 48

1 4 · 1 = 4; 6 · 2 = 12; 3 · 6 = 18; 12 · 3 = 36

2 a) 3 · 1,3 = 3,9

Z	E	z
	1	3
	3	9

· 3

b) 7 · 2,2 = 15,4

Z	E	z
	2	2
	14	14
1	4 + 1	4
1	5	4

· 7

c) 8 · 4,32 = 34,56

Z	E	z	h
	4	3	2
	32	24	16
3	2 + 2	4 + 1	6
3	4	5	6

· 8

3 a) 3,6; Überschlag: 3 · 1 = 3
b) 0,52; Überschlag: 4 · 0,1 = 0,4
c) 2,4; Überschlag: 6 · 0,5 = 3
d) 36,9; Überschlag: 3 · 12 = 36

4 a) 48,6; Überschlag: 27 · 2 = 54
b) 29,76; Überschlag: 32 · 1 = 32
c) 38,10; Überschlag: 15 · 2,5 = 37,5
d) 29,64; Überschlag: 38 · 1 = 38

5 a) $4 \cdot 1\frac{2}{10} = 4 \cdot \frac{12}{10} = \frac{48}{10} = 4\frac{8}{10} = 4,8$

b) $3 \cdot \frac{72}{100} = \frac{216}{100} = 2\frac{16}{100} = 2,16$

Multiplikation von Dezimalbrüchen, Seite S 49

1 1 · 2 = 2; 0,5 · 2 = 1; 1,5 · 6 = 9; 1,5 · 3 = 4,5

2 a) $1\frac{2}{10} \cdot \frac{3}{100} = \frac{12}{10} \cdot \frac{3}{100} = \frac{36}{1000} = 0,036$

b) $\frac{12}{100} \cdot \frac{3}{10} = \frac{36}{1000} = 0,036$

c) $12 \cdot \frac{3}{10} = \frac{36}{10} = 3,6$

d) $1\frac{6}{10} \cdot \frac{3}{100} = \frac{16}{10} \cdot \frac{3}{100} = \frac{48}{1000} = 0,048$

e) $12 \cdot \frac{4}{100} = \frac{48}{100} = 0,48$

3 23 · 1,8 ≈ 23 · 2 = 46;   2,3 · 1,8 ≈ 2 · 2 = 4;
0,23 · 1,8 ≈ 0,2 · 2 = 0,4;   2,3 · 0,18 ≈ 2 · 0,2 = 0,4;
0,23 · 0,18 ≈ 0,2 · 0,2 = 0,04

Aufgabe	Ergebnis	Anzahl der Dezimalstellen		
		beim 1. Faktor	beim 2. Faktor	im Ergebnis
23 · 1,8	41,4	0	1	1
2,3 · 1,8	4,14	1	1	2
0,23 · 1,8	0,414	2	1	3
2,3 · 0,18	0,414	1	2	3
0,23 · 0,18	0,0414	2	2	4

Multipliziert man zwei Dezimalzahlen, kann man zuerst die beiden Zahlen multiplizieren, ohne darauf zu achten, wo das Komma ist. Dann bestimmt man, wie viele Nachkommastellen beide Zahlen zusammen haben. Genauso viele Nachkommastellen hat das Ergebnis. Nun muss man im Ergebnis die Anzahl der Nachkommastellen von rechts abzählen und das Komma ergänzen.

4 a) 0,12; Überschlag: 0,5 · 0,2 = 0,1
b) 0,012; Überschlag 0,5 · 0,02 = 0,01
c) 1,2; Überschlag: 0,5 · 2 = 1
d) 6,3; Überschlag: 2 · 3 = 6
e) 6,3; Überschlag: 21 · 0,5 = 10,5
f) 0,063; Überschlag: 2 · 0,05 = 0,1

5 mögliche Lösungen:
a) 0,72 = 0,8 · 0,9
b) 0,08 = 0,5 · 0,2 · 0,8

Vierschanzentournee, Seite S 51 – 56

Gesamtwertung

Platz	Name	Punkte
1	Sigurd Pettersen	1084,6
2	Martin Hoellwarth	1049,7
3	Peter Zonta	1041,6
4	Thomas Morgenstern	1030,9
5	Janne Ahonen	1030,5
6	Georg Spaeth	1027,8
7	Michael Uhrmann	1016,7
8	Noriaki Kasai	1014,5

Wertung Oberstdorf

Platz	Name	Punkte
1	Sigurd Pettersen	295,2
2	Thomas Morgenstern	272,7
3	Martin Hoellwarth	269,1
4	Michael Uhrmann	267,9
5	Noriaki Kasai	261,8
6	Rok Benkovic	261,6
7	Georg Spaeth	261,3
8	Tommy Ingebrigtsen	260,2
9	Adam Malysz	254,4
10	Roar Ljoekelsoey	254,4
11	Peter Zonta	253,8
12	Tami Kiuru	252,0
13	Janne Ahonen	249,0

Wertung Insbruck

Platz	Name	Punkte
1	Peter Zonta	265,2
2	Matti Lindstroem	253,9
3	Janne Ahonen	253,8
4	Sigurd Pettersen	251,8
5	Martin Hoellwarth	251,7
6	Noriaki Kasai	249,5
7	Thomas Morgenstern	247,6
8	Lars Bystoel	245,7
9	Sven Hannawald	244,4
10	Georg Spaeth	242,6
11	Michael Uhrmann	242,0
12	Akira Higashi	237,3
13	Maximilian Mechler	236,0

Wertung Garmisch-Partenkirchen

Platz	Name	Punkte
1	Sigurd Pettersen	253,8
2	Martin Hoellwarth	253,1
3	Georg Spaeth	248,7
4	Janne Ahonen	248,5
5	Peter Zonta	241,2
6	Noriaki Kasai	239,8
7	Michael Uhrmann	238,6
8	Thomas Morgenstern	233,7
9	Sven Hannawald	231,9
10	Matti Lindstroem	230,8
11	Lars Bystoel	228,1
12	Maximilian Mechler	227,3
13	Simon Ammann	225,4

Wertung Bischofshofen

Platz	Name	Punkte
1	Sigurd Pettersen	283,8
2	Peter Zonta	281,4
3	Janne Ahonen	279,2
4	Thomas Morgenstern	276,9
5	Martin Hoellwarth	275,8
6	Georg Spaeth	275,2
7	Matti Lindstroem	274,1
8	Matti Hautamaeki	269,7
9	Michael Uhrmann	268,2
10	Roar Ljoekelsoey	265,1
11	Noriaki Kasai	263,4
12	Andreas Goldberger	262,1
13	Lars Bystoel	260,7

6 Körper

Ein Prisma bauen und zeichnen (1), Seite S 59

Möchliche Lösungen:

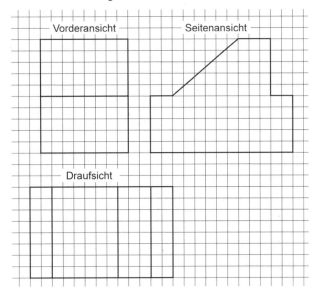

Ein Prisma bauen und zeichnen (2), Seite S 60

Mögliche Lösungen:

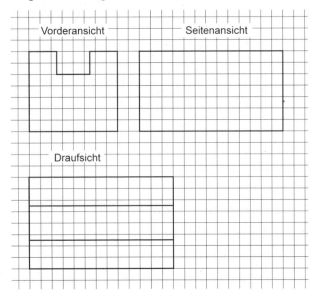

Die schnelle Pyramide, Seite S 61

Man findet fünf verschiedene Pyramiden, die als Grundfläche ein Dreieck, ein Quadrat, ein Fünfeck, ein Sechseck oder ein Siebeneck haben.

Mit Pyramiden experimentieren, Seite S 62

Durch Experimentieren erhält man die Höhe 1: 4,5 cm; Höhe 2: 4 cm.

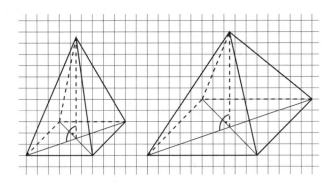

Baupläne und Schrägbilder von Würfelkörpern, Seite S 63

Schrägbild   Bauplan

a)   d)

3		
1	2	3

b)   e)

1	1	2	4
			1

c)   f)

1	1
2	2
1	1

Die geviertelte Pyramide, Seite S 64

Zwei Teile lassen sich jeweils zu einer „halben" Pyramide zusammensetzen. Diese beiden identischen Hälften werden dann wie folgt zu einer Pyramide zusammengelegt.

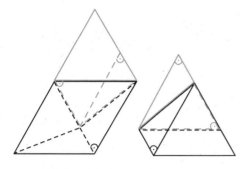

Aus drei mach' einen!, Seite S 65

Die drei Körper lassen sich zu einem Würfel zusammenlegen.

7 Terme. Variablen. Gleichungen

Rechtecke aus Draht, Seite S 66

1 a) 2 · 7 cm + 2 · 5 cm = 14 cm + 10 cm = 24 cm
b) D = 2 · x + 2 · y
c)

Länge x	8,1 cm	13 cm	30 cm	0,6 cm
Breite y	2 cm	2 cm	120 cm	3,2 cm
Drahtlänge D	20,2 cm	30 cm	300 cm	7,6 cm

2 a) 2 · 7 cm + 3 · 5 cm = 29 cm
b) D = 2 · x + 3 · y
c)

Länge x	24 cm	4 cm	1,8 cm
Breite y	6 cm	3 cm	1,1 cm
Drahtlänge D	66 cm	17 cm	6,9 cm

3 a) D = 3 · x + 2 · y

Länge x	4 cm	7 cm	1,5 cm
Breite y	2 cm	3 cm	0,8 cm
Drahtlänge D	16 cm	27 cm	6,1 cm

b) D = 3 · x + 5 · y

Länge x	5 cm	7 cm	1,8 cm
Breite y	4 cm	4 cm	0,5 cm
Drahtlänge D	35 cm	41 cm	7,9 cm

Noch mehr Rechtecke, Seite S 67

1 a) Die langen Seiten bestehen aus sechs Zentimeterquadraten, die kurzen Seiten aus drei Zentimeterquadraten. Wenn man die lange Seite dreimal berechnet, erhält man die gesamte Kästchenzahl:
3 · 6 oder auch 6 · 3
b) A = l · b
c)

Länge (l)	3,2 cm	12 cm	25 cm
Breite (b)	3 cm	4 cm	7 cm
Fläche (A)	9,6 cm²	48 cm²	175 cm²

d) Eine Rechenvorschrift gilt immer:
Bei jeder neuen Aufgabe müssen für die Variablen entsprechende Werte eingesetzt werden.
e) Mögliche Lösungen:

	Original-größe	l ver-doppelt	b ver-doppelt	beide ver-doppelt
Länge (l)	3,2 cm	6,4 cm	3,2 cm	6,4 cm
Breite (b)	3 cm	3 cm	6 cm	6 cm
Fläche (A)	9,6 cm²	19,2 cm²	19,2 cm²	38,4 cm²

Verdoppelt man eine Größe, verdoppelt sich auch der Flächeninhalt. Er vervierfacht sich, wenn beide Variablen verdoppelt werden.
f) 3,6 m² : 2,4 m = 1,5 m

2 Nein, man benötigt nur eine Variable, da beide Seiten gleich lang sind: A = a · a = a².

Zahlenrätsel und Terme, Seite S 68

1 Das Ergebnis ergibt immer 1

	a)	b)
Denke dir eine Zahl	🪨	x
Addiere 3	🪨 □□□	x + 3
Verdopple das Ergebnis	🪨 🪨 □□□□□□	2(x + 3) = 2x + 6
Subtrahiere 4	🪨 🪨 □□	2x + 6 − 4 = 2x + 2
Dividiere das Ergebnis durch 2 (halbiere das Ergebnis)	🪨 □	(2x + 2) : 2 = x + 1
Subtrahiere die gedachte Zahl	□	x + 1 − x = 1

2 a) Das Ergebnis ergibt immer 3.

Denke dir eine Zahl		x
Addiere 1		x + 1
Verdreifache das Ergebnis		3(x + 1) = 3x + 3
Subtrahiere das dreifache der gedachten Zahl		3x + 3 − 3x = 3

b) Das Ergebnis ist immer eins größer als die gedachte Zahl.

Denke dir eine Zahl		x
Vervierfache sie		4x
Addiere 4		4x + 4
Dividiere das Ergebnis durch 4		(4x + 4) : 4 = x + 1

3 Individuelle Lösungen

Rauten und mehr, Seite S 69

1 a) Ja, weil alle Seiten gleich lang sind.
b) $U = 4 \cdot x$
c)

Seitenlänge	3 cm	1,2 cm	12 cm	4,8 cm
Umfang	12 cm	4,8 cm	48 cm	19,2 cm

d) Der Umfang vervierfacht sich.
e) 220 cm : 4 = 55 cm

2 a)
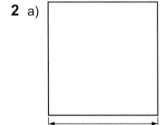

3 cm

b)
− es hat vier gleichlange Seiten
− es hat vier rechte Winkel
− die gegenüberliegenden Seiten sind parallel
− die Diagonalen sind gleich lang

3 a) Nein, da nur die gegenüberliegenden Seiten gleich lang sind.
b) $U = 2 \cdot a + 2 \cdot b$
c) Breite = 8 cm

Rund um den Würfel, Seite S 70

1 a)

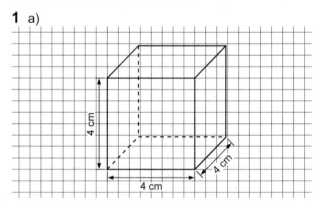

4 cm

4 cm

4 cm

b)

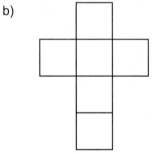

c) Die Oberfläche besteht aus sechs Quadraten mit der Seitenlänge 4 cm.
$O = 6 \cdot 4^2 \, cm^2 = 96 \, cm^2$

2 a) $O = 6 \cdot 4^2$
b) $O = 6 \cdot a^2$
Man benötigt nur eine Variable, da sowohl Höhe, Länge als auch Breite die gleiche Länge haben.

3 a) $V = 4 \cdot 4 \cdot 4 \, cm^3 = 4^3 \, cm^3$
b) $V = a^3$
c) $V = 4^3 \, cm^3 = 64 \, cm^3$

4 a)

Kantenlänge	2 cm	8 cm	3 cm	10 cm
Oberfläche	24 cm^2	384 cm^2	54 cm^2	600 cm^2
Volumen	8 cm^3	512 cm^3	27 cm^3	1 000 cm^3

b) Oberfläche: Sie vervierfacht sich.
Volumen: Es verachtfacht sich.

Verschnürungen, Seite S 72

1 a) S = 4 · 4 cm + 4 · 4 cm
S = 4 · 4 cm + 4 · 4 cm + 5 cm
b) S = 8 · a; S = 8 · a + b
c) S = 8 · 9 cm = 72 cm
d) K = 12 a
e) 72 cm = 12 · a
a = 72 cm : 12 = 6 cm
Jede Kante ist 6 cm lang.
S = 8 · 6 cm = 48 cm
Es werden 48 cm Schnur benötigt.

2 a) S = 2 · 5 cm + 2 · 2 cm = 14 cm
K = 4 · 5 cm + 4 · 4 cm + 4 · 2 cm = 44 cm
b) S = 2 · x + 2 · c
K = 4 · x + 4 · y + 4 · c
c) Mögliche Lösungen:
x = 10 cm; c = 5 cm
d)

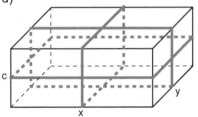

8 Proportionale Zuordnungen

Temperaturunterschiede in Fantasiedorf, Seite S 73

1 1. r   2. r   3. r   4. f   5. r
6. f   7. f   8. r   9. r   10. r

2 Uhrzeit: 24 Uhr, Temperatur: 10°

3 Auf der x-Achse bestimmt man die Uhrzeit 11.30 Uhr. Mit dem Geodreieck wird an dieser Stelle eine Senkrechte zur x-Achse eingezeichnet. Man zeichnet jetzt durch den Schnittpunkt der Senkrechten mit dem Graphen eine Parallelen zur x-Achse. Am Schnittpunkt dieser Parallelen mit der y-Achse kann man die Temperatur (25 °C) ablesen.

4

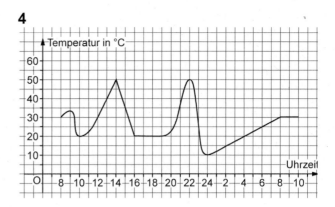

Das Schneckenrennen, Seite S 74 – S 78

Schnecke	Startnummer	Farbe
Marlies	1	braun
Gustav (Bruder von Carla)	5	blau
Else	3	gelb
Carla (Schwester von Gustav)	2	grün
Leo	4	schwarz
Egon	6	rot

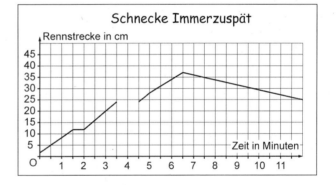

Schraubenpreise – Graphen interpretieren, Seite S 79

1 Gewicht in g ⟶ Preis in €
2 400 g entsprechen 2 €
3 individuelle Lösungen
4 a) 600 g Schrauben kosten 3 €.
b) 1 € entsprechen 200 g.
4,50 € entsprechen 1 200 g.

5 Wenn die Anzahl der gekauften Schrauben verdoppelt wird, verdoppelt sich immer auch der Preis.

Verständnisaufgaben, Seite S 80

1 Ja, es handelt sich um eine proportionale Zuordnung.
50 g = 1 €; 100 g = 2 €; 400 g = 6 €

2

Größe x	$\frac{1}{6}$	$\frac{1}{3}$	$\frac{1}{2}$	$\frac{2}{3}$	2
Größe y	1	2	3	4	12

Lösungswort: WAL

3 r, f, r, r, f

4 a) näherungsweise proportional
b) nicht proportional
c) nicht proportional (antiproportional)
d) proportional

9 Daten erfassen und auswerten

Zahlen in Bildern (1), Seite S 83

1

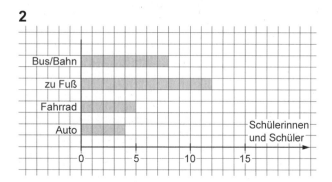

2

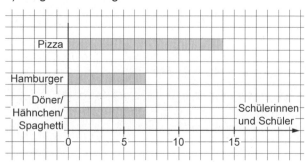

3 a) Hähnchen
b) Pizza = 14 Schülerinnen und Schüler
Hamburger = 7 Schülerinnen und Schüler
c) 7 Kinder sind enttäuscht.
d) mögliche Lösung:

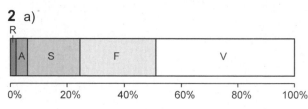

Zahlen in Bildern (2), Seite S 84

4 a) Diagramm 1
– Die meisten Schülerinnen und Schüler (11) sind zwischen 1,51 m und 1,56 m groß
– Acht Schülerinnen und Schüler sind zwischen 1,46 m und 1,50 m groß
– Es gibt insgesamt 29 Schülerinnen und Schüler in der Klasse 6 c
– Drei Schülerinnen und Schüler sind höchstens 1,40 m groß
– Drei Schülerinnen und Schüler sind mindestens 1,56 m groß
Diagramm 2
– Es gibt insgesamt 32 Schülerinnen und Schüler in der Klasse 6 b
– Die meisten Jungen (8) sind zwischen 1,46 m und 1,50 m groß
– Es sind gleich viele Jungen und Mädchen zwischen 1,41 m und 1,45 m groß
– Die meisten Schülerinnen und Schüler (11) sind zwischen 1,46 m und 1,50 m groß
– Eine Schülerin ist mindestens 1,56 m groß
– Ein Schüler ist höchstens 1,40 m groß
b) Nein, da es nur eine Säule von 146 – 150 cm gibt. Wie viele davon 1,47 m groß sind, kann man nicht ablesen.

5 a) Es fehlt die Beschriftung der x-Achse.
b) Es fehlen die Beschriftungen beider Achsen und die Überschrift.
c) Die Säulen sind unterschiedlich breit und es fehlen die Beschriftungen der Achsen.
d) Die Überschrift fehlt und die Beschriftungen der x-Achse sind falsch eingetragen.

Im Tierreich – Diagramme, Seite S 85

1 a)

Igel	Fuchs	Biber	Reh	Wildschwein
30 cm	90 cm	100 cm	140 cm	180 cm

b)

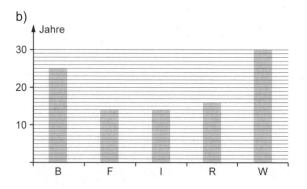

2 a)

b) 41 700 entprechen 360°
100 entprechen 0,86°
20 600 entsprechen 177°
2500 entprechen 22°
6300 entsprechen 54°
8600 entsprechen 74°
3700 entsprechen 32°

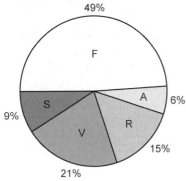

Kopfrechenblätter

Kopfrechenblatt 1, Seite S 86

1 a) $\frac{1}{3}$ b) $\frac{3}{4}$ c) $\frac{2}{5}$

2 a) $\frac{3}{4}$;   b) $\frac{1}{4}$;   c) $\frac{2}{4}$

3 a) 708 cm; 78 dm; 8005 m
b) 6080 g; 125 min; 506 ct

4 a) 100 g; 700 g   b) 400 g; 800 g
c) 1 200 g; 1 800 g   d) 2 g; 34 g

5 a) 60; 80; 12   b) 5; 23; 18
c) 135; 125; 9

Knack-die-Nuss-Ecke

a) $\frac{2}{5}$ kg   b) $\frac{3}{10}$ kg   c) $\frac{13}{100}$

d) $\frac{9}{10}$ €   e) $\frac{3}{8}$ kg   f) $\frac{7}{10}$ km

g) $\frac{1}{2}$ m   h) $\frac{1}{6}$ h   i) $\frac{5}{6}$ h

Kopfrechenblatt 2, Seite S 87

1 a) $\frac{10}{12}$; $\frac{21}{36}$; $\frac{5}{25}$; $\frac{10}{45}$ b) $\frac{2}{4}$; $\frac{4}{36}$; $\frac{25}{30}$; $\frac{1}{4}$

c) $\frac{24}{27}$; $\frac{2}{3}$; $\frac{12}{30}$; $\frac{1}{7}$

Memo
2: 2, 4, 6, 8 oder 0
5: 0 oder 5
10: 0
3; 9: Quersumme; 3 bzw. 9

2 a) $\frac{1}{2}$; $\frac{3}{1}$; $\frac{10}{6}$ b) $\frac{1}{2}$; $\frac{5}{6}$; 10

c) $\frac{4}{9}$; $\frac{4}{5}$; $\frac{1}{2}$; 3; $\frac{24}{25}$; $\frac{2}{3}$

3 a) 400 g; 125 g; 36 min; 700 m
b) 15 ct; 15 min; 90 g; 25 cm

4 a) $\frac{4}{10}$; $\frac{7}{10}$ b) $\frac{15}{20}$; $\frac{16}{20}$ c) $\frac{5}{16}$; $\frac{8}{16}$

d) $\frac{2}{6}$; $\frac{5}{6}$; $\frac{3}{6}$ e) $\frac{28}{36}$; $\frac{9}{36}$; $\frac{3}{36}$ f) $\frac{8}{60}$; $\frac{14}{60}$; $\frac{9}{60}$

g) $\frac{4}{12}$; $\frac{3}{12}$; $\frac{6}{12}$

Kopfrechenblatt 3, Seite S 88

1 a) $\frac{5}{20} + \frac{4}{20} = \frac{9}{20}$ b) $\frac{10}{12} - \frac{3}{12} = \frac{7}{12}$

c) $\frac{3}{24} + \frac{4}{24} = \frac{7}{24}$ d) $\frac{5}{9} - \frac{3}{9} = \frac{2}{9}$

e) $\frac{7}{10}$ f) $\frac{1}{2}$ g) $\frac{5}{12}$ h) $\frac{1}{8}$ i) $\frac{1}{12}$

2 a) $\frac{1}{10}$ b) $\frac{1}{12}$ c) $\frac{3}{5}$ ist um $\frac{1}{4}$ mehr.

3 a) $\frac{1}{5}$ b) $\frac{1}{2}$ c) $\frac{3}{10}$

d) $\frac{7}{10}$ e) $\frac{4}{9}$ f) $\frac{1}{4}$

4 a) $\frac{13}{20}$ b) 500   c) 200   d) $\frac{17}{20}$

Knack-die-Nuss-Ecke

a) $\frac{3}{5} - \frac{2}{5} = \frac{1}{5}$ b) $\frac{1}{2} + \frac{1}{3} = \frac{5}{6}$ c) $\frac{2}{4} + \frac{1}{3} = \frac{5}{6}$

Kopfrechenblatt 4, Seite S 89

1 a) $\frac{1}{10}$ b) $\frac{5}{18}$ c) $\frac{1}{5}$ d) $\frac{2}{3}$ e) $3\frac{3}{4}$

2 a) $23\frac{5}{6}$ b) $5\frac{1}{2}$ c) $47\frac{1}{10}$ d) $23\frac{1}{18}$ e) $10\frac{5}{12}$

3 a) 600 m; 28 cm   b) 5 min; 16 min
c) 4 g; 34 ct   d) 25 m²; 600 ml

4 a) $\frac{1}{4}$ l = 250 ml   b) $\frac{21}{100}$ kg = 210 g

5 a) $\frac{3}{4} > \frac{7}{10} > \frac{2}{5} > \frac{7}{20} > \frac{1}{4} > \frac{1}{5} > \frac{1}{10} > \frac{1}{20}$

b) $\frac{60}{8} > \frac{19}{4} > 4 > 3\frac{1}{8} > 2\frac{1}{4} > 1\frac{9}{10}$; $\frac{7}{10}$

Knack-die-Nuss-Ecke

a) 16; 8; 4; 2; 1   b) $\frac{9}{4}$; $\frac{9}{8}$; $\frac{9}{16}$; $\frac{9}{32}$; $\frac{9}{64}$

c) 6; 2; $\frac{2}{3}$; $\frac{2}{9}$; $\frac{2}{27}$

Halbiert bzw. viertelt man einen Faktor, so wird das Produkt halbiert bzw. geviertelt.

Kopfrechenblatt 5, Seite S 90

1 a) $10\frac{1}{4}$; $9\frac{5}{6}$; $3\frac{1}{10}$ b) $54\frac{17}{24}$; $17\frac{7}{12}$; $1\frac{3}{4}$

c) $14\frac{1}{9}$; $7\frac{11}{24}$; $2\frac{1}{2}$

2 a) 5900 m b) 820 cent c) 66 min d) 4980 g
e) 9 m   f) 230 cent g) 4007 g

3 a) 0,07 l = 70 ml oder $\frac{7}{100}$ l

0,03 l = 30 ml oder $\frac{30}{100}$ l

b) $\frac{23}{100}$ kg = 0,23 kg   0,27 kg = $\frac{27}{100}$ kg

c) 130 m = 0,13 km; 200 m = 0,2 km

4 a) $\frac{1}{5}$ b) $\frac{1}{3}$ c) $1\frac{1}{2}$ d) $\frac{1}{6}$

e) $1\frac{7}{8}$ f) $2\frac{2}{3}$ g) $\frac{1}{12}$ h) $\frac{1}{2}$

i) $2\frac{2}{5}$ j) $\frac{1}{3}$ k) 1   l) $2\frac{6}{7}$

Kopfrechenblatt 6, Seite S 91

1 a) 900 m   b) 1600 g   c) 70 cm^3
d) 4 mm^2 e) 225 m^2 f) 34 m
g) 3 min   h) 58 mm   i) 25 ct

2 0,28; 0,18; 0,018; 0,15; 0,015; 0,09

3 2; 4; 5; 8; 10; 16; 20; 25; 32; 40; 50

4 a) 12 min   b) 1800 m   c) 1080 m d) 1008 m

5 a) $\frac{1}{2}$; $\frac{1}{2}$; $\frac{8}{7}$; keine Lösung; $\frac{1}{6}$; $1\frac{1}{3}$

b) $16\frac{1}{10}$; $15\frac{5}{8}$; $20\frac{7}{9}$; $14\frac{7}{8}$

c) $\frac{2}{5}$; $1\frac{2}{3}$; $1\frac{7}{8}$; $6\frac{3}{4}$

Knack-die-Nuss-Ecke

a) Herr Müller erhält $\frac{3}{10}$ mehr.

b) Er erhält $\frac{3}{10}$.

c) 100 000 €

Kopfrechenblatt 7, Seite S 92

1

	·10	·100	·1000
0,09	0,9	9	90
0,019	0,19	1,9	19
0,1007	1,007	10,07	100,7

2 a) 0,12; 0,12 b) 0,16; 0,16   c) 2,02; 0,0202
d) 7,7; 0,77   e) 4,8; 0,48   f) 0,66; 6,6

3 a) 40,6   b) 3,4   c) 1,008

4 a) mögliche Lösungen:
0,3 · 0,4; 3 · 0,04; 30 · 0,004
b) mögliche Lösungen:
0,4 · 3; 40 · 0,03; 4 · 0,3

Knack-die-Nuss-Ecke
a) 24; 2,4; 0,24; 0,024; 0,0024
b) 42; 14; 2,8; 0,42; 0,28
c) 1; 0,25; 0,125; 0,025; 0,005
Wird der zweite Faktor um den Faktor 10; 100;
1000; … verkleinert, so verkleinert sich das Produkt
um den Faktor 10; 100; 1000; …, d. h. das Komma
verschiebt sich immer weiter nach links.

Kopfrechenblatt 8, Seite S 93

1 a) 2; $\frac{3}{49}$; $1\frac{2}{3}$; $2\frac{1}{5}$; $\frac{15}{16}$ b) $\frac{4}{9}$; 25; $1\frac{1}{8}$; $\frac{2}{15}$; $1\frac{1}{3}$

c) $19\frac{3}{10}$; $5\frac{1}{4}$ d) $\frac{3}{8}$; $21\frac{3}{5}$

e) $6\frac{11}{24}$; $1\frac{13}{30}$ f) $10\frac{1}{10}$; $12\frac{5}{8}$

2 a) 5,40   b) 24 €

3 0,2; 2,06; $0,\overline{2}$; $1,\overline{1}$; $3,\overline{2}$; $0,\overline{3}$; $4,\overline{3}$

4 a) 0,26; 0,026; 2,6; 26
b) 6; 60; 0,6; 0,06
c) 4,9; 4,27; 2,9; 3,53

5 a) 20 €   b) 90 €

Knack-die-Nuss-Ecke

a) 30   b) 9   c) 2   d) $\frac{1}{2}$

e) $2\frac{1}{4}$ f) $\frac{3}{10}$ g) $\frac{1}{50}$ h) 0,1

Fitnesstests

Fitnesstest 1, Seite S 94

1 a) 573 528   b) 6 917 R 1

2 a) rechte Winkel β = 90°
stumpfe Winkel: 90° < β 180°
gestreckter Winkel: β = 180°
überstumpfer Winkel: 180° < β < 360°

b)

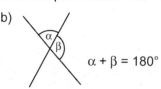

α + β = 180°

Nebenwinkel ergänzen sich zu 180°.

3 a) $\frac{1}{5}$ ist mehr, weil das Ganze nur in fünf Stücke geteilt wurde. Dadurch ist jedes Stück größer.

b) $\beta = 140°$;

$\alpha = 100°$

β kann in der rechten Zeichnung nicht berechnet werden, da die Geraden nicht parallel sind.

Knack-die-Nuss-Ecke

a) 50; „Punkt vor Strich"

b) 70; „Klammer zuerst"

c) 359; „Innere Klammer zuerst"

Fitnesstest 2, Seite S 95

1 „Punktrechnung in der Klammer"; „Klammer"; „Strichrechnung"; 3 409 – Klammerwert

2 a) 2 303 370

b) 15 755 R 10

c) 825 627

3 a) $\frac{3}{10}$ b) $\frac{5}{8}$ c) $10\frac{3}{10}$ d) $5\frac{3}{8}$

e) $\frac{7}{10}$ f) $\frac{17}{24}$ g) $4\frac{3}{5}$ h) $1\frac{5}{12}$

4 a) Rechteck

b) – vier rechte Winkel

– gegenüberliegende Seiten sind parallel und gleich lang

– Diagonalen sind gleich lang

c) 136,4°; 43,6°

d) $A = a \cdot b = 2\,cm \cdot 5\,cm = 10\,cm^2$

Knack-die-Nuss-Ecke

1 a) 4   b) $4 \cdot 4 = 16$ c) 4

d) $4 \cdot 4 \cdot 4 = 64\,cm^3$

2 2 cm

3 Es bleibt gleich.

Fitnesstest 3, Seite S 96

1 a) $\frac{1}{6}$; $\frac{9}{5}$; $23\frac{5}{12}$; $\frac{2}{25}$

b) 25 € = 2 500 ct; 12 min; 750 g; 2 300 m

2 a) $A = 3\,cm \cdot 4\,cm = 12\,cm^2$

$u = 2 \cdot 3\,cm + 2 \cdot 4\,cm = 14\,cm$

b) $\alpha = 130°$; $\beta = 50°$; $\gamma = 130°$; $\delta = 130°$; $\varepsilon = 50°$

3 Der Bruch wird erweitert. Er verändert seine Größe nicht. Ich erhalte fünfmal so viele Teile, die jedoch fünfmal kleiner sind.

4 $\frac{27}{42} = \frac{9}{14}$

Quersummenregeln oder „Kürzungsregeln".

Knack-die-Nuss-Ecke

a) $= 12\frac{1}{3} - 9\frac{9}{10}$ b) $= 20 - \frac{3}{4} : \frac{5}{4}$

$= 11\frac{40}{30} - 9\frac{27}{30}$ $= 20 - \frac{3}{5}$

$= 2\frac{13}{30}$ $= 19\frac{2}{5}$

c) $= 58 - \frac{38}{5} \cdot \frac{5}{2} \cdot \frac{3}{1}$

$= 58 - 57$

$= 1$

Fitnesstest 4, Seite S 97

1 a) $1\frac{1}{3}$ b) $1\frac{2}{7}$ c) $8\frac{5}{12}$ d) $1\frac{3}{10}$

2 Das Netz besteht aus sechs Quadranten mit Seitenlänge 1,5 cm.

$O = 6 \cdot (1,5\,cm)^2 = 13,5\,cm^2$

3 a) $\frac{2}{3}$; $\frac{3}{4}$; $\frac{1}{9}$ und $\frac{7}{18}$; $\frac{1}{4}$; $\frac{5}{6}$

b) $\frac{4}{5} \cdot \frac{3}{4}$ = Zähler · Zähler/Nenner · Nenner;

Vor dem Rechnen kürzen

$2\frac{1}{4} : 1\frac{1}{2}$ = in reine Brüche umwandeln

$6\frac{5}{12} - 4\frac{3}{4}$ = in der gemischten Schreibweise rechnen

$\frac{2}{3} \cdot \frac{5}{9}$ = Zähler · Zähler/Nenner · Nenner

4 $\frac{2}{21} = \frac{6}{63}$; $\frac{3}{25} = \frac{6}{50}$

$\frac{6}{50}$ ist größer, weil das Ganze nur in 50 Teilen geteilt wird.

Knack-die-Nuss-Ecke

a) r   b) f   c) f   d) r

Fitnesstest 5, Seite S 98

1 a) $\frac{1}{3}$ b) 750 g   c) 160 €

$1\frac{1}{5}$ 36 min   750 m

$9\frac{7}{12}$ 60 dm^2 84 min

2 a) $1\frac{1}{12} > \frac{3}{4} > \frac{3}{8} > \frac{1}{4} > \frac{1}{6} > \frac{1}{10}$

$\frac{11}{12} > \frac{5}{6} > \frac{3}{4} > \frac{9}{14} > \frac{3}{7} > \frac{5}{12}$

b) 96° = stumpfer Winkel

87° = spitzer Winkel

180° = gestreckter Winkel

200° = überstumpfer Winkel

3 Brüche werden erweitert, indem man Zähler und Nenner mit derselben Zahl multipliziert.

4

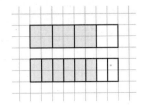

Bei $\frac{6}{8}$ sind es zwar doppelt so viele Stücke, diese sind jedoch nur halb so groß.

Knack-die-Nuss-Ecke

$3\frac{7}{24}$; Verbindungsgesetz

$3\frac{1}{2}$; Vertauschungsgesetz

$\frac{5}{8}$; Verbindungsgesetz

$1\frac{5}{8}$; „Subtraktionsregel"

Fitnesstest 6, Seite S 99

1 a) $5\frac{1}{3}$; $\frac{23}{4}$ b) $\frac{17}{16}$; $\frac{7}{16}$ c) $\frac{18}{9}$; $\frac{12}{6}$; $\frac{12}{4}$; $\frac{30}{6}$

Der Zähler ist ein Vielfaches vom Nenner.

2 a)   142 140   b) 2 761 R 12

c) $\frac{1}{4}$ d) $2\frac{1}{4}$

e) $\frac{1}{8}$; $\frac{5}{16}$; $\frac{5}{16}$; $1\frac{1}{4}$

3 a)   Würfel mit der Seitenlänge 3 cm.

b) Schrägbild siehe Teilaufgabe c)

c) O = 24 cm²

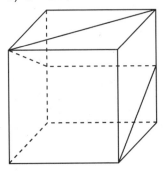

d)

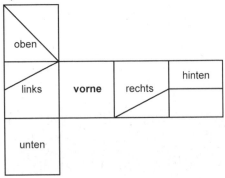

Knack-die-Nuss-Ecke

a) $\frac{8}{9} \cdot \frac{3}{2} = 1\frac{1}{3}$; $\frac{8}{9} \cdot \frac{6}{1} = \frac{16}{3} = 5\frac{1}{3}$

Je kleiner der Divisor wird, desto größer wird das Ergebnis, da man mit dem Kehrbruch multipliziert.

b) $\frac{8}{9} : \frac{1}{10} = \frac{80}{9} = 8\frac{7}{9}$

Fitnesstest 7, Seite S 100

1 Multiplikation mit 3: Das Ergebnis ist dreimal so groß.

Erweitern mit 3: Es ist noch gleich viel, da Zähler und Nenner multipliziert werden.

2 a) $1\frac{1}{6}$; $1\frac{3}{7}$; $1\frac{9}{10}$; $\frac{1}{10}$ b) $\frac{3}{28}$; $1\frac{1}{3}$; $35\frac{5}{12}$; $\frac{2}{3}$

3 $\alpha = 53°$; $\beta = 125°$; $\gamma = 318°$; $\delta = 106°$

4 Durch Erweitern: $\frac{2}{5}$; $\frac{7}{500}$; $\frac{3}{8}$; $3\frac{3}{4}$; $\frac{7}{25}$

Durch Division: $\frac{2}{3}$; $\frac{7}{16}$; $12\frac{1}{9}$

Knack-die-Nuss-Ecke

a) $\frac{1}{2}$ b) $\frac{1}{2}$ c) $\frac{1}{4}$ d) $\frac{2}{7}$

Fitnesstest 8, Seite S 101

1 Nebenwinkel ergänzen sich zu 180°.

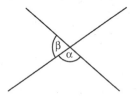 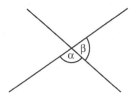

2 $\frac{11}{12}$; $\frac{2}{15}$; $33\frac{1}{6}$; $3\frac{3}{4}$; $\frac{2}{3}$

3 a) 33,64   b) 2 817,248   c) $4,2\overline{3}$

4 0,34; $0,\overline{6}$; 3,035

5 $\frac{9}{10} > 0,89 > 0,\overline{8} > 0,8 > 0,7\overline{9} > \frac{3}{4}$

6 a) $\frac{7}{20} - \frac{7}{25} = \frac{7}{100} = 7\%$

b) $\frac{7}{25}$ muss kleiner sein, weil das Ganze in mehr Teile geteilt wird.

Knack-die-Nuss-Ecke
45,78 : 0,24 = 190,75
1,038 · 12,05 = 12,507 9
248,63 −100,9 −45,2 −0,098 = 102,432
11,42 : 0,0025 = 4 568
(40,72 + 45,68) : 0,1 = 8 640

Fitnesstest 9, Seite S 102

1

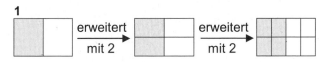

$\frac{1}{2} = \frac{2}{4} = \frac{4}{8}$, denn ich erhalte doppelt so viele Stücke, die jedoch nur halb so groß sind.

2 $h = 2\,cm$

3 ganz; $\frac{1}{3}$; $\frac{2}{3}$

4 2,83 : 0,6 = 28,3 : 6
458 : 0,56 = 45 800 : 56
0,785 : 0,69 = 78,5 : 69

5

Gewicht	10	15	45	16
Preis	22	33	99	35

Proportional, da der Preis das 2,2-fache des Gewichtes beträgt.

Knack-die-Nuss-Ecke
+ und :   −   :
+ und ·   : und −   :
−   :   : und +

Fitnesstest 10, Seite S 103

1 a) 7 979,65
1 Dezimale + 1 Dezimale = Das Ergebnis hat zwei Dezimalen.

b) 7,97965
3 Dezimalen + 2 Dezimalen = 5 Dezimalen im Ergebnis.

2 $0,6 \cdot \left(\frac{7}{8} - \frac{1}{4}\right) + \frac{7}{8} : \frac{7}{10}$

$= \frac{6}{10} \cdot \frac{5}{8} + \frac{10}{8}$

$= \frac{3}{8} + \frac{10}{8} = \frac{13}{8} = 1\frac{5}{8}$

3 Die 4,5 kg Pakete zu 5,40 sind günstiger
(1 kg = 1,20 €) als die 6 kg Pakete (1 kg = 1,30 €).

4

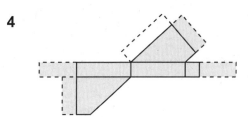

5 a) $\frac{7}{9}$ sind gefärbt. Es müssen noch 7 Bruchteile gefärbt werden.

b) $\frac{17}{20}$ > 0,81 > $\frac{4}{5}$ > 0,76 > 0,7598 > 0,759 > $\frac{2}{3}$

c)

x	y	3 · x + y	x · (5 · y - 9)
3	4	13	33

Knack-die-Nuss-Ecke
1 mögliche Lösung: 5a + 2b

2 $O = 2 \cdot a \cdot a + 4 \cdot a \cdot h$

1 Kreis und Winkel

Auftaktseite: Jetzt geht's rund

Kreise

Hilfsmittel zum Zeichnen: Zirkel, Schnur, Schablone, runde Gegenstände

Ein Kreis, der auf diese Weise entsteht, kann nie ganz exakt sein. Man kann es überprüfen, indem man mit Schnur und Kreide einen Kreis in der entsprechenden Größe auf den Schulhof zeichnet.

Die Größe des Klassenkreises kann man mithilfe eines Maßbandes (aus der Leichtathletik) bestimmen. Man benötigt für den Klassenkreis mindestens fünf Schüler.

Gesichtsfelder

Die Größe des Gesichtsfeldes hängt zum einen von der Sehschärfe ab. Das Gesichtsfeld des Adlers mit den schärfsten Augen wird durch den größten Kreis symbolisiert, anschließend folgen Mensch, Hund und Frosch. Entscheidend ist aber auch, in welchem Umfeld ein Lebewesen sehen kann. Hierbei spielt vor allem die Lage der Augen am Kopf eine Rolle. Dargestellt wird der Bereich in der Abbildung durch den gelb gefärbten Abschnitt, im größten Umkreis kann der Frosch sehen, anschließend folgen Adler und Hund. Der Mensch, dessen Augen nicht seitlich, sondern vorne am Kopf liegen, hat das kleinste Gesichtsfeld.

Gelenke

individuelle Lösungen

1 Kreis

Einstiegsaufgabe

→ 6 Minuten: Sindelfingen, Stuttgart, Ludwigsburg
 9 Minuten: Pforzheim, Calw
12 Minuten: Bretten, Altensteig, Tübingen, Reutlingen, Nürtingen, Backnang, Lauffen
15 Minuten: Bruchsal, Karlsruhe, Gaggenau, Horb, Mössingen, Lichtenstein, Lorch
→ Gaggenau–Lorch: 100 km
Ludwigsburg–Calw: 40 km
Sindelfingen–Tübingen: 20 km

1 Teller, Plätzchen, CD, Tortenplatte, Wurstscheibe, …

2 individuelle Lösungen

3 a)

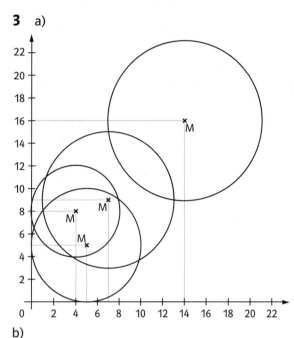

b)

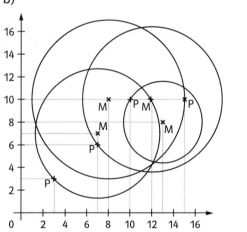

4 bis **6** individuelle Lösungen

7 Die 5-Cent-Münze hat einen Durchmesser von 21,25 mm, also passen genau acht Münzen nebeneinander, um 17 cm zu erhalten.
Damit die Münzen auch in der Höhe in das Rechteck passen, genügt es, in der zweiten und vierten Reihe jeweils eine Münze wegzunehmen. Dann kann man die vier Reihen „auf Lücke" anordnen und die Höhe von 8 cm wird nicht überschritten.

Kreispuzzles

Fisch: „Kopf" des Fisches in drei Viertelkreise zerschneiden, diese an den Ausbuchtungen des Fischschwanzes anlegen, sodass das markierte Quadrat entsteht.

Windrad: Figur an den Linien entlang zerschneiden, mittleres Teil liegen lassen; die Außenflächen bilden die Flügel des Windrads, indem man jedes Teil um 90° dreht und wieder anlegt.

2 Kreisausschnitt

Seite 10

Einstiegsaufgabe
→ Kreisausschnitte
→ Es handelt sich um einen Kreisausschnitt, da man einen Teil des Vollkreises erhält.
→ 4-mal
→ individuelle Lösungen

1 a) Tortenstück, Pizzastück
b) Basketball, Diskuswerfen, Hammerwerfen

2 individuelle Lösungen

3 Die Figuren b), d) und f) sind keine Kreisausschnitte.

Seite 11

4 Man muss einen Kreis zweimal, dreimal oder viermal falten, damit der entstehende Ausschnitt viermal, achtmal oder sechzehnmal in den Kreis passt.
Einen Sechstelkreis erhält man, indem man einen Halbkreis in drei gleich große Teile faltet oder indem man den Radius des Kreises sechsmal auf dem Rand des Kreises abträgt. Verbindet man gegenüberliegende Markierungen, indem man faltet, erhält man Sechstelkreise.
Entfernt man von einem Halbkreis einen Sechstelkreis oder legt man zwei Sechstelkreise zusammen, erhält man einen Drittelkreis.

5 a) Die Kreisfläche wurde in drei gleich große Kreisausschnitte zerlegt. Ein Kreisausschnitt entspricht also einem Drittelkreis. Der gefärbte Anteil der Kreisfläche entspricht einem Zweidrittelkreis.
b) Die Kreisfläche wurde in sechs gleich große Kreisausschnitte zerlegt. Ein Kreisausschnitt entspricht also einem Sechstelkreis. Die gefärbten

Anteile der Kreisfläche entsprechen einem Sechstelkreis und einem Zweisechstelkreis. Legt man die gefärbten Anteile aneinander, erhält man einen Dreisechstelkreis bzw. einen Halbkreis.
c) Die Kreisfläche wurde in acht gleich große Kreisausschnitte zerlegt. Ein Kreisausschnitt entspricht also einem Achtelkreis. Der gefärbte Anteil der Kreisfläche entspricht einem Dreiachtelkreis.
d) Die Kreisfläche wurde in sechzehn gleich große Kreisausschnitte zerlegt. Ein Kreisausschnitt entspricht also einem Sechzehntelkreis. Der gefärbte Anteil der Kreisfläche entspricht einem Viersechzehntelkreis bzw. einem Viertelkreis.

6 individuelle Lösungen

7 Der Radius kann 6-mal abgetragen werden. Es entsteht ein Sechseck.

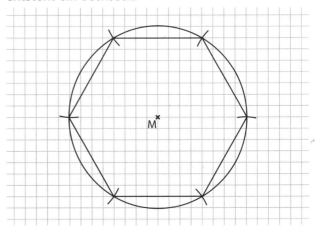

8 mögliche Lösungen:
In wie viele Teile wurde der Kreis zerlegt?
a) in 5   b) in 12
Ein Kreisausschnitt entspricht also einem … ?
a) Fünftelkreis   b) Zwölftelkreis

9 a) zwei Achtel, also ein Viertel
b) zwei Zehntel, also ein Fünftel
c) ein Zwölftel
d) zwei Zwölftel, also ein Sechstel

10
a) 45 Minuten: Dreiviertelkreis
   30 Minuten: Halbkreis
   10 Minuten: Sechstelkreis
   5 Minuten: Zwölftelkreis
   20 Minuten: Drittelkreis
b) 6 h: Halbkreis
   3 h: Viertelkreis
   12 h: ganzer Kreis
   1 h: Zwölftelkreis
   5 h: Fünfzwölftelkreis

11 a) Keine Partei hat die absolute Mehrheit. Die Parteien A und C können gemeinsam eine Zweidrittelmehrheit erreichen.
b) Die Partei A hat die absolute Mehrheit. Die Parteien A und C können gemeinsam eine Zweidrittelmehrheit erreichen.

3 Winkel

Seite 12

Einstiegsaufgabe
→ Tachonadel: zwischen 0 und 50
→ Manometer: zwischen 1,5 und 2,5

1 Das Bein ist gebeugt.
viele kleine verschachtelte Gassen
ein geschicktes Vorgehen
Ein Bereich, den der Autofahrer nicht einsehen kann.

2 a) Scheitel: obere Ecke des Gestänges; Schenkel: zwei der Beine, auf denen das Gerüst steht.
b) Scheitel: Gelenk, an dem die Schranke angebracht ist; Schenkel: Schrankenbaum in geöffneter und geschlossener Position.
c) Scheitel: Scheinwerfer; Schenkel, äußerer Rand des Lichtkegels.
d) Scheitel: Augen; Schenkel, äußerer Rand, an dem der Mensch gerade noch sehen kann.

Seite 13

3 Figuren a) und c): Jeder Winkel kann von zwei Seiten markiert werden.
Figuren b) und d): Außer den drei, bzw. vier Winkeln, die sich direkt ergeben, können auch Winkel markiert werden, die über eine oder zwei Halbgeraden hinweg verlaufen.

4 a); b)

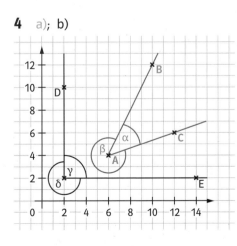

Größter Winkel bei a): β
Größter Winkel bei b): δ
Größter Winkel insgesamt: β

5

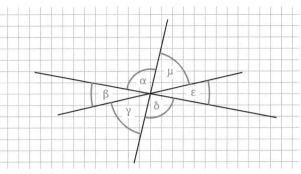

Zusätzlich entstehen Winkel, die über eine oder mehrere Halbgeraden hinweg verlaufen.

6 a) Rechter Winkel. Diesen Winkel gibt es um 3.00 Uhr und um 9 Uhr, aber nicht um 18.15 Uhr oder um 17.45 Uhr. Alle weiteren Zeiten (wie etwa kurz vor halb drei etc.) sind schwer zu bestimmen.
b) individuelle Lösungen

7

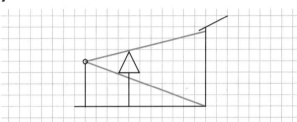

8

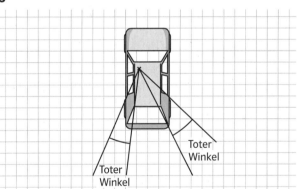

Toter Winkel
Toter Winkel

9 $\beta < \delta < \gamma < \alpha < \varepsilon$

4 Winkelmessung. Einteilung der Winkel

Seite 14

Einstiegsaufgabe
→ Südkurs: Friedrichshafen
→ Ulm: 135°
Freiburg: 238°
Offenburg: 259°

Seite 15

1 individuelle Lösungen

2 b) α = 32°   β = 104°   γ = 64°
δ = 124°   ε = 251°   α' = 315°

3
a) spitz   b) spitz
   spitz   stumpf
   spitz   überstumpf
c) spitz   d) recht
   spitz   überstumpf
   überstumpf   überstumpf

4 a) α = 60°   β = 60°   γ = 60°
b) α = 28°   β = 40°   γ = 112°
c) α = 112°   β = 87°   γ = 74°   δ = 87°
d) α = 112°   β = 76°   γ = 72°   δ = 100°
Winkelsummen:
Dreieck: 180°   Viereck: 360°

5 a) 30 Minuten   b) 15 Minuten
c) 5 Minuten   d) 10 Minuten
e) 2 Minuten

Seite 16

6 a) 120°   b) 90°   c) 36°
d) 30°   e) 6°   f) 1,5°
g) 4,5°   h) 300°

7 spitze Winkel: 2
rechte Winkel: 7 (Vorsicht: auch der Türgriff
                        bildet einen rechten Winkel)
stumpfe Winkel: 8
überstumpfe Winkel: 1
volle Winkel: 3

8 individuelle Lösungen

9 a) α = 120°   b) β = 60°
c) γ = 45°   d) δ = 30°

10 a) 60°   b) 270°
mögliche Lösungen:
die Hälfte des rechten Winkels: 45°
$\frac{1}{6}$ des Vollwinkels: 60°
$\frac{1}{3}$ des rechten Winkels: 30°
$\frac{1}{4}$ des gestreckten Winkels: 45°
$\frac{1}{10}$ des gestreckten Winkels: 18°

11 a) α = 110°   b) α = 148°
c) α = 70°   d) α = 215°

12 a) α = 35°   b) α = 32°
c) α = 30°   d) α = 60°

13
a) Ost: 90°   b) 180°: Süd
   West: 270°   135°: Südost
   Nordost: 45°   0°: Nord
   Südwest: 225°   315°: Nordwest

14 mögliche Lösungen:
a)

b)

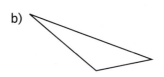   c)

5 Winkel im Schnittpunkt von Geraden

Seite 17

Einstiegsaufgabe
→ siehe Foto
→ Man muss nicht alle Winkel messen. Es gibt
verschiedene Winkel, die die gleiche Größe haben
(siehe Merkkasten, Seite 17).

Seite 18

1
a) α = 115° (Scheitelwinkel)
   β = 115° (Stufenwinkel)
b) α = 67° (Wechselwinkel)
   β = 113° (Nebenwinkel)

2 a) γ, ε   b) α, β, δ

3 a) α = 42°; β = 42°; γ = 42°
b) α = 110°; β = 110°; γ = 110°
c) α = 45°; β = 135°; γ = 135°
d) α = 105°; β = 105°; γ = 75°

4 F: 100°
Z: 40°
A: oben: 60°, unten: 120°
   (wg. Symmetrie des Buchstaben „A")
E: oben: 95°, unten 85°
H: oben: 95°, unten 85°
N: 40°

5 a)

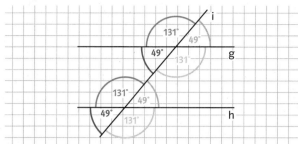

b)

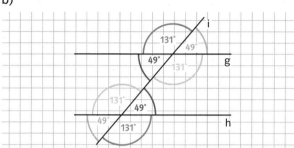

6 Lampe: 2 Treppengeländer: 2

7 g und h sind nicht parallel, da sich die beiden Winkel in diesem Fall zu 180° ergänzen müssten. Sie schneiden sich auf der linken Seite der Geraden i.

8 a) Benachbarte Winkel in einem Parallelogramm ergänzen sich zu 180°.
b) Gegenüberliegende Winkel sind gleich groß.

9 Die Hilfsgerade verläuft jeweils parallel zu g und h und durch S.
a) α = 60° b) α = 33°

Üben • Anwenden • Nachdenken

Seite 20

1 individuelle Lösungen

2 individuelle Lösungen

3

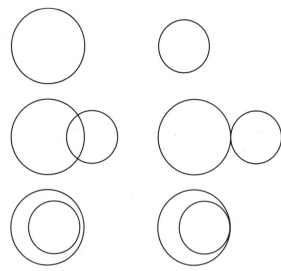

4 a) Die Kreisfläche wurde in sechs Teile zerlegt. Ein Teil entspricht also einem Sechstelkreis. Innenwinkel: 60°.
b) Die Kreisfläche wurde in fünf Teile zerlegt. Ein Teil entspricht also einem Fünftelkreis. Innenwinkel: 72°.

So kann man sich täuschen
Individuelle Lösungen

5 Da alle Felder die gleiche Größe haben, sind die Chancen für jede Zahl gleich.
Farben:
blau: $\frac{4}{10}$; rot: $\frac{3}{10}$; orange: $\frac{2}{10}$; gelb: $\frac{1}{10}$
Die Chancen für „blau" sind am größten, die Chancen für „gelb" am kleinsten.

6 individuelle Lösungen

7
a) spitz
überstumpf
überstumpf
c) stumpf
spitz
überstumpf

b) spitz
überstumpf
stumpf
d) überstumpf
überstumpf
voll

Seite 21

8 a) α = 54°; β = 59°; γ = 67°
b) α = 126°; β = 54°; γ = 126°; δ = 54°
c) α = 85°; β = 95°; γ = 94°; δ = 162°; ε = 104°

9 Das Dreieck erhält auf diese Weise keine dritte Ecke, da die beiden Geraden, die mit der Grundlinie zwei rechte bzw. zwei stumpfe Winkel bilden, sich nicht schneiden.

10 individuelle Lösungen

11 a) α = 70°; β = 110°
b) α = 54°; β = 126°

12 a) α = 130°; β = 130°; γ = 50°
b) α = 85°; β = 95°; γ = 95°

Das Gradnetz der Erde

- Mainz liegt dichter am Nordpol als am Äquator.
- 90° nördliche Breite: Nordpol
90° südliche Breite: Südpol

Geometrie-Diktate

linkes Diktat
Die Gerade m ist die Mittelsenkrechte der
Strecke $\overline{AB}$.
Für die Konstruktion muss der Radius wie ange-
geben größer als die halbe Länge von $\overline{AB}$ sein,
sonst schneiden sich die Kreisbögen nicht.

rechtes Diktat
Die Gerade w ist die Winkelhalbierende des
Winkels.

Seite 22

13

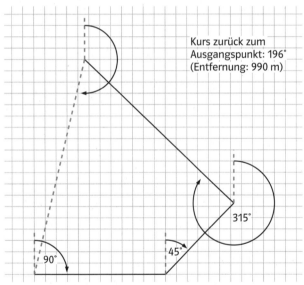

Kurs zurück zum
Ausgangspunkt: 196°
(Entfernung: 990 m)

14

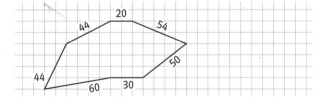

Fahrstrecke: 302 sm
Kurs: 27° → 63° → 90° → 112° → 233° → 270° → 261°

2 Teilbarkeit und Brüche

Auftaktseiten: Zahlen zu verteilen

Seiten 24 bis 25

Zahlenharfe

- Bauplan: 1. Zeile: Alle Zahlen von 1 bis 30
2. Zeile: Alle Zahlen von 1 bis 30, die durch 2 teilbar sind.
i-te Teile: Alle Zahlen von 1 bis 30, die durch i teilbar sind.

- Zahlenharfe 50

```
1  2  3  4  5  6  7  8  9 10 11 12 13 14 15 16 17 18 19 20 21 22 23 24 25 26 27 … 50
2  4  6  8 10 12 14 16 18 20 22 24 26 28 30 32 34 36 38 40 42 44 46 48 50
3  6  9 12 15 18 21 24 27 30 33 36 39 42 45 48
4  8 12 16 20 24 28 32 36 40 44 48
5 10 15 20 25 30 35 40 45 50
6 12 18 24 30 36 42 48
7 14 21 28 35 42 49
8 16 24 32 40 48
9 18 27 36 45
10 20 30 40 50
11 22 33 44
12 24 36 48
13 26 39
14 28 42
15 30 45
16 32 48
17 34
18 36
19 38
20 40
21 42
22 44
23 46
24 48
25 50
26
27
28
29
30
31
32
33
34
35
36
37
38
39
40
41
42
43
44
45
46
47
48
49
50
```

- Häufigkeitstabelle:

Häufigkeit	Zahl(en)
8	24; 30
6	12; 18; 20; 28
5	16
4	6; 8; 10; 14; 15; 21; 22; 26; 27
3	4; 9; 25
2	2; 3; 5; 7; 11; 13; 17; 19; 23; 29
1	1

- Die Zahl 12 kommt in der 1., 2., 3., 4., 6. und 12. Zeile vor.

Häufigkeit	Zahl(en)
10	48
9	36
8	24; 30; 40; 42
6	12; 18; 20; 28; 32; 44; 45; 50
5	16
4	6; 8; 10; 14; 15; 21; 22; 26; 27; 33; 34; 35; 38; 39; 46
3	4; 9; 25; 49
2	2; 3; 5; 7; 11; 13; 17; 19; 23; 29; 31; 37; 41; 43; 47
1	1

- Zahlenharfe 100:
  Zahl 10: 4-mal
  Zahl 29: 2-mal
  Zahl 30: 8-mal
- Die Häufigkeit einer Zahl in der Zahlenharfe entspricht der Anzahl der Teiler dieser Zahl.
Beispiel: Eine Zahl, die 4-mal vorkommt, hat 4 Teiler.

Gerecht teilen

• An 1, 2, 3, 4, 6, 8, 12 oder 24 Personen kann die Schokolade gerecht verteilt werden.

•

Personen	Bruchteil
1	$\frac{24}{24} = 1$
2	$\frac{12}{24} = \frac{1}{2}$
3	$\frac{8}{24} = \frac{1}{3}$
4	$\frac{6}{24} = \frac{1}{4}$
6	$\frac{4}{24} = \frac{1}{6}$
8	$\frac{3}{24} = \frac{1}{8}$
12	$\frac{2}{24} = \frac{1}{12}$
24	$\frac{1}{24}$

•

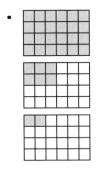
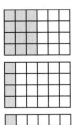
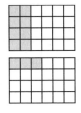

1 Teiler und Vielfache

Seite 26

Einstiegsaufgabe

→ 12 Quadrate: drei Möglichkeiten
13 Quadrate: eine Möglichkeit
14 Quadrate: zwei Möglichkeiten
15 Quadrate: zwei Möglichkeiten
16 Quadrate: drei Möglichkeiten
→ Fünf Möglichkeiten gibt es erstmals bei 36 Quadraten.

1
a) 4 teilt 64
   9 teilt 108
   11 teilt 121
   12 teilt nicht 112
   12 teilt 84
   15 teilt 90
b) 6 teilt 666
   15 teilt 1515
   22 teilt nicht 222
   18 teilt 198
   13 teilt 312
   13 teilt nicht 313
c) 16 teilt 64
   15 teilt 60
   15 teilt 75
   16 teilt nicht 76
   15 teilt nicht 55
   22 teilt 110

2 a) 24; 104; 72; 88
b) 24; 48; 132; 240
c) 32; 48; 160; 96; 112; 1616

Seite 27

3 a) $T_4 = \{1;\ 2;\ 4\}$ b) $T_6 = \{1;\ 2;\ 3;\ 6\}$
c) $T_8 = \{1;\ 2;\ 4;\ 8\}$ d) $T_5 = \{1;\ 5\}$
e) $T_9 = \{1;\ 3;\ 9\}$ f) $T_{10} = \{1;\ 2;\ 5;\ 10\}$
g) $T_{18} = \{1;\ 2;\ 3;\ 6;\ 9;\ 18\}$ h) $T_{22} = \{1;\ 2;\ 11;\ 22\}$
i) $T_{27} = \{1;\ 3;\ 9;\ 27\}$

4 a) $T_{36} = \{1;\ 2;\ 3;\ 4;\ 6;\ 9;\ 12;\ 18;\ 36\}$
b) $T_{63} = \{1;\ 3;\ 7;\ 9;\ 21;\ 63\}$
c) $T_{81} = \{1;\ 3;\ 9;\ 27;\ 81\}$
d) $T_{56} = \{1;\ 2;\ 4;\ 7;\ 8;\ 14;\ 28;\ 56\}$
e) $T_{85} = \{1;\ 5;\ 17;\ 85\}$
f) $T_{243} = \{1;\ 3;\ 9;\ 27;\ 81;\ 243\}$
g) $T_{100} = \{1;\ 2;\ 4;\ 5;\ 10;\ 20;\ 25;\ 50;\ 100\}$
h) $T_{37} = \{1;\ 37\}$
i) $T_{225} = \{1;\ 3;\ 5;\ 9;\ 15;\ 25;\ 45;\ 75;\ 225\}$

5 a) $V_3 = \{3;\ 6;\ 9;\ 12;\ \ldots\}$
b) $V_{10} = \{10;\ 20;\ 30;\ 40;\ \ldots\}$
c) $V_4 = \{4;\ 8;\ 12;\ 16;\ \ldots\}$
d) $V_9 = \{9;\ 18;\ 27;\ 36;\ \ldots\}$
e) $V_{20} = \{20;\ 40;\ 60;\ 80;\ \ldots\}$
f) $V_8 = \{8;\ 16;\ 24;\ 32;\ \ldots\}$
g) $V_{12} = \{12;\ 24;\ 36;\ 48;\ \ldots\}$
h) $V_{15} = \{15;\ 30;\ 45;\ 60;\ \ldots\}$
i) $V_{17} = \{17;\ 34;\ 51;\ 68;\ \ldots\}$

6 a) $V_{18} = \{18;\ 36;\ 54;\ 72;\ \ldots\}$
b) $V_{13} = \{13;\ 26;\ 39;\ 52;\ \ldots\}$
c) $V_{16} = \{16;\ 32;\ 48;\ 64;\ \ldots\}$
d) $V_{40} = \{40;\ 80;\ 120;\ 160;\ \ldots\}$
e) $V_{28} = \{28;\ 56;\ 84;\ 112;\ \ldots\}$
f) $V_{24} = \{24;\ 48;\ 72;\ 96;\ \ldots\}$
g) $V_{100} = \{100;\ 200;\ 300;\ 400;\ \ldots\}$
h) $V_{56} = \{56;\ 112;\ 168;\ 224;\ \ldots\}$
i) $V_{48} = \{48;\ 96;\ 144;\ 192;\ \ldots\}$

7 a) $V_9 = \{9;\ 18;\ 27;\ 36;\ 45;\ 54;\ \ldots\}$
b) $V_7 = \{7;\ 14;\ 21;\ 28;\ 35;\ 42\ \ldots\}$
c) $V_{12} = \{12;\ 24;\ 36;\ 48;\ 60;\ \ldots\}$
d) $V_9 = \{9;\ 18;\ 27;\ 36;\ \ldots\}$
e) $V_{18} = \{18;\ 36;\ 54;\ 72;\ \ldots\}$
f) $V_{11} = \{11;\ 22;\ 33;\ 44;\ 55;\ 66;\ \ldots\}$
g) $V_{13} = \{13;\ 26;\ 39;\ 52;\ 65;\ 78;\ 91;\ 104;\ 117;\ 130;\ \ldots\}$

8 a) $T_5 = \{1;\ 5\}$
b) $T_{12} = \{1;\ 2;\ 3;\ 4;\ 6;\ 12\}$
c) $T_{51} = \{1;\ 3;\ 17;\ 51\}$
d) $T_{50} = \{1;\ 2;\ 5;\ 10;\ 25;\ 50\}$
e) $T_{30} = \{1;\ 2;\ 3;\ 5;\ 6;\ 10;\ 15;\ 30\}$
f) $T_{49} = \{1;\ 7;\ 49\}$
g) $T_{36} = \{1;\ 2;\ 3;\ 4;\ 6;\ 9;\ 12;\ 18;\ 36\}$

9 a) $T_4 = \{1; 2; 4\}$
$T_{12} = \{1; 2; 3; 4; 6; 12\}$
$V_4 = \{4; 8; 12; 16; \ldots\}$
$V_{12} = \{12; 24; 36; 48; \ldots\}$
b) $T_6 = \{1; 2; 3; 6\}$
$T_{36} = \{1; 2; 3; 4; 6; 9; 12; 18; 36\}$
$V_6 = \{6; 12; 18; 24; \ldots\}$
$V_{36} = \{36; 72; 108; 144; \ldots\}$
c) $T_{21} = \{1; 3; 7; 21\}$
$T_{63} = \{1; 3; 7; 9; 21; 63\}$
$V_{21} = \{21; 42; 63; 84; \ldots\}$
$V_{63} = \{63; 126; 189; 252; \ldots\}$
d) $T_{11} = \{1; 11\}$
$T_{44} = \{1; 2; 4; 11; 22; 44\}$
$V_{11} = \{11; 22; 33; 44; \ldots\}$
$V_{44} = \{44; 88; 132; 176; \ldots\}$
e) $T_{12} = \{1; 2; 3; 4; 6; 12\}$
$T_{24} = \{1; 2; 3; 4; 6; 8; 12; 24\}$
$V_{12} = \{12; 24; 36; 48; \ldots\}$
$V_{24} = \{24; 48; 72; 96; \ldots\}$
f) $T_{16} = \{1; 2; 4; 8; 16\}$
$T_{48} = \{1; 2; 3; 4; 6; 8; 12; 16; 24; 48\}$
$V_{16} = \{16; 32; 48; 64; \ldots\}$
$V_{48} = \{48; 96; 144; 192; \ldots\}$

Die Teilermenge der ersten Zahl ist in der Teilermenge der zweiten Zahl enthalten. Das liegt daran, dass die erste Zahl ein Teiler der zweiten Zahl ist. Die Vielfachenmenge der zweiten Zahl ist in der Vielfachenmenge der ersten Zahl enthalten. Das liegt daran, dass die zweite Zahl ein Vielfaches der ersten Zahl ist.

Weitere Beispiele:
– 5; 15   – 9; 36   – 10; 40

10 a) $T_{10} = \{1; 2; 5; 10\}$ oder $T_{15} = \{1; 3; 5; 15\}$
b) $T_{22} = \{1; 2; 11; 22\}$ oder $T_{33} = \{1; 3; 11; 33\}$
c) $T_{88} = \{1; 2; 4; 8; 11; 22; 44; 88\}$ oder
$T_{66} = \{1; 2; 3; 6; 11; 22; 33; 66\}$
d) $T_9 = \{1; 3; 9\}$ oder $T_{25} = \{1; 5; 25\}$
e) $T_6 = \{1; 2; 3; 6\}$ oder $T_{21} = \{1; 3; 7; 21\}$
individuelle Lösungen

11 a) Jedes zweite Vielfache von 4 ist auch ein Vielfaches von 8.
b) Jedes vierte Vielfache von 4 ist auch ein Vielfaches von 16.
c) Jedes dritte Vielfache von 2 ist auch ein Vielfaches von 6.
d) Jedes dritte Vielfache von 4 ist auch ein Vielfaches von 6.
e) Jedes fünfte Vielfache von 4 ist auch ein Vielfaches von 5.
f) Jedes vierte Vielfache von 5 ist auch ein Vielfaches von 4.

12
a) $T_{125} = \{1; 5; 25; 125\}$
$T_{375} = \{1; 3; 5; 15; 25; 75; 125; 375\}$
$T_{110} = \{1; 2; 5; 10; 11; 22; 55; 110\}$
$T_{217} = \{1; 7; 31; 217\}$
b) Die Zahlen 4, 6, 8 sind Vielfache von 2. Wenn eine Zahl also den Teiler 4 hat, hat sie auch den Teiler 2. Wenn 2 aber schon kein Teiler der Zahl ist, kann 4 erst recht kein Teiler dieser Zahl sein, denn daraus würde folgen, dass 2 ebenfalls ein Teiler sein müsste.
c) Hat eine Zahl nicht den Teiler 5, dann hat sie auch nicht die Teiler 10; 15; 20; … .
Hat eine Zahl nicht den Teiler 7, dann hat sie auch nicht die Teiler 14; 21; 28; … .

Seite 28

13 a) $\{1; 5\}$
größter gemeinsamer Teiler: 5
b) $\{1; 3\}$
größter gemeinsamer Teiler: 3
c) $\{1; 2; 3; 6\}$
größter gemeinsamer Teiler: 6
d) $\{1; 5\}$
größter gemeinsamer Teiler: 5
e) $\{1; 2; 3; 4; 6; 12\}$
größter gemeinsamer Teiler: 12
f) $\{1; 13\}$
größter gemeinsamer Teiler: 13
g) $\{1; 7\}$
größter gemeinsamer Teiler: 7
h) $\{1; 3; 5; 15; 25; 75\}$
größter gemeinsamer Teiler: 75
Der kleinste gemeinsame Teiler von je zwei Zahlen ist immer die Zahl 1.

14 a) $\{75; 150; 225; \ldots\}$
kleinstes gemeinsames Vielfaches: 75
b) $\{18; 36; 54; \ldots\}$
kleinstes gemeinsames Vielfaches: 18
c) $\{72; 144; 216; \ldots\}$
kleinstes gemeinsames Vielfaches: 72
d) $\{350; 700; 1050; \ldots\}$
kleinstes gemeinsames Vielfaches: 350
e) $\{240; 480; 720; \ldots\}$
kleinstes gemeinsames Vielfaches: 240
f) $\{78; 156; 234\}$
kleinstes gemeinsames Vielfaches: 78
g) $\{252; 504; 756; \ldots\}$
kleinstes gemeinsames Vielfaches: 252
h) $\{450; 900; 1350; \ldots\}$
kleinstes gemeinsames Vielfaches: 450
Ein größtes gemeinsames Vielfaches kann es nicht geben, weil die natürlichen Zahlen unendlich sind.

15

a) $T_{6; 12} = \{1;\ 2;\ 3;\ 6\}$
$V_{6; 12} = \{12;\ 24;\ 36;\ ...\}$

b) $T_{15; 30} = \{1;\ 3;\ 5;\ 15\}$
$V_{15; 30} = \{30;\ 60;\ 90;\ ...\}$

c) $T_{20; 100} = \{1;\ 2;\ 4;\ 5;\ 10;\ 20\}$
$V_{20; 100} = \{100;\ 200;\ 300;\ ...\}$

d) $T_{15; 45} = \{1;\ 3;\ 5;\ 15\}$
$V_{15; 45} = \{45;\ 90;\ 135;\ ...\}$

e) $T_{9; 27} = \{1;\ 3;\ 9\}$
$V_{9; 27} = \{27;\ 54;\ 81;\ ...\}$

f) $T_{7; 21} = \{1;\ 7\}$
$V_{7; 21} = \{21;\ 42;\ 63;\ ...\}$

Die Menge der gemeinsamen Teiler beider Zahlen entspricht jeweils der Menge der Teiler der kleineren Zahl, die Menge der Vielfachen beider Zahlen entspricht jeweils der Menge der Vielfachen der größeren Zahl. Das liegt daran, dass jeweils die kleinere Zahl ein Teiler der größeren Zahl ist.

16 $V_{18} = \{18;\ 36;\ 54;\ 72;\ 90;\ 108;\ 126;\ 144;\ 162;\ 180;\ ...\}$
$V_{54} = \{54;\ 108;\ 162;\ 216;\ ...\}$
Kim und Tim kommen zu dem gemeinsamen Ergebnis 108. Dies ist das kleinste gemeinsame Vielfache der beiden gewählten Zahlen.

17 $T_{120} = \{1;\ 2;\ 3;\ 4;\ 5;\ 6;\ 8;\ 10;\ 12;\ 15;\ 20;\ 24;\ 30;\ 40;\ 60;\ 120\}$
$T_{144} = \{1;\ 2;\ 3;\ 4;\ 6;\ 8;\ 9;\ 12;\ 16;\ 18;\ 24;\ 36;\ 48;\ 72;\ 144\}$
a) $T_{120; 144} = \{1;\ 2;\ 3;\ 4;\ 6;\ 8;\ 12;\ 24\}$
b) Der Bäcker wird sich für Quadrate mit der Seitenlänge 8 cm oder 12 cm entscheiden.

18
Bus: 8:00; 8:08; 8:16; 8:24; 8:32; 8:40; 8:48; 8:56;9:04; 9:12; 9:20; 9:28; 9:36; 9:44; 9;52; 10:00

Straßenbahn: 8:00; 8:12; 8:24; 8:36; 8:48; 9:00; 9:12; 9:24; 9:36; 9:48; 10:00

S-Bahn: 8:00; 8:15; 8:30; 8:45; 9:00; 9:15; 9:30; 9:45; 10:00

Gleichzeitige Abfahrt: um 8:00 Uhr, 10:00 Uhr sowie im 2-Stunden-Takt zur vollen Stunde.

19 $V_{Eichhörnchen} = \{50;\ 100;\ 150;\ 200;\ 250;\ 300;\ 350;\ 400;\ 450;\ 500;\ 550;\ 600;\ ...\}$
$V_{Frosch} = \{60;\ 120;\ 180;\ 240;\ 300;\ 360;\ 420;\ 480;\ 540;\ 600;\ ...\}$
$V_{Springmaus} = \{80;\ 160;\ 240;\ 320;\ 400;\ 480;\ 560;\ 640;\ ...\}$
a) kgV (Eichhörnchen, Frosch) = 300 cm = 3 m
Sie springen also 3 m wieder genau nebeneinander ab.

b) kgV (Eichhörnchen, Frosch, Springmaus) = 1200 cm = 12 m
Alle drei Tiere springen nach 12 m wieder genau nebeneinander ab.

20 a) Genau gegenüber der jetzigen Position (entspricht einer 180°-Drehung).
b) nach zwei Umdrehungen
c) zum Beispiel: Nach wie vielen vollen Umdrehungen des kleinen Zahnrads steht der rote Zahn des großen Zahnrads wieder wie anfangs?
Wo steht der rote Zahn des großen Zahnrads, wenn das kleine Zahnrad zweimal um 360° gedreht wird?

2 Endziffernregeln

Einstiegsaufgabe
mögliche Lösungen

→

4	5	3	2
5	7	0	8
6	3	7	2
8	6	2	0

→

5	3	4	2
5	0	7	8
3	7	2	6
6	8	0	2

→

2	4	3	5
5	7	8	0
in dieser Zeile nicht möglich			
8	2	6	0

→

3	5	5	2
7	7	6	8
3	6	2	0
2	0	4	8

Seite 30

1

	durch 2 teilbar	durch 5 teilbar
a)	ja	nein
b)	ja	nein
c)	nein	ja
d)	ja	nein
e)	nein	ja
f)	ja	nein
g)	nein	nein
h)	ja	nein
i)	ja	ja
j)	nein	nein

2 a) ja b) ja c) ja d) nein
e) nein f) ja g) ja h) nein
i) ja j) nein k) ja l) nein

3

Zahl	a) Teiler 2; aber nicht Teiler 4	b) Teiler 4
52□	2; 6	0; 4; 8
79□	0; 4; 8	2; 6
51□4	1; 3; 5; 7; 9	0; 2; 4; 6; 8
45□	0; 4; 8	2; 6
875□	0; 4; 8	2; 6
449□	0; 4; 8	2; 6
56□2	0; 2; 4; 6; 8	1; 3; 5; 7; 9
97□4	1; 3; 5; 7; 9	0; 2; 4; 6; 8

c) Es gibt jeweils mehrere Möglichkeiten. Grundsätzlich kommen nur Ziffern in Frage, bei denen die Zahl gerade wird. Entscheidend für die Teilbarkeit sind nur die letzten beiden Ziffern. Da die Zahl im Aufgabenteil a) nicht durch 4 teilbar sein soll, in Aufgabenteil b) aber durch 4 teilbar sein soll, kommen als Lösungen für b) jeweils die Ziffern in Frage, die in Teil a) nicht möglich waren und umgekehrt.

4 Verschiedene Möglichkeiten, z. B.:
1312   oder: 1188
3576   3356
7884   7732
793J J = 2 oder 6   79J4 J = 0, 2, 4, 6 oder 8

5 00; 04; 08; 12; 16; 20; 24; 28; 32; 36; 40; 44;
48; 52; 56; 60; 64; 68; 72; 76; 80; 84; 88; 92; 96
Das entspricht allen Vielfachen von 4 zwischen
0 und 100.

6 a) 00; 25; 50
b) 2375: ja; 6980: nein; 7225: ja; 2572: nein
   8550: ja; 1600: ja; 7576: nein; 9775: ja

7 Sind bei zwei Zahlen die letzten beiden Ziffern gleich, dann erhält man bei der Division durch 4 immer den gleichen Rest.

8 Die Regel gilt auch für die Division durch 5. Allerdings würde es hier auch genügen, nur die letzte Stelle der Zahl zu betrachten.

9 000; 125; 250; 375; 500; 625; 750; 875
Die Zahl, die aus den letzten drei Ziffern gebildet wird, muss durch 125 teilbar sein.

10 a)

Zahl	teilbar durch 4?	Zahl aus den letzten 3 Ziffern geteilt durch 4	Ergebnis durch 2 teilbar?	Ausgangs-zahl durch 8 teilbar?
1136	ja	136 : 4 = 34	ja	ja
2728	ja	728 : 4 = 182	ja	ja
5412	ja	412 : 4 = 103	nein	nein
6936	ja	936 : 4 = 234	ja	ja
7402	nein	entfällt	entfällt	nein
92 424	ja	424 : 4 = 106	ja	ja

b) Die Regel stimmt.
Begründung: Da die Zahl 1000 durch 8 teilbar ist, kommt es beim Überprüfen der Teilbarkeit durch 8 nur auf die Zahl an, die aus den letzten drei Ziffern gebildet wird. Ist diese Zahl durch 4 teilbar und das Ergebnis außerdem durch 2 teilbar, dann ist die dreistellige Zahl durch $4 \cdot 2 = 8$ teilbar.

11
a) 1648 Schaltjahr   1716 Schaltjahr
   1800 kein Schaltjahr   1814 kein Schaltjahr
   1992 Schaltjahr   2000 Schaltjahr
   2030 kein Schaltjahr   4000 Schaltjahr
b) 5-mal

3 Quersummenregeln

Seite 31

Einstiegsaufgabe
beispielhafte Lösung:
→ Ausgangszahl: 1107
Erste Änderung: 1008 Die Zahl wird um
                        99 kleiner.
Zweite Änderung: 9 Die Zahl wird noch
                        einmal um 999 kleiner.
→ Insgesamt wird die Zahl um 1098 kleiner.

→ Alle Zahlen aus 9 Plättchen haben den Teiler 9 (sowie den Teiler 3).

Legt man zu Beginn alle 9 Plättchen in die Einerspalte, erzeugt man so die Zahl 9. Diese ist natürlich durch 9 teilbar. Jedes Plättchen, das man aus der Einerspalte in eine andere Spalte verschiebt, erhöht die Gesamtzahl um 9, 99, 999 usw. (also jeweils um eine Zehnerpotenz – 1). Auch diese Zahlen sind jeweils durch 9 teilbar, deshalb ist die neue dargestellte Zahl, die aus der Summe von zwei einzeln jeweils durch 9 teilbaren Zahlen besteht, wieder durch 9 teilbar.

Auch beim Verschieben von Plättchen aus anderen als der Einerspalte erhöht oder vermindert sich die dargestellte Zahl um eine durch 9 teilbare Zahl, sodass die neue Zahl jeweils wieder durch 9 teilbar ist.

Da 9 ein Vielfaches von 3 ist, sind alle durch 9 teilbaren Zahlen auch durch 3 teilbar.

→ 10 Plättchen bzw. 18 Plättchen: Legt man zu Beginn alle 10 Plättchen in die Einerspalte, ist die entstehende Zahl 10 natürlich durch 10 teilbar. Verschiebt man ein Plättchen von der Einer- in die Zehnerspalte, erhöht sich die Gesamtzahl um 9, es entsteht die Zahl 19, diese ist nicht durch 10 teilbar. Durch dieses eine Gegenbeispiel wird schon deutlich, dass die Regel für 10 Plättchen nicht allgemein gültig ist.

Ebenso kann man bei 18 Plättchen argumentieren. Die entstehende Zahl 18 + 9 = 27 ist nicht durch 18 teilbar. Damit ist die Regel auch für 18 Plättchen nicht allgemein gültig.

1 a) Quersumme: 12 ja
b) Quersumme: 6   ja
c) Quersumme: 21 ja
d) Quersumme: 12 ja
e) Quersumme: 14 nein
f) Quersumme: 18 ja
g) Quersumme: 10 nein
h) Quersumme: 22 nein
i) Quersumme: 18 ja
j) Quersumme: 24 ja
k) Quersumme: 21 ja
l) Quersumme: 24 ja
m) Quersumme: 30 ja
n) Quersumme: 32 nein
o) Quersumme: 21 ja

2 a) Quersumme: 10 nein
b) Quersumme: 9   ja
c) Quersumme: 9   ja
d) Quersumme: 15 nein
e) Quersumme: 18 ja
f) Quersumme: 18 ja
g) Quersumme: 20 nein

h) Quersumme: 27 ja
i) Quersumme: 45 ja
j) Quersumme: 27 ja
k) Quersumme: 25 nein
l) Quersumme: 28 nein
m) Quersumme: 21 nein
n) Quersumme: 45 ja

Seite 32

3

	Quersumme	durch 3 teilbar	durch 9 teilbar
a)	27	ja	ja
b)	21	ja	nein
c)	15	ja	nein
d)	30	ja	nein
e)	22	nein	nein
f)	31	nein	nein
g)	45	ja	ja
h)	36	ja	nein

4 a) 2; 5; 8   b) 2; 5; 8   c) 2; 5; 8
d) 1; 4; 7   e) 2; 5; 8   f) 0; 3; 6; 9
g) 2; 5; 8   h) 2; 5; 8

5 a) 1; 7   b) 1; 4   c) 1; 4
d) 2; 8   e) 3; 6   f) 3; 6
g) 1; 7   h) 0; 3; 9   i) 1; 7
j) 3; 6   k) 2; 5   l) 2; 5

6 243; 543; 843
123 456; 234 567; 345 678; 456 789; 789 012; 012 345

7 a) 567   b) 333   c) 324
d) 657   e) 2340   f) 4446
g) 4995   h) 3780   i) 3249
j) 6660   k) 8640   l) 9747

8 Es sind immer drei Zahlen.

9 Eine Zahl ist durch 6 teilbar, wenn sie durch 2 und durch 3 teilbar ist.

	durch 2 teilbar	durch 3 teilbar	durch 6 teilbar
a)	ja	ja	ja
b)	nein	ja	nein
c)	ja	ja	ja
d)	ja	nein	nein
e)	ja	ja	ja
f)	ja	ja	ja
g)	ja	ja	ja
h)	ja	nein	nein

10

	durch 4 teilbar	durch 9 teilbar	durch 36 teilbar
a)	ja	nein	nein
b)	nein	ja	nein
c)	nein	ja	nein
d)	nein	ja	nein
e)	nein	nein	nein
f)	ja	ja	ja
g)	ja	ja	ja
h)	ja	nein	nein

Eine Zahl, die durch 4 und durch 9 teilbar ist, ist auch durch 36 teilbar.

11 a) 1008   b) 9972

12 4689: Quersumme: 27
4707: Quersumme: 18
…
4770: Quersumme: 18
4779: Quersumme: 27
Auf diese Weise entstehen immer weitere durch 9 teilbare Zahlen.

13 individuelle Lösungen

Verquere Summen

- Beispiel: 4852 Quersumme 19 →
Quersumme 10 → Quersumme 1
Diese Zahlenkette endet mit einer Zahl zwischen 0 und 9.
- 6797 → 58 → 26 → 16 → 14 → 10 → 2
- 6797 → 87 → 45 → 27 → 27 …
Regel: dreifache Quersumme
- Beispiel: Quersumme minus 1
76 398 → 33 → 5
1234 → 9

- 973 → 189
347 → 84 → 32 → 6
752 → 70 → 0
106 → 0
5812 → 80 → 0
9834 → 864 → 192 → 18 → 8
4444 → 256 → 60 → 0
- Die Zahl 0 kommt besonders oft vor.

---

4 Primzahlen

Seite 33

Einstiegsaufgabe
→ Kleine Schachtel: 11 Pralinen, lassen sich nicht umpacken
Mittlere Schachtel: 14 Pralinen, neue Größe:
$2 \cdot 7$ Pralinen
Große Schachtel: 17 Pralinen, lassen sich nicht umpacken
→ Andere Packungsgrößen:
5 Pralinen, lassen sich nicht umpacken
8 Pralinen, neue Größe: $2 \cdot 4$ Pralinen
20 Pralinen, neue Größe: $4 \cdot 5$ Pralinen

1 a) 11; 31; 41   b) 13; 23; 43
c) 17; 37; 47   d) 19; 29

2
102: Endziffer 2, durch 2 teilbar
123: Quersumme 6, durch 3 teilbar
177: Quersumme 15, durch 3 teilbar
205: Endziffer 5, durch 5 teilbar
249: Quersumme 15, durch 3 teilbar
591: Quersumme 15, durch 3 teilbar
777: Quersumme 21, durch 3 teilbar
1002: Quersumme 3, durch 3 teilbar

3 a) keine Primzahl   b) Primzahl
c) Primzahl   d) keine Primzahl
e) Primzahl   f) Primzahl
g) keine Primzahl   h) Primzahl

4 a) 11   b) 97
c) 101

Seite 34

5

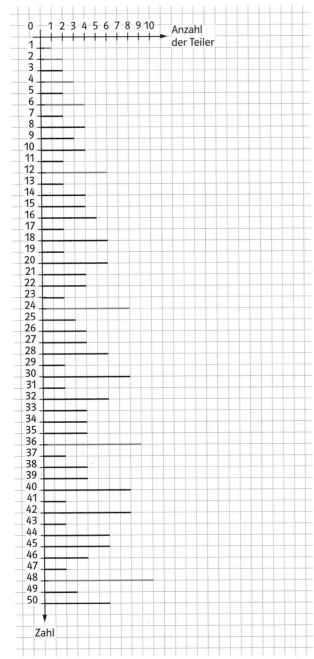

6 Sieb des Eratosthenes:

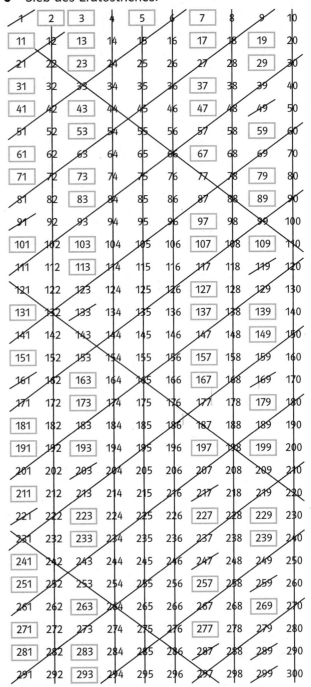

Die nicht durchgestrichenen Zahlen sind keine Vielfachen schon aufgelisteter Zahlen. Sie sind deshalb Primzahlen.

Primzahlen bis 300:
2; 3; 5; 7; 11; 13; 17; 19; 23; 29; 31; 37; 41; 43; 47; 53; 59; 61; 67; 71; 73; 79; 83; 89; 97; 101; 103; 107; 109; 113; 127; 131; 137; 139; 149; 151; 157; 163; 167; 173; 179; 181; 191; 193; 197; 199; 211; 223; 227; 229; 233; 239; 241; 251; 257; 263; 269; 271; 277; 281; 283; 293

Streicht man die Vielfachen einer Zahl, erkennt man, dass diese Vielfachen immer nach einem bestimmten Muster angeordnet sind. Sie liegen auf gemeinsamen Geraden.

7 $7 = 1 \cdot 6 + 1$ $53 = 9 \cdot 6 - 1$
$11 = 2 \cdot 6 - 1$ $107 = 18 \cdot 6 - 1$
$37 = 6 \cdot 6 - 1$ $227 = 38 \cdot 6 - 1$

Vielfache von drei können keine Primzahlen sein. Alle ungeraden Vielfachen von drei haben als Nachbarzahlen gerade Zahlen. Diese sind durch zwei teilbar und können deshalb auch keine Primzahlen sein. Aus diesem Grund können nur Nachbarzahlen gerader Vielfacher von drei, also die Nachbarzahlen der Vielfachen von sechs, Primzahlen sein.

8 $11 \rightarrow 11$ $37 \rightarrow 73$
$13 \rightarrow 31$ $79 \rightarrow 97$
$17 \rightarrow 71$ $101 \rightarrow 101$

Zwischen Zahlen, die in ihrer ersten Ziffer gerade sind, also zwischen 20 und 29 oder 40 und 49 sucht man vergeblich nach Mirpzahlen.

9 3; 5   71; 73   197; 199
5; 7   101; 103   227; 229
11; 13   107; 109   239; 241
17; 19   137; 139   269; 271
29; 31   149; 151   281; 283
41; 43   179; 181
59; 61   191; 193

10 11; 13; 17; 19   191; 193; 197; 199
101; 103; 107; 109

Große Primzahlen *i*

6 320 430 Stellen

- Schulheft: 1 Seite = $33 \cdot 55 = 1815$ Kästchen ≈ 1800 Kästchen pro Seite

Wenn man in jedes Kästchen eine Ziffer schreibt, benötigt man 3511 Seiten, das entspricht etwa 110 Schulheften.
Wenn man in jeder Sekunde eine Ziffer schreibt, braucht man 6 320 430 Sekunden, das entspricht ungefähr 105 340 Minuten, das entspricht ungefähr 1755 Stunden, das entspricht ungefähr 73 Tagen.

---

5 Brüche

Seite 35

Einstiegsaufgabe

➜ Mit dem roten und dem blauen Gummiband ist jeweils der Bruch $\frac{12}{32} = \frac{3}{8}$ dargestellt.
➜ weiteres Beispiel:

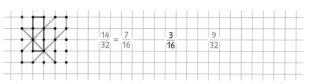

1 a) $\frac{1}{2}$; $\frac{1}{3}$; $\frac{2}{3}$; $\frac{3}{8}$; $\frac{7}{10}$ b) $\frac{1}{9}$; $\frac{4}{9}$; $\frac{5}{9}$; $\frac{7}{9}$
c) $\frac{3}{4}$; $\frac{3}{5}$; $\frac{3}{7}$

2 a) $\frac{4}{6}$; der ganze Kreis ist in 6 Teile geteilt, davon sind 4 Teile markiert.
b) $\frac{7}{12}$; der ganze Kreis ist in 12 Teile geteilt, davon sind 7 Teile markiert.
c) $\frac{6}{10}$; der ganze Kreis ist in 10 Teile geteilt, davon sind 6 Teile markiert.

Seite 36

3 a) Unterteilung in 16 Teile. $\frac{5}{16}$ sind gefärbt, $\frac{11}{16}$ bleiben weiß.
b) Unterteilung in 36 Teile. $\frac{11}{36}$ sind gefärbt, $\frac{25}{36}$ bleiben weiß.

4 a) $\frac{2}{5}$ b) $\frac{3}{4}$ c) $\frac{2}{8}$
d) $\frac{5}{6}$ e) $\frac{7}{15}$ f) $\frac{3}{5}$

Brüche als Quotienten *i*

- $\frac{2}{5}$; $\frac{3}{4}$; $\frac{6}{7}$; $\frac{7}{3}$; $\frac{8}{5}$; $\frac{11}{10}$; $\frac{12}{5}$; $\frac{21}{4}$; $\frac{45}{6}$
- $\frac{4}{5}$; $\frac{3}{7}$; $\frac{9}{12}$
- $\frac{15}{4} = 3\frac{3}{4}$ $\frac{20}{3} = 6\frac{2}{3}$ $\frac{18}{5} = 3\frac{3}{5}$
  $\frac{8}{3} = 2\frac{2}{3}$ $\frac{13}{2} = 6\frac{1}{2}$ $\frac{25}{4} = 6\frac{1}{4}$

5

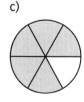

Man könnte die Bruchteile auch im Kreis darstellen.

6 a)   b)   c)

d)   e)

7 a) richtig   b) $\frac{3}{8}$

c) Die Figur ist nicht in gleich große Teile eingeteilt. Deshalb kann man keinen Bruchteil angeben.

8

a)

b)

c)

d)

9

 $\frac{1}{3}$ $\frac{1}{12}$ $\frac{3}{8}$

Es bleiben $\frac{5}{24}$ frei.

10 a) 18 cm², das entspricht $\frac{3}{4}$ der Gesamtfläche.

b) 25 cm², das entspricht $\frac{5}{8}$ der Gesamtfläche.

Seite 37

11 a) $\frac{6}{16} = \frac{3}{8}$ b) $\frac{21}{32}$

c) $\frac{18}{32} = \frac{9}{16}$ d) links: $\frac{10}{32} = \frac{5}{16}$

                       rechts: $\frac{5}{32}$

e) oben links: $\frac{3}{16}$ f) blau: $\frac{7}{32}$

   unten links: $\frac{4}{32} = \frac{2}{16} = \frac{1}{8}$ rot: $\frac{11}{32}$

   rechts: $\frac{7}{32}$

12 $\frac{1}{8}$ km = 125 m $\frac{1}{10}$ l = 100 ml

$\frac{3}{4}$ kg = 750 g $\frac{3}{8}$ kg = 375 g

$\frac{1}{5}$ m = 2 dm $\frac{3}{5}$ m = 60 cm

13

a) $\frac{1}{5}$ kg = $\frac{1}{5}$ von 1000 g = 200 g

   $\frac{1}{8}$ t = $\frac{1}{8}$ von 1000 kg = 125 kg

b) $\frac{3}{10}$ km = $\frac{3}{10}$ von 1000 m = 300 m

   $\frac{2}{5}$ m = $\frac{2}{5}$ von 10 dm = 4 dm

c) $\frac{2}{3}$ h = $\frac{2}{3}$ von 60 min = 40 min

   $\frac{3}{4}$ Tag = $\frac{3}{4}$ von 24 h = 18 h

d) $\frac{1}{3}$ Jahr = $\frac{1}{3}$ von 360 Tagen = 120 Tage

   $\frac{3}{4}$ Jahr = $\frac{3}{4}$ von 360 Tagen = 270 Tage

---

e) $\frac{3}{10}$ cm² = $\frac{3}{10}$ von 100 mm² = 30 mm²

   $\frac{3}{100}$ dm² = $\frac{3}{100}$ von 100 cm² = 3 cm²

f) $\frac{3}{5}$ m² = $\frac{3}{5}$ von 100 dm² = 60 dm²

   $\frac{2}{25}$ ha = $\frac{2}{25}$ von 100 a = 8 a

g) $\frac{3}{4}$ min = $\frac{3}{4}$ von 60 s = 45 s

   $5\frac{1}{2}$ min = $5\frac{1}{2}$ von 60 s = 330 s

h) $\frac{3}{20}$ l = $\frac{3}{20}$ von 1000 ml = 150 ml

   $2\frac{1}{4}$ l = $2\frac{1}{4}$ von 1000 ml = 2250 ml

14 a) 250 m = $\frac{1}{4}$ km   b) 5 mm = $\frac{1}{2}$ cm

     400 m = $\frac{2}{5}$ km   4 mm = $\frac{2}{5}$ cm

c) 500 ml = $\frac{1}{2}$ l   d) 50 a = $\frac{1}{2}$ ha

     125 ml = $\frac{1}{8}$ l   30 a = $\frac{3}{10}$ ha

e) 10 m² = $\frac{1}{10}$ a   f) 15 min = $\frac{1}{4}$ h

     70 m² = $\frac{7}{10}$ a   36 min = $\frac{3}{5}$ h

g) 8 h = $\frac{1}{3}$ Tag   h) 150 g = $\frac{3}{20}$ kg

     15 h = $\frac{5}{8}$ Tag   875 g = $\frac{7}{8}$ kg

15 a) $\frac{4}{5}$ € = (4 · 100 ct) : 5 = 80 ct

b) $\frac{5}{8}$ kg = (5 · 1000 g) : 8 = 625 g

c) $\frac{9}{10}$ km = (9 · 1000 m) : 10 = 900 m

d) $\frac{2}{5}$ h = (2 · 60 min) : 5 = 24 min

e) $\frac{3}{4}$ Tag = (3 · 24 h) : 4 = 18 h

f) $\frac{5}{12}$ min = (5 · 60 s) : 12 = 25 s

16 a) $3\frac{1}{2}$ m = 35 dm   b) $3\frac{1}{2}$ l = 3500 ml

c) $2\frac{1}{3}$ h = 140 min   d) $4\frac{1}{4}$ kg = 4250 g

e) $1\frac{3}{4}$ Jahr = 630 Tage   f) $5\frac{1}{4}$ m² = 525 dm²

g) $6\frac{2}{5}$ a = 640 m²   h) $7\frac{3}{4}$ ha = 775 a

i) $2\frac{3}{4}$ cm² = 275 mm²   j) $3\frac{3}{5}$ dm² = 360 cm²

k) $8\frac{1}{4}$ dm³ = 8250 cm³   l) $5\frac{3}{4}$ l = 5750 ml

17 a) $\frac{3}{2}$ b) $\frac{67}{8}$ c) $\frac{47}{3}$ d) $\frac{52}{5}$

e) $\frac{9}{4}$ f) $\frac{33}{10}$ g) $\frac{88}{7}$ h) $\frac{79}{5}$

18

Containergut: $\frac{16}{60} = \frac{4}{15}$

flüssiges Gut: $\frac{20}{60} = \frac{1}{3}$

Sauggut: $\frac{12}{60} = \frac{1}{5}$

Greifergut: $\frac{12}{60} = \frac{1}{5}$

mögliches Diagramm:

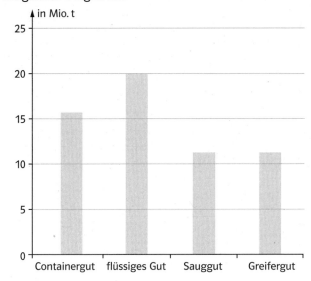

6 Brüche am Zahlenstrahl

Seite 38

Einstiegsaufgabe
individuelle Lösungen

1 a) in 12 gleich lange Teilstrecken
b) in 20 gleich lange Teilstrecken

2 a) Einteilung am Zahlenstrahl in Fünftel;
Beschriftung: 0; $\frac{1}{5}$; $\frac{2}{5}$; $\frac{3}{5}$; $\frac{4}{5}$; 1; $\frac{6}{5}$
b) Einteilung am Zahlenstrahl in Sechstel;
Beschriftung: 0; $\frac{1}{6}$; $\frac{2}{6}$; $\frac{3}{6}$; $\frac{4}{6}$; $\frac{5}{6}$; 1; $\frac{7}{6}$; $\frac{8}{6}$; $\frac{9}{6}$; $\frac{10}{6}$; $\frac{11}{6}$; 2

Seite 39

3 a) A: $\frac{3}{8}$ B: $\frac{4}{8}$ C: $\frac{7}{8}$
b) A: $\frac{2}{3}$ B: $\frac{4}{3}$ C: $\frac{5}{3}$
c) A: $\frac{2}{7}$ B: $\frac{6}{7}$ C: $\frac{10}{7}$

4 a)

5 a)

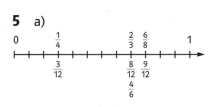

b)

6 a)

b)

c)

7 individuelle Lösungen, z. B.:
a) $\frac{1}{2} = \frac{3}{6} = \frac{13}{26}$ b) $\frac{2}{3} = \frac{4}{6} = \frac{12}{18}$
c) $\frac{3}{4} = \frac{6}{8} = \frac{12}{16}$ d) $\frac{4}{5} = \frac{8}{10} = \frac{16}{20}$
e) $\frac{3}{7} = \frac{6}{14} = \frac{12}{28}$ f) $\frac{4}{3} = \frac{8}{6} = \frac{20}{15}$

Teile wie du willst

individuelle Lösungen

8 a) 630 cm und 210 cm   b) 315 cm und 525 cm
c) 672 cm und 168 cm   d) 700 cm und 140 cm

9 $\frac{1}{4}$

10 a) 30 cm: $\frac{1}{4}$; 90 cm: $\frac{3}{4}$
b) 30 cm: $\frac{1}{6}$; 150 cm: $\frac{5}{6}$
c) 45 cm: $\frac{1}{6}$; 225 cm: $\frac{5}{6}$

Randspalte
$\frac{1}{2}$ $\frac{4}{7}$ $\frac{5}{11}$ $\frac{5}{12}$ $\frac{7}{24}$

7 Erweitern und Kürzen

Seite 40

Einstiegsaufgabe
gefärbte Fläche: $\frac{3}{4} = \frac{6}{8} = \frac{12}{16} = \frac{24}{32} = \frac{48}{64} = \dots$

Seite 41

1 a) $\frac{1}{2} = \frac{2}{4} = \frac{3}{6} = \frac{4}{8}$ b) $\frac{1}{3} = \frac{2}{6} = \frac{3}{9}$

c) $\frac{1}{4} = \frac{2}{8} = \frac{3}{12}$ d) $\frac{1}{5} = \frac{2}{10} = \frac{4}{20}$

2 individuelle Lösungen, z.B.:
Gewürfelte Zahlen: 2, 4, 6:

$\frac{2}{4} = \frac{2 \cdot 6}{4 \cdot 6} = \frac{12}{24}$

Gewürfelte Zahlen: 1, 2, 3:

$\frac{1}{2} = \frac{1 \cdot 3}{2 \cdot 3} = \frac{3}{6}$

Würfelspiel zum Kürzen: individuelle Lösungen

3 a) $\frac{1}{5} = \frac{3}{15} = \frac{6}{30} = \frac{8}{40}$ b) $\frac{1}{7} = \frac{2}{14} = \frac{6}{42} = \frac{7}{49}$

c) $\frac{2}{9} = \frac{8}{36} = \frac{10}{45} = \frac{16}{72}$ d) $\frac{7}{5} = \frac{56}{40} = \frac{63}{45} = \frac{84}{60}$

e) $\frac{3}{4} = \frac{9}{12} = \frac{15}{20} = \frac{21}{28}$ f) $\frac{5}{8} = \frac{20}{32} = \frac{25}{40} = \frac{40}{64}$

4 Lösungswort: SCHLITTSCHUH

Seite 42

5 a) $\frac{1}{2} = \frac{10}{20}; \frac{1}{4} = \frac{5}{20}; \frac{2}{5} = \frac{8}{20}; \frac{4}{10} = \frac{8}{20}; \frac{13}{10} = \frac{26}{20}; \frac{19}{10} = \frac{38}{20}$

b) $\frac{1}{2} = \frac{18}{36}; \frac{1}{3} = \frac{12}{36}; \frac{1}{4} = \frac{9}{36}; \frac{2}{3} = \frac{24}{36}; \frac{3}{4} = \frac{27}{36}; \frac{5}{6} = \frac{30}{36};$

$\frac{5}{12} = \frac{15}{36}; \frac{7}{18} = \frac{14}{36}$

c) $\frac{1}{50} = \frac{2}{100}; \frac{3}{10} = \frac{30}{100}; \frac{7}{20} = \frac{35}{100}; \frac{9}{25} = \frac{36}{100}; \frac{4}{5} = \frac{80}{100};$

$\frac{3}{4} = \frac{75}{100}; \frac{5}{2} = \frac{250}{100}$

d) $\frac{3}{500} = \frac{6}{1000}; \frac{11}{250} = \frac{44}{1000}; \frac{8}{125} = \frac{64}{1000}; \frac{12}{25} = \frac{480}{1000};$

$\frac{9}{20} = \frac{450}{1000}$

6 mögliche Lösungen:

a) $\frac{1}{3} = \frac{4}{12}$ b) $\frac{5}{6} = \frac{15}{18}$ c) $\frac{1}{2} = \frac{7}{14}$

    $\frac{1}{4} = \frac{3}{12}$ $\frac{4}{9} = \frac{8}{18}$ $\frac{4}{7} = \frac{8}{14}$

d) $\frac{1}{2} = \frac{3}{6}$ e) $\frac{3}{4} = \frac{6}{8} = \frac{12}{16}$ f) $\frac{3}{7} = \frac{24}{56}$

    $\frac{1}{3} = \frac{2}{6}$ $\frac{1}{8} = \frac{1}{8} = \frac{2}{16}$ $\frac{3}{8} = \frac{21}{56}$

g) $\frac{1}{4} = \frac{3}{12}$ h) $\frac{2}{5} = \frac{4}{10} = \frac{8}{20}$ i) $\frac{2}{9} = \frac{22}{99}$

    $\frac{1}{6} = \frac{2}{12}$ $\frac{3}{10} = \frac{3}{10} = \frac{6}{20}$ $\frac{5}{11} = \frac{45}{99}$

j) $\frac{3}{4} = \frac{27}{36}$ k) $\frac{5}{12} = \frac{10}{24}$ l) $\frac{2}{15} = \frac{12}{90}$

    $\frac{5}{18} = \frac{10}{36}$ $\frac{7}{8} = \frac{21}{24}$ $\frac{7}{18} = \frac{35}{90}$

7 a) $\frac{36}{360} = \frac{1}{10}$ b) $\frac{60}{360} = \frac{1}{6}$ c) $\frac{72}{360} = \frac{1}{5}$

d) $\frac{120}{360} = \frac{1}{3}$ e) $\frac{20}{360} = \frac{1}{18}$ f) $\frac{80}{360} = \frac{2}{9}$

g) $\frac{210}{360} = \frac{7}{12}$ h) $\frac{270}{360} = \frac{3}{4}$ i) $\frac{315}{360} = \frac{7}{8}$

8 a) $\frac{4}{10} = \frac{2}{5}; \frac{8}{10} = \frac{4}{5}; \frac{6}{14} = \frac{3}{7}; \frac{10}{16} = \frac{5}{8}; \frac{12}{18} = \frac{6}{9}$

b) $\frac{3}{9} = \frac{1}{3}; \frac{6}{15} = \frac{2}{5}; \frac{9}{12} = \frac{3}{4}; \frac{3}{24} = \frac{1}{8}; \frac{15}{21} = \frac{5}{7}$

c) $\frac{5}{15} = \frac{1}{3}; \frac{10}{15} = \frac{2}{3}; \frac{15}{25} = \frac{3}{5}; \frac{20}{35} = \frac{4}{7}; \frac{25}{45} = \frac{5}{9}$

d) $\frac{14}{49} = \frac{2}{7}; \frac{28}{35} = \frac{4}{5}; \frac{21}{56} = \frac{3}{8}; \frac{49}{77} = \frac{7}{11}; \frac{63}{91} = \frac{9}{13}$

9 Lösungswort: HALLOWEEN

Kürzen bis zum Schluss

$\frac{42}{48} = \frac{42:6}{48:6} = \frac{7}{8}$ $\frac{72}{108} = \frac{72:36}{108:36} = \frac{2}{3}$

$\frac{90}{120} = \frac{90:30}{120:30} = \frac{3}{4}$ $\frac{60}{135} = \frac{60:15}{135:15} = \frac{4}{9}$

$\frac{54}{90} = \frac{54:18}{90:18} = \frac{3}{5}$ $\frac{48}{144} = \frac{48:48}{144:48} = \frac{1}{3}$

$\frac{40}{56} = \frac{40:8}{56:8} = \frac{5}{7}$ $\frac{54}{243} = \frac{54:27}{243:27} = \frac{2}{9}$

10 a) ja   b) ja   c) nein

d) nein   e) nein   f) nein

g) nein   h) nein   i) nein

11 a) $\frac{8}{16} = \frac{1}{2}$ b) $\frac{25}{75} = \frac{1}{3}$ c) $\frac{12}{18} = \frac{2}{3}$

d) $\frac{24}{64} = \frac{3}{8}$ e) $\frac{36}{90} = \frac{2}{5}$ f) $\frac{32}{128} = \frac{1}{4}$

g) $\frac{48}{144} = \frac{1}{3}$ h) $\frac{56}{140} = \frac{2}{5}$

12 a) $\frac{72}{90} = \frac{4}{5}$ b) $\frac{78}{91} = \frac{6}{7}$ c) $\frac{108}{144} = \frac{3}{4}$

d) $\frac{48}{72} = \frac{2}{3}$ e) $\frac{96}{108} = \frac{8}{9}$ f) $\frac{85}{102} = \frac{5}{6}$

g) $\frac{112}{140} = \frac{4}{5}$ h) $\frac{95}{114} = \frac{5}{6}$

13 a) $\frac{2}{3}; \frac{3}{4}; \frac{5}{6}$ b) $\frac{1}{2}; \frac{3}{4}; \frac{5}{8}$

8 Brüche ordnen

Seite 43

Einstiegsaufgabe

→ Catrin: $\frac{4}{20} = \frac{6}{30}$ Catrin war in beiden Durchgängen gleich erfolgreich.

Esra: $\frac{3}{20} < \frac{5}{30}$ Esra hatte im zweiten Durchgang mehr Erfolg.

→ individuelle Lösungen

Seite 44

1 a) $\frac{13}{12}; \frac{3}{2}; \frac{15}{11}; \frac{14}{13}$ sind größer als 1. $\frac{4}{9}$ ist kleiner als $\frac{1}{2}$.

b) $\frac{5}{4}; \frac{17}{13}$ sind größer als 1. $\frac{3}{8}; \frac{5}{12}$ sind kleiner als $\frac{1}{2}$. $\frac{9}{18}$ ist gleich $\frac{1}{2}$.

2 a) $\frac{5}{3}; \frac{7}{4}; \frac{9}{5}; \frac{13}{7}; \frac{12}{6} = 2$ b) $\frac{2}{3}; \frac{3}{4}; \frac{6}{7}; \frac{8}{15}$

3 a) $\frac{2}{5} > \frac{3}{10}$ b) $\frac{2}{3} < \frac{5}{6}$ c) $\frac{3}{4} > \frac{7}{12}$
d) $\frac{4}{5} > \frac{11}{15}$ e) $\frac{4}{7} > \frac{7}{14}$ f) $\frac{6}{5} > \frac{23}{20}$

4 a) $\frac{5}{6} > \frac{7}{9}$ b) $\frac{3}{8} < \frac{5}{12}$ c) $\frac{1}{6} > \frac{2}{15}$
d) $\frac{7}{12} < \frac{11}{15}$ e) $\frac{8}{9} > \frac{19}{21}$ f) $\frac{13}{24} < \frac{17}{30}$

5 $\frac{1}{3} < \frac{7}{12} < \frac{5}{8} < \frac{11}{9} < \frac{35}{13}$

Die größten Brüche sind $\frac{35}{13} > 2$ und $\frac{11}{9} > 1$.
Die Brüche $\frac{5}{8}$ und $\frac{7}{12}$ sind beide etwas größer als $\frac{1}{2} = \frac{6}{12} = \frac{4}{8}$. Man überlegt sich, dass die Teile eines Ganzen, das man in acht Teile zerlegt hat, kleiner sind als die Teile eines Ganzen, das man in zwölf Teile zerlegt hat. Der Bruch $\frac{5}{8}$ ist also größer als der Bruch $\frac{7}{12}$. Der kleinste Bruch ist $\frac{1}{3}$, da er kleiner ist als $\frac{1}{2}$.

Wo gehört mein Bruch hin?

individuelle Lösungen

---

6 Zu einem Ganzen fehlen den Brüchen der Reihe nach $\frac{1}{6}, \frac{1}{7}, \frac{1}{8}$ bzw. $\frac{1}{9}$.
Da $\frac{1}{6} > \frac{1}{7} > \frac{1}{8} > \frac{1}{9}$, gilt $\frac{5}{6} < \frac{6}{7} < \frac{7}{8} < \frac{8}{9}$.

7 a) Teilt man ein Ganzes in sieben Teile und markiert davon zwei Teile, ist dieser Anteil kleiner als der Anteil den man erhält, wenn man ein Ganzes in fünf Teile unterteilt und zwei Teile markiert.
Die Anordnung muss also heißen: $\frac{2}{7} < \frac{2}{5} < \frac{2}{3} < \frac{2}{1}$.
b) Zu einem Ganzen fehlen den Brüchen der Reihe nach $\frac{4}{9}, \frac{4}{10}, \frac{4}{11}$ bzw. $\frac{4}{12}$. Der Bruch, dem der größte Teil, nämlich $\frac{4}{9}$, zu einem Ganzen fehlt, ist demnach der kleinste Bruch.
Die Anordnung muss also heißen: $\frac{5}{9} < \frac{6}{10} < \frac{7}{11} < \frac{8}{12}$.

8 a) $\frac{151}{300} > \frac{299}{600}$ b) $\frac{149}{300} > \frac{297}{600}$
c) $\frac{152}{303} > \frac{333}{667}$ d) $\frac{155}{309} = \frac{310}{618}$

In den Teilaufgaben a), b) und d) lassen sich die Entscheidungen leicht begründen, wenn man den ersten Bruch mit zwei erweitert. In der Teilaufgabe c) kann man überprüfen, dass der erste Bruch größer der zweite jedoch kleiner als $\frac{1}{2}$ ist.

9 a) $\frac{5}{8} < \frac{17}{24} < \frac{3}{4} = \frac{9}{12}$ b) $\frac{5}{9} < \frac{7}{12} < \frac{11}{18} < \frac{5}{6}$
c) $\frac{5}{12} < \frac{4}{9} < \frac{13}{24} < \frac{2}{3}$ d) $\frac{5}{9} < \frac{9}{16} < \frac{5}{8} < \frac{11}{12}$

10 Renés Überlegung ist falsch.
In der Mitte zwischen den Brüchen $\frac{2}{3} = \frac{10}{15}$ und $\frac{4}{5} = \frac{12}{15}$ liegt der Bruch $\frac{22}{30} = \frac{11}{15}$.
Um die Mitte zwischen zwei Brüchen zu bestimmen, macht man die beiden Brüche gleichnamig und bestimmt dann die Mitte der beiden Zähler. Durch das Erweitern der Brüche auf den gleichen Nenner hat man eine einheitliche Unterteilung vorgegeben, mit deren Hilfe man Abstände bestimmen kann.

11 a) $\frac{1}{3} = \frac{4}{12} < \frac{5}{12} < \frac{1}{2} = \frac{6}{12}$ b) $\frac{4}{5} = \frac{48}{60} < \frac{49}{60} < \frac{5}{6} = \frac{50}{60}$
c) $\frac{5}{7} = \frac{40}{56} > \frac{41}{56} > \frac{3}{4} = \frac{42}{56}$ d) $\frac{2}{3} = \frac{16}{24} > \frac{17}{24} > \frac{3}{4} = \frac{18}{24}$

12 a) Svens Aussage ist nicht richtig, denn $\frac{5}{6} = \frac{20}{24}$ ist kleiner als $\frac{7}{8} = \frac{21}{24}$. Die Anteile, die bei den einzelnen Brüchen zu einem Ganzen fehlen, betragen $\frac{1}{6}, \frac{1}{8}$ bzw. $\frac{1}{9}$. Da diese Anteile nicht gleich sind, können auch die Brüche nicht gleich sein.
b) $\frac{8}{12} > \frac{7}{11} > \frac{6}{10}$. Zu einem Ganzen fehlen den Brüchen der Reihe nach $\frac{4}{12}, \frac{4}{11}$ bzw. $\frac{4}{10}$ Der Bruch, dem der größte Teil, nämlich $\frac{4}{10}$, zu einem Ganzen fehlt, ist demnach der kleinste Bruch.

9 Prozent

Seite 45

Einstiegsaufgabe
→ Der blaue Anteil überwiegt.
→ rot: $\frac{28}{100} = \frac{14}{100} = \frac{7}{50}$
blau: $\frac{16}{100} = \frac{8}{50}$.
→ Restfläche: $\frac{70}{100} = \frac{7}{10}$

1 a) 25 % lesen das Buch.
b) Jeder bekommt 50 %.
c) Gewinnchance: 5 %
d) 90 % aller Haushalte haben einen Kühlschrank.

2 a) 50% b) 10%
c) 25% d) 12,5%
e) 75% f) 80%
g) 87,5% h) 80%
i) 80% j) 25%

Seite 46

3 a) $\frac{3}{100}$ b) $\frac{5}{100} = \frac{1}{20}$ c) $\frac{10}{100} = \frac{1}{10}$
d) $\frac{12}{100} = \frac{3}{25}$ e) $\frac{20}{100} = \frac{1}{5}$ f) $\frac{25}{100} = \frac{1}{4}$
g) $\frac{30}{100} = \frac{3}{10}$ h) $\frac{40}{100} = \frac{4}{10}$ i) $\frac{50}{100} = \frac{1}{2}$
j) $\frac{65}{100} = \frac{13}{20}$ k) $\frac{100}{100} = \frac{1}{1} = 1$ l) $\frac{200}{100} = \frac{2}{1} = 2$

4 a) 50% b) 75% c) 60%
d) 80% e) 70% f) 80%
g) 5% h) 45% i) 68%
j) 96% k) 14% l) 98%

5 a) $\frac{2}{5} = 40\%$ b) $\frac{3}{4} > 70\%$ c) $60\% = \frac{3}{5}$
d) $\frac{9}{10} = 90\%$ e) $\frac{1}{3} > 30\%$ f) $\frac{17}{25} > 65\%$

6 $5\% = \frac{1}{20}$ $75\% = \frac{3}{4}$ $25\% = \frac{1}{4}$
$12,5\% = \frac{1}{8}$ $37,5\% = \frac{3}{8}$ $15\% = \frac{3}{20}$
$80\% = \frac{4}{5}$ $90\% = \frac{9}{10}$
Übrig bleibt der Bruch $\frac{2}{5}$.

7 a) 20% b) 25%
c) $\frac{2}{6} = 33\frac{1}{3}\%$ d) $\frac{8}{12} = \frac{2}{3}$

Randspalte
Der Artikel enthält einen Fehler. 5% sind nicht
$\frac{1}{5}$ aller Fahrer, sondern $\frac{1}{20}$.

8
a) b) c)

d) e) f)

9
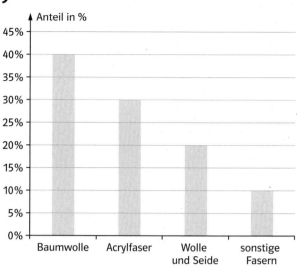

10
a) Volleyball: $\frac{8}{25} = 32\%$
   Fußball: 40%
   Tennis: $\frac{14}{50} = 28\%$
Die beliebteste Sportart ist Fußball.

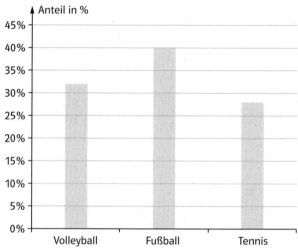

b) individuelle Lösungen

11 a)
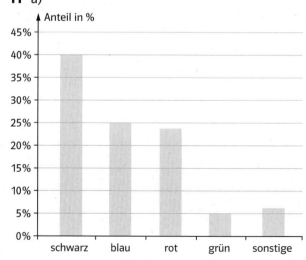

b) individuelle Lösungen

Üben • Anwenden • Nachdenken

Seite 48

1 a) $T_{27} = \{1;\ 3;\ 9;\ 27\}$
b) $T_{81} = \{1;\ 3;\ 9;\ 27;\ 81\}$
c) $T_{18} = \{1;\ 2;\ 3;\ 6;\ 9;\ 18\}$
d) $T_{96} = \{1;\ 2;\ \dots;\ 48;\ 96\}$

2 $T_{56} = \{1;\ 2;\ 4;\ 7;\ 8;\ 14;\ 28;\ 56\}$ oder
$T_{112} = \{1;\ 2;\ 4;\ 7;\ 8;\ 14;\ 16;\ 28;\ 56;\ 112\}$

3 a) größter gemeinsamer Teiler $(24;\ 42) = 6$
b) größter gemeinsamer Teiler $(28;\ 35) = 7$
c) größter gemeinsamer Teiler $(44;\ 132) = 44$

4 a) $V_{12} = \{12;\ 24;\ 36;\ 48;\ \dots\}$
b) $V_9 = \{9;\ 18;\ 27;\ 36;\ \dots\}$
c) $V_6 = \{6;\ 12;\ 18;\ 24;\ 30;\ 36;\ \dots\}$

5 60 Karten

6

+	5	10	15	20	25	30	35	40	45	50
3	8	13	18	23	28	33	38	43	48	53
6	11	16	21	26	31	36	41	46	51	56
9	14	19	24	29	34	39	44	49	54	59
12	17	22	27	32	37	42	47	52	57	62
15	20	25	30	35	40	45	50	55	60	65
18	23	28	33	38	43	48	53	58	63	68
21	26	31	36	41	46	51	56	61	66	71
24	29	34	39	44	49	54	59	64	69	74
27	32	37	42	47	52	57	62	67	72	77
30	35	40	45	50	55	60	65	70	75	80

7 Erweiterte Zahlentabelle

04	007	010	013	016	019	022	025	028	031	034	037	040	043	046	049	052	055	058	061	064	...
07	012	017	022	027	032	037	042	047	052	057	062	067	072	077	082	087	092	097	102	107	
10	017	024	031	038	045	052	059	066	073	080	087	094	101	108	115	122	129	136	143	150	
13	022	031	040	049	058	067	076	085	094	103	112	121	130	139	148	157	166	175	184	193	
16	027	038	049	060	071	082	093	104	115	126	137	148	159	170	181	192	203	214	225	236	
19	032	045	058	071	084	097	110	123	136	149	162	175	188	201	214	227	240	253	266	279	
22	037	052	067	082	097	112	127	142	157	172	187	202	217	232	247	262	277	292	307	322	
25	042	059	076	093	110	127	144	161	178	195	212	229	246	263	280	297	314	331	348	365	
28	047	066	085	104	123	142	161	180	199	218	237	256	275	294	313	332	351	370	389	408	
31	052	073	094	115	136	157	178	199	220	241	262	283	304	325	346	367	388	409	430	451	
34	057	080	103	126	149	172	195	218	241	264	287	310	333	356	379	402	425	448	471	494	
37	062	087	112	137	162	187	212	237	262	287	312	337	362	387	412	437	462	487	512	537	
40	067	094	121	148	175	202	229	256	283	310	337	364	391	418	445	472	499	526	553	580	
43	072	101	130	159	188	217	246	275	304	333	362	391	420	449	478	507	536	565	594	623	
46	077	108	139	170	201	232	263	294	325	356	387	418	449	480	511	542	573	604	635	666	
49	082	115	148	181	214	247	280	313	346	379	412	445	478	511	544	577	610	643	676	709	
52	087	122	157	192	227	262	297	332	367	402	437	472	507	542	577	612	647	682	717	752	
55	092	129	166	203	240	277	314	351	388	425	462	499	536	573	610	647	684	721	758	795	
58	097	136	175	214	253	292	331	370	409	448	487	526	565	604	643	682	721	760	799	838	
61	102	143	184	225	266	307	348	389	430	471	512	553	594	635	676	717	758	799	840	881	
64	107	150	193	236	279	322	365	408	451	494	537	580	623	666	709	752	795	838	881	924	
...																					

Zahl	verdoppelt	1 addieren	Primzahl?
5	10	11	ja
6	12	13	ja
8	16	17	ja
9	18	19	ja
14	28	29	ja
15	30	31	ja
18	36	37	ja
20	40	41	ja
21	42	43	ja
23	46	47	ja
26	52	53	ja
29	58	59	ja

Zahl	verdoppelt	1 addieren	Primzahl?
30	60	61	ja
33	66	67	ja
41	82	83	ja
105	210	211	ja

Teilerpäckchen und Teilerpakete

■

8 | 80	9 | 99	10 | 120	11 | 143	12 | 168
9 | 81	10 | 100	11 | 121	12 | 144	13 | 169

untere Zeile: Quadratzahlen

■

6 | 90	7 | 119	8 | 152	9 | 189	10 | 230
7 | 91	8 | 120	9 | 153	10 | 190	11 | 231

untere Zeile: 3·5; 4·7; 5·9; 6·11; 7·13; …
(zweiter Faktor: +2)

■

5 | 95	6 | 132	7 | 175	8 | 224	9 | 279
6 | 96	7 | 133	8 | 176	9 | 225	10 | 280

untere Zeile: 3·7; 4·10; 5·13; 6·16; 7·19; …
(zweiter Faktor: +3)

2 | 26	3 | 51	4 | 84	5 | 125	6 | 174
3 | 27	4 | 52	5 | 85	6 | 126	7 | 175

untere Zeile: 3·9; 4·13; 5·17; 6·21; 7·25; …
(zweiter Faktor: +4)

■

2 | 64	4 | 428	8 | 3976
3 | 66	5 | 430	9 | 3978
4 | 68	6 | 432	10 | 3980
5 | 70	7 | 434	11 | 3982
6 | 72	8 | 436	12 | 3984
7 | 74		13 | 3986

■

2 | 360364	2 | 7574
3 | 360366	3 | 7581
4 | 360368	4 | 7588
5 | 360370	5 | 7595
6 | 360372	6 | 7602
7 | 360374	7 | 7609
8 | 360376	8 | 7616
9 | 360378	9 | 7623
10 | 360380	10 | 7630
11 | 360382	11 | 7637
12 | 360384	
13 | 360386	
14 | 360388	
15 | 360390	
16 | 360392	

Bei allen grau dargestellten Zahlen teilt die erste Zahl die zweite nicht mehr.

Seite 49

8 a) A: $\frac{1}{16}$; B: $\frac{3}{16}$; C: $\frac{5}{16}$; D: $\frac{7}{16}$

b) $A + B = \frac{1}{16} + \frac{3}{16} = \frac{4}{16} = \frac{1}{4}$

$A + D = \frac{1}{16} + \frac{7}{16} = \frac{8}{16} = \frac{1}{2}$

$B + C = \frac{3}{16} + \frac{5}{16} = \frac{8}{16} = \frac{1}{2}$

$B + D = \frac{3}{16} + \frac{7}{16} = \frac{10}{16} = \frac{5}{8}$

$C + D = \frac{5}{16} + \frac{7}{16} = \frac{12}{16} = \frac{3}{4}$

$A + B + C = \frac{1}{16} + \frac{3}{16} + \frac{5}{16} = \frac{9}{16}$

$A + B + D = \frac{1}{16} + \frac{3}{16} + \frac{7}{16} = \frac{11}{16}$

$A + C + D = \frac{1}{16} + \frac{5}{16} + \frac{7}{16} = \frac{13}{16}$

$B + C + D = \frac{3}{16} + \frac{5}{16} + \frac{7}{16} = \frac{15}{16}$

$A + B + C + D = \frac{1}{16} + \frac{3}{16} + \frac{5}{16} + \frac{7}{16} = \frac{16}{16} = \frac{1}{1} = 1$

9 a) b)

c) d)

10 a)

b)

11

a) $\frac{3}{4} = \frac{9}{12}$ b) $\frac{3}{4} = \frac{15}{20}$ c) $\frac{3}{4} = \frac{9}{12}$

$\frac{2}{3} = \frac{8}{12}$ $\frac{3}{10} = \frac{6}{20}$ $\frac{5}{6} = \frac{10}{12}$

d) $\frac{1}{9} = \frac{2}{18}$ e) $\frac{2}{15} = \frac{4}{30}$ f) $\frac{5}{12} = \frac{10}{24}$

$\frac{5}{6} = \frac{15}{18}$ $\frac{1}{6} = \frac{5}{30}$ $\frac{7}{8} = \frac{21}{24}$

12

a) Gemüse und Reben: 240 ha
Blumen: 20 ha

b)
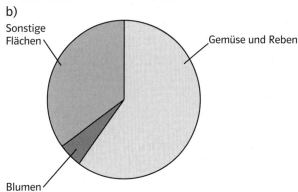

13 a) $\frac{4}{5} = \frac{80}{100} = 80\,\%$ b) $\frac{7}{10} = \frac{70}{100} = 70\,\%$

c) $\frac{3}{20} = \frac{15}{100} = 15\,\%$ d) $\frac{17}{50} = \frac{34}{100} = 34\,\%$

14 a) $50\,\% = \frac{50}{100} = \frac{1}{2}$ b) $1\,\% = \frac{1}{100}$

c) $8\,\% = \frac{8}{100} = \frac{2}{25}$ d) $12\frac{1}{2}\,\% = \frac{25}{200} = \frac{1}{8}$

e) $99\,\% = \frac{99}{100}$ f) $\frac{175}{100} = \frac{7}{4} = 1\frac{3}{4}$

15 $\frac{7}{29} < \frac{15}{61} < \frac{17}{35} < \frac{59}{117} < \frac{5}{6} < \frac{8}{9} < \frac{13}{4} < \frac{15}{2}$

Um die Brüche zu ordnen überprüft man, welche der Brüche größer sind als $\frac{1}{4}$; $\frac{1}{2}$; $\frac{3}{4}$; 1; 2; …

16 Drei größte Brüche:

$\frac{8}{7}$; $\frac{7}{6}$ (größer als 1, da der Zähler größer ist als der Nenner)

$\frac{8}{9}$ (Zur 1 fehlt nur $\frac{1}{9}$, das ist der kleinstmögliche Anteil unter den gegebenen Brüchen.)

Drei kleinste Brüche:

$\frac{9}{13}$ (liegt am dichtesten bei $\frac{1}{2}$)

$\frac{7}{9}$

$\frac{6}{7}$ (Zur 1 fehlt $\frac{1}{7}$, das ist mehr als $\frac{1}{8}$, was bei dem letzten verbleibenden Bruch zur 1 fehlt.)

17 $\frac{2}{5}$, $\frac{7}{20}$, $\frac{11}{24}$, $\frac{15}{40}$, $\frac{27}{100}$ (Alle außer $\frac{17}{32}$, dieser ist größer als $\frac{1}{2}$, da der Zähler größer ist als der halbe Nenner.)

Man sucht nach Brüchen, deren Zähler größer als ein Viertel und kleiner als die Hälfte des Nenners ist. Dies trifft auf alle Brüche außer $\frac{17}{32}$ zu.

18 a) $\frac{6}{11} > \frac{7}{13}$ b) $\frac{13}{20} > \frac{19}{30}$ c) $\frac{11}{18} > \frac{7}{12}$

Man macht die Brüche gleichnamig und vergleicht die Zähler.

19 Links: 25 cm = $\frac{1}{6}$ Gesamtlänge: 150 cm = 1,50 m

Mitte: 10 cm = $\frac{1}{20}$ Gesamtlänge: 200 cm = 2 m

Rechts: 36 cm = $\frac{9}{40}$ Gesamtlänge: 160 cm = 1,60 m

Gangschaltung

- • den niedrigsten Gang
  • einen niedrigen Gang
  • einen hohen Gang
- linkes Kettengetriebe: 4-mal
  rechtes Kettengetriebe: 4-mal
- zwei Umdrehungen: 3-mal;
  eine Umdrehung: $1\frac{1}{2}$-mal
- $\frac{42}{28} = 1\frac{1}{2}$ $\frac{42}{30} = 1\frac{2}{5}$

  $\frac{28}{21} = 1\frac{1}{3}$ $\frac{28}{28} =$
-

Ritzel	Kettenblatt		
	50	40	30
30	$1\frac{2}{3}$	$1\frac{1}{3}$	1
20	$2\frac{1}{2}$	2	$1\frac{1}{2}$
15	$3\frac{1}{3}$	$2\frac{2}{3}$	2

- 7 Ritzel mit 12, 14, 16, 18, 21, 24 oder 28 Zähnen können mit 3 Kettenblättern mit 24, 36 bzw. 48 Zähnen kombiniert werden. Dadurch entstehen $7 \cdot 3 = 21$ Gänge.

Ritzel	Kettenblatt		
	48	36	24
28	$1\frac{5}{7}$	$1\frac{2}{7}$	$\frac{6}{7}$
24	2	$1\frac{1}{2}$	1
21	$2\frac{2}{7}$	$1\frac{5}{7}$	$1\frac{1}{7}$
18	$2\frac{2}{3}$	2	$1\frac{1}{3}$
16	3	$2\frac{1}{4}$	$1\frac{1}{2}$
14	$3\frac{3}{7}$	$2\frac{4}{7}$	$1\frac{5}{7}$
12	4	3	2

- Die Kombinationen, die mit roten Kreuzen dargestellt sind, fallen aus. Hier würde die Kette zu schräg laufen. Zu diesen Kombinationen gehören
die Übersetzungen $\frac{48}{28} = 1\frac{5}{7}$, $\frac{48}{24} = 2$, $\frac{36}{28} = 1\frac{2}{7}$, $\frac{36}{12} = 3$, $\frac{24}{14} = 1\frac{5}{7}$ sowie $\frac{24}{12} = 2$.

Bei Kombinationen, die durch einen blauen Punkt markiert sind, sind die Übersetzungen bereits vorhandenen Übersetzungen sehr ähnlich. Zu diesen gehören $\frac{24}{16} = \frac{36}{24}$, $\frac{48}{21} \approx \frac{36}{10}$ und $\frac{36}{14} \approx \frac{48}{18}$.

Zur roten Pfeillinie gehören die folgenden – immer kleiner werdenden – Übersetzungen:

$4 \rightarrow 3\frac{3}{7} \rightarrow 3 \rightarrow 2\frac{2}{3} \rightarrow 2\frac{1}{4} \rightarrow 2 \rightarrow 1\frac{5}{7} \rightarrow 1\frac{1}{2} \rightarrow 1\frac{1}{3}$

$\rightarrow 1\frac{1}{7} \rightarrow 1 \rightarrow \frac{6}{7}$

- individuelle Lösungen

3 Rechnen mit Brüchen

Auftaktseite: Mit Kreisen rechnen

Seiten 52 bis 53

Kreisausschnitte herstellen
individuelle Größe der Kreise

Mit Kreisausschnitten rechnen

$\frac{1}{8} + \frac{1}{8} = \frac{2}{8} = \frac{1}{4}$

$\frac{1}{2} - \frac{1}{8} = \frac{3}{8}$

$\frac{1}{8} \cdot 4 = \frac{1}{2}$

$\frac{1}{4} : 2 = \frac{1}{8}$

$\frac{1}{4} = 2 \cdot \frac{1}{8}$

$\phantom{\frac{1}{4}} = 4 \cdot \frac{1}{16}$

$\phantom{\frac{1}{4}} = 2 \cdot \frac{1}{16} + 1 \cdot \frac{1}{8}$

$\frac{1}{2} + \frac{1}{4} + \frac{1}{8} + \frac{1}{16} = \frac{15}{16}$

$\frac{1}{2} - \frac{1}{4} - \frac{1}{8} - \frac{1}{16} = \frac{1}{16}$

Es gibt 35 Möglichkeiten, ein Ganzes zu legen; folgende Tabelle gibt einen raschen Überblick:

$\frac{1}{2}$	$\frac{1}{4}$	$\frac{1}{8}$	$\frac{1}{16}$
2			
1	2		
1	1	2	
1	1	1	2
1	1		4
1		2	4
1		1	6
1			8
1		4	
1		3	2
	4		
	3	2	
	3	1	2
	3		4
	2	2	4
	2	1	6
	2		8
	2	4	
	2	3	2
	1	6	
	1	5	2
	1	4	4
	1	3	6
	1	2	8
	1	1	10
	1		12
		8	
		7	2
		6	4
		5	6
		4	8
		3	10
		2	12
		1	14
			16

1 Addieren und Subtrahieren gleichnamiger Brüche

Seite 54

Einstiegsaufgabe

➜ Es gibt vier Möglichkeiten, bei denen man nur Streifen aneinander fügt:

$6 \cdot \frac{2}{12} = 1$ $\qquad$ $4 \cdot \frac{3}{12} = 1$

$\frac{7}{12} + \frac{3}{12} + \frac{2}{12} = 1$ $\qquad$ $3 \cdot \frac{2}{12} + 2 \cdot \frac{3}{12} = 1$

➜ Bei der weiteren Möglichkeit wird auch subtrahiert:

$\frac{7}{12} + \frac{7}{12} - \frac{2}{12} = 1$

Randspalte

$\frac{3}{76\,543} + \frac{4}{76\,543} = \frac{7}{76\,543}$

$\frac{3}{77\,777} + \frac{4}{77\,777} = \frac{7}{77\,777} = \frac{1}{11\,111}$

Seite 55

1 a) 5 Achtel $\qquad$ b) 3 Zehntel

c) 5 Fünftel = 1 $\qquad$ d) 1 Viertel

e) 10 Zwölftel = $\frac{5}{6}$ = 5 Sechstel

f) 2 Sechstel = $\frac{1}{3}$ = 1 Drittel

2 mögliche Lösungen:

a) $\frac{2}{3} + \frac{1}{3} = \frac{3}{3} = 1$ $\qquad$ b) $\frac{3}{10} + \frac{1}{10} = \frac{4}{10} = \frac{2}{5}$

$\frac{2}{3} - \frac{1}{3} = \frac{1}{3}$ $\qquad$ $\frac{3}{10} - \frac{1}{10} = \frac{2}{10} = \frac{1}{5}$

c) $\frac{5}{9} + \frac{4}{9} = \frac{9}{9} = 1$ $\qquad$ d) $\frac{5}{8} + \frac{2}{8} = \frac{7}{8}$

$\frac{5}{9} - \frac{4}{9} = \frac{1}{9}$ $\qquad$ $\frac{5}{8} - \frac{2}{8} = \frac{3}{8}$

e) $\frac{4}{6} + \frac{1}{6} = \frac{5}{6}$ $\qquad$ f) $\frac{5}{12} + \frac{1}{12} = \frac{6}{12} = \frac{1}{2}$

$\frac{4}{6} - \frac{1}{6} = \frac{3}{6} = \frac{1}{2}$ $\qquad$ $\frac{5}{12} - \frac{1}{12} = \frac{4}{12} = \frac{1}{3}$

3

a) $\frac{3}{5}$ $\qquad$ b) $\frac{10}{7} = 1\frac{3}{7}$

$\frac{3}{8}$ $\qquad$ $\frac{4}{11}$

$\frac{8}{9}$ $\qquad$ $\frac{2}{13}$

4

a) $\frac{6}{6} = 1$ $\qquad$ b) $\frac{10}{15} = \frac{2}{3}$

$\frac{6}{12} = \frac{1}{2}$ $\qquad$ $\frac{6}{10} = \frac{3}{5}$

$\frac{6}{8} = \frac{3}{4}$ $\qquad$ $\frac{9}{18} = \frac{1}{2}$

5

a) $\frac{4}{3} = 1\frac{1}{3}$

$\frac{6}{4} = \frac{3}{2} = 1\frac{1}{2}$

$\frac{11}{7} = 1\frac{4}{7}$

b) $\frac{13}{9} = 1\frac{4}{9}$

$\frac{27}{13} = 2\frac{1}{13}$

$\frac{35}{11} = 3\frac{2}{11}$

6 a) $\frac{6}{14} + \frac{3}{14} = \frac{9}{14}$

b) $\frac{11}{17} - \frac{5}{17} = \frac{6}{17}$

c) $\frac{4}{15} + \frac{7}{15} = \frac{11}{15}$

d) $\frac{22}{27} - \frac{7}{27} = \frac{15}{27}$

e) $\frac{18}{37} + \frac{17}{37} = \frac{35}{37}$

f) $\frac{51}{53} - \frac{25}{53} = \frac{26}{53}$

7 a) $2\frac{4}{5}$

b) $1\frac{2}{10} = 1\frac{1}{5}$

c) $4\frac{4}{8} = 4\frac{1}{2}$

d) $\frac{2}{4} = \frac{1}{2}$

8 a)

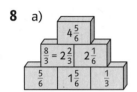

b)

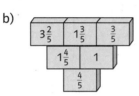

c)

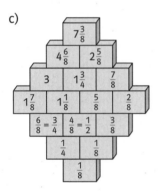

9 a) $\frac{3}{4}$; $\frac{6}{4} = 1\frac{1}{2}$; $\frac{9}{4} = 2\frac{1}{4}$; 3; $3\frac{3}{4}$; $4\frac{2}{4} = 4\frac{1}{2}$; $5\frac{1}{4}$

b) $\frac{2}{3}$; $\frac{4}{3} = 1\frac{1}{3}$; $\frac{6}{3} = 2$; $2\frac{2}{3}$; $3\frac{1}{3}$; $4 = \frac{12}{3}$; $4\frac{2}{3} = \frac{14}{3}$

c) $2\frac{9}{10}$; $2\frac{5}{10} = 2\frac{1}{2}$; $2\frac{1}{10}$; $1\frac{7}{10}$; $1\frac{3}{10}$; $\frac{9}{10}$; $\frac{5}{10} = \frac{1}{2}$; $\frac{1}{10}$

d) $3\frac{2}{8} = 3\frac{1}{4}$; $2\frac{7}{8}$; $2\frac{4}{8} = 2\frac{1}{2}$; $2\frac{1}{8}$; $1\frac{6}{8} = 1\frac{3}{4}$; $1\frac{3}{8}$; 1; $\frac{5}{8}$

10 a) $\frac{3}{4}$h $= 45$ min

b) $\frac{2}{6}$h $= 20$ min

c) 2 h $= 120$ min

d) 1 h $= 60$ min

e) $2\frac{1}{2}$h $= 150$ min

f) $1\frac{1}{2}$h $= 90$ min

g) $\frac{1}{12}$ min $= 5$ sec

h) $\frac{1}{10}$ min $= 6$ sec

2 Addieren und Subtrahieren ungleichnamiger Brüche

Seite 56

Einstiegsaufgabe

➜ $\frac{3}{8} + \frac{1}{4} = \frac{3}{8} + \frac{1 \cdot 2}{4 \cdot 2} = \frac{3}{8} + \frac{2}{8} = \frac{5}{8}$

➜ $\frac{3}{8}$ ist um $\frac{1}{8}$ größer als $\frac{1}{4}$

Seite 57

1 a) 3 Viertel

b) 1 Sechstel

c) 5 Achtel

d) 1 Viertel

2

a) $\frac{7}{8}$

$\frac{1}{2}$

$\frac{2}{5}$

b) $\frac{1}{4}$

$\frac{1}{2}$

$\frac{3}{10}$

c) $\frac{2}{3}$

$\frac{9}{10}$

$\frac{5}{12}$

3 a) $\frac{1}{4} + \frac{5}{12} = \frac{2}{3}$

b) $\frac{3}{4} + \frac{1}{6} = \frac{11}{12}$

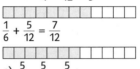

$\frac{1}{6} + \frac{5}{12} = \frac{7}{12}$

$\frac{7}{12} + \frac{1}{4} = \frac{5}{6}$

c) $\frac{5}{6} - \frac{5}{8} = \frac{5}{24}$

d) $\frac{3}{12} - \frac{1}{8} = \frac{1}{8}$

$\frac{2}{3} - \frac{3}{8} = \frac{7}{24}$

$\frac{3}{4} - \frac{2}{3} = \frac{1}{12}$

4

a) $\frac{7}{12}$

$\frac{9}{20}$

b) $\frac{1}{12}$

$\frac{1}{24}$

c) $\frac{9}{10}$

$\frac{9}{20}$

d) $\frac{1}{10}$

$\frac{1}{3}$

e) $\frac{53}{56}$

$\frac{59}{60}$

f) $\frac{1}{24}$

$\frac{16}{45}$

5

a) $\frac{1}{2}$

$\frac{7}{30}$

b) $\frac{23}{90}$

$\frac{22}{45}$

c) $1\frac{3}{20} = \frac{23}{20}$

$\frac{19}{72}$

d) $1\frac{3}{14} = \frac{17}{14}$

$\frac{7}{48}$

$1\frac{1}{2} = \frac{3}{2}$

$\frac{17}{30}$

e) $\frac{1}{42}$

$1\frac{32}{75} = \frac{107}{75}$

$3\frac{27}{40} = \frac{147}{40}$

$2\frac{7}{50} = \frac{107}{50}$

f) $\frac{1}{60}$

$1\frac{79}{80} = \frac{159}{80}$

$3\frac{43}{45} = \frac{178}{45}$

$1\frac{1}{100} = \frac{101}{100}$

6

a) $\frac{13}{45}$

$\frac{109}{120}$

$\frac{13}{14}$

b) $1\frac{89}{144} = \frac{233}{144}$

$3\frac{13}{18} = \frac{67}{18}$

$1\frac{11}{18} = \frac{29}{18}$

c) $\frac{41}{96}$

$\frac{59}{156}$

$1\frac{43}{210} = \frac{253}{210}$

7 a)

+	$\frac{1}{3}$	$\frac{2}{5}$	$\frac{1}{6}$	$\frac{3}{7}$	$\frac{5}{8}$
$\frac{1}{2}$	$\frac{5}{6}$	$\frac{9}{10}$	$\frac{2}{3}$	$\frac{13}{14}$	$1\frac{1}{8}$
$\frac{2}{3}$	1	$1\frac{1}{15}$	$\frac{5}{6}$	$1\frac{2}{21}$	$1\frac{7}{24}$
$\frac{3}{4}$	$1\frac{1}{12}$	$1\frac{3}{20}$	$\frac{11}{12}$	$1\frac{5}{28}$	$1\frac{3}{8}$

b)

−	$\frac{2}{7}$	$\frac{3}{8}$	$\frac{1}{9}$
$\frac{1}{2}$	$\frac{3}{14}$	$\frac{1}{8}$	$\frac{7}{18}$
$\frac{2}{3}$	$\frac{8}{21}$	$\frac{7}{24}$	$\frac{5}{9}$
$\frac{4}{5}$	$\frac{18}{35}$	$\frac{17}{40}$	$\frac{31}{45}$
$\frac{7}{8}$	$\frac{33}{56}$	$\frac{1}{2}$	$\frac{55}{72}$
$\frac{8}{9}$	$\frac{38}{63}$	$\frac{37}{72}$	$\frac{7}{9}$

8 a) $\frac{4}{5} - \frac{7}{9} = \frac{1}{45}$ b) $\frac{7}{8} - \frac{2}{3} = \frac{5}{24}$

c) $\frac{2}{7} - \frac{3}{11} = \frac{1}{77}$ d) $\frac{7}{11} - \frac{5}{8} = \frac{1}{88}$

e) $\frac{9}{25} - \frac{4}{15} = \frac{7}{75}$ f) $\frac{6}{13} - \frac{4}{9} = \frac{2}{117}$

9 individuelle Lösungen

10 a) $\frac{5}{6} - \frac{3}{8} = \frac{11}{24} < \frac{4}{5} - \frac{3}{10} = \frac{12}{24} < \frac{1}{4} + \frac{1}{3} = \frac{14}{24} < \frac{2}{3} + \frac{1}{8}$
$= \frac{19}{24}$

b) $\frac{1}{3} - \frac{4}{15} = \frac{2}{30} < \frac{7}{10} - \frac{3}{5} = \frac{3}{30} < \frac{1}{15} + \frac{1}{10} = \frac{5}{30} < \frac{1}{6} + \frac{1}{15} = \frac{7}{30}$

c) $\frac{13}{18} - \frac{2}{15} = \frac{53}{90} < \frac{5}{6} - \frac{2}{9} = \frac{11}{18} < \frac{7}{20} + \frac{11}{30} = \frac{43}{60} < \frac{4}{9} + \frac{3}{10}$
$= \frac{67}{90}$

Seite 58

11 a)

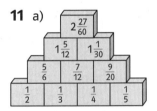

b)

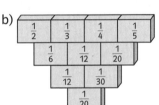

c)

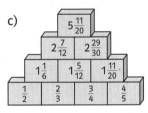

d)

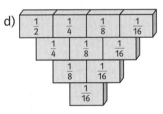

e) individuelle Lösungen

12 a) $1 + 4 = 5$; $1 + 2 = 3$; $1 + 1 = 2$; $1 + \frac{1}{2} = 1\frac{1}{2}$;
$1 + \frac{1}{4} = 1\frac{1}{4}$; $1 + \frac{1}{8} = 1\frac{1}{8}$; ...

b) $1 + \frac{1}{2} = 1\frac{1}{2}$; $1 + \frac{1}{3} = 1\frac{1}{3}$; $1 + \frac{1}{4} = 1\frac{1}{4}$; $1 + \frac{1}{5} = 1\frac{1}{5}$; ...

c) $1 + \frac{1}{2} = 1\frac{1}{2}$; $1 + \frac{1}{2} + \frac{1}{3} = 1\frac{5}{6}$; $1 + \frac{1}{2} + \frac{1}{3} + \frac{1}{4} = 2\frac{1}{12}$;
$1 + \frac{1}{2} + \frac{1}{3} + \frac{1}{4} + \frac{1}{5} = 2\frac{17}{60}$; ...

d) $\frac{2}{3} + \frac{3}{2} = 2\frac{1}{6}$; $\frac{3}{4} + \frac{4}{3} = 2\frac{1}{12}$; $\frac{4}{5} + \frac{5}{4} = 2\frac{1}{20}$; $\frac{5}{6} + \frac{6}{5}$
$= 2\frac{1}{30}$; ...

e) $\frac{1}{2} + \frac{1}{4} = \frac{3}{4}$; $\frac{1}{2} + \frac{1}{4} + \frac{1}{8} = \frac{7}{8}$; $\frac{1}{2} + \frac{1}{4} + \frac{1}{8} + \frac{1}{16} = \frac{15}{16}$; $\frac{1}{2} + \frac{1}{4}$
$+ \frac{1}{8} + \frac{1}{16} + \frac{1}{32} = \frac{31}{32}$; ...

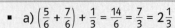

Rechengesetze   *i*

• a) $\left(\frac{5}{6} + \frac{7}{6}\right) + \frac{1}{3} = \frac{14}{6} = \frac{7}{3} = 2\frac{1}{3}$

b) $\left(\frac{3}{8} + \frac{3}{8}\right) + \frac{1}{4} = \frac{8}{8} = 1$

c) $\left(\frac{4}{9} + \frac{5}{9}\right) + \frac{3}{14} + \frac{1}{7} = 1\frac{5}{14} = \frac{19}{14}$

d) $\left(\frac{4}{15} + \frac{1}{15}\right) + \frac{1}{3} = \frac{2}{3}$

e) $\left(\frac{2}{3} + 2\frac{1}{3}\right) + \frac{2}{5} = 3\frac{2}{5} = \frac{17}{5}$

f) $\left(1\frac{1}{4} + 2\frac{3}{4}\right) + \left(\frac{2}{9} + \frac{17}{18}\right) = 5\frac{1}{6} = \frac{31}{6}$

13
a)

$\frac{4}{15}$	$\frac{3}{5}$	$\frac{2}{15}$
$\frac{1}{5}$	$\frac{1}{3}$	$\frac{7}{15}$
$\frac{8}{15}$	$\frac{1}{15}$	$\frac{2}{5}$

b)

$\frac{5}{18}$	$\frac{5}{9}$	$\frac{1}{6}$
$\frac{2}{9}$	$\frac{1}{3}$	$\frac{4}{9}$
$\frac{1}{2}$	$\frac{1}{9}$	$\frac{7}{18}$

14 a) Fehler: Hauptnenner nicht gesucht, sondern gleich addiert (Hauptnenner = 30)
b) Fehler: Hauptnenner nicht gesucht, sondern gleich subtrahiert (Hauptnenner = 24)
c) Fehler: Nur den Nenner erweitert und den Zähler ohne Erweitern subtrahiert
d) Fehler: Nur den Nenner erweitert, den Zähler nicht erweitert, sondern addiert.

15 $\frac{5}{6} - \frac{2}{9} = \frac{11}{18}$

16 a) $\frac{12}{25} + \frac{3}{8} < 1$ b) $\frac{30}{11} - \frac{25}{12} < 1$

c) $\frac{49}{24} - \frac{12}{13} > 1$ d) $\frac{13}{24} + \frac{33}{24} > 1$

17

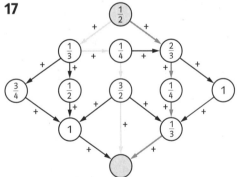

a) kleinster Summenwert: $1\frac{3}{4}$

b) größter Summenwert: $3\frac{7}{12}$

Seite 59

Aufgabe? Skizze?! Lösung!

- $\frac{1}{2} + \frac{1}{4} + \frac{1}{8} = \frac{7}{8}$ des Taschengeldes hat Anita ausgegeben.

$\frac{1}{8}$, also 5 € bleiben übrig:

$\frac{1}{8}$	$\frac{1}{4}$	$\frac{1}{2}$
5 €		

$\frac{1}{8}$ entsprechen 5 €, also 5 € = $\frac{5}{40}$ €; sie hatte also 40 € zur Verfügung.

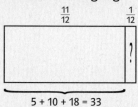

$5 + 10 + 18 = 33$

33 Vögel $\triangleq \frac{11}{12} = \frac{33}{36}$; $1 - \frac{33}{36} = \frac{3}{36}$
Es bleiben also 3 Vögel sitzen.

- $\frac{2}{3} \triangleq \frac{1}{2} + 2\,\text{Stck.}$

$\frac{2}{3}$	$\frac{1}{3}$
$= \frac{1}{2} + 2\,\text{Stck.}$	$= \frac{1}{4} + 1\,\text{Stck.}$

$\frac{1}{2} + 2\,\text{Stck.} + \frac{1}{4} + 1\,\text{Stck.} = \frac{3}{4} + 3\,\text{Stck.}$
Drei Stücke entsprechen einem Viertel, also hat die Tafel 12 Stückchen.

18 Frage: Wie viel kg muss Florian nach Hause tragen?
$1\,\text{kg} + \frac{1}{2}\,\text{kg} + \frac{1}{4}\,\text{kg} + 200\,\text{g} + 250\,\text{g} = 2\frac{1}{5}\,\text{kg} = 2{,}200\,\text{kg}$
Florian trägt $2\frac{1}{5}\,\text{kg}$ nach Hause.

19 Gesamtmenge: $3\frac{1}{2} + \frac{3}{4} + \frac{7}{10} + \frac{7}{10} = 5\frac{13}{20}\,\text{l}$

20 $\frac{4}{20} + \frac{3}{15} + \frac{2}{12} = \frac{34}{60}$ $1 - \frac{34}{60} = \frac{26}{60} = \frac{13}{30}$
Es bleiben $\frac{13}{30}$ des Blattes weiß.

21 Partei A hat mit 37 % (etwa 5895 Stimmen) vor Partei C mit 34 % und Partei B mit 29 % gewonnen.

22 Lösungswort: MÜNCHEN

23 a) $\frac{5}{8} + \frac{3}{10} = \frac{37}{40}$ b) $\frac{17}{30} + \frac{4}{15} = \frac{5}{6}$

c) $\frac{4}{9} + \frac{5}{12} = \frac{31}{36}$ d) $\frac{27}{50} + \frac{3}{10} = \frac{21}{25}$

e) $\frac{19}{56} + \frac{3}{8} = \frac{5}{7}$ f) $\frac{1}{5} + \frac{17}{40} = \frac{5}{8}$

24 a) $\frac{4}{9} + \frac{5}{12} = \frac{31}{36}$ b) $\frac{3}{8} + \frac{5}{12} = \frac{19}{24}$

c) $\frac{3}{8} + \frac{2}{5} = \frac{31}{40}$ d) $\frac{1}{6} + \frac{2}{5} = \frac{17}{30}$

e) $\frac{2}{7} + \frac{2}{3} = \frac{20}{21}$ f) $\frac{1}{6} + \frac{3}{10} = \frac{7}{15}$

3 Vervielfachen von Brüchen

Seite 60

Einstiegsaufgabe

→ $5 \cdot \frac{2}{15} = \frac{2}{15} + \frac{2}{15} + \frac{2}{15} + \frac{2}{15} + \frac{2}{15} = \frac{10}{15} = \frac{2}{3}$

→ $3 \cdot \frac{4}{15} = \frac{4}{15} + \frac{4}{15} + \frac{4}{15} = \frac{12}{15} = \frac{4}{5}$

→ individuelle Lösungen

1 a) 4 Fünftel   b) 8 Drittel
c) 9 Zehntel   d) 20 Fünftel = 4
e) 18 Viertel = 9 Halbe

2 a)

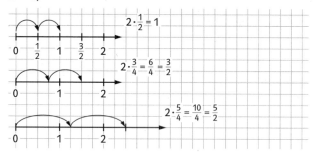

b)

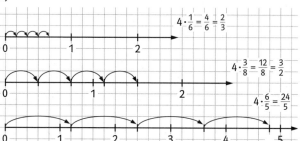

c)

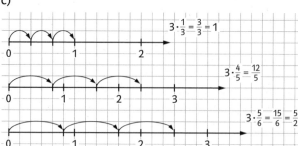

Seite 61

3
a) $\frac{4}{9}$ b) $\frac{7}{12}$ c) $\frac{6}{7}$

$\frac{10}{11}$ $\frac{8}{5}$ $\frac{36}{7}$

d) 3   e) $\frac{3}{2}$ f) $\frac{5}{2}$

6          $\frac{13}{3}$ $\frac{23}{3}$

4 Lösungswort: VIELFACHE

5 a) $5 \cdot \frac{2}{7} = \frac{10}{7}$

b) $3 \cdot \frac{4}{5} = \frac{12}{5}$

c) $7 \cdot \frac{7}{20} = 2\frac{9}{20}$

d) $8 \cdot \frac{7}{15} = 3\frac{11}{15}$

e) $4 \cdot \frac{6}{11} = \frac{24}{11}$

f) $4 \cdot \frac{13}{15} = \frac{52}{15}$

g) $8 \cdot \frac{6}{7} = 6\frac{8}{7}$

h) $11 \cdot \frac{5}{12} = 4\frac{7}{12}$

6 a) $12 \cdot \frac{5}{2} = 30$ oder $5 \cdot \frac{12}{2} = 30$

b) $2 \cdot \frac{5}{12} = \frac{5}{6}$ oder $5 \cdot \frac{2}{12} = \frac{5}{6}$

c) $2 \cdot \frac{12}{5} = \frac{24}{5} = 4\frac{4}{5}$ oder $12 \cdot \frac{2}{5} = 4\frac{4}{5}$

7 $\boxed{\frac{3}{10}}$ mit 2 erweitern: $\boxed{\frac{6}{20}}$

mit 2 vervielfachen: $\frac{6}{10} = \boxed{\frac{3}{5}}$

$\boxed{\frac{1}{3}}$ mit 5 erweitern: $\boxed{\frac{5}{15}}$

mit 5 vervielfachen: $\boxed{\frac{5}{3}}$

$\boxed{\frac{4}{15}}$ mit 3 erweitern: $\boxed{\frac{12}{45}}$

mit 3 vervielfachen: $\frac{12}{15} = \boxed{\frac{4}{5}}$

$\boxed{\frac{2}{5}}$ mit 4 erweitern: $\boxed{\frac{8}{20}}$

mit 4 vervielfachen: $\boxed{\frac{8}{5}}$

8 a) $\frac{7}{8} \cdot 8 = 7$

b) 6-mal

c) das 8-, 9- und 10-Fache von $\left(\frac{3}{11}\ \frac{24}{11};\ \frac{27}{11};\ \frac{30}{11}\right)$ liegen zwischen 2 und 3.

d) 12-mal

e) $\frac{4}{7} \cdot 21 = 12$

9

$\frac{1}{2}$	$7\frac{4}{5}$	$\frac{8}{5}$	$\frac{3}{5}$	1
$\frac{27}{5}$	$5\frac{1}{4}$	$5\frac{3}{5}$	$\frac{9}{4}$	$6\frac{3}{5}$
$\frac{2}{5}$	$\frac{26}{5}$	$3\frac{3}{4}$	$\frac{4}{5}$	$3\frac{1}{5}$
$1\frac{4}{5}$	$6\frac{3}{4}$	$\frac{14}{5}$	$\frac{3}{4}$	$\frac{21}{5}$
$\frac{7}{2}$	$\frac{57}{5}$	$\frac{22}{5}$	$10\frac{1}{5}$	$\frac{5}{2}$

10 Eine mögliche Frage: Wer trainiert am meisten in der Woche?

Petra: $3 \cdot 1\frac{1}{2}\text{h} = \frac{9}{2}\text{h} = \frac{18}{4}\text{h} = 4\frac{1}{2}\text{h}$

Sven: $5 \cdot \frac{3}{4}\text{h} = \frac{15}{4}\text{h} = 3\frac{3}{4}\text{h}$

Marion: $4 \cdot 1\frac{1}{4}\text{h} = 5\text{h} = \frac{20}{4}\text{h}$

Marion trainiert am meisten.

11 a) Ein Unterrichtstag hat sechs Schulstunden, das sind $6 \cdot \frac{3}{4}\text{h} = \frac{9}{2}\text{h} = 4\frac{1}{2}\text{h} = 4\,\text{Std.}\ 30\,\text{min}$.

b) $3 \cdot 6 \cdot \frac{3}{4}\text{h} + 2 \cdot 7 \cdot \frac{3}{4}\text{h} = 13\frac{1}{2}\text{h} + 10\frac{1}{2}\text{h} = 24\text{h}$

12 a) mögliche Lösungen

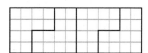

b)

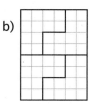

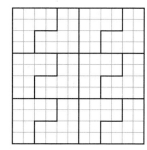

Man benötigt 12 Stücke oder
$4 \cdot 12 = 48$ Stücke oder
$4 \cdot 4 \cdot 12 = 192$ Stücke
usw.

Randspalte

$\cdot$	$\frac{2}{3}$	$\frac{5}{8}$	$\frac{7}{12}$
2	$\frac{4}{3}$	$\frac{5}{4}$	$\frac{7}{6}$
3	2	$\frac{15}{8}$	$\frac{7}{4}$
4	$\frac{8}{3}$	$\frac{5}{2}$	$\frac{7}{3}$
5	$\frac{10}{3}$	$\frac{25}{8}$	$\frac{35}{12}$
8	$\frac{16}{3}$	5	$\frac{14}{3}$

4 Teilen von Brüchen

Seite 62

Einstiegsaufgabe

→ Zum Beispiel: $\frac{15}{16} : 3 = \frac{5}{16}$

→ $\frac{15}{16} : 2 = \frac{15}{32}$; man muss die nicht gefärbten Teile halbieren (nochmals teilen) und nimmt dann die Hälfte der nun halb so großen Teile.

Seite 63

1 a) 2 Fünftel

b) 1 Sechstel

c) 2 Siebtel

d) 1 Zwölftel

e) 1 Zwölftel

2

a) $\frac{1}{6}$ b) $\frac{3}{20}$ c) $\frac{5}{32}$

$\frac{2}{3}$ $\frac{2}{5}$ $\frac{3}{7}$

$\frac{1}{10}$ $\frac{1}{20}$ $\frac{1}{14}$

$\frac{1}{14}$ $\frac{1}{24}$ $\frac{2}{33}$

3

$\frac{2}{3} : 3 = \frac{2}{9}$

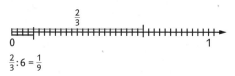

$\frac{2}{3} : 4 = \frac{1}{6}$

$\frac{2}{3} : 6 = \frac{1}{9}$

$\frac{2}{3} : 8 = \frac{1}{12}$

4 a) $\frac{4}{5} : 1 = \frac{4}{5}$; $\frac{4}{5} : 2 = \frac{2}{5}$; $\frac{4}{5} : 3 = \frac{4}{15}$; $\frac{4}{5} : 4 = \frac{1}{5}$; $\frac{4}{5} : 5 = \frac{4}{25}$

$\frac{4}{5} : 6 = \frac{2}{15}$; $\frac{4}{5} : 7 = \frac{4}{35}$; $\frac{4}{5} : 8 = \frac{1}{10}$

Das Ergebnis wird immer kleiner.

b) $\frac{8}{15} : 32 = \frac{1}{60}$; $\frac{8}{15} : 16 = \frac{1}{30}$; $\frac{8}{15} : 8 = \frac{1}{15}$; $\frac{8}{15} : 4 = \frac{2}{15}$;

$\frac{8}{15} : 2 = \frac{4}{15}$; $\frac{8}{15} : 1 = \frac{8}{15}$

Das Ergebnis wird immer größer.

5

a) $\frac{4}{9} : 8 = \frac{1}{18}$ $8 \cdot \frac{1}{18} = \frac{8}{18} = \frac{4}{9}$

$\frac{6}{7} : 24 = \frac{1}{28}$ $24 \cdot \frac{1}{28} = \frac{24}{28} = \frac{6}{7}$

$\frac{13}{20} : 26 = \frac{1}{40}$ $26 \cdot \frac{1}{40} = \frac{26}{40} = \frac{13}{20}$

b) $\frac{6}{5} : 15 = \frac{2}{25}$ $15 \cdot \frac{2}{25} = \frac{30}{25} = \frac{6}{5}$

$\frac{9}{10} : 12 = \frac{3}{40}$ $12 \cdot \frac{3}{40} = \frac{36}{40} = \frac{9}{10}$

$\frac{20}{11} : 25 = \frac{4}{55}$ $25 \cdot \frac{4}{55} = \frac{100}{55} = \frac{20}{11}$

c) $\frac{16}{7} : 20 = \frac{4}{35}$ $20 \cdot \frac{4}{35} = \frac{80}{35} = \frac{16}{7}$

$\frac{14}{5} : 21 = \frac{2}{15}$ $21 \cdot \frac{2}{15} = \frac{42}{15} = \frac{14}{5}$

$\frac{25}{8} : 30 = \frac{5}{48}$ $30 \cdot \frac{5}{48} = \frac{150}{48} = \frac{25}{8}$

6 a) $\frac{3}{4}$ kg $: 2 = \frac{3}{8}$ kg $= 0{,}375$ kg $= 375$ g

b) $\frac{1}{2}$ h $: 4 = \frac{1}{8}$ h $= 7\frac{1}{2}$ min

c) $1\frac{1}{2}$ t $: 3 = \frac{1}{2}$ t $= 500$ kg

d) $\frac{1}{2}$ km $: 10 = \frac{1}{20}$ km $= 50$ m

e) $\frac{1}{5}$ l $: 4 = \frac{1}{20}$ l $= 50$ ml

f) $\frac{1}{2}$ ha $: 5 = \frac{1}{10}$ ha $= 1$ a

7 a) $\frac{2}{3} : 3 = \frac{2}{9}$ b) $\frac{8}{9} : 4 = \frac{2}{9}$ c) $\frac{5}{7} : 4 = \frac{5}{28}$

d) $\frac{12}{13} : 6 = \frac{2}{13}$ e) $\frac{6}{7} : 5 = \frac{6}{35}$ f) $\frac{10}{15} : 5 = \frac{2}{15}$

g) $\frac{6}{14} : 5 = \frac{3}{35}$ h) $\frac{10}{8} : 5 = \frac{1}{4}$

8

a) Teilen   Kürzen

$\frac{5}{45} : 5 = \frac{1}{45}$ $\frac{5:5}{45:5} = \frac{1}{9}$

$\frac{25}{90} : 5 = \frac{5}{90}$ $\frac{25:5}{90:5} = \frac{5}{18}$

$\frac{100}{135} : 5 = \frac{20}{135}$ $\frac{100:5}{135:5} = \frac{20}{27}$

$\frac{185}{10} : 5 = \frac{37}{10}$ $\frac{185:5}{10:5} = \frac{37}{2}$

b) Teilen   Kürzen

$\frac{24}{32} : 2 = \frac{12}{32}$ $\frac{24:2}{32:2} = \frac{12}{16}$

$\frac{24}{32} : 4 = \frac{6}{32}$ $\frac{24:4}{32:4} = \frac{6}{8}$

$\frac{24}{32} : 8 = \frac{3}{32}$ $\frac{24:8}{32:8} = \frac{3}{4}$

c) Teilen   Kürzen

$\frac{96}{72} : 2 = \frac{48}{72}$ $\frac{96:2}{72:2} = \frac{48}{36}$

$\frac{96}{72} : 3 = \frac{32}{72}$ $\frac{96:3}{72:3} = \frac{32}{24}$

$\frac{96}{72} : 4 = \frac{24}{72}$ $\frac{96:4}{72:4} = \frac{24}{18}$

$\frac{96}{72} : 6 = \frac{16}{72}$ $\frac{96:6}{72:6} = \frac{16}{12}$

$\frac{96}{72} : 8 = \frac{12}{72}$ $\frac{96:8}{72:8} = \frac{12}{9}$

$\frac{96}{72} : 12 = \frac{8}{72}$ $\frac{96:12}{72:12} = \frac{8}{6}$

$\frac{96}{72} : 24 = \frac{4}{72}$ $\frac{96:24}{72:24} = \frac{4}{3}$

9 a) $\frac{15}{5} : 3 = 1$ und $\frac{15}{3} : 5 = 1$

b) $\frac{3}{5} : 15 = \frac{1}{25}$ und $\frac{3}{15} : 5 = \frac{1}{25}$

10 a) Heiner: $3\frac{1}{2}$ km $: 15$ min $= \frac{7}{30}$ km/min

$= \frac{28}{120}$ km/min

Tom: $5\frac{1}{4}$ km $: 21$ min $= \frac{1}{4}$ km/min $= \frac{30}{120}$ km/min

Sebastian: $2\frac{3}{4}$ km $: 10$ min $= \frac{11}{40}$ km/min $= \frac{33}{120}$ km/min

Sebastian fährt am schnellsten, dann Tom. Heiner ist am langsamsten.

b) Heiner in 14 Minuten und Sebastian in 11 Minuten (Tom fährt einen viertel km je Minute).

11 Mögliche Fragen.

– Wie lange ist die Gesamtstrecke?

$\frac{3}{4}$ km $+ \frac{1}{5}$ km $= \frac{19}{20}$ km $= 950$ m

– Wie lange braucht man insgesamt?

15 min $+ 12$ min $= 27$ min $= \frac{27}{60}$ h $= \frac{9}{20}$ h

Randspalte

:	2	5	12
$\frac{2}{5}$	$\frac{1}{5}$	$\frac{2}{25}$	$\frac{1}{30}$
$\frac{5}{9}$	$\frac{5}{18}$	$\frac{1}{9}$	$\frac{5}{108}$
$\frac{12}{7}$	$\frac{6}{7}$	$\frac{12}{35}$	$\frac{1}{7}$
$\frac{20}{21}$	$\frac{10}{21}$	$\frac{4}{21}$	$\frac{5}{63}$
$\frac{60}{31}$	$\frac{30}{31}$	$\frac{12}{31}$	$\frac{5}{31}$

5 Multiplizieren von Brüchen

Seite 64

Einstiegsaufgabe

→ Zeichenaufgabe; siehe 2. Teil

→

→ $\frac{1}{2}$; $\frac{1}{4}$; $\frac{1}{8}$; $\frac{1}{16}$

Seite 65

1

a) $\frac{1}{4}$ b) $\frac{1}{8}$ c) $\frac{4}{10} = \frac{2}{5}$

d) $\frac{3}{20}$ e) $\frac{1}{8}$

2 a) $\frac{2}{3} \cdot \frac{1}{4} = \frac{1}{6}$

b) $\frac{3}{4} \cdot \frac{2}{3} = \frac{1}{2}$

c) $\frac{1}{4} \cdot \frac{1}{10} = \frac{1}{40}$

3

a) $\frac{1}{6}$ $\frac{1}{30}$ $\frac{1}{42}$ $\frac{1}{2} \cdot \frac{1}{2} = \frac{1}{4}$

b) $\frac{6}{20} = \frac{3}{10}$ $\frac{12}{35}$ $\frac{9}{56}$ $\frac{2}{3} \cdot \frac{2}{3} = \frac{4}{9}$

c) $\frac{24}{35}$ $\frac{49}{90}$ $\frac{10}{77}$ $\frac{3}{4} \cdot \frac{3}{4} = \frac{9}{16}$

4

a) $\frac{2}{5}$ $\frac{1}{2}$ $\frac{7}{30}$ b) $\frac{15}{28}$ 2 $\frac{5}{42}$ c) $\frac{3}{5}$ $\frac{5}{16}$ $\frac{1}{18}$

d) $\frac{9}{20}$ $\frac{2}{15}$ $\frac{7}{15}$ e) $\frac{3}{10}$ $\frac{3}{10}$ 6   f) $\frac{1}{6}$ $\frac{6}{17}$ $\frac{6}{11}$

5 individuelle Lösungen

Rechengesetze ℹ

a) $\frac{8}{27}$ b) $\frac{9}{25}$

c) $\frac{3}{7}$ d) $\frac{8}{3} = 2\frac{2}{3}$

e) $\frac{14}{15}$ f) $\frac{10}{9} = 1\frac{1}{9}$

g) $\frac{11}{21}$ h) $\frac{15}{4} = 3\frac{3}{4}$

6 a) $\frac{2}{3} \cdot \frac{1}{2}$ m $= \frac{1}{3}$ m $\approx 33\frac{1}{3}$ cm

b) $\frac{1}{3} \cdot \frac{3}{4}$ kg $= \frac{1}{4}$ kg $= 250$ g

c) $\frac{3}{4} \cdot \frac{1}{3}$ l $= \frac{1}{4}$ l $= 250$ ml

d) $\frac{5}{6} \cdot \frac{2}{5}$ g $= \frac{1}{3}$ g $\approx 333,3$ mg

e) $\frac{4}{5} \cdot \frac{3}{4}$ km $= \frac{3}{5}$ km $= 600$ m

f) $\frac{1}{4} \cdot \frac{4}{5}$ dm $= \frac{1}{5}$ dm $= 2$ cm

g) $\frac{2}{3} \cdot \frac{3}{4}$ h $= \frac{1}{2}$ h $= 30$ min

7 a) b) c) d)

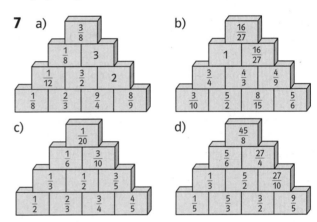

Seite 66

8 a) richtige Lösung: $\frac{6}{25}$

Die Nenner wurden addiert, nicht multipliziert.

b) richtige Lösung: $\frac{8}{49}$

Nenner wurde nicht multipliziert.

c) richtige Lösung: $\frac{6}{4} = \frac{3}{2}$

Nur der Zähler wird mit 3 multipliziert, der Nenner nicht.

d) richtige Lösung: $\frac{10}{18} = \frac{5}{9}$

Zähler und Nenner wurden addiert.

9 a) $\frac{4}{7} \cdot \frac{5}{9} = \frac{20}{63}$ b) $\frac{8}{15} = \frac{4}{5} \cdot \frac{2}{3}$

oder $\frac{4}{6} \cdot \frac{8}{12}$; …

c) $\frac{3}{14} = \frac{1}{2} \cdot \frac{3}{7}$ oder $\frac{2}{4} \cdot \frac{3}{6}$; …   d) $\frac{2}{5} \cdot \frac{8}{10} = \frac{8}{25}$

e) $\frac{8}{5} \cdot \frac{8}{12} = \frac{16}{15}$ f) $\frac{7}{10} \cdot \frac{3}{4} = \frac{21}{40}$

g) $\frac{5}{2} \cdot \frac{1}{9} = \frac{5}{18}$ oder $\frac{5}{4} \cdot \frac{2}{9}$; …   h) $\frac{7}{15} \cdot \frac{12}{8} = \frac{84}{120}$

oder $\frac{14}{15} \cdot \frac{12}{16}$; …

10 a) $\frac{5}{11}\cdot\frac{11}{5}=1$; $\frac{7}{2}\cdot\frac{2}{7}=1$; $\frac{35}{62}\cdot\frac{62}{35}=1$

b) $\frac{4}{5}\cdot\frac{5}{4}=1$; $\frac{7}{8}\cdot\frac{8}{7}=1$; $6\cdot\frac{1}{6}=1$

Multipliziert man mit dem „Kehrbruch", so ist das Produkt immer 1.

Randspalte

$\cdot$	$\frac{4}{5}$	$\frac{3}{7}$	$\frac{4}{3}$
$\frac{3}{4}$	$\frac{3}{5}$	$\frac{9}{28}$	1
$\frac{7}{8}$	$\frac{7}{10}$	$\frac{3}{8}$	$\frac{7}{6}$
$\frac{7}{4}$	$\frac{7}{5}$	$\frac{3}{4}$	$\frac{7}{3}$
$\frac{5}{2}$	2	$\frac{15}{14}$	$\frac{10}{3}$
$\frac{10}{9}$	$\frac{8}{9}$	$\frac{10}{21}$	$\frac{40}{27}$

Bruchrechnung im Mittelalter ⏳

Es befindet sich im letzten Absatz ein Druckfehler. Dort steht:

„Item $3\frac{2}{3}$ mit $\frac{3}{4}$ …"

Es muss aber wie folgt heißen:

„Item $3\frac{2}{3}$ mit $3\frac{3}{4}$ …"

11 a) Der zweite Faktor muss kleiner als $\frac{8}{7}$ sein.

b) $\frac{8}{7}$

c) Der zweite Faktor muss größer als $\frac{8}{7}$ sein.

12 a) $\frac{10}{7}\cdot\frac{7}{4}=\frac{10}{4}=\frac{5}{2}=2\frac{1}{2}$

b) $\frac{2}{3}\cdot\frac{5}{8}=\frac{5}{12}$

c) $\frac{7}{4}\cdot\frac{3}{4}=\frac{21}{16}=1\frac{5}{16}$

13

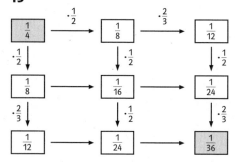

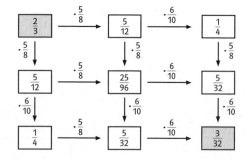

14 a) Luca erhält die Hälfte von $\frac{3}{4}$, also $\frac{1}{2}\cdot\frac{3}{4}=\frac{3}{8}$ des Gesamtgewinns.

b) $\frac{3}{8}\cdot10\,000=3750\,€$ erhält Luca.

15 $\frac{4}{7}$ von 42 km: $\frac{4}{7}\cdot42=24$ km

$\frac{2}{3}$ von 24 km: $\frac{2}{3}\cdot24=16$ km

16 $\frac{5}{12}$ von $\frac{3}{5}=\frac{5}{12}\cdot\frac{3}{5}=\frac{1}{4}$ der Wüsten von Afrika ist von der Sahara eingenommen.

17

	a)	b)
Atlantik	$\frac{7}{10}\cdot\frac{3}{10}=\frac{21}{100}$	107 100 000 km²
Indischer Ozean	$\frac{7}{10}\cdot\frac{1}{5}=\frac{7}{50}$	71 400 000 km²
Pazifik	$\frac{7}{10}-\left(\frac{21}{100}+\frac{7}{50}\right)=\frac{7}{20}$	178 500 000 km²

6 Dividieren von Brüchen

Seite 67

Einstiegsaufgabe

➔ $\frac{15}{16}:\frac{3}{16}=\frac{15}{16}\cdot\frac{16}{3}=\frac{15}{3}=5$

Sie passen also 5-mal hinein.

➔ $\frac{15}{16}:\frac{3}{8}=\frac{15}{16}\cdot\frac{8}{3}=\frac{5}{2}=2\frac{1}{2}$

Sie passen $2\frac{1}{2}$-mal hinein.

Seite 68

1 a) $\frac{3}{4}:\frac{1}{2}=1\frac{1}{2}$ b) $\frac{1}{2}:\frac{1}{4}=2$

c) $\frac{3}{2}:\frac{1}{4}=6$ d) $\frac{3}{2}:\frac{2}{5}=3\frac{3}{4}$

2 a) $\frac{2}{3}:\frac{1}{6}=4$

b) $\frac{5}{6}:\frac{1}{8}=6\frac{2}{3}$

c) $\frac{7}{8}:\frac{1}{2}=1\frac{3}{4}$

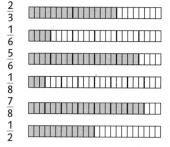

3

a) $1\frac{1}{3}$ b) $\frac{8}{15}$ c) $\frac{15}{16}$

$\frac{3}{14}$ $\frac{9}{16}$ 2

$\frac{15}{28}$ $1\frac{1}{8}$ $2\frac{1}{10}$

$1\frac{1}{15}$ $4\frac{1}{6}$ $1\frac{11}{45}$

4

a) $\frac{2}{3}$ b) $\frac{1}{2}$ c) $\frac{7}{8}$

$\frac{1}{2}$ $\frac{1}{2}$ $\frac{23}{27}$

$\frac{5}{7}$ 　　　 3 　　　 $\frac{8}{9}$

$\frac{2}{3}$ 　　　 $\frac{4}{5}$ 　　　 $\frac{27}{28}$

5

a) $1\frac{1}{2}$ 　　 b) $1\frac{2}{7}$ 　　 c) $1\frac{7}{9}$

$2\frac{1}{8}$ 　　　 $2\frac{4}{5}$ 　　　 $2\frac{1}{10}$

$2\frac{1}{3}$ 　　　 $1\frac{1}{4}$ 　　　 $2\frac{2}{3}$

$1\frac{1}{2}$ 　　　 $2\frac{2}{3}$ 　　　 $6\frac{3}{5}$

6 Lösungswort: BRUCH

7

1	1	16	$\frac{1}{16}$
2	$\frac{1}{2}$	8	$\frac{1}{8}$
4	$\frac{1}{4}$	4	$\frac{1}{4}$
8	$\frac{1}{8}$	2	$\frac{1}{2}$
16	$\frac{1}{16}$	1	1
32	$\frac{1}{32}$	$\frac{1}{2}$	2
64	$\frac{1}{64}$	$\frac{1}{4}$	4

8 a) $1:\frac{3}{2}=\frac{2}{3}$; $1:\frac{4}{5}=\frac{5}{4}$; $1:\frac{7}{8}=\frac{8}{7}$; $1:\frac{8}{9}=\frac{9}{8}$

Das Ergebnis ist immer der Kehrbruch.

b) $3:\frac{1}{2}=6$; $8:\frac{1}{7}=56$; $4:\frac{1}{3}=12$; $9:\frac{1}{6}=54$

Das Ergebnis ist immer eine natürliche Zahl.

c) $\frac{11}{5}\cdot\frac{11}{2}=\frac{2}{5}$; $\frac{7}{4}\cdot\frac{7}{6}=\frac{6}{4}=\frac{3}{2}$; $\frac{12}{7}\cdot\frac{12}{3}=\frac{3}{7}$; $\frac{13}{2}\cdot\frac{13}{9}=\frac{9}{2}$

d) $\frac{7}{9}\cdot\frac{2}{9}=\frac{7}{2}$; $\frac{5}{12}\cdot\frac{7}{12}=\frac{5}{7}$; $\frac{8}{7}\cdot\frac{3}{7}=\frac{8}{3}$; $\frac{3}{10}\cdot\frac{9}{10}=\frac{3}{9}=\frac{1}{3}$

Bei c) und d) können gleiche Zahlen gekürzt werden bzw. heben sich beim Multiplizieren mit dem Kehrbruch auf.

9

a) $6:\frac{1}{6}=36$ 　 b) $\frac{3}{4}:\frac{1}{2}=1\frac{1}{2}$ 　 c) $\frac{1}{4}:4=\frac{1}{16}$

$6:\frac{1}{5}=30$ 　　　 $\frac{3}{4}:\frac{1}{4}=3$ 　　　 $\frac{1}{4}:3=\frac{1}{12}$

$6:\frac{1}{4}=24$ 　　　 $\frac{3}{4}:\frac{1}{6}=4\frac{1}{2}$ 　　 $\frac{1}{4}:2=\frac{1}{8}$

$6:\frac{1}{3}=18$ 　　　 $\frac{3}{4}:\frac{1}{8}=6$ 　　　 $\frac{1}{4}:1=\frac{1}{4}$

$6:\frac{1}{2}=12$ 　　　 $\frac{3}{4}:\frac{1}{10}=7\frac{1}{2}$ 　　 $\frac{1}{4}:\frac{1}{2}=\frac{1}{2}$

$6:1=6$ 　　　　 $\frac{3}{4}:\frac{1}{12}=9$ 　　　 $\frac{1}{4}:\frac{1}{3}=\frac{3}{4}$

$6:2=3$ 　　　　 Lösung > 8 　　　 $\frac{1}{4}:\frac{1}{4}=1$

$6:3=2$ 　　　　　　　　　　 $\frac{1}{4}:\frac{1}{5}=1\frac{1}{4}=\frac{5}{4}$

$6:4=1\frac{1}{2}$ 　　　　　　　　　 Lösung > 1

$6:5=\frac{6}{5}$

$6:6=1$

Lösung = 1

d) $3\frac{2}{3}:\frac{1}{3}=11$

$3\frac{2}{3}:\frac{2}{3}=5\frac{1}{2}$

$3\frac{2}{3}:\frac{4}{3}=2\frac{3}{4}$

$3\frac{2}{3}:\frac{8}{3}=1\frac{3}{8}$

$3\frac{2}{3}:\frac{16}{3}=\frac{11}{16}$

$3\frac{2}{3}:\frac{32}{3}=\frac{11}{32}$

ab hier Lösung < 1

10 individuelle Lösungen

11 a) $\frac{1}{16}:\frac{1}{8}=\frac{1}{2}$ 　　　　 b) $4\frac{3}{8}:2\frac{1}{2}=1\frac{3}{4}$

c) $2\frac{3}{8}:6\frac{1}{3}=\frac{3}{8}$

12 a) $2:\frac{8}{9}=2\frac{1}{4}<4:\frac{8}{9}=4\frac{1}{2}<8:\frac{8}{9}=9<16:\frac{8}{9}=18$

b) $24:\frac{16}{17}=\frac{51}{2}<24:\frac{8}{17}=51<24:\frac{4}{17}=102<24:\frac{2}{17}$

$=204$

c) $36:\frac{12}{5}=15<36:\frac{12}{7}=21<36:\frac{12}{11}=33<36:\frac{12}{13}=39$

Seite 69

13 a) $\frac{2}{3}:\frac{1}{2}=\frac{4}{3}$ 　　　　 b) $\frac{1}{3}:\frac{2}{7}=\frac{7}{6}$

$\frac{3}{5}\cdot\frac{2}{3}=\frac{9}{10}$ 　　　　 $\frac{5}{4}\cdot\frac{10}{7}=\frac{7}{8}$

c) $2:\frac{1}{6}=12$ 　　　　 d) $\frac{22}{25}:\frac{2}{5}=\frac{11}{5}$

$\frac{5}{2}:5=\frac{1}{2}$ 　　　　 $\frac{15}{16}\cdot\frac{5}{4}=\frac{3}{4}$

e) $\frac{6}{5}:4=\frac{3}{10}$ 　　　　 f) $\frac{3}{4}:\frac{3}{10}=\frac{5}{2}$

$\frac{12}{5}:\frac{8}{5}=\frac{3}{2}$ 　　　　 $\frac{5}{6}\cdot\frac{5}{22}=\frac{11}{3}$

14 a) $\left(\left(\frac{2}{3}:\frac{1}{6}\right):\frac{4}{9}\right):\frac{3}{11}=33$

Der Lokführer ist 33 Jahre alt.

b) $\left(\left(2:\frac{5}{3}\right):\frac{23}{50}\right):\frac{3}{46}=40$

Der Lokführer ist 40 Jahre alt.

c) $\left(\left(\frac{7}{3}:\frac{5}{3}\right):\frac{4}{65}\right):\frac{7}{8}=26$

Der Lokführer ist 26 Jahre alt.

d) $\left(\left(3:\frac{3}{34}\right):\frac{17}{9}\right):\frac{3}{7}=42$

Der Lokführer ist 42 Jahre alt.

15 a) Im Buch wurde nicht mit dem Kehrbruch multipliziert. Richtige Lösung: $\frac{3}{4}:\frac{2}{5}=\frac{3}{4}\cdot\frac{5}{2}=\frac{15}{8}$

b) Im Buch wurde die 6 durch 3 dividiert, die 7 beibehalten. Richtige Lösung: $\frac{6}{7}:\frac{3}{7}=\frac{6}{7}\cdot\frac{7}{3}=2$

c) Nicht mit dem Kehrbruch multipliziert. Richtige Lösung: $\frac{4}{5}:2=\frac{4}{5}\cdot\frac{1}{2}=\frac{4}{10}=\frac{2}{5}$

d) Zähler und Nenner wurden mit 3 multipliziert, statt den Kehrbruch zu bilden. Richtige Lösung: $\frac{4}{3}:3=\frac{4}{3}\cdot\frac{1}{3}=\frac{4}{9}$

16

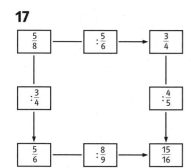

$$\boxed{\tfrac{5}{4}} : \boxed{\tfrac{1}{2}} = \boxed{\tfrac{5}{2}}$$
$$: \qquad : \qquad :$$
$$\boxed{\tfrac{1}{3}} : \boxed{\tfrac{1}{5}} = \boxed{\tfrac{5}{3}}$$
$$= \qquad = \qquad =$$
$$\boxed{\tfrac{15}{4}} : \boxed{\tfrac{5}{2}} = \boxed{\tfrac{3}{2}}$$

17

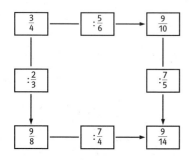

18 a) $\dfrac{\frac{4}{5}}{\frac{3}{2}} = \dfrac{4}{5} : \dfrac{3}{2} = \dfrac{8}{15}$ 　　b) $\dfrac{\frac{3}{4}}{\frac{2}{5}} = \dfrac{4}{3} : \dfrac{2}{5} = \dfrac{15}{8}$

c) $\dfrac{\frac{13}{5}}{\frac{13}{4}} = \dfrac{13}{5} : \dfrac{13}{4} = \dfrac{4}{5}$ 　　d) $\dfrac{\frac{40}{9}}{\frac{8}{9}} = \dfrac{40}{9} : \dfrac{8}{9} = 5$

e) $\dfrac{\frac{8}{5}}{\frac{2}{3}} = \dfrac{8}{5} : \dfrac{2}{3} = \dfrac{12}{5}$ 　　f) $\dfrac{\frac{9}{14}}{\frac{6}{7}} = \dfrac{9}{14} : \dfrac{6}{7} = \dfrac{3}{4}$

19 individuelle Lösungen

20 $20 : \dfrac{7}{10} = 28\dfrac{4}{7}$ 28 Flaschen können komplett gefüllt werden, $\dfrac{4}{7}$ l bleiben übrig.

21 $2 \cdot \dfrac{3}{4}\,l = \dfrac{3}{2}\,l$

$\dfrac{3}{2}\,l : \dfrac{1}{8}\,l = 12$

Es können 12 Gläser gefüllt werden.

22 $2 \cdot \dfrac{3}{4} : \dfrac{1}{3} = \dfrac{18}{4} = \dfrac{9}{2}$; das Bowlegefäß fasst $4\dfrac{1}{2}$ l.

$4\dfrac{1}{2} : \dfrac{3}{4} = 6$; es passen noch 6 Flaschen à $\dfrac{3}{4}$ l oder

$4\dfrac{1}{2}$ Flaschen à 1 l hinein.

Randspalte

:	$\tfrac{3}{4}$	$\tfrac{4}{3}$	$\tfrac{2}{5}$
$\tfrac{2}{3}$	$\tfrac{8}{9}$	$\tfrac{1}{2}$	$\tfrac{5}{3}$
$\tfrac{3}{2}$	2	$\tfrac{9}{8}$	$\tfrac{15}{4}$
$\tfrac{4}{7}$	$\tfrac{16}{21}$	$\tfrac{3}{7}$	$\tfrac{10}{7}$
$\tfrac{3}{8}$	$\tfrac{1}{2}$	$\tfrac{9}{32}$	$\tfrac{15}{16}$
$\tfrac{11}{10}$	$\tfrac{22}{15}$	$\tfrac{33}{40}$	$\tfrac{11}{4}$

7 Punkt vor Strich. Klammern

Seite 70

Einführungsaufgabe

Ina und Hanna erhalten mit ihren Rechnungen dasselbe Ergebnis (40 €).

Julia erhält ein falsches Ergebnis, da sie nicht alle Ausgaben in € umrechnet.

Seite 71

1 a) $\dfrac{3}{2} = 1\dfrac{1}{2}$ 　　b) 2 　　c) $\dfrac{1}{3}$

d) $\dfrac{5}{2} = 2\dfrac{1}{2}$ 　　e) $\dfrac{1}{4}$ 　　f) 1

g) $\dfrac{1}{2}$ 　　h) 3

2 a) 1 　　b) $\dfrac{1}{6}$ 　　c) $2\dfrac{3}{8}$

d) $\dfrac{2}{15}$ 　　e) $1\dfrac{2}{9}$ 　　f) $3\dfrac{3}{4}$

g) $\dfrac{3}{4}$ 　　h) $\dfrac{26}{35}$

3 a) $\dfrac{1}{2} \cdot \dfrac{1}{5} + \dfrac{1}{2} \cdot \dfrac{3}{5} = \dfrac{1}{10} + \dfrac{3}{10} = \dfrac{2}{5}$

b) $\dfrac{1}{2}\left(\dfrac{2}{5} + \dfrac{1}{5}\right) = \dfrac{1}{2} \cdot \dfrac{3}{5} = \dfrac{3}{10}$

4 a) 　　b) 　　c)

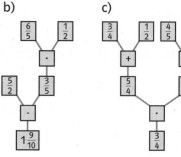

d) 　　e) 　　f)

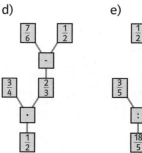

g) h)

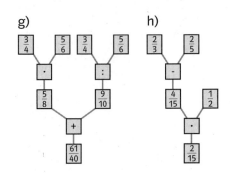

5 a) $\frac{1}{6}$ b) 2 c) $1\frac{1}{6}$

d) $2\frac{1}{4}$ e) 1 f) 0

g) $\frac{3}{10}$ h) 1 i) $\frac{19}{15}$

j) $\frac{8}{5}$ k) $\frac{5}{22}$ l) $\frac{21}{20}$

6 a) $3 - \frac{5}{9} \cdot \frac{3}{5} = \frac{8}{3} = 2\frac{2}{3}$

b) $\frac{9}{10} + \frac{5}{12} : \frac{5}{24} = 2\frac{9}{10} = \frac{29}{10}$

c) $\left(\frac{2}{3} \cdot 2\right) + \frac{3}{4} = 2\frac{1}{12}$

d) $\frac{2}{7} : \frac{5}{14} - \frac{3}{10} = \frac{1}{2}$

e) $\left(\frac{1}{3} + \frac{1}{8}\right) : \left(\frac{5}{3} - \frac{3}{4}\right) = \frac{1}{2}$

f) $\left(\frac{25}{26} : \frac{5}{13}\right) + \left(\frac{21}{8} \cdot \frac{4}{3}\right) = 6$

g) $\left(\frac{5}{12} + \frac{3}{5}\right) \cdot \left(2 - \frac{4}{5}\right) = \frac{61}{50} = 1\frac{11}{50}$

7

a) $\frac{1}{2} + \frac{1}{3} \cdot \frac{1}{4} = \frac{7}{12}$ $\frac{1}{2} + \frac{1}{3} : \frac{1}{4} = \frac{11}{6}$

$\frac{1}{2} \cdot \frac{1}{3} + \frac{1}{4} = \frac{5}{12}$ $\frac{1}{2} : \frac{1}{3} + \frac{1}{4} = \frac{7}{4}$

b) $\frac{1}{4} + \frac{1}{5} \cdot \frac{1}{6} = \frac{17}{60}$ $\frac{1}{4} + \frac{1}{5} : \frac{1}{6} = \frac{29}{20}$

$\frac{1}{4} \cdot \frac{1}{5} + \frac{1}{6} = \frac{13}{60}$ $\frac{1}{4} : \frac{1}{5} + \frac{1}{6} = \frac{17}{12}$

c) $\left(\frac{1}{2} + \frac{1}{3}\right) \cdot \frac{1}{4} = \frac{5}{24}$ $\left(\frac{1}{2} + \frac{1}{3}\right) : \frac{1}{4} = \frac{10}{3}$

$\frac{1}{2} \cdot \left(\frac{1}{3} + \frac{1}{4}\right) = \frac{7}{24}$ $\frac{1}{2} : \left(\frac{1}{3} + \frac{1}{4}\right) = \frac{6}{7}$

Ausmultiplizieren und Ausklammern *i*

- a) $\frac{1}{2}$ b) $\frac{8}{3}$

c) $\frac{11}{12}$ d) $\frac{37}{15}$

e) $\frac{2}{5}$ f) $\frac{5}{4}$

g) $\frac{138}{55}$ h) $\frac{18}{5}$

Üben • Anwenden • Nachdenken

Seite 73

1

a) $\frac{5}{6}$ b) $\frac{4}{5}$ c) $\frac{3}{2}$ d) $\frac{17}{60}$

$\frac{8}{15}$ $\frac{9}{14}$ $\frac{2}{33}$ $\frac{31}{40}$

$\frac{4}{7}$ $\frac{4}{3}$ $\frac{19}{24}$ $\frac{40}{99}$

2

a) $3\frac{11}{12} = \frac{47}{12}$ b) $1\frac{1}{8} = \frac{9}{8}$

$\frac{5}{8}$ 6

$\frac{15}{14} = 1\frac{1}{14}$ $9\frac{5}{8} = \frac{77}{8}$

c) $\frac{39}{40}$ d) 24

$5\frac{13}{18} = \frac{103}{18}$ $2\frac{5}{22} = \frac{47}{22}$

$\frac{32}{33}$ $\frac{56}{11} = 5\frac{1}{11}$

3 a) kleinstes Ergebnis: größtes Ergebnis:

$\frac{3}{4} - \frac{2}{3} = \frac{1}{12}$ $\frac{3}{4} - \frac{1}{6} = \frac{7}{12}$

$\frac{2}{3} + \frac{1}{6} = \frac{5}{6}$ $\frac{3}{4} + \frac{2}{3} = \frac{17}{12} = 1\frac{5}{12}$

$\frac{2}{3} \cdot \frac{1}{6} = \frac{2}{18} = \frac{1}{9}$ $\frac{3}{4} \cdot \frac{2}{3} = \frac{1}{2}$

$\frac{1}{6} : \frac{3}{4} = \frac{2}{9}$ $\frac{3}{4} : \frac{1}{6} = \frac{9}{2} = 4\frac{1}{2}$

b) kleinstes Ergebnis: größtes Ergebnis:

$\frac{3}{4} - \frac{2}{3} = \frac{1}{12}$ $\frac{3}{4} : \frac{1}{6} = 4\frac{1}{2}$

4 a) $\frac{1}{3} \overset{+\frac{1}{2}}{\to} \frac{5}{6} \overset{+\frac{1}{2}}{\to} \frac{4}{3} \overset{+\frac{1}{2}}{\to} \frac{11}{6} \overset{+\frac{1}{2}}{\to} \frac{7}{3} \overset{+\frac{1}{2}}{\to} \frac{17}{6} \overset{+\frac{1}{2}}{\to} \frac{10}{3} = 3\frac{1}{3}$

b) $\frac{243}{32} \overset{\cdot\frac{2}{3}}{\to} \frac{81}{16} \overset{\cdot\frac{2}{3}}{\to} \frac{27}{8} \overset{\cdot\frac{2}{3}}{\to} \frac{9}{4} \overset{\cdot\frac{2}{3}}{\to} \frac{3}{2} \overset{\cdot\frac{2}{3}}{\to} 1$

c) $\frac{162}{256} \overset{:\frac{3}{4}}{\to} \frac{27}{32} \overset{\cdot\frac{3}{4}}{\to} \frac{9}{8} \overset{\cdot\frac{3}{4}}{\to} \frac{3}{2} \overset{\cdot\frac{3}{4}}{\to} 2$

d) $8 \overset{-\frac{2}{3}}{\to} \frac{22}{3} \overset{-\frac{2}{3}}{\to} \frac{20}{3} \overset{-\frac{2}{3}}{\to} 6 \overset{-\frac{2}{3}}{\to} \frac{16}{3} \overset{-\frac{2}{3}}{\to} \frac{14}{3} \overset{-\frac{2}{3}}{\to} 4 \overset{-\frac{2}{3}}{\to} \frac{10}{3} \overset{-\frac{2}{3}}{\to} \frac{8}{3} \overset{-\frac{2}{3}}{\to} 2$

$\overset{-\frac{2}{3}}{\to} \frac{4}{3} \overset{-\frac{2}{3}}{\to} \frac{2}{3} \overset{-\frac{2}{3}}{\to} 0$

5 a) $\frac{2}{5} + \frac{2}{5} = \frac{4}{5}$ b) $\frac{13}{19} - \frac{8}{19} = \frac{5}{19}$

c) $\frac{5}{4} \cdot \frac{1}{2} = \frac{5}{8}$ d) $\frac{11}{7} : \frac{6}{5} = \frac{55}{42}$

e) $\frac{19}{27} - \frac{11}{27} = \frac{8}{27}$ f) $\frac{25}{32} + \frac{3}{16} = \frac{31}{32}$

g) $\frac{3}{7} : \frac{5}{2} = \frac{6}{35}$ h) $\frac{3}{4} \cdot \frac{8}{3} = 2$

6 a) $\frac{1}{2} \cdot \frac{2}{3} = \frac{1}{3}$ b) $\frac{2}{3} + \frac{3}{4} = \frac{17}{12}$

c) $\frac{7}{9} - \frac{1}{6} = \frac{11}{18}$ d) $\frac{4}{5} : \frac{10}{7} = \frac{14}{25}$

e) $\frac{7}{12} - \frac{2}{9} = \frac{13}{36}$ f) $\frac{24}{25} : \frac{3}{2} = \frac{16}{25}$

g) $\frac{5}{8} + \frac{3}{14} = \frac{47}{56}$ h) $\frac{7}{8} \cdot \frac{32}{7} = 4$

7 a) $\frac{11}{4} - \frac{7}{8} = \frac{15}{8}$ b) $\frac{3}{5} - \frac{3}{8} = \frac{9}{40}$

c) $\frac{3}{7} + \frac{5}{14} = \frac{11}{14}$ d) $\frac{33}{28} : \frac{11}{7} = \frac{3}{4}$

e) $\frac{7}{10} + \frac{7}{3} = \frac{91}{30}$ f) $\frac{8}{3} - \frac{3}{2} = \frac{7}{6}$

g) $\frac{56}{39} : \frac{14}{13} = \frac{4}{3}$ h) $\frac{5}{4} \cdot \frac{3}{8} = \frac{15}{32}$

8) a) $\frac{1}{2} + \frac{1}{3} > \frac{1}{3} + \frac{1}{4}$ b) $\frac{4}{5} - \frac{1}{3} < \frac{2}{3} - \frac{1}{12}$

c) $\frac{11}{12} + \frac{1}{4} = \frac{25}{18} - \frac{2}{9}$ d) $\frac{1}{7} - \frac{1}{9} < \frac{2}{9} - \frac{1}{7}$

e) $\frac{1}{6} \cdot \frac{3}{7} < \frac{4}{5} \cdot \frac{1}{8}$ f) $\frac{12}{5} : \frac{3}{10} > \frac{3}{5} : \frac{27}{20}$

9 $\frac{1}{3}\cdot\frac{1}{4}+\frac{1}{2}=\frac{7}{12}$ $\qquad$ $\frac{1}{2}-\frac{1}{3}\cdot\frac{1}{4}=\frac{5}{12}$

$\left(\frac{1}{3}+\frac{1}{4}\right)\cdot\frac{1}{2}=\frac{7}{24}$ $\qquad$ $\frac{1}{3}+\frac{1}{2}\cdot\frac{1}{4}=2\frac{1}{3}$

und individuelle Lösungen

10 a) $\frac{20}{11}$ $\qquad$ b) $\frac{47}{63}$ $\qquad$ c) $\frac{1}{5}$

d) 2 $\qquad$ e) $\frac{5}{3}$ $\qquad$ f) 2

g) 2 $\qquad$ h) $\frac{11}{8}$ $\qquad$ i) 1

j) 1 $\qquad$ k) $\frac{2}{3}$ $\qquad$ l) $\frac{7}{6}$

Seite 74

11 a) $\frac{9}{5}$ $\qquad$ b) $\frac{37}{12}$ $\qquad$ c) $\frac{15}{7}$ $\qquad$ d) $\frac{1}{4}$

12 linker Kreis, rechtsherum:

$\frac{2}{5}+\frac{5}{8}-\frac{1}{2}+\frac{1}{2}-\frac{3}{8}+\frac{1}{4}=\frac{9}{10}$

linker Kreis, linksherum: $\frac{2}{5}+\frac{1}{4}-\frac{3}{8}+\frac{1}{2}-\frac{1}{2}+\frac{5}{8}=\frac{9}{10}$

Wegen des Kommutativgesetzes erhält man dasselbe Ergebnis.

rechter Kreis, rechtsherum: $\frac{3}{5}\cdot\frac{1}{2}\cdot\frac{5}{8}:\frac{5}{2}\cdot\frac{3}{4}:\frac{3}{8}=\frac{3}{5}$

rechter Kreis, linksherum: $\frac{3}{5}\cdot\frac{3}{8}:\frac{3}{4}\cdot\frac{5}{2}:\frac{5}{8}\cdot\frac{1}{2}=\frac{3}{5}$

13 a)

$\frac{1}{12}$	1	$\frac{2}{3}$	$\frac{13}{12}$
$\frac{7}{6}$	$\frac{7}{12}$	$\frac{11}{12}$	$\frac{1}{6}$
$\frac{5}{4}$	$\frac{1}{2}$	$\frac{5}{6}$	$\frac{1}{4}$
$\frac{1}{3}$	$\frac{3}{4}$	$\frac{5}{12}$	$\frac{4}{3}$

b)

$\frac{9}{5}$	$\frac{37}{30}$	$\frac{17}{10}$	$\frac{2}{3}$
$\frac{23}{20}$	$\frac{8}{5}$	$\frac{6}{5}$	$\frac{11}{6}$
$\frac{4}{5}$	$\frac{3}{2}$	$\frac{11}{10}$	2
$\frac{61}{30}$	$\frac{16}{15}$	$\frac{7}{5}$	$\frac{9}{10}$

14 mögliche Lösungen:

$\frac{1}{2}\cdot\frac{2}{3}:\frac{5}{6}+\frac{2}{5}=\frac{4}{5}$

$\left(\frac{2}{5}+\frac{1}{2}\right)\cdot\frac{5}{6}:\frac{2}{3}=\frac{9}{8}$

15 linke Mauer:

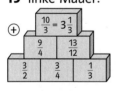

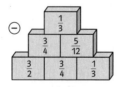

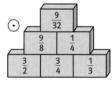

rechte Mauer:

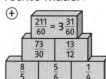

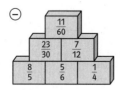

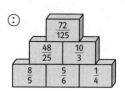

Experimentieren mit Brüchen

● a) $\frac{1}{2}-\frac{1}{3}=\frac{1}{6}$ b) $\frac{3}{4}-\frac{3}{5}=\frac{3}{20}$ c) $\frac{10}{11}-\frac{9}{10}=\frac{1}{110}$

$\frac{1}{3}-\frac{1}{4}=\frac{1}{12}$ $\frac{3}{6}-\frac{3}{7}=\frac{1}{14}=\frac{3}{42}$ $\frac{9}{10}-\frac{8}{9}=\frac{1}{90}$

$\frac{1}{4}-\frac{1}{5}=\frac{1}{20}$ $\frac{3}{7}-\frac{3}{8}=\frac{3}{56}$ $\frac{8}{9}-\frac{7}{8}=\frac{1}{72}$

$\frac{1}{5}-\frac{1}{6}=\frac{1}{30}$ $\frac{3}{8}-\frac{3}{9}=\frac{1}{24}=\frac{3}{72}$ $\frac{7}{8}-\frac{6}{7}=\frac{1}{56}$

$\frac{1}{6}-\frac{1}{7}=\frac{1}{42}$ $\frac{3}{9}-\frac{3}{10}=\frac{1}{30}=\frac{3}{90}$ $\frac{6}{7}-\frac{5}{6}=\frac{1}{42}$

● $1+\frac{1}{2}=\frac{3}{2}=1\frac{1}{2}$ $\qquad$ $1+\frac{1}{2}+\frac{1}{4}=\frac{7}{4}=1\frac{3}{4}$

$1+\frac{1}{2}+\frac{1}{4}+\frac{1}{8}=\frac{15}{8}=1\frac{7}{8}$

$1+\frac{1}{2}+\frac{1}{4}+\frac{1}{8}+\frac{1}{16}=\frac{31}{16}=1\frac{15}{16}$

Das Ergebnis nähert sich immer mehr 2 an und wird nie größer.

● $3-1=2$

$3-\left(1+\frac{2}{3}\right)=\frac{4}{3}$

$3-\left(1+\frac{2}{3}+\frac{4}{9}\right)=\frac{8}{9}$

$3-\left(1+\frac{2}{3}+\frac{4}{9}+\frac{8}{27}\right)=\frac{16}{27}$

$3-\left(1+\frac{2}{3}+\frac{4}{9}+\frac{8}{27}+\frac{16}{81}\right)=\frac{32}{81}$

Als Ergebnisse erhält man Brüche, bei denen der Zähler immer doppelt so groß ist wie der Zähler des vorherigen Ergebnisses. Der Nenner ist immer 3-mal so groß wie der Nenner des Vorgängers.

Einfacher erhält man das folgende Ergebnis, indem man den vorherigen Bruch mit $\frac{2}{3}$ multipliziert.

● $\frac{3}{2}-1=\frac{1}{2}$

$\frac{3}{2}-1-\frac{1}{3}=\frac{1}{6}$

$\frac{3}{2}-1-\frac{1}{3}-\frac{1}{9}=\frac{1}{18}$

$\frac{3}{2}-1-\frac{1}{3}-\frac{1}{9}-\frac{1}{27}=\frac{1}{54}$

$\frac{3}{2}-1-\frac{1}{3}-\frac{1}{9}-\frac{1}{27}-\frac{1}{81}=\frac{1}{162}$

● Man erhält das folgende Ergebnis, indem man den Nenner mit 3 multipliziert, den Bruch also durch 3 dividiert.

Unterschied zu $\frac{1}{2}$ berechnen:

$1-\frac{1}{2}=\frac{1}{2}$ $\qquad$ $\frac{1}{2}-\frac{1}{2}=0$

$1-\frac{1}{2}+\frac{1}{4}=\frac{3}{4}$ $\qquad$ $\frac{3}{4}-\frac{1}{2}=\frac{1}{4}$

$1-\frac{1}{2}+\frac{1}{4}-\frac{1}{8}=\frac{5}{8}$ $\qquad$ $\frac{5}{8}-\frac{1}{2}=\frac{1}{8}$

$1-\frac{1}{2}+\frac{1}{4}-\frac{1}{8}+\frac{1}{16}=\frac{11}{16}$ $\qquad$ $\frac{11}{16}-\frac{1}{2}=\frac{3}{16}$

$1-\frac{1}{2}+\frac{1}{4}-\frac{1}{8}+\frac{1}{16}-\frac{1}{32}=\frac{21}{32}$ $\qquad$ $\frac{21}{32}-\frac{1}{2}=\frac{5}{32}$

$1-\frac{1}{2}+\frac{1}{4}-\frac{1}{8}+\frac{1}{16}-\frac{1}{32}+\frac{1}{64}=\frac{43}{64}$ $\qquad$ $\frac{43}{64}-\frac{1}{2}=\frac{11}{64}$

Das Ergebnis der folgenden Zeile erhält man nach folgender Regel:

Zähler: ausgehend vom Vorgänger abwechselnd $(\cdot 2 - 1)$ und $(\cdot 2 + 1)$ rechnen

Nenner: den Vorgänger mit 2 multiplizieren

Die Differenz zu $\frac{1}{2}$ entwickelt sich von Zeile zu Zeile wie folgt:

Ab der 3. Zeile $\left(\frac{5}{8} - \frac{1}{2}\right)$ erhält man die Differenz, indem man das Ergebnis aus der Ursprungsaufgabe zwei Zeilen darüber durch 4 dividiert.

Beispiel: $\left(\frac{5}{8} - \frac{1}{2}\right) = \frac{1}{2} : 4 = \frac{1}{8}$

oder

$\frac{43}{64} - \frac{1}{2} = \frac{11}{16} : 4 = \frac{11}{64}$

Ägyptische Bruchrechnung

- a) $\frac{3}{4} = \frac{1}{2} + \frac{1}{4}$ b) $\frac{5}{6} = \frac{1}{2} + \frac{1}{3}$

 c) $\frac{3}{8} = \frac{1}{4} + \frac{1}{8}$ d) $\frac{7}{12} = \frac{1}{2} + \frac{1}{12}$

 e) $\frac{2}{9} = \frac{1}{5} + \frac{1}{45}$ f) $\frac{11}{12} = \frac{1}{2} + \frac{1}{3} + \frac{1}{12}$

 g) $\frac{17}{18} = \frac{1}{2} + \frac{1}{3} + \frac{1}{9}$ h) $\frac{19}{20} = \frac{1}{2} + \frac{1}{4} + \frac{1}{5}$

- a) $\frac{25}{28} = \frac{1}{2} + \frac{1}{4} + \frac{1}{7}$ b) $\frac{17}{40} = \frac{1}{4} + \frac{1}{10} + \frac{1}{20} + \frac{1}{40}$

 c) $\frac{59}{60} = \frac{1}{2} + \frac{1}{3} + \frac{1}{10} + \frac{1}{20}$ d) $\frac{39}{40} = \frac{1}{2} + \frac{1}{4} + \frac{1}{5} + \frac{1}{40}$

Seite 75

16 a) $\left(\frac{2}{3} \cdot \frac{9}{4}\right) + \left(\frac{7}{5} \cdot \frac{3}{7}\right) = \frac{21}{10}$ b) $\left(\frac{1}{3} + \frac{2}{5}\right) \cdot \left(\frac{1}{2} + \frac{1}{4}\right) = \frac{11}{20}$

 c) $\left(\frac{1}{2} \cdot \frac{4}{5}\right) + \frac{2}{3} = \frac{16}{15}$ d) $\left(\frac{2}{3} + \frac{1}{7}\right) \cdot \frac{7}{5} = \frac{17}{15}$

17 a) 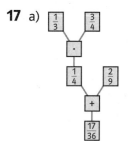   b)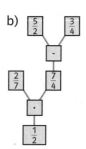

 c) 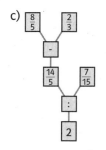   d)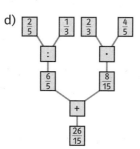

18 a) $U = 4 \cdot \frac{4}{5}\,dm = \frac{16}{5}\,dm = 3\frac{1}{5}\,dm$

b) $U = 3 \cdot 1\frac{7}{10}\,m = \frac{51}{10}\,m = 5\frac{1}{10}\,m$

c) $U = 4 \cdot \frac{3}{5}\,m = \frac{12}{5}\,m = 2\frac{2}{5}\,m$

d) $U = 1\frac{2}{5}\,dm + 1\frac{5}{6}\,dm + 2\frac{3}{10}\,dm = \frac{83}{15}\,dm = 5\frac{8}{15}\,dm$

19 linker Körper:

Summe aller Kantenlängen $= 12 \cdot 1\frac{1}{4}\,dm = 15\,dm$

rechter Körper:

Summe aller Kantenlängen $=$
$4 \cdot 1\frac{1}{2}\,m + 4 \cdot \frac{7}{10}\,m + 4 \cdot \frac{1}{4}\,m = \frac{49}{5}\,m = 9\frac{4}{5}\,m$

20 a) $\left(\frac{7}{4} + \frac{5}{9}\right) - \left(\frac{3}{4} + \frac{5}{6}\right) = \frac{13}{18}$

b) $\left(\frac{17}{3} - \frac{7}{4}\right) - \left(\frac{3}{4} + \frac{5}{6}\right) = \frac{7}{3}$

c) $\frac{2}{3} \cdot \frac{11}{4} - \left(\frac{3}{4} + \frac{5}{6}\right) = \frac{1}{4}$

d) $\frac{3}{5} : \frac{24}{75} - \left(\frac{3}{4} + \frac{5}{6}\right) = \frac{7}{24}$

Seite 76

Mischungen

- 5 Liter $= 3 \cdot \frac{2}{3}l + 4 \cdot \frac{3}{4}l$

 $\frac{1}{3}$ Liter $= 4 \cdot \frac{3}{4}l - 4 \cdot \frac{2}{3}l$

- In jedem Krug ist $\frac{1}{2}l$ Saftgemisch.

- Im linken Krug ist $\frac{1}{3}$ Kirschsaft, das ist $\frac{1}{6}l$.

- Im rechten Krug ist $\frac{1}{3}$ Apfelsaft, das ist $\frac{1}{6}l$.

21 Bus: $\frac{2}{7} \cdot 1120 = 320$ Schüler

Bahn: $\frac{3}{8} \cdot 1120 = 420$ Schüler

Fahrrad: $\frac{1}{4} \cdot 1120 = 280$ Schüler

zu Fuß: $1120 - 280 - 420 - 320 = 100$ Schüler

22 a) Partei C hat $19\% = \frac{19}{100}$ der Stimmen.

Partei A: $\frac{47}{100} \cdot 2400 = 1128$ Stimmen

Partei B: $\frac{34}{100} \cdot 2400 = 816$ Stimmen

Partei C: $\frac{19}{100} \cdot 2400 = 456$ Stimmen

b) mögliche Diagramme:

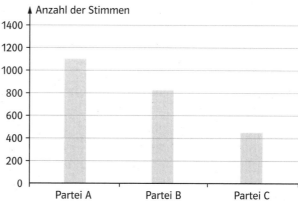

Stimmenverteilung Gemeinderatswahl

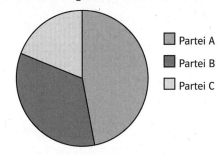

☐ Partei A

■ Partei B

☐ Partei C

23 Der Rest ist ein Anteil von $\frac{1}{20}$ und nicht von $\frac{1}{10}$.

24 a) Es werden $\left(\frac{1}{4} + \frac{1}{5} + \frac{1}{8} + \frac{1}{10}\right)$ des ursprünglichen Inhalts entnommen. Also bleiben $\frac{13}{40}$ übrig.
b) schrittweise Abpumpung:
900 l; 720 l; 450 l; 360 l
Das sind insgesamt 2430 l, die abgepumpt wurden.

25 a) Eine Sektflasche mehr als die Weinflasche.
b) $\frac{1}{20}$ l
c) Sektflasche: $7\frac{1}{2}$ Gläser
Weinflasche: 7 Gläser

26 $\frac{3}{4}$ kg Rindfleisch $37,5 = \frac{75}{2}$ g Mehl

$\frac{3}{8}$ kg Kartoffeln $\frac{3}{4}$ l Brühe

$\frac{9}{8}$ kg Gemüse $\frac{3}{16}$ l saure Sahne

75 g Fett

27

	Tunnels	freie Strecken	Geländeeinschnitte	Dämme	Brücken
Länge in km	26	4	40	24	6
Anteil	$\frac{13}{50}$	$\frac{1}{25}$	$\frac{2}{5}$	$\frac{6}{25}$	$\frac{3}{50}$

4 Dezimalbrüche

Auftaktseite: Genauer geht's nicht

Seiten 78 bis 79

Immer genauer

Bestimmung der Dicke eines DIN-A4-Blattes:
Höhe eines 500-Blatt-Papierstapels: 53 mm
Dicke eines DIN-A4-Blattes: 0,106 mm

Bestimmung des Gewichtes eines DIN-A4-Blattes:
Gewicht eines 500-Blatt-Papierstapels: 2510 g
Gewicht eines DIN-A4-Blattes: 5,02 g

Höhe der 1-Cent-Münze: etwa 0,16 cm
Gewicht der 1-Cent-Münze: 2,3 g
Höhe der 1-Euro-Münze: etwa 0,23 cm
Gewicht der 1-Euro-Münze: 7,5 g

Höhe eines Münzturms aus 80 Millionen 1-Euro-Münzen: 184 km

Bestimmung des Durchmessers einer Münze: individuelle Vorgehensweisen
Hier kann ein Modell der Münze helfen. Dazu legt man die Münze unter ein Blatt Papier und paust sie mit einem Bleistift ab. Nun schneidet man die dadurch entstandene Kreisscheibe aus Papier aus. Anschließend faltet man diese so, dass sich die Kreishälften decken. Die durch das Falten entstandene Linie ist der Durchmesser der Münze, welchen man mit einem Lineal messen kann.

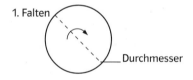

1. Falten
Durchmesser

Grenzen der Sportzeitmessung

Fülle die leeren Felder:
1 Minute   für 100 m
1 Zehntelsekunde   für 0,2 m
1 Hundertstelsekunde für 0,02 m
1 Tausendstelsekunde für 0,002 m

1 Dezimalschreibweise

Seite 80

Einstiegsaufgabe

→ 1968: Zeitangabe mit einer Nachkommaziffer angegeben

2002: Zeitangabe mit zwei Nachkommaziffern angegeben
Wäre die Zeitangabe von 2002 auch mit zwei Nachkommaziffern gerundet, so wären die Ergebnisse $9,78 \approx 9,8$ und $9,79 \approx 9,8$; so könnte nicht festgestellt werden, welcher Sportler die bessere Leistung erbracht hat. Es fällt auf: Durch die Angabe mehrerer Nachkommaziffern wird eine Angabe genauer.
→ 1968 wurde die Zeit von Hand mittels Stoppuhren gemessen.
Heute wird die Zeit elektronisch mittels einer Lichtschranke gemessen. Dadurch ist eine genauere Messung möglich.

Seite 81

1 a) $\frac{25}{100} = 0,25$ b) $\frac{786}{1000} = 0,786$
c) $\frac{909}{1000} = 0,909$ d) $\frac{7}{100} = 0,07$
e) $\frac{33}{1000} = 0,033$ f) $\frac{63}{100} = 0,63$
g) $\frac{43267}{1000} = 43,267$ h) $\frac{85}{10} = 8,5$

2 a) 0,5; 0,08; 0,004; 0,14; 0,275; 0,013; 0,4376
b) 0,044; 0,0017; 0,0345
c) 1,3; 4,17; 15,327

3
a) $\frac{9}{10}$ b) $\frac{12}{100}$ c) $\frac{12}{10} = 1\frac{2}{10}$
$\frac{8}{100}$ $\frac{212}{1000}$ $\frac{345}{100} = 3\frac{45}{100}$
$\frac{7}{1000}$ $\frac{12}{1000}$ $\frac{678}{10} = 67\frac{8}{10}$
$\frac{6}{10000}$ $\frac{102}{10000}$ $\frac{901109}{1000} = 901\frac{109}{1000}$

4
a) $\frac{6}{10} = \frac{3}{5}$ b) $\frac{15}{10} = 1\frac{1}{2}$ c) $\frac{255}{10}$ m $= 25\frac{1}{2}$ m
$\frac{4}{100} = \frac{1}{25}$ $\frac{24}{10} = 2\frac{2}{5}$ $\frac{375}{100}$ kg $= 3\frac{3}{4}$ kg
$\frac{2}{1000} = \frac{1}{500}$ $\frac{32}{10} = 3\frac{1}{5}$ $\frac{8}{10}$ min $= \frac{4}{5}$ min
$\frac{7}{10}$ $\frac{41}{10} = 4\frac{1}{10}$ $\frac{4507}{10}$ km $= 450\frac{7}{10}$ km
$\frac{5}{10} = \frac{1}{2}$ $\frac{275}{100} = 2\frac{3}{4}$ $\frac{1285}{100}$ g $= 12\frac{17}{20}$ g
$\frac{25}{100} = \frac{1}{4}$ $\frac{550}{100} = 5\frac{1}{2}$ $\frac{27}{10}$ a $= 2\frac{7}{10}$ a

5
a) $\frac{40}{100} = \frac{4}{10}$ b) $\frac{3}{10}$ c) $\frac{101}{100}$
$\frac{404}{1000}$ $\frac{303}{1000}$ $\frac{1100}{1000} = \frac{11}{10}$
$\frac{40}{1000} = \frac{4}{100}$ $\frac{300}{1000} = \frac{3}{10}$ $\frac{110}{100} = \frac{11}{10}$
$\frac{4}{100}$ $\frac{330}{1000} = \frac{33}{100}$ $\frac{1011}{1000}$
Ist die letzte Nachkommaziffer eines Dezimalbruchs eine Null, so kann diese weggelassen werden.

6
a) cm
  10 m
  dm^2
  mm^2

b) 10 cm^3
  10 ml
  10 g
  10 mg

c) mm
  10 ms
  kg
  mm^3

7

T	H	Z	E	z	h	t	Dezimalbruch
	5	7	1	5			571,5
1	2	3	0	4	5		1230,45
	4	3	0	1	5		43,015
			2	0	9		0,209
				1	7		0,017
			7	0	9		7,09
	1	1	8	4	1	3	118,413
7	0	9	2	5			7092,5
			0	6	6	3	0,663
			0	0	0	1	0,001

8
a) 1234 mm
  12 340 cm^2
  1234 dm^3

b) 111 mm
  110 cm^2
  1 dm^3

c) 1234 g
  12 340 g
  123 400 g

d) 1111 kg
  10 010 kg
  1001 kg

e) 1234 ml
  12 340 ml
  123 400 ml

f) 1111 dm^3
  11 110 dm^3
  111 100 dm^3

9 a) 1,11 m
d) 4,0404 ha
g) 7,0707 hl

b) 2,202 km
e) 5,005 005 m^3
h) 5,5 h

c) 3,303 m^2
f) 6,0606 t

10 $\frac{3}{100}$ mm = 0,03 mm   _10 mm = 0,7 mm
$\frac{7}{1000}$ mm = 0,007 mm

2 Vergleichen und Ordnen von Dezimalbrüchen

Seite 82

Einstiegsaufgabe
→ 1. Platz: Sarah 32,89 s
2. Platz: Roman 32,98 s
3. Platz: Aishe 33,15 s
→ Letzter: Philipp 35,02 s

Seite 83

1 a) 4,78 < 4,87 < 7,48 < 7,84 < 8,47 < 8,74
b) 45,98 < 49,58 < 458,9 < 459,8 < 495,8
c) 8,0109 < 8,0819 < 8,0918 < 8,0981
d) 0,0899 < 0,09 < 0,0901 < 0,091 < 0,0980

2 a) 0,71; 0,74; 0,77; 0,82; 0,88
b) 13,11; 13,13; 13,18; 13,23; 13,27
c) 4,032; 4,034; 4,042; 4,044; 4,049
d) 2,993; 2,996; 2,999; 3,001; 3,003; 3,005

3 a)
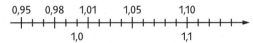

b)
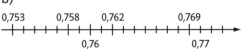

c)
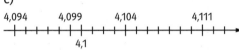

4 a) 8,175 m < 8,71 m < 81,57 m < 81,75 m
b) 2,02 kg < 2,2 kg < 2,202 kg < 2,22 kg
c) 0,000 03 t < 0,3 kg < 0,33 kg < 333,3 g
d) 12,3 m^2 < 1234,5 dm^2 < 1,23 a
e) 9,99 l < 9999,9 cm^3 < 99,9 dm^3

5 a) 3,52
c) 0,437

b) 5,695
d) 0,051

6 a) 0,345; 0,354; 0,435; 0,453
b) 0,534; 0,543
c) individuelle Lösungen
mögliche Lösung: 3,045 < 3,054 < 3,405 < 3,450
< 3,504 < 3,540 < 4,035 < 4,053 < 4,305 < 4,350

7
a) 9,78☐ < 9,789
  9,780
  9,781
  9,782
  9,783
  9,784
  9,785
  9,786
  9,787
  9,788

b) 14,3☐5 > 14,325
  14,335
  14,345
  14,355
  14,365
  14,375
  14,385
  14,395

c) 0,73☐9 < 0,7345
  0,7309
  0,7319
  0,7329
  0,7339

d) 126,☐5 < 126,5
  126,05
  126,15
  126,25
  126,35
  126,45

8 a) individuelle Lösungen, z.B.
1,42 < 1,43 < 1,44 < 1,45 < 1,46 < 1,47
b) individuelle Lösungen, z.B.
5,39 < 5,391 < 5,392 < 5,393 < 5,394 < 5,395 < 5,396
< 5,43

c) Unendlich viele, da auf dem Zahlenstrahl zwischen 5,39 und 5,43 unendlich viele Zahlen stehen und ein Dezimalbruch unendlich viele Nachkommaziffern haben kann.

d) $\frac{630}{120}$ liegt nicht zwischen 5,39 und 5,43.

$\frac{630}{120}$= 5,25; 5,25 liegt auf dem Zahlenstrahl nicht

zwischen 5,39 und 5,43.

9 1,23 < 1,32 < 2,13 < 2,31 < 3,12 < 3,21 < 12,3
< 13,2 < 21,3 < 23,1 < 31,2 < 32,1
Es ergeben sich zusätzlich 42 verschiedene Möglichkeiten.

10 a) blaues Zeichen: 0; 1; 2; 3; 4; 5; 6; 7; 8; 9
rotes Zeichen: 6; 7; 8; 9
b) blaues Zeichen: 0; 1; 2; 3; 4
rotes Zeichen: 7; 8; 9
c) blaues Zeichen: 0; 1; 2; 3; 4; 5
rotes Zeichen: 7; 8; 9
d) blaues Zeichen: 0; 1; 2
rotes Zeichen: 4; 5; 6; 7; 8; 9
e) blaues Zeichen: 0; 1; 2
rotes Zeichen: 5; 6; 7; 8; 9

11

Gewicht	0,845 kg	0,925 kg	0,95 kg	1,1 kg	1,32 kg	1,325 kg
Preis	1,25 €	1,37 €	1,41 €	1,63 €	1,83 €	1,95 €

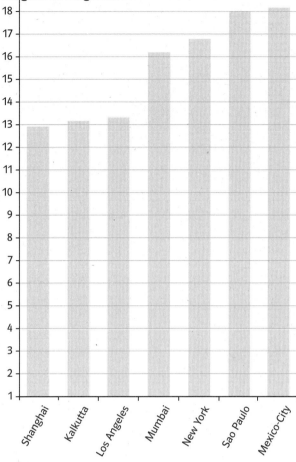
mögliches Diagramm Millionen

Seite 84

Randspalte:
Hier muss aufgerundet werden:
Die letzte Transportfahrt wird nicht voll beladen gemacht.

12 a) 23,5; 212,4; 9,1; 0,9; 0,1
b) 76,36; 12,08; 4,99; 1,05
c) 79; 1; 35; 991; 790

13 a) 27 kg; 78 g; 10 m
b) 8 m; 2 s; 34 m²
c) 9 km; 328 t; 1 m³

14 a) 28 dm; 1 km; 75 cm; 78 kg
b) 31 cm; 0 ha; 1 dm³
c) 5 t; 7 km²; 84 cm³

15 Shanghai 12,9 Millionen
Kalkutta 13,1 Millionen
Los Angeles 13,2 Millionen
Mumbai 16,1 Millionen
New York 16,7 Millionen
Sao Paulo 18,0 Millionen
Mexico-City 18,1 Millionen

16 a) 6,19 €   b) 17,5 km
c) 8,2 Liter pro 100 km   d) 8 Tage

17
a) 5,25 cm bis 5,34 cm;   b) 25,75 kg bis 25,84 kg;
16,45 cm bis 16,54 cm;   0,95 ha bis 1,04 ha;
4,85 t bis 4,94 t;   13,45 s bis 13,54 s;
2,45 € bis 2,54 €   0,445 m³ bis 0,454 m³
c) 0,55 t bis 0,65 t;
2,335 mm bis 2,344 mm;
3,055 m² bis 3,064 m²;
0,0045 kg bis 0,0054 kg

18 individuelle Lösungen, z. B. 4 480 000 €

3 Umwandeln von Brüchen in Dezimalbrüche

Seite 85

Einstiegsaufgabe
→ individuelle Lösungen, z. B.:
Sabine ist beim Weitsprung 0,03 m weiter gesprungen als Peter, der 3,75 m weit gesprungen ist.
Beim Ballwurf hat Peter 0,16 m weiter geworfen als Sabine.

Seite 86

1 a) 0,8; 0,3; 0,2; 0,18; 0,55; 0,015
b) 0,6; 1,05; 0,25; 0,032; 0,02; 0,1

2 a) 0,5; 0,75; 0,2; 0,3
b) 2,5; 1,5; 1,25; 3,8
c) 0,625; 0,04; 0,006; 0,025
d) 0,75; 1,4; 0,52; 0,024

3 a) 0,3; 0,35; 0,28; 0,33
b) 0,15; 0,3; 0,32; 0,75
c) 1,5; 2,75; 3,8
d) 9,5; 7,4; 5,25

4 a) 8 ist Teiler von 1000.
Durch Erweitern mit 125 erhält man Brüche mit dem Nenner 1000:
$\frac{3}{8} = \frac{375}{1000} = 0,375$; $\frac{7}{8} = \frac{875}{1000} = 0,875$
$\frac{10}{8} = \frac{1250}{1000} = 1,25$; $\frac{12}{8} = \frac{1500}{1000} = 1,5$
$\frac{17}{8} = \frac{2125}{1000} = 2,125$; $\frac{22}{8} = \frac{2750}{1000} = 2,750$
b) 25 ist Teiler von 100.
Durch Erweitern mit 4 erhält man Brüche mit dem Nenner 100:
$\frac{3}{25} = \frac{12}{100} = 0,12$; $\frac{30}{25} = \frac{120}{100} = 1,2$
$\frac{300}{25} = \frac{1200}{100} = 12$; $\frac{33}{25} = \frac{132}{100} = 1,32$
$\frac{303}{25} = \frac{1212}{100} = 12,12$; $\frac{333}{25} = \frac{1332}{100} = 13,32$
c) 125 ist Teiler von 1000.
Durch Erweitern mit 8 erhält man Brüche mit dem Nenner 1000:
$\frac{1}{125} = \frac{8}{1000} = 0,008$; $\frac{10}{125} = \frac{80}{1000} = 0,08$
$\frac{100}{125} = \frac{800}{1000} = 0,8$; $\frac{1000}{125} = \frac{8000}{1000} = 8$
$\frac{2}{125} = \frac{16}{1000} = 0,016$; $\frac{20}{125} = \frac{160}{1000} = 0,16$

5 a) $\frac{4}{5} = 0,8$　　b) $\frac{12}{50} = 0,24$
c) $\frac{3}{20} = 0,15$　　d) $\frac{129}{25} = 5,16$

6 a) 0,05; 0,1; 0,15; 0,2; 0,25; …
Man erhält den zweiten Dezimalbruch, indem man zum ersten Dezimalbruch 0,05 addiert. Man erhält den dritten Dezimalbruch, indem man zum zweiten Dezimalbruch 0,05 addiert, usw.
b) 0,0625; 0,125; 0,1875; 0,25; 0,3125; …
Man erhält den zweiten Dezimalbruch, indem man zum ersten Dezimalbruch 0,0625 addiert. Man erhält den dritten Dezimalbruch, indem man zum zweiten Dezimalbruch 0,0625 addiert, usw.

7 a) 1,5 kg Erdbeeren; 0,25 kg Quark; 0,125 l Sahne
b) 0,125 l = 125 ml; 0,75 l = 750 ml; 1,5 l = 1500 ml; 0,625 l = 625 ml

c) 0,5 kg = 500 g; 0,375 kg = 375 g; 0,25 kg = 250 g; 1,25 kg = 1250 g

Randspalte
2; 4; 5; 8; 10; 16; 20; 25; 32; 40; 50

Prozent *i*

Meldung in der Klassenzeitung:
$\frac{3}{5}$ aller Mädchen, das sind 60 %.
Der letzte Satz der Meldung müsste also lauten: Bei den Jungen waren es ebenfalls 60 Prozent.
- 45 %; 10 %; 4 %
- $\frac{1}{4} > 24$ %; $\frac{34}{50} < 70$ %
- Ja, $\frac{1}{3}$ ist mehr als 30 %, da $\frac{1}{3} \approx 0,333 \approx 33,3$ % und 33,3 % > 30 %.
- Sarahs Bruder bekommt 12,5 % mehr Taschengeld als im Vorjahr und damit eine höhere Taschengelderhöhung.

4 Periodische Dezimalbrüche

Seite 87

Einstiegsaufgabe
→ Wenn sich Tim beteiligt hätte, dann könnte der Gewinn einfach aufgeteilt werden. Jeder würde dann 25,00 € bekommen. Bei drei Kindern würde jeder ≈ 33,3333 … bekommen. Der Gewinn lässt sich also nicht gerecht verteilen.

Seite 88

1 a) $0,\overline{6}$; $0,\overline{4}$; $0,\overline{27}$; $0,\overline{12}$; $0,\overline{571428}$; $0,\overline{384615}$; $0,\overline{63}$
b) $0,0\overline{6}$; $0,8\overline{3}$; $0,19\overline{4}$; $0,41\overline{6}$; $0,41\overline{6}$; $0,2\overline{3}$; $0,6\overline{1}$
c) $2,1\overline{6}$; $1,4\overline{6}$; $1,0\overline{45}$; $1,2\overline{3}$; $1,\overline{2}$; $1,\overline{36}$; $1,\overline{51}$

2 $\frac{2}{3} = 0,\overline{6}$; $\frac{1}{5} = 0,2$; $\frac{1}{6} = 0,1\overline{6}$; $\frac{4}{9} = 0,\overline{4}$; $\frac{2}{7} = 0,\overline{285714}$

3 a) 0,2; 1,2; 3,5; 2,1; 8,4
b) 0,17; 1,23; 3,48; 2,07; 8,37

4
a) $\frac{2}{3} = 0,\overline{6} \approx 0,7$
$\frac{4}{7} = 0,\overline{571428} \approx 0,6$
$\frac{5}{9} = 0,\overline{5} \approx 0,6$
$\frac{5}{6} = 0,8\overline{3} \approx 0,8$
$\frac{6}{7} = 0,\overline{857142} \approx 0,9$

0,6　0,7　0,8　0,9
0,6

b) $\frac{2}{3} = 0,\overline{6} \approx 0,7$

$\frac{3}{11} = 0,\overline{27} \approx 0,3$

$\frac{11}{12} = 0,91\overline{6} \approx 0,9$

$\frac{7}{9} = 0,\overline{7} \approx 0,8$

$\frac{4}{15} = 0,2\overline{6} \approx 0,3$

```
  ┼──┼──┼──┼──┼──┼──┼──┼──┼──►
  0,3           0,7  0,8  0,9
  0,3
```

5 a) $0,\overline{1}$; $0,\overline{2}$; $0,\overline{3}$; $0,\overline{4}$; $0,\overline{5}$; ...
b) $0,\overline{09}$; $0,\overline{18}$; $0,\overline{27}$; $0,\overline{36}$; $0,\overline{45}$; ...
c) $0,0\overline{6}$; $0,1\overline{3}$; $0,2$; $0,2\overline{6}$; $0,\overline{3}$; ...
d) $0,0\overline{5}$; $0,\overline{1}$; $0,1\overline{6}$; $0,\overline{2}$; $0,2\overline{7}$; ...

6 $\frac{6}{11} < \frac{11}{20} < \frac{15}{27} < 0,56 < 0,5\overline{6} < 0,\overline{56} < \frac{7}{12} < 0,65$

7 $\frac{1}{23} = 0,\overline{0434782608695652173913}$

$\left(\frac{1}{13} = 0,\overline{076923}; \quad \frac{1}{17} = 0,\overline{0588235294117647};\right.$

$\left.\frac{1}{19} = 0,\overline{052631578947368421}\right)$

8 $\frac{1}{13} = 0,\overline{076923}$; $\frac{2}{13} = 0,\overline{153846}$; $\frac{3}{13} = 0,\overline{230769}$;

$\frac{4}{13} = 0,\overline{307692}$; $\frac{5}{13} = 0,\overline{384615}$; $\frac{6}{13} = 0,\overline{461538}$;

$\frac{7}{13} = 0,\overline{538461}$; $\frac{8}{13} = 0,\overline{615384}$; $\frac{9}{13} = 0,\overline{692307}$;

$\frac{10}{13} = 0,\overline{769230}$; $\frac{11}{13} = 0,\overline{846153}$; $\frac{12}{13} = 0,\overline{923076}$

Es fällt auf: $\frac{1}{13} = 0,\overline{076923}$. Um die folgenden Brüche in Dezimalbrüche umzuwandeln, kann man einfach den Zähler des Bruches mit $0,\overline{076923}$ multiplizieren.

Beispiel: $\frac{3}{13} = 3 \cdot \frac{1}{13} = 3 \cdot 0,\overline{076923} = 0,\overline{230769}$

9 a) $\frac{4}{13} = 0,\overline{307692} : 307 + 692 = 999$

$\frac{9}{17} = 0,\overline{5294117647058823} : 52941176 + 47058823$
$= 99999999$

$\frac{12}{19} = 0,\overline{631578947368421052} : 631578947$
$+ 368421052 = 999999999$

Addiert man die Periodenhälften, so erhält man ein Ergebnis mit „9-er"-Ziffern. Das Ergebnis hat so viele Ziffern (9-er), wie die Anzahl der Ziffern einer Periodenhälfte.

b) $\frac{16}{31} = 0,\overline{516129032258064}$

Der Bruch $\frac{16}{31}$ hat eine fünfzehnstellige Periode.

Da 15 eine ungerade Zahl ist, lassen sich keine zwei Periodenhälften bilden.

10 Gegenbeispiel: 5 ist eine Primzahl: $\frac{2}{5} = 0,4$

11 $\frac{7}{9}$; $\frac{2}{9}$; $\frac{5}{9}$; $\frac{4}{9}$; $\frac{4}{3}$; $\frac{20}{9}$; $\frac{31}{6}$; 1

Erstaunliche Perioden

- $\frac{1}{89991} =$

$0,\overline{000\,011\,112\,222\,333\,344\,445\,555\,666\,677\,778\,889}$

- $\frac{11}{90} = 0,1\overline{2}$; $\frac{101}{900} = 0,11\overline{2}$; $\frac{1001}{9000} = 0,111\overline{2}$; ...

Üben • Anwenden • Nachdenken

Seite 90

1

H	Z	E	z	h	t	zt	Dezimalbruch
	7	8	0	2	4	1	78,0241
6	0	4	0	5	0	9	604,0509
	2	2	0	3	6		22,036
		4	5	0	9	1	4,5091
		6	8	0	9		0,6809
	7	8	0	4	5		78,045
1	1	1	0	6	6	8	111,0668
	3	0	3	0	3		3,0303
		0	2	9	1		0,291
		0	0	1	0	1	0,0101

2 a) $\frac{4}{5} = \frac{8}{10} = 0,8$; $\frac{1}{2} = \frac{5}{10} = 0,5$; $\frac{3}{4} = \frac{75}{100} = 0,75$;

$\frac{7}{20} = \frac{35}{100} = 0,35$; $\frac{12}{30} = \frac{4}{10} = 0,4$; $\frac{18}{60} = \frac{3}{10} = 0,3$

b) $\frac{12}{15} = \frac{4}{5} = \frac{8}{10} = 0,8$; $\frac{1}{8} = \frac{125}{1000} = 0,125$;

$\frac{3}{25} = \frac{12}{100} = 0,12$; $\frac{81}{30} = \frac{27}{10} = 2,7$;

$\frac{11}{125} = \frac{88}{1000} = 0,088$; $\frac{352}{110} = \frac{32}{10} = 3,2$

c) $\frac{3}{24} = \frac{1}{8} = \frac{125}{1000} = 0,125$; $\frac{27}{18} = \frac{3}{2} = \frac{15}{10} = 1,5$;

$\frac{6}{75} = \frac{2}{25} = \frac{8}{100} = 0,08$; $\frac{3}{16} = \frac{1875}{10\,000} = 0,1875$;

$\frac{9}{375} = \frac{3}{125} = \frac{24}{1000} = 0,024$; $\frac{66}{48} = \frac{11}{8} = \frac{1375}{1000} = 1,375$

d) $\frac{9}{12} = \frac{3}{4} = \frac{75}{100} = 0,75$; $\frac{7}{28} = \frac{1}{4} = \frac{25}{100} = 0,25$;

$\frac{11}{88} = \frac{1}{8} = \frac{125}{1000} = 0,125$; $\frac{14}{40} = \frac{7}{20} = \frac{35}{100} = 0,35$;

$\frac{32}{12} = \frac{8}{3} = 8 : 3 = 2,\overline{6}$; $\frac{68}{8} = \frac{17}{2} = \frac{85}{10} = 8,5$

3 a) 5,55 m; 12,06 m; 1,001 m
b) 6,06 m²; 915 m²; 0,0915 m²
c) 50,025 m³; 0,150 035 m³
d) 3570,035 l

4 a) 5 m 78 cm = 5,78 m
b) 5 km 78 m = 5,078 km
c) 57 m 8 dm = 57,8 m
d) 57 m 8 cm = 57,08 m
e) 578 m = 0,578 km

5 a) $0,6 > \frac{5}{10}$; mehrere Möglichkeiten, da $0,6 = \frac{6}{10}$.
Es liegen mehrere Brüche mit dem Nenner 10 links von $\frac{6}{10}$ auf dem Zahlenstrahl: $\frac{1}{10}$; $\frac{2}{10}$; $\frac{3}{10}$; $\frac{4}{10}$; $\frac{5}{10}$

b) $4,12 < \frac{42}{10}$; mehrere Möglichkeiten, da $\frac{42}{10} = 4,2$.
$4,12 < 4,2$ und $4,02 < 4,2$.

c) $0,08 > \frac{5}{100}$; mehrere Möglichkeiten, da $\frac{5}{100} = 0,05$.
Es liegen mehrere Dezimalbrüche rechts von 0,05 auf dem Zahlenstrahl: 0,06; 0,07; 0,08; 0,09

d) $\frac{6}{5} < 1,21$; mehrere Möglichkeiten, da $\frac{6}{5} = 1,2$.
Es liegen mehrere Dezimalbrüche rechts von 1,2 auf dem Zahlenstrahl: 1,21; 1,31; 1,41; 1,51; 1,61; 1,71; 1,81; 1,91

e) $0,\overline{3} > \frac{1}{5}$; mehrere Möglichkeiten, da $0,\overline{3} = \frac{1}{3}$.
Es liegen mehrere Brüche mit dem Zähler 1 links von $\frac{1}{3}$ auf dem Zahlenstrahl: $\frac{1}{3} > \frac{1}{4}$; $\frac{1}{5}$; ...

f) $0,065 > \frac{1}{20}$; mehrere Möglichkeiten, da $\frac{1}{20} = 0,05$.
Es liegen mehrere Dezimalbrüche rechts von 0,05 auf dem Zahlenstrahl: 0,055; 0,065; 0,075; 0,085; 0,095

6 a) $1,012 < 1,02 < 1,2 < 1,201 < 1,21 < 1,212$
b) $1000,10 < 1001,01 < 1010,01 < 1010,10$
c) $0,2134 < 0,2143 < 0,2314 < 0,2341 < 0,2413$
d) $0,040 \leq 0,04 < 0,044 < 0,4 < 0,404 < 0,444$
e) $0,003 < 0,030 \leq 0,03 < 0,033 < 0,303 < 0,333$

7 a) $\frac{2}{5} < \frac{1}{2} < 0,55 < 0,6 < 0,7 < \frac{3}{4}$
b) $\frac{9}{10} < 0,95 < 0,98 < \frac{99}{100} < \frac{999}{1000}$
c) $1 < 1,001 < 1,01 < 1\frac{1}{10} < 1,11 \leq 1\frac{11}{100}$
d) $2\frac{2}{5} \leq 2,4 < 2,45 < 2\frac{1}{2} < 2\frac{3}{4} < 2\frac{7}{8}$

8 0,33; 0,17; 0,14; 0,13; 0,11; 0,09; 0,08

9 a) $\frac{3}{5} < \frac{2}{3} < \frac{7}{10} < \frac{34}{50}$
b) $\frac{19}{6} < \frac{54}{17} < \frac{33}{10} < \frac{10}{3}$
c) $\frac{15}{11} < \frac{18}{13} < 1\frac{2}{5} < 1\frac{3}{7}$

10 0,75; 0,6; 0,5; $0,\overline{428571}$; 0,375; $0,\overline{3}$; 0,3; $0,\overline{27}$

11
a) 2,3 2,31 2,32 2,33 2,34 2,35 2,36 2,37 2,38 2,39 2,4 2,41
b) 0,44 0,45 0,46 0,47 0,48 0,49 0,5 0,51 0,52 0,53 0,54 0,55
c) 1 1,02 1,04 1,06 1,08 1,1 1,12 1,14 1,16 1,18 1,2

12 a) A: 5,63; B: 5,69; C: 5,72
b) A: 0,352; B: 0,356; C: 0,361
c) A: 0,96; B: 1,02; C: 1,14

Randspalte
Fußballstar: $5\,000\,000\,€ - 4\,999\,000\,€ = 1000\,€$
Er erhält 1000 € weniger Gehalt.

Wer gehört zusammen?
$\frac{33}{100} = 0,33$; $\frac{66}{100} = 0,66$; $\frac{3}{10} = 0,3$; $\frac{30}{10} = 3,0$; $\frac{6}{100} = 0,06$

Seite 91

13 a) 4,5 4,9 5,3
b) 3,9 4,4 4,9
c) 12,2 12,55 12,9
d) 18,4 18,75 19,1
e) 0,36 0,375 0,39
f) 0,15 0,175 0,2
g) 1,005 1,015 1,01
h) 3,002 3,005 3,0035

14 a) $0,33\,m^2 < 34\,dm^2 < 3405\,cm^2$
b) $469\,m^2 < 46,8\,a < 0,47\,ha$
c) $303,3\,a < 0,3\,km^2 < 30,3\,ha$

15 a) $1,0\,m^3$ b) $201\,dm^3$ c) $3,03\,hl = 0,303\,m^3$

16 a) $100 : 3 = 33,33\,€$. Jeder erhält 33,33 €.
Problem: 1 ct bleibt übrig.
$200 : 3 = 66,67\,€$. Jeder würde 66,67 € bekommen.
Problem: $3 \cdot 66,67\,€ = 200,01\,€$, es fehlt 1 ct zum Verteilen.
b) $400\,kg : 24\,kg = 16,\overline{6}$
Wenn man mit der normalen Rundungsregel rechnen würde, dann hätte man 17 Säcke. Es sind tatsächlich aber nur 16 Säcke à 24 kg und 1 Sack mit 16 kg Kartoffeln.
c) $5\,m : 3 \approx 1,67\,m$. $1,67\,m + 1,67\,m + 1,67\,m = 5,01\,m$. Die Unterteilung ist zu ungenau, da die Addition der Teilstrecken zu einer Strecke von 5,01 m führt.

17 $\frac{1}{4} = 0,25 = 25\%$ $\frac{3}{8} = 0,375 = 37,5\%$
$\frac{3}{10} = 0,3 = 30\%$ $\frac{2}{5} = 0,40 = 40\%$

18 a) $\frac{3}{7} = 0,\overline{428571}$; $\frac{2}{7} = 0,\overline{285714}$; $\frac{6}{7} = 0,\overline{857142}$;

$\frac{4}{7} = 0,\overline{571428}$; $\frac{5}{7} = 0,\overline{714285}$; $\frac{1}{7} = 0,\overline{142857}$

Die Periodenziffern tauchen in gleichbleibender Reihenfolge auf, aber die Anfangsziffer der Periode ist bei den Brüchen unterschiedlich.

b) $\frac{1}{9} = 0,\overline{1}$; $\frac{2}{9} = 2 \cdot \frac{1}{9} = 2 \cdot 0,\overline{1} = 0,\overline{2}$;

$\frac{3}{9} = 3 \cdot \frac{1}{9} = 3 \cdot 0,\overline{1} = 0,\overline{3}$; $\frac{4}{9} = 4 \cdot \frac{1}{9} = 4 \cdot 0,\overline{1} = 0,\overline{4}$; ...

19 mögliche Lösungen:

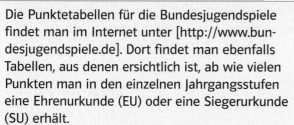

Post	1,43 km
Rathaus	1,92 km
Schwimmbad	2,45 km
Feuerwehr	2,78 km
Kraftwerk	2,95 km
Zoo	3,48 km
Hafen	3,75 km

Entfernung zum Bahnhof in km

20 $\frac{1}{11} = 0,\overline{09}$; $\frac{1}{111} = 0,\overline{009}$; $\frac{1}{1111} = 0,\overline{0009}$

nein! $\frac{1}{11111} = 0,\overline{00009}$; $\frac{1}{111111} = 0,\overline{000009}$

Durch das Anhängen einer 1 an den Nenner wird bei der Periode an den Anfang der Periode eine 0 hinzugefügt.

Seite 92

Bundesjugendspiele

Die Punktetabellen für die Bundesjugendspiele findet man im Internet unter [http://www.bundesjugendspiele.de]. Dort findet man ebenfalls Tabellen, aus denen ersichtlich ist, ab wie vielen Punkten man in den einzelnen Jahrgangsstufen eine Ehrenurkunde (EU) oder eine Siegerurkunde (SU) erhält.

▪ individuelle Lösungen; man könnte eine neue Tabelle erstellen, bei der nur die besten Ergebnisse jeder Schülerin aufgelistet werden:

Name (Alter)	50-m-Lauf	Weitsprung	Ballweitwurf
Barbara (12)	9,3	2,93	24,0
Christa (11)	7,9	3,05	27,5
Daniela (12)	8,2	2,65	19,0
Gabi (13)	8,6	2,77	25,0
Hatice (12)	7,6	3,01	17,5
Kerstin (11)	7,9	2,97	24,0
Nadine (13)	8,9	2,69	19,0
Stefanie (12)	8,2	2,73	19,5
Sinje (11)	7,8	2,65	19,0
Vivien (12)	8,8	2,69	22,5

▪ Rangliste 50-m-Lauf

Name (Alter)	50-m-Lauf	Name (Alter)	50-m-Lauf
Hatice (12)	7,6	Stefanie (12)	8,2
Sinje (11)	7,8	Gabi (13)	8,6
Christa (11)	7,9	Vivien (12)	8,8
Kerstin (11)	7,9	Nadine (13)	8,9
Daniela (12)	8,2	Barbara (12)	9,3

Diagramm 50-m-Lauf

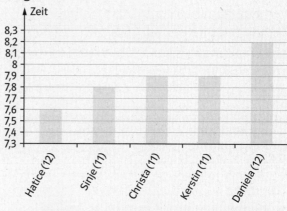

▪ Rangliste Weitsprung

Name (Alter)	Weitsprung	Name (Alter)	Weitsprung
Christa (11)	3,05	Stefanie (12)	2,73
Hatice (12)	3,01	Nadine (13)	2,69
Kerstin (11)	2,97	Vivien (12)	2,69
Barbara (12)	2,93	Daniela (12)	2,65
Gabi (13)	2,77	Sinje (11)	2,65

Diagramm Weitsprung

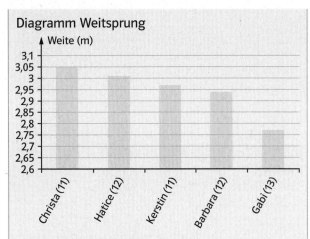

Rangliste Ballweitwurf

Name (Alter)	Ballwurf	Name (Alter)	Ballwurf
Christa (11)	27,5	Stefanie (12)	19,5
Gabi (13)	25,0	Daniela (12)	19,0
Barbara (12)	24,0	Nadine (13)	19,0
Kerstin (11)	24,0	Sinje (11)	19,0
Vivien (12)	22,5	Hatice (12)	17,5

Diagramm Ballweitwurf

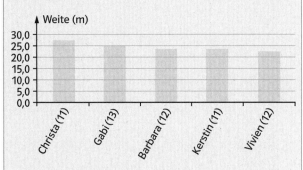

- Es ist schwierig, alle drei Disziplinen in einem Diagramm darzustellen, da völlig unterschiedliche Ergebnisse erzielt wurden (Weite und Zeit). Am besten kann man alle drei Disziplinen vergleichen, wenn man die Punktetabellen zur Auswertung mit einbezieht (siehe folgende Teilaufgabe).

Rangliste Dreikampf

Name (Alter)	Punktzahl	Name (Alter)	Punktzahl
Christa (11)	1058	Stefanie (12)	885
Kerstin (11)	1008	Barbara (12)	867
Hatice (12)	968	Daniela (12)	867
Gabi (13)	918	Vivien (12)	858
Sinje (12)	912	Nadine (13)	805

Diagramm Dreikampf

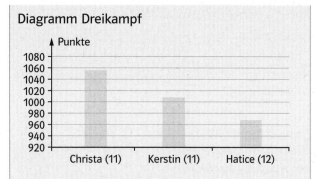

- Rangliste Dreikampf

Name (Alter)	50-m-Lauf	Punkte	Weitsprung	Punkte	Ball	Punkte	Gesamt	Urkunde
Christa (11)	7,9	377	3,05	313	27,5	368	1058	EU
Kerstin (11)	7,9	377	2,97	302	24,0	329	1008	EU
Hatice (12)	7,6	413	3,01	308	17,5	247	968	SU
Gabi (13)	8,6	304	2,77	274	25,0	340	918	SU
Sinje (11)	7,8	389	2,65	256	19,0	267	912	EU
Stefanie (12)	8,2	344	2,73	268	19,5	273	885	SU
Barbara (12)	9,3	241	2,93	297	24,0	329	867	SU
Daniela (12)	8,2	344	2,65	256	19,0	267	867	SU
Vivien (12)	8,8	285	2,69	262	22,5	311	858	SU
Nadine (13)	8,9	276	2,69	262	19,0	267	805	TU*

* Teilnehmerurkunde

- Hatice (12) hat 968 Punkte erreicht. Für eine Ehrenurkunde bräuchte sie 975 Punkte, d.h. es fehlen ihr 7 Punkte. Dafür hätte Hatice 8 cm weiter springen müssen. Nadine (13) hat 805 Punkte erreicht. Für eine Siegerurkunde bräuchte sie 825 Punkte, d.h. es fehlen ihr 20 Punkte. Dafür hätte Nadine 2 m weiter werfen müssen. Vivien (12) hat im Dreikampf 858 Punkte erreicht. Das sind 27 Punkte weniger als Stefanie. Um besser zu sein als Stefanie, hätte Vivien die Strecke von 50 Metern in 8,5 Sekunden laufen müssen.

5 Rechnen mit Dezimalbrüchen

Auftaktseite: Ab ins Schullandheim

Seiten 94 bis 95

Party-Abend
Überschlagsrechnung:
4 kg Äpfel: $4 \cdot 2{,}- € = 8{,}- €$
5 Packungen Salzstangen: $5 \cdot 1{,}- € = 5{,}- €$
8 Packungen Chips: $8 \cdot 1{,}50 € = 12{,}- €$
1 Kiste Limonade: $1 \cdot 5{,}- € = 5{,}- €$
1 Kiste Cola: $1 \cdot 8{,}50 € = 8{,}50 €$
Gesamt: $8 € + 5 € + 12 € + 5 € + 8{,}50 € = 38{,}50 €$
Antwort: Die vorgestreckten 40,– € von der Klassenlehrerin reichen, da die Einkäufe insgesamt 38,50 € kosten. Eine Überschlagsrechnung reicht also aus, denn die Werte wurden alle gerundet.

Ausflug in die Schweiz
$20 € = 30\,\text{SFr}$
$\frac{2}{3} € = 1\,\text{SFr}; \frac{2}{3} € \approx 0{,}67 €$
Fahrt mit der Seilbahn: $16\,\text{SFr} = 10{,}67 €$
Schokolade: $4\,\text{SFr} = 2{,}67 €$

Spiel- und Sportfest
individuelle Lösungen

1 Addieren und Subtrahieren

Seite 96

Einstiegsaufgabe

	nach Boden und Balken	gesamter Wettkampf
Britta	15,8	31
Pia	16,3	31,8
Simone	16,0	32,4

→ Pia liegt mit 16,3 Punkten in Führung. Sie gewinnt den gesamten Wettkampf aber nicht.
→ Simone ist Siegerin mit 32,4 Punkten. Sie hat 0,6 Punkte Vorsprung auf die Zweitplatzierte und 1,4 Punkte Vorsprung auf die Drittplatzierte.

Seite 97

1 a) 7,9
c) 3,4
e) 0,83
g) 0,34
b) 25,9
d) 28,3
f) 1,99
h) 4,77

2 a) 7,899
c) 6,652
e) 1,678
b) 70,011
d) 3,331
f) 0,3087

3 a) 5,0176
c) 28,031
e) 0,0612
b) 4,7815
d) 41,193
f) 2,0179

4 a) $7{,}2 + 2{,}4 = 9{,}6$
c) $4{,}01 + 0{,}09 = 4{,}1$
e) $4{,}45 - 3{,}2 = 1{,}25$
b) $0{,}5 + 0{,}4 = 0{,}9$
d) $5{,}8 - 0{,}9 = 4{,}9$
f) $0{,}03 - 0{,}01 = 0{,}02$

5 a) $76{,}5 - 0{,}4 = 76{,}1$
c) $56{,}4 - 0{,}7 = 55{,}7$
b) $45{,}6 - 0{,}7 = 44{,}9$

6 a) $0{,}4 + 0{,}8 = 1{,}2$
b) $99{,}6 + 10{,}4 = 110{,}0$
c) $44 + 4{,}04 = 48{,}04$
d) $15{,}43 - 4{,}32 - 2{,}31 = 8{,}80$
e) $1{,}1 + 11{,}1 + 111{,}1 + 0{,}1 = 123{,}4$
f) $100 - 54{,}9 - 43{,}44 = 1{,}66$
g) $989 - 89{,}8 - 0{,}987 = 898{,}213$

7 Lösungswort: FLAMINGO

8 individuelle Lösungen

9 a) 13,6974
c) 0,03
b) 123,321
d) 5,003

10 a) $3 + 3 + 3 + 3 + 3 = 15$
b) $15 + 30 + 70 + 35 + 17{,}7 = 167{,}7$
c) $1 + 3{,}5 + 6{,}5 = 11$
d) $0{,}9 + 1{,}99 + 4{,}01 = 6{,}9$

11 $2{,}4 + 0{,}5 + 1{,}9 = 4{,}8$
$13{,}43 - 6{,}72 + 3{,}89 = 10{,}6$
$20{,}05 - 0{,}57 - 11{,}98 = 7{,}5$
$4{,}7 - 3{,}2 + 3{,}1 = 4{,}6$
$17{,}07 + 8{,}16 - 16{,}73 = 8{,}5$
$5{,}91 - 0{,}83 + 7{,}42 = 12{,}5$

Randspalte
$0{,}80 € + 4{,}75 € + 13{,}- € + 24{,}- € + 0{,}90 € + 8{,}60 € = 52{,}05 €$
Das Geld reicht nicht.

Seite 98

12 a)

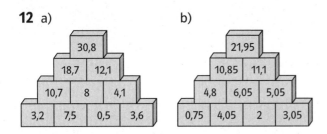

b)

13
Bei den Teilaufgaben a), b), d) und e) handelt es sich um mögliche Lösungen.

a)
$$\begin{array}{r} 9,62 \\ +7,30 \\ \hline 16,92 \end{array}$$

b)
$$\begin{array}{r} 0,37 \\ +2,69 \\ \scriptstyle 1\ 1 \\ \hline 3,06 \end{array}$$

c)
$$\begin{array}{r} 7,39 \\ +2,06 \\ \scriptstyle 1 \\ \hline 9,45 \end{array}$$

d)
$$\begin{array}{r} -3,06 \\ -2,97 \\ \scriptstyle 1\ 1 \\ \hline -0,09 \end{array}$$

e)
$$\begin{array}{r} -9,76 \\ -0,23 \\ \hline -9,53 \end{array}$$

f)
$$\begin{array}{r} -9,72 \\ -3,60 \\ \hline -6,12 \end{array}$$

14

0,6	1,3	0,6
0,7	0,9	1,1
1,2	0,5	1,0

magische Zahl: 2,4
Es gibt weitere Lösungen mit anderen magischen Zahlen.

2,4	8,4	9	0,6
5,4	4,2	3,6	7,2
3,0	6,6	6,0	4,8
9,6	1,2	1,8	7,8

magische Zahl: 20,4

15 a) 8,7 + 5,6 + 4,3 + 1,2 = 19,8
b) 8,7 − 5,6 − 4,3 + 1,2 = 0

16 a) Die Zahlen wurden für die schriftliche Addition falsch untereinander geschrieben.
b) Die Zahlen wurden für die schriftliche Addition falsch untereinander geschrieben.
c) Beim 1. Schritt der schriftlichen Subtraktion wurde falsch gerechnet: 7 − 3 = 4. Richtig wäre aber 7 − 0 = 7 (mit Übertrag).
d) Die Zahlen wurden für die schriftliche Subtraktion falsch untereinander geschrieben.

17
a)

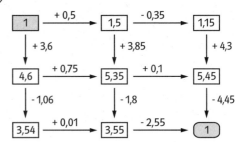

b)

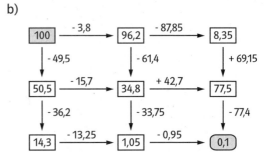

18 a) 24,222
b) 5,943
c) 39,916
d) 179,919
24,222 + 5,943 + 39,916 + 179,919 = 250

19
a)
$$\begin{array}{r} 2,45 \\ +4,37 \\ \scriptstyle 1 \\ \hline 6,82 \end{array}$$

b)
$$\begin{array}{r} 12,05 \\ -10,96 \\ \scriptstyle 1\ 1 \\ \hline 1,09 \end{array}$$

c)
$$\begin{array}{r} 6,327 \\ -5,849 \\ \scriptstyle 1\ 1\ 1 \\ \hline 0,478 \end{array}$$

20 a) 0,52
b) 46,13
c) 0,15
d) 1,3
e) 13,29
f) 0

21 a) 12,8 + 14,9 − 19,5 = 8,2
b) 40,6 − (9,8 + 0,8) = 30
c) (6,38 − 3,86) + (9,62 + 1,35) = 13,49
d) 12,98 − (6,3 − 4,7) = 11,38

Seite 99

Zeitmessung bei großen Sportereignissen

- Der 1. Platz geht an Kim Collins.
Der 2. Platz ist nicht eindeutig zu ermitteln, da drei der Sportler 10,08 s gelaufen sind.
- 0,15 s
- Darren Campbell hat mit 0,112 s am schnellsten reagiert, er hat aber mit 10,08 s nicht gewonnen.
Die Aussage trifft also zu.
Die beste Reaktionszeit liegt bei 0,112 s, die schlechteste bei 0,164 s. Die Reaktionszeiten unterscheiden sich um 0,052 s.
- 10,07 + 10,08 + 10,08 + 10,08 = 42,47
Die Weltrekordzeit wird nicht übertroffen. Dies liegt daran, dass es bei der Staffel einen „fliegenden Wechsel" gibt, bei dem Zeit gewonnen wird.

-

Name	nach 1. Lauf	Rang nach dem Lauf	nach 2. Lauf	Rang nach dem Lauf	nach 3. Lauf	Rang nach dem Lauf	nach 4. Lauf	Rang nach dem Lauf
A. Neuner	43,68	5.	87,12	5.	130,72	5.	174,15	4.
B. Niedernhuber	43,34	2.	86,47	2.	129,68	2.	172,77	2.
B. Wilczak	43,50	4.	86,98	4.	130,4	4.	174,24	5.
L. Ludan	43,80	6.	87,42	6.	130,98	6.	174,49	6.
S. Kraushaar	43,29	1.	86,51	3.	129,7	3.	172,85	3.
S. Otto	43,35	3.	86,42	1.	129,36	1.	172,45	1.

Gold: S. Otto; Silber: B. Niedernhuber;
Bronze: S. Kraushaar
- Die Siegerin war um 0,32 Sekunden schneller.
- Zeitabstand zwischen den sechs Rodlerinnen im
1. Lauf: 43,80 s – 43,29 s = 0,51 s
2. Lauf: 43,62 s – 43,07 s = 0,55 s
3. Lauf: 43,60 s – 42,94 s = 0,66 s
4. Lauf: 43,84 s – 43,09 s = 0,75 s
Im 4. Lauf war der Zeitabstand zwischen den sechs Rodlerinnen am größten, im 1. Lauf am kleinsten.

-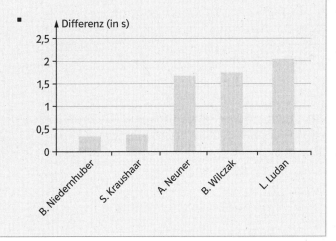

2 Multiplizieren und Dividieren mit Zehnerpotenzen

Seite 100

→ Der Elefant wurde 100-mal verkleinert.
→ Das Pantoffeltierchen wurde 10 000-fach vergrößert und der Elefant wurde 100-fach verkleinert.

1

a) 39
128
492

b) 43,7
188,8
340,5

c) 74
630
50

d) 185
1850
18,5

e) 42,5
42,5
0,425

f) 12
1210
1212

2

a) 1,36
1,366
0,013 66

b) 0,42
0,4212
0,004 21

c) 0,0004
0,0404
0,004

3

a)

ZT	T	H	Z	E	z	h	t	zt	ht	
			1	2,3	4					$1{,}234 \cdot 10$
		1	2	3,4						$1{,}234 \cdot 100$
	1	2	3	4,						$1{,}234 \cdot 1000$
1	2	3	4	0,						$1{,}234 \cdot 10\,000$

b)

				0,4	5					$0{,}045 \cdot 10$
				4,5						$0{,}045 \cdot 100$
			4	5,0						$0{,}045 \cdot 1000$
		4	5	0,0						$0{,}045 \cdot 10\,000$

c)

		1	2,3	4						$123{,}4 : 10$
		1,	2	3	4					$123{,}4 : 100$
		0,	1	2	3	4				$123{,}4 : 1000$
		0,	0	1	2	3	4			$123{,}4 : 10\,000$

d)

T	H	Z	E	z	h	t	zt	ht	Mio.	ZM	
			0,1	2	3	4					$1{,}234 : 10$
			0,0	1	2	3	4				$1{,}234 : 100$
			0,0	0	1	2	3	4			$1{,}234 : 1000$
			0,0	0	0	1	2	3	4		$1{,}234 : 10\,000$

4 a) $2{,}485 \xleftarrow{:10} 24{,}85 \xrightarrow{\cdot 10} 248{,}5$

Beim Dividieren durch 10 verschiebt sich das Komma um eine Stelle nach links. Beim Multiplizieren mit 10 um eine Stelle nach rechts.

b) $4{,}172 \xleftarrow{:100} 417{,}2 \xrightarrow{\cdot 100} 41720$

Beim Dividieren durch 100 verschiebt sich das Komma um zwei Stellen nach links. Beim Multiplizieren mit 100 um zwei Stellen nach rechts.

c) $0{,}000\,529 \xleftarrow{:1000} 0{,}529 \xrightarrow{\cdot 1000} 529$

Beim Dividieren duch 1000 verschiebt sich das Komma um drei Stellen nach links. Beim Multiplizieren mit 1000 um drei Stellen nach rechts.

Seite 101

5 a) $0{,}31 \cdot 10\,000 = 3100$
b) $1736{,}2 : 100\,000 = 0{,}017\,362$
c) $22{,}83 \cdot 1 = 22{,}83$
d) $0{,}0439 \cdot 10\,000 = 439$

6 a) $6{,}83 \xrightarrow{:10} 0{,}683$ b) $1{,}41 \xrightarrow{\cdot 1000} 1410$
c) $0{,}362 \xrightarrow{:100} 0{,}003\,62$ d) $0{,}07 \xrightarrow{\cdot 100} 7$
e) $111{,}1 \xrightarrow{:1000} 0{,}1111$ f) $0{,}039 \xrightarrow{\cdot 1000} 39$

7 a) $1\,m^2 = 1 \cdot 100\,dm^2 = 100\,dm^2$
b) $1\,cm^3 = 1:1000\,l = 0{,}001\,l$
c) $1\,kg = 1 \cdot 1000\,g = 1000\,g$
d) $1\,a = 1 \cdot 10\,000\,dm^2 = 10\,000\,dm^2$
e) $1\,mm^3 = 1:1000\,ml = 0{,}001\,ml$
f) $1\,km = 1 \cdot 100\,000\,cm = 100\,000\,cm$

8 a) $760\,m^2 = 7{,}6\,a$
b) $1\,280\,000\,mg = 1280\,g = 1{,}28\,kg$
c) $53\,600\,cm^3 = 53{,}6\,dm^3$
d) $3\,684\,000\,l = 3684\,m^3$
e) $0{,}000\,005\,63\,m^3 = 5{,}63\,cm^3$
f) $0{,}001\,234\,ha = 12{,}34\,m^2$

9 a) 0,6835 b) 56,12
$\downarrow \cdot 100$ $\downarrow :100$
68,35   0,5612
$\downarrow \cdot 1000$ $\downarrow :10$
68350   0,056\,12

c) 1,382 d) 4,38
$\downarrow \cdot 100$ $\downarrow \cdot 10$
138,2   43,8
$\downarrow :10$ $\downarrow :1000$
13,82   0,0438

10 a) 5,2 Millionen
b) 2\,340\,000
c) 230\,000\,000\,000
d) 3,45 Millionen = 0,003\,45 Milliarden

11 a) Dicke: $0{,}0108\,cm = 0{,}108\,mm$
Gewicht: $0{,}005\,65\,kg = 5{,}65\,g = 5650\,mg$
b) individuelle Lösungen

12 a) Gewicht eines ausgewachsenen Baumes: $4\,700\,000\,000\,mg = 4700\,kg$
b) $7\,500\,000\,mm = 7500\,m = 7{,}5\,km$
c) $200\,000\,000\,cm^3 = 200\ m^3$
Das Wasser reicht sogar für einen Swimmingpool.
d) $15\,000\,dm^2 = 150\,m^2$

13 a) 12,5 cm auf der Karte entsprechen beim Maßstab 1:1000 12\,500 cm (= 125 m). 12,5 cm auf der Karte entsprechen beim Maßstab 1:100\,000 1\,250\,000 cm (= 12,5 km).
b) Bei $1:10\,000 : 0{,}04\,m = 4\,cm$
Bei $1:100\,000 : 0{,}004\,m = 4\,mm$
Bei $1:1\,000\,000 : 0{,}0004 = 0{,}4\,mm$
c) Maßstab 1:100\,000

Randspalte
0,045
$\downarrow \cdot 10$
0,45
$\downarrow \cdot 10$
4,5
$\downarrow \cdot 10$
45
$\downarrow \cdot 10$
450
...

0,45 − 0,045 = 0,405
4,5 − 0,45 = 4,05
45 − 4,5 = 40,5
450 − 45 = 405

Das erste Ergebnis ist 0,405. Die folgenden Ergebnisse erhält man, indem man das Komma jeweils um eine Stelle nach rechts verschiebt. Man macht bei anderen Ausgangszahlen die gleiche Beobachtung.

3 Multiplizieren

Seite 102

Einstiegsaufgabe
→ 575 US-Dollar
→ 87 Euro
→ individuelle Lösungen

1 a) 5,6　　b) 7,2　　c) 2
d) 13,5　　e) 0,51　　f) 10
g) 9　　h) 0,56　　i) 2,4

2
a) 2　　b) 270　　c) 1,21
　 2　　　270　　　0,121
　 2　　　 27　　　0,0121

Seite 103

3 a) 8,5　　b) 24,48
c) 22,14　　d) 61,44
e) 18,6　　f) 68,5
g) 8,694　　h) 0,2184

4 Lösungswort: KROATIEN

5 a) 195,02　　b) 0,342
c) 1505,856　　d) 14,9468
e) 3,5196　　f) 574,585
g) 2,9044　　h) 9666,595 56

6 a) 9,6　　b) 9
c) 7,2　　d) 2,1
e) 135

7 a) 229,188　　b) 0,022 918 8
c) 229,188　　d) 0,022 918 8
e) 229,188　　f) 22 918,8
g) 229,188　　h) 22,9188

8

1. Faktor		2. Faktor	Ergebnis
8,3	·	2,5	20,75
70,4	·	0,56	39,424
0,23	·	0,079	0,01817
0,076	·	6,2	4,712
12,25	·	0,35	4,2875

9 a) 70·0,4 = 28;
Fehler: Das Komma wurde falsch gesetzt.
b) 0,1·0,1 = 0,01; Fehler: Es wurde bei der Rechnung getrennt zwischen „vor" und „nach" dem Komma: 0·0 = 0 und 1·1 = 1, also 0,1.
c) 0,06·11,1 = 0,666;
Fehler: Kommafehler und Rechenfehler
d) 4·0,08 = 0,32; Fehler: Es wurde addiert:
4 + 0,08.
e) 4·2,3 = 9,2;
Fehler: Siehe b): 4·2 = 8 und 4·3 = 12, also 8,12
f) 3,2·2,4 = 7,68; Fehler: Siehe b): 3·2 und 2·4, also 6,8

10
825·0,24 = 198　　　0,54·184 = 99,36
43,8·11,5 = 503,7　　37,5·6,2 =232,5
77,5·6,4 = 496　　　120·0,84 = 100,8

11 a) 3,1·5,0 = 15,5　　b) 0,3·1,5 = 0,45
c) 3,1·0,5 = 1,55　　d) 3,0·1,5 = 4,5

12

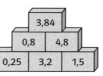
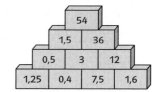

13

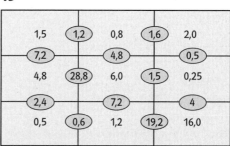

14 a) 4,3　　b) 400　　c) 2
d) 7,5　　e) 1

Seite 104

15 a) 5,4 m2 b) 15,5 m²

16 31,2 m · 25,0 m − 19,8 m · 8,4 m = 613,68 m²
21,6 m · 28,5 m = 615,6 m²
Der rechte Bauplatz ist größer und deshalb bei gleichem Quadratmeterpreis auch teurer.

17 Küche: A = 21 m²; Mietpreis: 136,50 €
Bad: A = 10 m²; Mietpreis: 65 €
Flur: A = 20,25 m²; Mietpreis: 131,63 €
Kind 1: A = 20 m²; Mietpreis: 130 €
Kind 2: A = 16 m²; Mietpreis: 104 €
Eltern: A = 16 m²; Mietpreis: 104 €
Wohnen: A = 28 m²; Mietpreis: 182 €
Wohnung: A = 131,25 m²; Mietpreis: 853,13 €

18 Gesamte Fläche: 2 · (Länge · Höhe)
+ 2 · (Breite · Höhe) + 1 · (Länge · Breite)
= 2 · (4,85 m · 2,45 m) + 2 · (4,20 m · 2,45 m)
+ 4,85 m · 4,20 m = 23,765 m² + 20,58 m² + 20,37 m²
= 64,715 m².
Benötigte Farbe: 64,715 · 0,25 l = 16,178 75 l.
Jana muss also zwei Eimer mit 10 Litern Inhalt kaufen. Dann bleibt aber noch Farbe übrig. Sie zahlt 59,90 Euro.
Könnte man 16,178 75 l Farbe kaufen, würde man 48,46 € zahlen (1 Liter kostet 2,995 €).

19 linker Quader: V = 50,96 m³
rechter Quader: V = 46,656 m³
Der linke Quader hat das größere Volumen.

20 individuelle Lösungen

21 a) V = 0,243 m³
Preis der Treppe: 0,243 · 90 € = 21,87 €.
b) V = 0,405 m³
Preis der Treppe: 0,405 · 90 € = 36,45 €.
c) V = 0,8505 m³
Preis der Treppe: 0,8505 · 90 € = 76,55 €.

22 a) Wassermenge: 130 m³
Preis für Wasser: 130 · 1,80 € = 234 €
b) Verlorene Wassermenge: 32,5 m³
Preis für Wasser: 32,5 · 1,80 € = 58,5 €
c) Angenommen, das Becken ist insgesamt 2 m hoch. Dann ergibt sich eine gefliste Fläche von 157,25 m².

Seite 105

Englische und amerikanische Maße

- 12 in = 1 ft
- 3 ft = 1 yd
- 16 oz = 1 lb
- 1 mi = 1,609 km; 1760 yd = 1,608 64 km
  1 Meile = 1760 yards stimmt.
- 1 barrel = 158,987 l
  10 foot = 3,048 m
  250 000 barrel = 39 746 750 l
  500 000 barrel = 79 493 500 l
  300 000 000 000 = 4 769 610 000 000 000 000 l

Route 66
2448 mi = 3938,832 km
Panamericana: 17 848 km
Die Panamericana ist ca. 4,5-mal länger als die Route 66.

Boeing 747-400
Länge: 231 ft. 10 in = 70,6628 m
Höhe: 63 ft 8 in = 19,4056 m
Spannweite: 211 ft 5 in = 64,4398 m
max. Abfluggewicht: 910 000 lb = 412,766 900 t
Reisegeschwindigkeit: 567 mph = 912,303 km/h
Flughöhe: 35 000 ft = 10,668 km
Tankkapazität: 63 500 ga = 288 544 l
Passagiere: 456 – 524
Reichweite: 8830 mi = 14 207,47 km

4 Dividieren

Seite 106

Einstiegsaufgabe
➔ 0,2 l Apfelsaft kosten 0,16 €
0,2 l Orangensaft kosten 0,18 €
Ein Glas mit 0,2 Liter Inhalt muss 0,70 € kosten.

Seite 107

1

a)	1,58	b)	0,3	c)	0,9	d)	4,32
	21,85		0,6		0,7		3,33
	45,309		1,2		0,7		2,02
e)	50	f)	51	g)	4	h)	15
	50		51		3		50
	40		51		2		60

2

a)	20	b)	35	c)	8	d)	500
	30		320		61		30
	25		30		1100		200 000

3

a)	3,5	b)	3,61
	7,64		4,844
	9,72		8,422
	18,76		18,494

4   a) $6,5:0,5 = 13$ und $6,5 \cdot 2 = 13$
$9,03:0,5 = 18,06$ und $9,03 \cdot 2 = 18,06$
b) $3,1:0,25 = 12,4$ und $3,1 \cdot 4 = 12,4$
$0,21:0,25 = 0,84$ und $0,21 \cdot 4 = 0,84$
c) $13,4:0,2 = 67$ und $13,4 \cdot 5 = 67$
$4,3:0,2 = 21,5$ und $4,3 \cdot 5 = 21,5$
d) $0,64:0,1 = 6,4$ und $0,64 \cdot 10 = 6,4$
$6,9:0,1 = 69$ und $6,9 \cdot 10 = 69$
e) $54,1:0,05 = 1082$ und $54,1 \cdot 20 = 1082$
$0,56:0,01 = 56$ und $0,56 \cdot 100 = 56$
f) $4,23:0,02 = 211,5$ und $4,23 \cdot 50 = 211,5$
$3,4:0,025 = 136$ und $3,4 \cdot 40 = 136$

5

a)	$8,28:6 = 1,38$	b)	$2,97:11 = 0,27$
	$19,32:7 = 2,76$		$8,46:9 = 0,94$
	$12,84:4 = 3,21$		$2,34:13 = 0,18$
	$42,64:8 = 5,33$		$25,74:11 = 2,34$

6

a)	$16,52:7 = 2,36$	b)	$2,75:11 = 0,25$
	$49,92:8 = 6,24$		$13,23:12 = 1,1025$
	$22,32:9 = 2,48$		$4,68:13 = 0,36$

7   a) $8,48:4 = 2,12$ richtig!
$8,48:8 = 1,6$ falsch; denn $8,48:8 = 1,06$
Es wurde $8:8 = 1$ und $0,48:8 = 0,6$ gerechnet.
b) $0,48:0,12 = 4$ richtig!
$0,48:0,6 = 8$ falsch; denn $0,48:0,6 = 0,8$
Es wurde wahrscheinlich $4 \cdot 2 = 8$ gerechnet, da
fälschlicherweise vermutet wurde, dass
$0,12 = 2 \cdot 0,6$. Tatsächlich ist $0,12 = 0,2 \cdot 0,6$.

Randspalte
Ja, beim Dividieren durch einen Dezimalbruch, der
kleiner als 1 ist, wird das Ergebnis tatsächlich größer. (siehe Aufgabe 4)

:	0,2	0,4	0,8
4,8	24	12	6
7,6	38	19	9,5
10,8	54	27	13,5
15,5	77,5	38,75	19,375
36,3	181,5	90,75	45,375
49,5	247,5	123,75	61,875
99,9	499,5	249,75	124,875

Seite 108

8   a) $0,21:7 = 0,03$
Fehler: Es wurde hinter dem Komma $21:7 = 3$
gerechnet.
b) $6,06:6 = 1,01$
Fehler: Es wurde hinter dem Komma $6:6 = 1$ gerechnet.
c) $0,144:0,12 = 1,2$
Fehler: Es wurde $144:12 = 12$ gerechnet.
d) $3:0,6 = 5$
Fehler: Es wurde $0,6:3 = 0,2$ gerechnet.
e) $0,48:0,06 = 8$
Fehler: Es wurde hinter dem Komma
$48:6$ gerechnet.
f) $12,4:0,2 = 62$
Fehler: Es wurde $12,4:2 = 6,2$ gerechnet.

9

a)	5,0375	b)	0,27
	31,875		4,525
	56,3		6,7
c)	78,2	d)	0,0254
	89,4		0,1251
	$1,645\overline{714 28}$		0,1123
e)	0,0235	f)	$0,36\overline{81}$
	0,0568		$2,71\overline{3}$
	0,0258		$0,122\overline{6}$

10 a) $65,4:0,1 = 654$
b) $14,5:0,6 = 24,1\overline{6}$
c) $16,4:0,5 = 32,8$
d) Es gibt keine Lösung.
Begründung: Dividiert man eine Zahl durch einen
Divisor, der kleiner als 1 ist, ist das Ergebnis immer größer als der Dividend. Der kleinsmögliche
Dividend ist jedoch größer als 12,9 (nämlich 14,6).
Dürfte man das Komma beim Dividenden oder
beim Divisor verschieben, erhält man zwei mögliche
Lösungen: $5,16:0,4 = 12,9$ oder $51,6:4 = 12,9$
e) Es gibt keine Lösung.
Begründung: $\square\square,\square:0,\square = \square\square\square:\square$.
Eine dreistellige Zahl dividiert durch eine einstelli-
ge Zahl kann nie kleiner als eine zweistellige Zahl
werden.

11

a)

Dividend		Divisor	Ergebnis
12,4	:	4	3,1
39,5	:	5	7,9
98,4	:	8	12,3
54,72	:	12	4,56
11,835	:	15	0,789

b)

Dividend		Divisor	Ergebnis
10,7616	:	4,56	2,36
579,916	:	12,83	45,2
57,904	:	0,47	123,2
0,020 52	:	0,038	0,54
5033,7	:	0,765	6580

12

a) 2,6
   0,26
   0,026
   0,0026

b) 2,6
   0,26
   0,026
   0,0026

13

a) 256
   2,56
   25,6
   256

b) 42
   4,2
   42
   420

14

a) 2,7
   3,64
   5,3

b) 34,6
   23,7
   45,3

c) 2,56
   5,68
   3,47

d) 25
   65
   210

e) 56,5
   0,58
   0,56

f) 66,6
   54,3
   44,4

15 $39,42 : 0,09 = 438$
$5,334 : 2,1 = 2,54$
$10,428 : 1,2 = 8,69$
$14,085 : 1,5 = 9,39$

16 $10 € : 0,2 = 50 €$
$2 \cdot 10 € = 20 €$
Tina möchte sicher lieber den 0,2-ten Teil von 10 €.
0,1-ten Teil der Hausaufgaben entspricht dem
10-fachen der Hausaufgaben.
$0,01 : 0,1 = 0,1$
$0,1 : 0,01 = 10$
Tina hat Unrecht, denn $0,1 : 0,01$ ist mehr.

Erstaunliche Abmessungen im Sport

- Breite: 7,32 m ≈ 8 yd
Höhe: 2,44 m ≈ 2,67 yd
$\frac{Breite}{Höhe} ≈ 3\,yd$
16,5 m ≈ 18 yd
5,5 m ≈ 6 yd
11 m ≈ 12 yd
9,15 m ≈ 10 yd
40,32 m ≈ 44 yd
45 m bis 90 m: etwa 49,2 yd bis 98,4 yd
90 m bis 120 m: etwa 98,4 yd bis 131,2 yd
- 1,06 m ≈ 1,2 yd
0,915 m ≈ 1 yd
23,77 m ≈ 26 yd
10,97 m ≈ 12 yd
6,40 m ≈ 7 yd
8,23 m ≈ 9 yd
1,37 m ≈ 1,5 yd

Tischtennis
Länge der Platte: 2,74 m ≈ 3 yd
Netz: 15,25 cm ≈ 0,17 yd ≈ $\frac{1}{6}$ yd
Gesamthöhe: 1 yd; Höhe des Tisches: $\frac{5}{6}$ yd;
Breite der Platte: $2 \cdot \frac{5}{6}$ yd = $\frac{10}{6}$ yd

- Yard : Foot = 3 m
Foot : Inch = 12 m

5 Verbindung der Rechenarten

Einstiegsaufgabe
→ Überschlagsrechnung:
3 € + 15 € + 8 € + 5 € = 31 €
oder genauer:
3 € + 15 € + 8 € + 5 € − 4 · 0,01 € = 30,96 €.

1 a) 0,5   b) 9,5   c) 10
d) 5   e) 5   f) 9,3

2 a) 2,04   b) 16,6307   c) 3,12
d) 9,9991   e) 28,33   f) 5,94

3 a) 45,66   b) 325,252   c) 37,54
d) 0   e) 7,77

4 a) 83,65   b) 6,45   c) 2,7
d) 3,5   e) 43,2   f) 10,5

Seite 111

5 a) 4,8 + 3,3 · 1,6 = 10,08
b) 27 − 4,3 · 5,1 = 5,07
c) 2,3 · 1,4 + 0,52 · 18 = 12,58
d) 0,9 · 17 − 1,5 · 3,6 = 9,9

6 a) (3,2 + 4,7) · 2,5 = 19,75
b) 4,2 · (10,6 − 6,8) = 15,96
c) (0,5 + 3,6) · (4,2 + 0,8) = 20,5
d) 2,5 · (4,2 − 2,4) − 1,8 = 2,7

7 a) 18,36   b) 43,12   c) 5,84   d) 34,12

8 a) 1   b) 8   c) 25
d) 6   e) 20   f) 2,3

9 a) 17,4 − 3,9 + 4,6 = 18,1
b) 29,8 − (9,3 + 0,35) = 20,15
c) (14,9 − 8,45) · 12,4 = 79,98
d) 15,2 : 0,1 − 2,5 · (12,8 + 7,2) = 102
e) (8,5 + 4,4) · (8,5 − 4,4) = 52,89

10 12 Farbstifte: 15 €
15 Hefte: 12,75 €
Sie zahlt mit einem 50-Euro-Schein:
50 € − (15 € + 12,75 €) = 22,25 €
8 Brötchen: 3,60 €
Brot: 2,30 €
22,25 € − (3,60 € + 2,30 €) = 16,35 €
Sie kauft Zeitschriften für 4,80 €:
16,35 € − 4,80 € = 11,55 €.
Nach ihren Einkäufen hat Yvonne noch 11,55 € übrig
Oder:
50 € − (15 € + 12,75 € + 3,60 € + 2,30 € + 4,80 €)
= 50 € − 38,45 € = 11,55 €

11 a) 0,5 $\xrightarrow{+10}$ 10,5 $\xrightarrow{-10}$ 0,5 $\xrightarrow{:10}$ 0,05 $\xrightarrow{·10}$ 0,5
Um als Ergebnis wieder 0,5 zu erhalten, muss man
die Rechenoperationen „+" und „−" und die Rechenoperationen „·" und „:" hintereinander einsetzen,
da „−" die Umkehroperation zu „+" ist und „·" die
Umkehroperation zu „:" ist. Es gibt mehrere Möglichkeiten.
b) 0,5 $\xrightarrow{+10}$ 10,5 $\xrightarrow{·10}$ 105 $\xrightarrow{-10}$ 95 $\xrightarrow{:10}$ 9,5
Man darf die Rechenoperationen + und − und die
Rechenoperationen · und : nicht hintereinander
einsetzen.
c) (0,5 + 10 − 10) : 10 · 10 = 0,5 oder
((0,5 + 10) · 10 − 10) : 10 = 9,5

12 a) Ein Becher Fruchtjogurt und ein Becher
Naturjogurt kosten zusammen 1,38 €. Damit ergibt
sich (15 € : 1,38 € = 10,87 €), dass Paul von jeder
Sorte 10 Becher kaufen kann.
Er bezahlt: 10 · 0,79 € + 10 · 0,59 € = 13,8 €
b) Zwei Becher Fruchtjogurt und ein Becher Naturjogurt kosten zusammen 2,17 €. Damit ergibt sich
(15 € : 2,17 € = 6,91 €), dass Paul 12 Fruchtjogurts
und 6 Naturjogurts kaufen kann.
Er bezahlt: 12 · 0,79 € + 6 · 0,59 € = 13,02 €

13 Gesamte Kosten: 480 € + 76,40 € = 556,40 €
Welcher Betrag muss auf die Schüler aufgeteilt
werden? 556,40 € − 136,50 € = 419,90 €
Jeder Schüler muss noch bezahlen:
419,90 € : 26 = 16,15 €.

14 4 · 12,50 € + 5 · 6,50 € = 82,50 €
Sie bezahlen insgesamt 82,50 €.

Seite 112

	Skispringen				
	Name	Land	Haltungs-note	Weiten-note	Gesamt-punktzahl
1.	Sigurd Pettersen	NOR	57,5	83,4	140,9
2.	Thomas Morgenstern	AUT	57	82,5	139,5
3.	Georg Späth	GER	56,5	76,2	132,7
4.	Michael Uhrmann	GER	55,5	75,3	130,8
5.	Martin Höllwarth	AUT	55,5	71,7	127,2
6.	Janne Ahonen	FIN	55,5	66,3	121,8
7.	Sven Hannawald	GER	54	66,3	120,3

• Weitennote:
60 Punkte + 42,3 Punkte = 102,3 Punkte
Haltungsnote:
17 Punkte + 2 · 17,5 Punkte = 52 Punkte

• Gesamtpunktzahl:
102,3 Punkte + 52 Punkte = 154,3 Punkte

• Weitennote: 68,1 Punkte
Haltungsnote: 54,5 Punkte
Gesamtpunktzahl 2. Durchgang: 122,6 Punkte
Gesamtpunktzahl 1. + 2. Durchgang:
242,9 Punkte
Pettersen: Gesamtpunktzahl 1. + 2. Durchgang:
295,2 Punkte
S. Hannawald hatte am Ende einen Rückstand
von 52,3 Punkten auf den Tagessieger S. Petter-
sen.

• 2. Durchgang: Weitennote: 83,4 Punkte
Haltungsnote 2. Durchgang = 269,1 Punkte
– 127,2 Punkte – 83,4 Punkte = 58,5 Punkte.

Üben • Anwenden • Nachdenken

Seite 114

1 a) 8,723   b) 3,643   c) 65,28
d) 15,4   e) 3,395   f) 14

2 a) 4,5 + 2,2 = 6,7   b) 12,9 − 8,2 = 4,7
c) 1,64 + 0,4 = 2,04   d) 0,66 = 1,26 − 0,6
e) 2,4 · 3 = 7,2   f) 30 · 3,7 = 111
g) 12,6 : 0,5 = 25,2   h) 0,3 : 0,2 = 1,5

3 a) 5,22   b) 4,23   c) 38,89
d) 0,48   e) 38,89   f) 4,80

4 a) 4,26 · 30,6 = 130,356
b) 82,4 · 9,25 = 762,2
c) 0,011745 : 0,015 = 0,783
d) 2,233 : 3,08 = 0,725

5 a) 5,55 + 4,44 = 9,99 ≈ 10,0
5,55 − 4,44 = 1,11 ≈ 1,1
b) 0,999 + 0,888 = 1,887 ≈ 1,9
0,999 − 0,888 = 0,111 ≈ 0,1
c) $\frac{1}{8}$ + 0,0625 = 0,1875 ≈ 0,2
$\frac{1}{8}$ − 0,0625 = 0,0625 ≈ 0,1
d) $\frac{1}{3}$ + $\frac{33}{100}$ = 0,66$\overline{3}$ ≈ 0,7
$\frac{1}{3}$ − $\frac{33}{100}$ = 0,00$\overline{3}$ ≈ 0,0

6 a) 5,65   b) 0,15
c) $\frac{2}{3}$ = 0,$\overline{6}$ d) 0,1

7

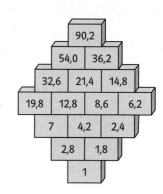

8 a) 5,8 : 0,3 = 19,$\overline{3}$
b) 1,5 − 1,2 = 0,3
c) 36 Rechenausdrücke

9

a) $\begin{array}{r} 49,32 \\ +28,45 \\ \underline{1} \\ 77,77 \end{array}$ b) $\begin{array}{r} 27,96 \\ -19,08 \\ \underline{1\ \ 1} \\ 8,88 \end{array}$ c) $\begin{array}{r} 35,63 \\ +\ \ 1,85 \\ +518,07 \\ \underline{11\ 1} \\ 555,55 \end{array}$ d) $\begin{array}{r} 18,825 \\ -\ 6,821 \\ -\ 0,893 \\ \underline{1\ 1} \\ 11,111 \end{array}$

10 Lösungswort: FERIEN

11 a) 6,2 · 3,4 + 2,5 = 23,58
b) 0,35 · 9,4 − 2,8 = 0,49
c) 12,4 : 0,8 + 3,4 = 18,9
d) 29,4 − 6,8 : 0,25 = 2,2

Seite 115

12 a) 98,3 · 0,406 = 39,9098
b) 98,3 · 40,6 = 3990,98
c) 399,098 : 4,06 = 98,3
d) 0,399 098 : 0,000 983 = 406

13 a) 2,1   b) 5,32   c) 67,62
d) 2,6   e) 8,1   f) 5

14 a) 9,24   b) 3
c) 3,88   d) 3,5

15 a) 88,44   b) 70,35   c) 3   d) 0,94
e) 2,7   f) 1   g) 6   h) 0

16 a) 4,9 · 9,4 + 49 = 95,06
b) 16,8 − 0,75 · 5,2 = 12,9
c) 5 · 5,3 + 3 · 3,5 = 37
d) 11,1 − 0,11 + 2 · 4,7 = 20,39
e) (3,8 + 4,3) · 6,5 = 52,65

17 a) 0,2   b) 1,5   c) 13,8
d) 3   e) 1,5

18 a) Ja, wenn beide Dezimalbrüche kleiner als 1 sind,
Beispiel: $0,5 \cdot 0,5 = 0,25$; $0,25 < 0,5$
b) Ja, wenn der Divisor kleiner als 1 ist.
Beispiel: $0,25 : 0,1 = 2,5$; $2,5 > 0,25$
c) Mit 1,25, denn $1,25 \cdot 0,8 = 1$

19

Neue Reihenfolge	Weite : Körperlänge
1. Fritz Floh	193,33
2. Helga Heuschrecke	32,5
3. Willi Waldmaus	8,44
4. Klara Känguru	6,80
5. Harald Hirsch	4,50
6. Leo Löwe	2,59

20 a) ①: 18,3 km
②: 26,9 km
③: 18,8 km
Der Rundweg ② ist der längste.
b) Es gibt für beide Wanderungen verschiedene Möglichkeiten, je nachdem, ob man zwischen A und C bzw. zwischen D und B die äußeren „Schleifen" wählt oder nicht. Die folgende Lösung geht je von den kürzesten Verbindungen aus. A nach B über C: 10,5 km
A nach B über D: 13 km
Die kürzeste Wanderung von A nach B über D ist 2,5 km länger als die kürzeste Wanderung von A nach B über C.
c) Mögliche Lösung: Von A nach D, dann nach B, anschließend nach C und zurück nach A:
4,9 km + 2,9 km + 8,5 km + 7,4 km + 3,3 km + 3,2 km = 30,2 km.

Messgeräte

Strom
- März: 218,9 kWh
April: 397,9 kWh
397,9 kWh – 218,9 kWh = 179 kWh
Im April wurden 179 kWh mehr verbraucht als im März.
- 9798,1 kWh
- Verbrauch: 1054,5 kWh
Verbrauchskosten: 126,54 €
- ungefährer monatlicher Verbrauch:
1054,5 kWh : 3 = 351,5 kWh
Am 1.6. zeigt der Zählerstand 9798,1 kWh an.
Bis zum 31.12. bleiben noch 7 Monate, in denen Strom verbraucht wird. Das sind $7 \cdot 351,5$ kWh = 2460,5 kWh Stromverbrauch. Der Zählerstand am 31.12. könnte also 9798,1 kWh + 2460,5 kWh = 12258,6 kWh betragen.

Wasser
- Zählerstand Wasseruhr:
427,5108 m³ = 427510,8 l
Zählerstand Wasseruhr: 348,4257 m³ = 348425,7 l
Differenz: 79,0851 m³ = 79085,1 l
- Anzahl der Tage: 79085,1 : 150 = 527 Tage
Das sind ca. Monate: 527 : 30 ≈ 17,5 Monate
Der Zählerstand wurde Mitte Juni im darauffolgenden Jahr notiert.
- mehrere Gründe möglich:
- Familie Walter besteht aus fünf Personen, Familie Peters aus drei Personen.
- Familie Walter geht verschwenderisch mit Wasser um, Familie Peters dagegen achtet auf sparsamen Wasserverbrauch.
- Familie Walter hat einen sehr großen Garten, für den sie zum Bewässern der Pflanzen sehr viel Wasser braucht.
- …
- individuelle Lösungen
Beispiel: Familie Peters ist für drei Wochen im August zu Besuch bei Familie Walter. Deshalb verbraucht Familie Peters kaum Wasser im August. Familie Walter dagegen mehr, da mehr Personen Wasser verbrauchen.

6 Körper

Auftaktseite: Schöner als ein Quader!

Lösungen

1 Prisma

Einstiegsaufgabe

→ Das Schnittmuster ergibt ein Prisma.
→ Man kann die Körper an den verschiedenen Flächen (Quadrat, zwei Rechtecke, zwei Dreiecke) aneinanderlegen und erhält einen Quader oder ein Prisma (zwei Möglichkeiten).
→ individuelle Lösungen in Partnerarbeit

1 Beschreibung der Prismen von oben nach unten.
Grundfläche: gleichschenkliges Dreieck
Grundfläche: gleichseitiges Dreieck
Grundfläche: Sechseck
Grundfläche: Dreieck, bzw. Fünfeck
Grundfläche: Trapez
Weitere Möglichkeiten: ungespitzte eckige Bleistifte, Verpackungen von Süßigkeiten

2 a) ja   b) nein   c) ja   d) nein

3 bis 5 individuelle Lösungen

6

	Ecken	Kanten	Flächen
a)	6	9	5
b)	8	12	6
c)	12	18	8

7 a)

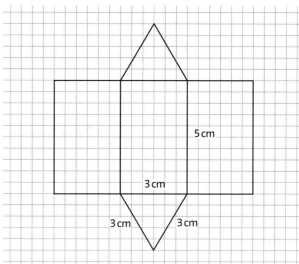

b)

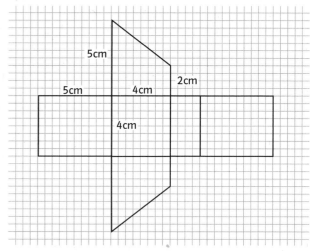

8 a)

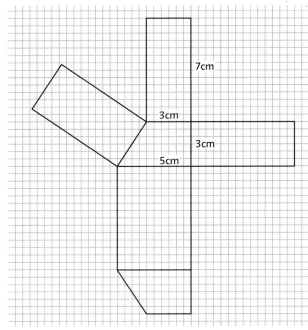

b)

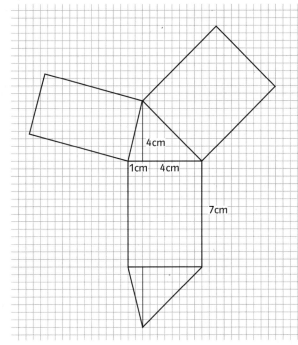

c)

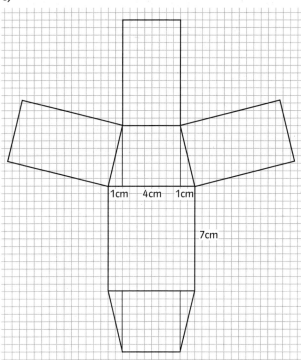

9 Prisma 1: 9; 6; 1; 4; 8
Prisma 2: 5; 2; 3; 10; 7

10 a) kein Prisma:
Grund- und Deckfläche haben nicht die gleiche
Größe. Deshalb besteht der Mantel nicht aus Recht-
ecken, sondern aus Trapezen.
b) Prisma:
Grund- und Deckfläche sind in der Abbildung die
Seitenflächen rechts und links.
c) kein Prisma:
Es gibt in dem Körper keine gegenüberliegenden
Flächen, die von gleicher Form und Größe sind.

11
a) Kanten: AR – RQ   Ecken: QAK
            NO – NM   CE
            CD – DE   BFJ
            HG – HI   OM
            PO – ML   PL
            PQ – LK   GI
            FG – IJ
            BC – EF
            AB – KJ
b) Kanten: LM – MN   Ecken: LN
            HG – HI   AK
            CD – FG   DF
            AN – LK   CGI
            AB – KJ   JB
            BC – IJ
            DE – EF

c) Kanten: RS – ST   Ecken: RT
RQ – UT   UGQ
CD – CB   PH
NM – ML   NL
ON – LK   OKI
KJ – JI   BD
QP – GH   EA
PO – IH   FV
UV – FG
VA – EF
AB – DE

2 Pyramide

Seite 123

Einstiegsaufgabe

➔ individuelle Lösungen

➔ Ist der Radius des inneren Kreises im Verhältnis zum Radius des äußeren Kreises groß, wird der Körper flach. Ist der Radius des inneren Kreises im Verhältnis zum Radius des äußeren Kreises klein, wird der Körper spitz. Sind beide Kreisradien groß, erhält man Körper mit mehr, sind beide Kreisradien sehr klein, erhält man Körper mit weniger Fläche.

1 und **2** individuelle Lösungen

Seite 124

3 a) Die fehlende Höhe der Seitenflächen beträgt 13,3 cm (Lösung über Anwendung des Zirkels).
b) individuelle Lösungen

4 a) Fläche ① und ④ stoßen aneinander und bilden den Mantel der Pyramide.
b) Fläche ④ stößt an die Grundfläche und an Fläche ①; Fläche ② stößt an die Grundfläche und an Fläche ③.

5 a) Das Dreieck rechts oben hat keine Verbindung zur Grundfläche.
b) Die Grundfläche fehlt.
c) Die vier Dreiecke des Mantels treffen sich nicht in einer Spitze. Dazu müssten ihre Seitenkanten die gleiche Länge haben.
d) Die Dreiecke des Mantels haben eine zu geringe Höhe und treffen sich deshalb nicht in einer Spitze.

6 Lösung über die mehrfache Anwendung des Zirkels, siehe Grafik des Schülerbuches

7

	Ecken	Kanten	Flächen
a) Dreieck	4	6	4
b) Viereck	5	8	5
c) Fünfeck	6	10	6
d) Sechseck	7	12	7
e) Zehneck	11	20	11
f) Hunderteck	101	200	101

8
a) Kanten: AH – FE   Ecken: FH
HG – GF   BD
BC – CD   AE
AB – DE
b) Kanten: AJ – HG   Ecken: DF
IJ – IH   GCA
DE – EF   IH
CD – FG
AB – BC

Randspalte
Die Hölzchen müssen zu einer Dreieckspyramide aufgestellt werden.

3 Schrägbilder

Seite 125

Einstiegsaufgabe
➔ individuelle Lösungen (siehe Abbildung im Schülerbuch)
➔ •

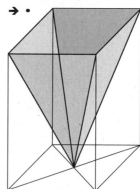
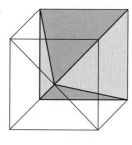
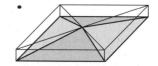

Seite 126

1 a)

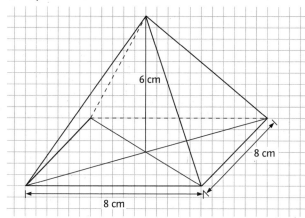

b)

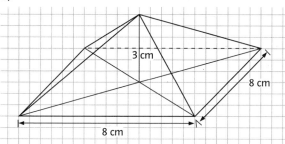

c)

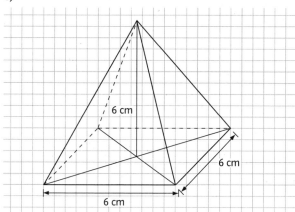

d)

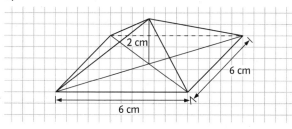

2 a)

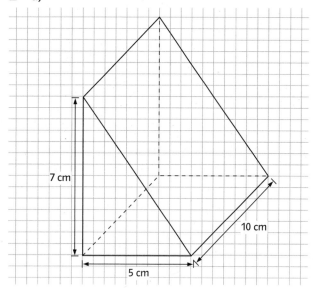

b)

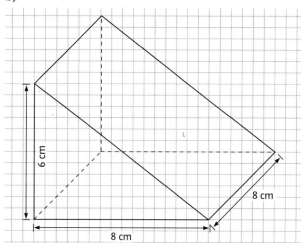

c)

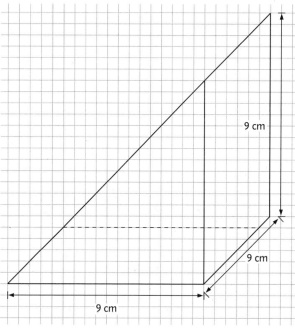

3 a)

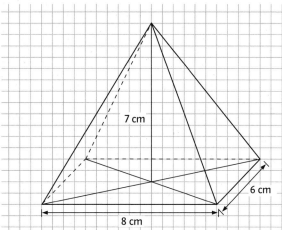

b)

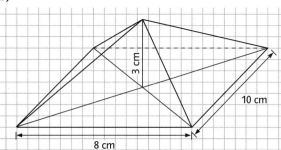

c)

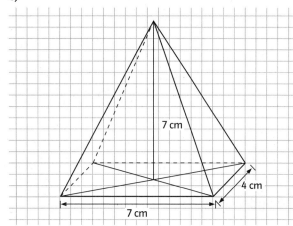

4 a)

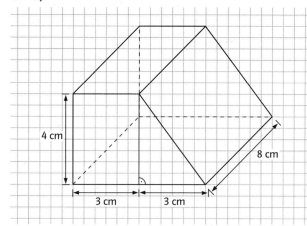

b)

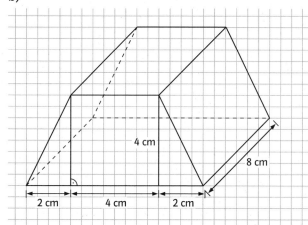

5 a)

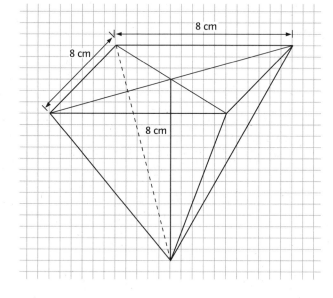

b)

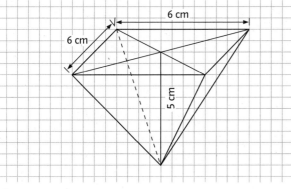

c)

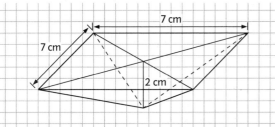

6

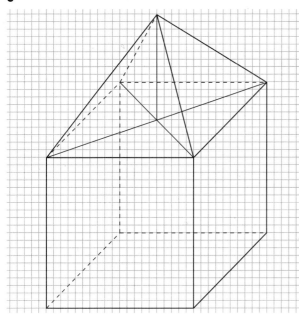

7 a)

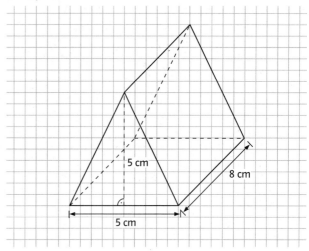

b)

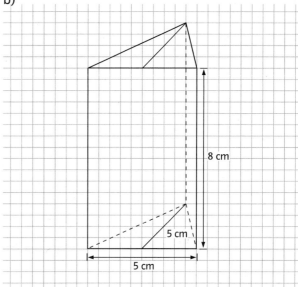

8 und **9**
vgl. Abbildung im Schülerbuch

4 Zylinder. Kegel. Kugel

Einstiegsaufgabe
→ Ein Kegel entsteht aus einem Kreis und einem Kreisausschnitt
→ Mit sehr breiten Streifen funktioniert das Herstellen einer Kugel nicht so gut.

1 beispielhafte Lösung:
Zylinder: Konservendose, Haarspray
Kegel: Hütchen im Straßenbau oder in der Sporthalle, Schultüte
Kugel: Murmel

2 Ein Zylinder kann auf einer ebenen Unterlage fest stehen, wenn man ihn auf einen der Kreise stellt. Legt man den Zylinder auf die Mantelfläche, dann rollt er geradeaus.

Ein Kegel kann auf einer ebenen Unterlage fest stehen, wenn man ihn auf die kreisförmige Grundfläche stellt. Legt man den Kegel auf die Mantelfläche, rollt er im Kreis. Dabei liegt die Kegelspitze im Mittelpunkt des Kreises, der Kegelmantel überstreicht eine Kreisfläche.

Eine Kugel kann man auf einer ebenen Unterlage in alle Richtungen rollen, es gibt keine Position, in der die Kugel „stabil" steht.

3 Das Papier um die Kugel schlägt Falten.
Die Orangenschale kann nicht flach auf dem Tisch liegen, da sie um eine Kugel „gewickelt" war. Versucht man, die Orangenschale flach zu drücken, bekommt sie Risse.

4 Wenn man die Kugeln „auf Lücke" legt, passen die meisten Tischtennisbälle in den Karton.

Seite 128

5 höchster Kegel: 4
niedrigster Kegel: 3

6 ein Kegel
zwei Kegel, die mit der Grundfläche aufeinander stehen
zwei Kegel, die mit der Spitze aufeinander stehen
ein „Kegelstumpf"; d.h. ein Kegel, von dem oben ein kleinerer Kegel abgeschnitten wurde
eine Halbkugel
eine Halbkugel mit aufgesetztem Kegel

7 Der rote Streifen verläuft spiralförmig über den entstehenden Zylindermantel.

8 Beim Aufrollen entsteht eine Linie, an der man den entstehenden Kegel durchschneiden könnte. Wenn man den Kreisausschnitt zu weit aufrollt, überschneiden sich Anfang und Ende der Linie. Dann erhält man an der Kegelspitze ein Gebiet, das man abtrennen kann.

9 a) und c)

10 Es entsteht jeweils ein Zylindermantel eines schiefen Zylinders.

Randspalte
Rechteckige Plakate kann man nur auf Plakatsäulen kleben, nicht auf Plakatkugeln (vergleiche Schülerbuchseite 127, Aufgabe 3).

Üben • Anwenden • Nachdenken

Seite 130

1 a)

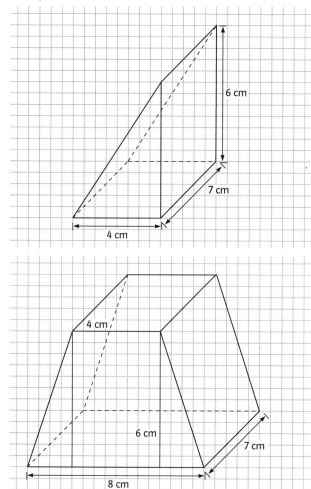

b)

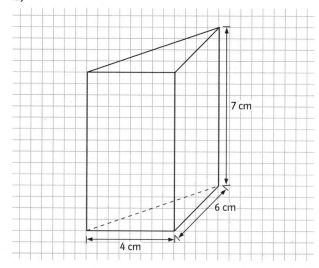

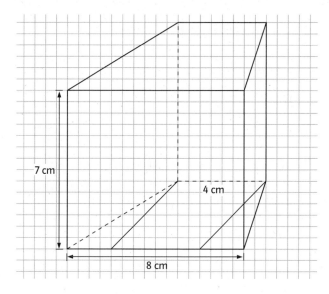

2 a)

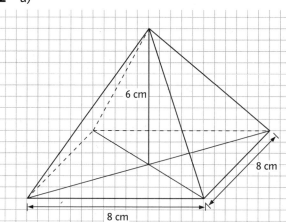

b)

c)

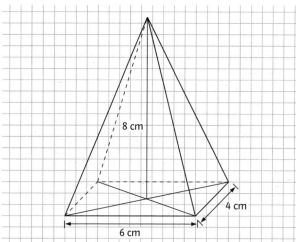

3 Die Rechtecke A, C, E sind möglich, die Rechtecke B und D sind unmöglich, denn das fehlende Rechteck muss an der Kante eines Rechtecks oder Dreiecks liegen, das an die fehlende Fläche angrenzt.

4 a) Lässt sich nicht zum Prisma falten, da das Rechteck rechts außen zu schmal ist.
b) Lässt sich zu einem Körper, aber nicht zu einem Prisma falten, da die Grundflächen nicht von gleicher Größe und Form sind.
c) Lässt sich nicht zum Prisma falten, da die beiden oberen Rechtecke die gleiche Länge haben müssten.
d) Lässt sich zum Prisma falten.

5 a) Kein Pryamidennetz; die Grundseite der obenliegenden Dreiecke ist zu kurz und eines der Dreiecke grenzt an die falsche Seite.
b) Pyramidennetz
c) Kein Pryamidennetz; das Dreieck rechts unten ist verkehrt herum angeordnet.
d) Pyramidennetz
e) Kein Pryamidennetz; das Dreieck rechts unten hat keine Verbindung zur Grundfläche.
f) Pyramidennetz; das ist einfach zu erkennen, wenn man sich das zweite Dreieck von unten als Grundfläche vorstellt.

Seite 131

6 Tür: Rechteck ①
Dachgaube: Dachfläche ①
Fahne: Fenster ④
Fledermaus: Fenster ②
Die Fledermaus hat die Form eines quadratischen Pyramidennetzes.
Zeltbahnen: ⑪ und ⑫ (Abfolge der Farben beachten)

7 Die möglichen Positionen sind durch die grauen Dreiecke dargestellt.

a)   b)

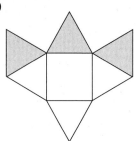

8

	Ecken	Kanten	Flächen
a) Dreieck	6	9	5
b) Viereck	8	12	6
c) Sechseck	12	18	8
d) Zwanzigeck	40	60	22
e) 100-Eck	200	300	102
f) 1000-Eck	2000	3000	1002

9

		Ecken	Kanten	Flächen
a)	ganzes Prisma	12	18	8
	abgeschnittenes Prisma	6	9	5
	Restprisma	10	15	7
b)	ganzes Prisma	12	18	8
	abgeschnittenes Prisma	6	9	5
	Restprisma	14	21	9
c)	ganzes Prisma	12	18	8
	abgeschnittenes Prisma	6	9	5
	Restprisma	12	18	8

10 Der Körper ist eine Pyramide, deren Spitze nicht über der Mitte der Grundfläche sitzt, sondern nach links hinten verschoben ist. Die Pyramide sieht wie eine „schiefe" Pyramide aus.

Seite 132

Viele Pyramiden

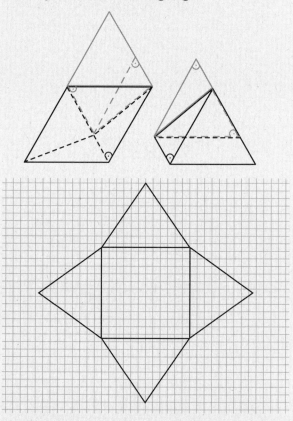

- Individuelle Bastelarbeit
- Zwei Teile lassen sich jeweils zu einer „halben" Pyramide zusammensetzen. Diese beiden identischen Hälften werden dann wie folgt zu einer Pyramide zusammengelegt.

- Die Pyramiden werden so wie in der Abbildung im Schülerbuch zusammengeklebt.
- Bastelarbeit
- Wenn man den Pyramidensechsling um den Würfel herumlegt, erhält man einen einigermaßen regelmäßigen Körper, der aus 12 Rauten besteht.

Diese Rauten bestehen aus zwei Dreiecken, die ursprünglich die Seitenflächen der Pyramiden waren.

■ Wickelt man den Pyramidensechsling anders herum zusammen, erhält man einen Würfel. Die Grundflächen der ursprünglichen Pyramiden sind nun die Seitenflächen des entstandenen Würfels.

■ Die drei Körper lassen sich zu einem Würfel zusammenlegen.

7 Terme. Variablen. Gleichungen

Auftaktseite: Mit Buchstaben rechnen

Seiten 134 bis 135

Labyrinthe
Labyrinth 1: 60 o · 10 s · 20 o · 50 n · 20 w · 30 n · 40 w
· 20 s · 20 w · 50 s
Labyrinth 2: 20 n · 20 o · 10 n · 10 w · 30 n · 20 o · 10 s
· 20 o · 20 s · 30 o · 20 s · 40 w · 30 s · 20 w
· 20 n · 20 w

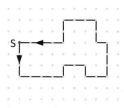

Streichholzketten

Anzahl der Quadrate	1	2	3	4	5	6	7	8	n
Anzahl der Streichhölzer	4	7	10	13	16	19	22	25	3n+1
Umfang der Gesamtfigur	4	6	8	10	12	14	16	18	2n+2

für 10 Quadrate: 31 Streichhölzer
Umfang: 22 Streichhölzer
für 100 Quadrate: 301 Streichhölzer
Umfang: 202 Streichhölzer
Mit 400 Streichhölzern könnte man 133 Quadrate aneinander legen.

1 Terme mit Variablen

Seite 136

Einstiegsaufgabe
→ Würfel: 12 · x
„Haus": 12 · x + 4 · y.
Doppeltetraeder: 9 · x
Doppelpyramide (Oktaeder): 12 · x
Würfel mit zwei aufgesetzten Pyramiden:
12 · x + 8 · y

1 a) Klaus zieht eine Karte und es ist nicht entscheidend, welche er zieht.
b) Diana hat es mehrfach versucht.
c) Es kamen mehrere Tausend Zuschauer.
Die exakte Anzahl oder der exakte Wert können nicht bestimmt werden oder sind nicht wichtig.

2 individuelle Lösungen, bei a) zum Beispiel „eine geheime Akte"

3 a) individuelle Lösungen
b) 9 + x und weitere Kombinationen
c) y · x und weitere Kombinationen

4 individuelle Lösungen

5 a) a entspricht der Länge einer Seite des Quadrates.
b) a, b und c sind die drei verschieden langen Seiten eines Dreiecks.
c) a ist die eine, b die andere Seite des Rechtecks.
d) a ist die Seitenlänge des Würfels.
e) a, b und c entsprechen der Höhe, der Breite und der Länge des Quaders.
f) a gibt die Größe des Winkels an.
g) a ist der Zähler, b der Nenner des Bruchs.

Seite 137

6 Rechteck und Parallelogramm: 2 · a + 2 · b oder 2 · (a + b)
gleichseitiges Dreieck: x + x + x
gleichschenkliges Dreieck: a + a + b oder 2 · a + b
Hat die Basis die Länge 1, ist auch 2 x + 1 möglich.

7 a) x = 2
b) $y \in \left\{ \frac{1}{4}; \frac{2}{8}; \ldots \right\}$
c) z ∈ {1; 4; 9; 16; 25; ...}
d) w ∈ {1; 2; 4; 8; 16; 32}
e) s = 625
f) m = 68

8 a) 2 · x – 30 x: Gewicht
b) c : 4 c: der ganze Kuchen
c) b + 20 b: Höhe des Bungalows
d) 6 · a a: Zeit, die Sophie benötigt hat
e) t · 4 t: Tempo vorher
f) t – 3 t: Zeit, die der Brief benötigt hat
g) x : 2 – 1 x: Alter
h) 2 · y + 30 y: Vorjahrespreis

9 a) Addiert man dieselbe Variable a viermal, kann man a auch mit 4 multiplizieren.
b) Multipliziert man eine Variable x dreimal, entspricht dies der Variablen in der dritten Potenz.
c) Kommutativgesetz
d) Kommutativgesetz
e) Assoziativgesetz

10 a) x + 5 drückt das Alter von Timo aus, die Variable x steht für das Alter von Turan.

b) t·3 drückt die Größe von Britta aus, die Variable t steht für die Größe von Ina.

c) x – 5 drückt die Anzahl der Meerschweinchen aus, die Variable x steht für die Anzahl der Kaninchen.

d) 4·z drückt die Anzahl der Münzen aus, die Variable z steht für die Anzahl der Geldscheine.

e) 2·x + 8 entspricht dem Gewicht des Vaters, die Variable x steht für das Gewicht von Anna.

2 Berechnen von Termwerten

Seite 138

Einstiegsaufgabe

→ 1 Flugstunde: 74 Liter
  2 Flugstunden: 114 Liter
  3 Flugstunden: 154 Liter
→ Bei 50 Litern Verbrauch pro Stunde:
  1 Flugstunde: 91 Liter
  2 Flugstunden: 141 Liter
  3 Flugstunden: 191 Liter

1

x	1	4	8	0
a) Term: $6 \cdot x$	6	24	48	0
b) Term: $12 \cdot x$	12	48	96	0
c) Term: $\frac{1}{2} \cdot x$	0,5	2	4	0
d) Term: $1 \cdot x + 5$	6	9	13	5
e) Term: $x^2 + 1$	2	17	65	1
f) Term: $x + 3 \cdot x$	4	16	32	0
g) Term: $8 - x$	7	4	0	8
h) Term: $2 \cdot x - x$	1	4	8	0

2 a) Term: $q - 2$: 2; 3; 4; 8; 18
b) Term: $22 - a$: 18; 17; 16; 12; 2
c) Term: $t - 3,5$: 0,5; 1,5; 2,5; 6,5; 16,5
d) Term: $(35 - a) - 1$: 30; 29; 28; 24; 14
e) Term: $2 \cdot p - 8$: 0; 2; 4; 12; 32
f) Term: $100 - y - y$: 92; 90; 88; 80; 60

Seite 139

3

x	1	2	3	4	5	6	7	8	9	10
a) Term: $x + 2$	3	4	5	6	7	8	9	10	11	12
b) Term: $26 - x$	25	24	23	22	21	20	19	18	17	16
c) Term: $x \cdot (5 + x)$	6	14	24	36	50	66	84	104	126	150
d) Term: $x \cdot (5 + \frac{x}{2})$	5,5	12	19,5	28	37,5	48	59,5	72	85,5	100
e) Term: $\frac{1}{2}x + 2$	2,5	3	3,5	4	4,5	5	5,5	6	6,5	7
f) Term: $1,5 \cdot (x - 1)$	0	1,5	3	4,5	6	7,5	9	10,5	12	13,5

4 a) 8,5 b) 1
c) 2,25 d) 3

5 individuelle Lösungen

6 Der Term ergibt für jede Variable 1.
Der Term kann umgeformt werden in $3x - 3x + 1$, also 1. Es ist deshalb nicht entscheidend, welche Variable man einsetzt.

7

x	y	x·y
1	19	19
2	18	36
3	17	51
4	16	64
5	15	75
6	14	84
7	13	91
8	12	96
9	11	99
10	10	100

Man erhält nun Variablenpaare, deren Werte vertauscht sind. Den höchsten Wert erhält man für das Zahlenpaar (10; 10).

8

x	2	3	4	5
a) Term: $7 \cdot x - 2 \cdot (2 \cdot x + 1)$	4	7	10	13
b) Term: $2 \cdot x \cdot (x + 5)$	28	48	72	100
c) Term: $\frac{1}{2} \cdot x + x^2 + 2$	7	12,5	20	29,5
d) Term: $x : 2 + 5 \cdot x$	11	16,5	22	27,5

9

x	y	7·x	11·y	7·x + 11·y
1	1	7	11	18
2	1	14	11	25
2	2	14	22	36
3	2	21	22	43
2	3	14	33	47
3	3	21	33	54
4	3	28	33	61
4	4	28	44	72
4	5	28	55	83
5	4	35	44	79
6	4	42	44	86
7	4	49	44	93
8	4	56	44	100

Tabellenkalkulation I

Tag	Mo	Di	Mi	Do	Fr	Sa	So
Kinder	18	24	22	68	32	86	82
Erwachsene	32	38	42	24	42	92	78
Futter	11	18	16	32	24	36	42
Gesamt	148,5	189	194	256	226	502	461

3 Aufstellen von Termen

Seite 140

Einstiegsaufgabe

→ für das mittlere Paket gilt: $12 \cdot a + 10 \cdot b + 2 \cdot c$
für das rechte Paket gilt: $6 \cdot a + 6 \cdot b + 4 \cdot c$

1 a) $15 - 9$ b) $4 \cdot 17$ c) $34 - 11$
d) $85 : 17$ e) $7 + 2 \cdot 7$

2 a) $5 \cdot x$ b) $\frac{1}{2} \cdot x$ c) x^2
d) $x + 5$ e) $\frac{x}{8} - 1$

Seite 141

3 a) $5 \cdot x$ b) $y : 4$
c) $2 \cdot m + 3 \cdot n$ d) $12z : 3 = 4z$

4
a) $2 \cdot (x + 4)$ b) $2 \cdot (9 - a)$ c) $(x + 1) : 2$
d) $(z \cdot 5) : 2$ e) $(m - 15) : 3$ f) $(a \cdot b) : 5$

5 a) $(2 \cdot x + 3 \cdot x) \cdot 2 = 10 \cdot x$ b) $(3 \cdot x + 3 \cdot x) \cdot 2 = 12 \cdot x$
c) $(2,5 \cdot x + 4 \cdot x) \cdot 2 = 13 \cdot x$ d) $2 \cdot 1,5 \cdot x + 1 \cdot x = 4 \cdot x$

6 a) $x : 3 + 5 \cdot y$ b) $2 \cdot y \cdot (y - 10)$
c) $(x + 8) - y \cdot 6$ d) $x \cdot 10 + y : 3$

7 a) $4 \cdot x \cdot 4 + 3 \cdot x \cdot 5 = 31 \cdot x$
b) $3 \cdot x + 6 \cdot x + 9 \cdot x = 18 \cdot x$
c) $2 \cdot 2x + 2 \cdot 5 \cdot x + 4 \cdot x = 18 \cdot x$
d) $2 \cdot 9 \cdot x + 2 \cdot 7 \cdot x + 4 \cdot 5 \cdot x + 4 \cdot x = 56 \cdot x$

Variablen festlegen

- Tamara   x   oder   Tamara $y + 8$
  Matthias $x - 8$ Matthias y
- Hochhaus   x   oder   Hochhaus $y + 6$
  Nebengebäude $x - 6$ Nebengebäude y
- Temel   x   oder   Temel $(y - 2) : 2$
  Temels Mutter $2x + 2$ Temels Mutter y
- Preis jetzt   x   oder   Preis jetzt $x : 2 + 10$
  Preis vorher $(x - 10) \cdot 2$ Preis vorher x

Seite 142

8 a) $x : 2 + 3$ b) $x \cdot 5 + x$
c) $11 \cdot (x - 11)$ d) $4 \cdot x + 3 \cdot y$

9

x	2	4	8	16
a) $2 \cdot 4 \cdot x + 4 \cdot 4 \cdot x = 24 \cdot x$	48	96	192	384
b) $6 \cdot x + 6 \cdot 3 \cdot x = 24 \cdot x$	48	96	192	384
c) $2 \cdot 3 \cdot x + 3 \cdot 2 \cdot x = 12 \cdot x$	24	48	96	192
d) $2 \cdot 6 \cdot x + 5 \cdot 3 \cdot x = 27 \cdot x$	54	108	216	432

10 Bilde
a) die Summe des Fünffachen einer Zahl und 3.
b) die Differenz des 4. Teils einer Zahl und 10.
c) das Produkt aus 5 vermindert um eine Zahl und 2.
d) das Produkt aus einer Zahl und der Summe aus einer anderen Zahl und 10.
e) den Quotienten der Summe einer Zahl und 3 und 5.
f) die Differenz des Vierfachen einer Zahl und dem Zehnfachen einer anderen Zahl.
g) das Produkt aus der Differenz einer Zahl und 5 und der Summe einer anderen Zahl und 4.
h) den Quotienten aus der Summe einer Zahl und 10 und der Differenz aus 3 und einer anderen Zahl.
i) die Summe aus 3 und dem Produkt aus einer Zahl und einer um 5 vergrößerten anderen Zahl.
j) die Differenz aus 15 und dem Quotienten aus dem dritten Teil einer anderen Zahl und 4.

11
a) $350 \cdot x \cdot y$
b) individuelle Lösungen
c) Fragen:
– Wie viele gute Schrauben erhält man in Teilaufgabe b) tatsächlich? individuelle Lösungen
– Wie lautet ein Term, mit dessen Hilfe man den Ausschuss der produzierten Schrauben aus Teilaufgabe a) berechnen kann? $350 \cdot x \cdot y : 100$

Abrechnungen

- $9,85 + 0,19 \cdot x$
  Januar: 37,02 €
  Februar: 48,80 €
  März: 44,43 €
  April: 43,48 €
- $638 \cdot 12 + 10,89 \cdot x$ (in Cent)
  oder
  $6,38 \cdot 12 + 0,1089 \cdot x$ (in €)

■

Einheiten	Abrechnung in €
x	$12 \cdot 6{,}38 + (x \cdot 10{,}89) : 100$
300	109,23
310	110,32
320	111,41
330	112,50
340	113,59
350	114,68
360	115,76
370	116,85
380	117,94
390	119,03
400	120,12
410	121,21
420	122,30
430	123,39
440	124,48
450	125,57
460	126,65
470	127,74
480	128,83
490	129,921
500	131,01

Jahreskosten Stromverbrauch in €

4 Einfache Gleichungen

Seite 143

Einstiegsaufgabe

→ individuelle Lösungen, z.B.: Beim nächsten Wurf in die Mitte (50 Punkte) und beim letzten auf 9 Punkte.
→Frage: Wie waren die Punktzahlen der einzelnen Würfe? Renata hat im ersten Wurf 15, dann 17 und schließlich 19 Punkte erzielt, denn:

$$x + (x + 2) + (x + 4) = 51$$
$$3x + 6 = 51$$
$$x = 15$$

Seite 144

1 a) $a - 4 = 6$ b) $2 \cdot x - 4 = 6$ c) $3 \cdot y + y = 6$
d) $a + \frac{a}{2} = 6$ e) $n + 1 = 6$ f) $6 = 4 \cdot y$

2 a) 14   b) 72   c) 3
d) 72   e) 13   f) 144

3 a) $x = 17$ b) $x = 1$ c) $y = 41$
d) $y = 16$ e) $z = 13$ f) $z = 4$
g) $m = 45$ h) $m = 84$ i) $x = 15$
j) $x = 9$ k) $x = 2$ l) $x = 1$

Mit Gleichungen Probleme lösen

■

Jungen	Mädchen	Gesamtzahl	Term
y	y + 7	31	$y + (y + 7) = 31$

Es gibt 12 Jungen und 19 Mädchen.

■

Mädchen	Jungen	Gesamtzahl	Term
x	x + 9	29	$x + (x + 9) = 29$

In der Klasse sind 10 Mädchen und 19 Jungen.

■

kurzes Stück	langes Stück	insgesamt	Term
x	x + 14	58	$x + (x + 14) = 58$

Das kurze Stück ist 22 cm, das lange 36 cm lang.

■

Sonja	Katrin	Tore	Term
x	2x	27	$x + 2x = 27$

Sonja hat 9, Katrin 18 Tore geschossen.

4 $x \cdot 2 + 4 - 7 = 13$
Die Trikotnummer ist 8.

5 individuelle Lösungen

Randspalte
$a = 5$; $b = 7$; $c = 9$

Seite 145

6 a) = 6   b)

x	$15 \cdot x = 90$
0	$0 \neq 90$
1	$15 \neq 90$
2	$30 \neq 90$
3	$45 \neq 90$
4	$60 \neq 90$
5	$75 \neq 90$
6	$90 = 90$

$x = 6$

x	$3 \cdot x - 2 = 7$
1	$1 \neq 7$
2	$4 \neq 7$
3	$7 = 7$

$x = 3$

c)

x	$2 \cdot x + 2 = 18$
0	2 ≠ 18
2	6 ≠ 18
4	10 ≠ 18
6	14 ≠ 18
8	18 = 18

x = 8

d)

y	$88 + 8 \cdot y = 30 \cdot y$
0	88 ≠ 0
1	96 ≠ 30
2	104 ≠ 60
3	112 ≠ 90
4	120 = 120

x = 4

7 a) x = 4   b) x = 6   c) x = 8   d) x = 14
e) x = 2

8 a) x = 7   b) x = 9   c) x = 8   d) x = 9
e) x = 6   f) x = 10   g) x = 2   h) x = 7
i) x = 9   j) x = 6

9 Grundsätzlich führt man die entgegengesetzten Rechnungen von der letzten zur ersten hin aus. Umformungen bieten hier jedoch eine schnellere Lösung.
a) $(2 \cdot x + 3) \cdot 5 - 6 = x \cdot 10 + 9$
Man subtrahiert vom genannten Ergebnis 9 und dividiert durch 10 und erhält so das Ergebnis.
b) $(3 \cdot x) : 2 \cdot 3 : 9 = x : 2$
Man dividiert das genannte Ergebnis durch 2.

10 a) Moritz: x; Max: x + 6
x + x + 6 = 312, also ist Moritz 153 cm und Max 159 cm groß.
b) Bleistift: x; Füller: x + 10
x + x + 10 = 11, also kostet der Bleistift 50 Cent und der Füller 10,50 Euro.

Tabellenkalkulation II

	Wert des linken Terms	Wert des rechten Terms
a)	$7 \cdot x - 225$ Für x = 45 hat der Term den Wert 90.	$2 \cdot x$ Für x = 45 hat der Term den Wert 90.
b)	$110 + 9 \cdot x$ Für x = 104 hat der Term den Wert 1046.	$526 + 5 \cdot x$ Für x = 104 hat der Term den Wert 1046.
c)	$348 - 4 \cdot x$ Für x = 38 hat der Term den Wert 196.	$3 \cdot x + 82$ Für x = 38 hat der Term den Wert 196.

11 a) $9 \cdot 2 + 2 \cdot x = 56$ x = 19
b) $4 \cdot x = 56$ x = 14
c) $11 + 2 \cdot x = 56$ x = 22,5
d) $2 \cdot 6 + x + 4 \cdot x = 56$ x = 8,8

12 a) Ziegelstein: x $x = 1 + \frac{x}{2}$ x = 2;
der Ziegelstein wiegt 2 kg.
b) gesamter Fisch: x; Kopf: $\frac{x}{3}$; Schwanz: $\frac{x}{4}$
Mittelteil: $x - \frac{x}{3} - \frac{x}{4} = 1$ Der Fisch wiegt $\frac{12}{5}$ kg, also 2,4 kg.

Üben • Anwenden • Nachdenken

Seite 147

1 a) 12 + x   b) 30 – 18   c) 2x + 10
d) x + 1   e) x + 2x

2 a) Anzahl der Jungen: $\frac{3}{4}$ n
b) Alter der Mutter: $3 \cdot y$
c) Anzahl der Goldorfen: x;
Anzahl der Goldfische: x + 4
d) $4 \cdot h + 5 \cdot u = 6$

3 individuelle Lösungen

4 a) $8 \cdot x + 4y = D$
$8 \cdot 5,0 + 4 \cdot 7,5 = 70$ cm
b) $4 \cdot x + 4 \cdot y + 4 \cdot z = D$
$4 \cdot 7,5 + 4 \cdot 6,0 + 4 \cdot 5,0 = 74$ cm
c) $4 \cdot x + 2 \cdot y + 3 \cdot z = D$
$4 \cdot 5,0 + 2 \cdot 4,0 + 3 \cdot 6,0 = 46$ cm
d) $4 \cdot x + 4 \cdot y = D$
$4 \cdot 5,2 + 4 \cdot 7,8 = 52$ cm
e) $4 \cdot x + 4 \cdot y + 6 \cdot z = D$
$4 \cdot 5,5 + 4 \cdot 3,6 + 6 \cdot 4 = 60,4$ cm
f) $4 \cdot a + 8 \cdot b + 4 \cdot c + 12 \cdot d + 8 \cdot e = D$
$4 \cdot 5,0 + 8 \cdot 2,0 + 4 \cdot 3,0 + 12 \cdot 10,0 + 8 \cdot 1,0 = 176$ cm

5

x	0	2	7	12	18
x + 3	3	5	10	15	21
$4 \cdot x + 2$	2	10	30	50	74
$4 \cdot x - x = 3 \cdot x$	0	6	21	36	54

6 individuelle Lösungen
Es fällt auf, dass das Ergebnis der Ausgangszahl entspricht.

7 Bei drei aufeinander liegenden Würfeln sieht man 13 Quadratflächen.
a) 5; 9; 13; 17; 21; ...
b) x= Anzahl der Würfel
$4 \cdot x + 1$
c) $4 \cdot 100 + 1 = 401$

Seite 148

8 a) $6 \cdot 15 + 3 \cdot x = 144$ $x = 18\,\text{cm}$
b) $8 \cdot 10 + 4 \cdot x = 144$ $x = 16\,\text{cm}$
c) $4 \cdot 11 + 8 \cdot 5 + 5 \cdot x = 144$ $x = 12\,\text{cm}$

9 a) $x = 1$ b) $16 \cdot x = 144$ $x = 9$
c) $105 + x = 501$ $x = 396$ d) $x : 15 = 15$ $x = 225$

10 a) $x = 6$ b) $x = 5$ c) $x = 9$
d) $x = 10$ e) $x = 39$ f) $x = 1$
g) $x = 12$ h) $x = 2$

11
a) $5 \cdot x - 2 = 13$ $x = 3$
b) $6 \cdot x + 7 = 25$ $x = 3$
c) $2 \cdot (5 + 12) = x - 17$ $x = 51$
d) $((x - 5) \cdot 8 + 4) : x = 2$ $x = 6$
e) $5 \cdot x + 5 = 75 : 3$ $x = 4$
f) $7x - (3 + x) = 3$ $x = 1$

Rätsel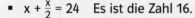

1 kg Pflaumen kostet dann 40 Cent.
- $x + \frac{x}{2} = 24$ Es ist die Zahl 16.
- $x : \frac{x}{2} = 2$ Man kann jede Zahl einsetzen.
- $2 \cdot x + 3 = 13$ Simon hat fünf Münzen.
- Stefanie ist an ihrem Geburtstag x Jahre alt.
Heute sind die beiden zusammen 26 Jahre alt.
Stefanie ist heute $x - 1$ Jahr alt, ihre Schwester
$0{,}5\,x$ Jahre.
$x - 1 + 0{,}5\,x = 26$
Stefanie wird 18 Jahre alt, ihre Schwester Saskia
ist 9 Jahre alt.
- $x + 3 - 0{,}5 = 2 \cdot x$ Er hatte 2,50 Euro.
- Lösung durch Probieren; zwei Lösungen:

1. Lösung:			2. Lösung		
6	+ 1	= 7	5	+ 3	= 8
+	+	+	+	+	+
1	+ 5	= 6	3	+ 2	= 5
7	+ 6	= 13	8	+ 5	= 13

8 Proportionale Zuordnungen

Auftaktseite: Sommerfest

Seiten 150 bis 151

Wettlaufen

Paula konnte ihr Tempo schon nach einem Viertel der Strecke steigern.

Anna erzählt: „Ich bin vom Start bis zum Ziel in einem Tempo gelaufen. Marie war von Anfang an schneller als ich. Paula war zunächst langsamer, überholte mich dann jedoch bei etwa $\frac{2}{3}$ der Strecke."

Marie erzählt: „Ich führte bis ins Ziel. Nach der Hälfte der Strecke wurde ich jedoch etwas langsamer. Nach $\frac{3}{4}$ der Strecke musste ich noch einmal Tempo herausnehmen. Kurz vor dem Zieleinlauf startete ich dann aber noch einmal durch und konnte meine Laufgeschwindigkeit doch noch steigern."

Eierlauf

Das Kind lief sehr schnell bis fast zum Ziel, dann verlor es das Ei und musste dann bis weit hinter die Mitte zurück laufen. Den Rest der Strecke lief es dann etwas langsamer als zu Beginn.

Sackhüpfen

Das Kind hüpfte bis etwa zur Hälfte der Strecke, blieb dann einen Moment stehen und hüpfte dann schneller als vorher zum Ziel.

Staffellauf

Paula läuft das erste Viertel, wo Anna schon wartet. Paula bleibt stehen. Anna läuft in höherem Tempo weiter und übergibt das Staffelholz auf der Hälfte der Gesamtstrecke der wartenden Marie. Diese läuft weiter und legt ihr Viertel in einer etwas längeren Zeit als Paula zurück. Micha übernimmt das Staffelholz und läuft das letzte Viertel mit einer ähnlichen Geschwindigkeit wie Anna.

Timo läuft vom Ziel zurück bis zur Hälfte der Strecke, bleibt dort kurz stehen und läuft dann etwas schneller als zu Beginn bis zum Ziel.

1 Zuordnungen und Schaubilder

Seite 152

Einstiegsaufgabe

→ Ende Mai betrug der Kontostand 150 €.
→ Ende März
→ im September

→ individuelle Lösungen
→ Kontostandstabelle:

Monat	Kontostand in €
März	50
April	100
Mai	150
Juni	300
Juli	350
August	350
September	100
Oktober	150

Seite 153

1 a)/b)

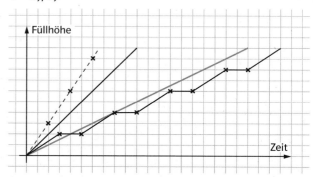

–✳–✳– mit Feuerwehrschlauch und Gartenschlauch
——— mit einem Feuerwehrschlauch
——— mit einem Gartenschlauch
–✗–✗– mit einem Wassereimer

c)

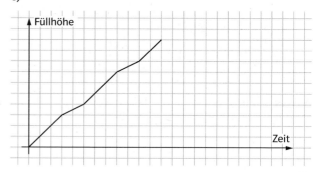

d)

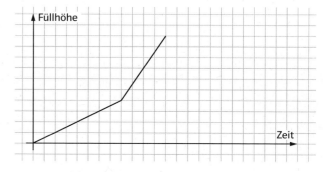

2

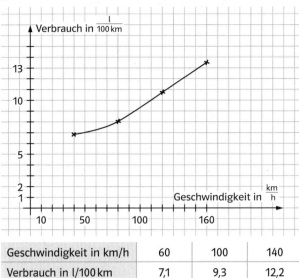

Geschwindigkeit in km/h	60	100	140
Verbrauch in l/100 km	7,1	9,3	12,2

3 a) Kosten allgemein = 84 + x · 1,50 (x = Verbrauch in Kubikmeter)
84 + 120 · 1,50 = 264 €
b) Familie Simon: 84 + 60 · 1,50 = 174 €
Familie Stein: 84 + 96 · 1,50 = 228 €
c) Abwassergebühren allgemein: 72 + x · 4
Familie Aretz: 552 €
Familie Simon: 312 €
Familie Stein: 456 €
d) Man teilt die Summe der Gebühren durch 12.
Familie Aretz: 68 €
Familie Simon: 40,50 €
Familie Stein: 57 €

4 a)

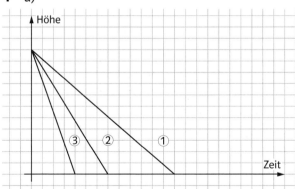

b)

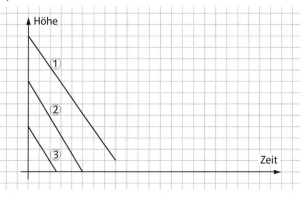

c) Alle Kerzen brennen mit der gleichen Geschwindigkeit, haben also dieselbe Dicke.
① Die Kerze ist zu Beginn 6 cm hoch und brennt gleichmäßig in vier Stunden ab.
② Eine 9 cm hohe Kerze brennt in zwei Stunden 3 cm herunter. Sie brennt dann für vier Stunden nicht. Und brennt dann in vier Stunden ganz herunter.
③ Diese Kerze ist 12 cm hoch. Sie wird vier Stunden später angezündet als die anderen beiden und brennt dann gleichmäßig in acht Stunden ab.

5 a)

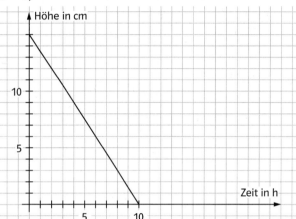

b)

Zeit in Stunden	2	5	6	8
Länge in cm	12	7,5	6	3

c)

Zeit in Stunden	0	2	4	6	8	10
Länge in cm	15	12	9	6	3	0

Randspalte
Von oben nach unten:
Die Fahne wird in Schüben hochgezogen. Dieses Schaubild ist realistisch, wenn die Fahne per Hand hochgezogen wird.
Die Fahne wird mit einer Geschwindigkeit hochgezogen. Dieses Schaubild ist realistisch, wenn die Fahne elektrisch hochgezogen wird.
Die Fahne wird zunächst schnell und dann immer langsamer hochgezogen.
Die Fahne wird zu Beginn langsam und dann immer schneller hochgezogen.

Seite 154

Schaubilder erzählen Geschichten

Kurze Geschichten
- Laura ist älter als Fred.

Fred ist älter als Tim.

Fred ist leichter als Tim und als Laura.
- Der ICE fährt mit höherer Geschwindigkeit als der Regionalexpress, die Fahrzeit von Stuttgart nach Ulm ist deshalb mit dem ICE kürzer.

Die Temperatur ist zum früheren Zeitpunkt A und zum späteren Zeitpunkt B gleich.

Geschichten mit mehr Mitspielern
- Fahrrad: rotes Kreuz

PKW: gelbes Kreuz

Bus: blaues Kreuz

Rennwagen: violettes Kreuz

Flugzeug: orangefarbenes Kreuz

Schiff: grünes Kreuz

Verzwicktere Geschichten
- Peter lässt das Wasser einlaufen. Er dreht das Wasser zu und wartet einen Moment. Peter steigt nun in die Wanne, bleibt einige Zeit liegen und steigt wieder aus der Wanne. Er steigt nach einiger Zeit langsam wieder in die Badewanne bleibt eine längere Zeit in der Wanne liegen und steigt dann langsam aus der Wanne. Nach einiger Zeit lässt er das Wasser ab.
- Die Leistungsfähigkeit steigt ab 3 Uhr nachts. Um 10 Uhr hat man die höchste Leistungsfähigkeit erreicht. Sie sinkt dann bis etwa 15 Uhr. Von diesem Zeitpunkt steigt die Leistungsfähigkeit bis 19 Uhr noch einmal an. Ab diesem Zeitpunkt sinkt sie stetig bis nachts um 2 Uhr, wo sie ihren absoluten Tiefpunkt hat.
- Von 7.30 Uhr bis 12.00 Uhr und noch einmal 17.00 Uhr bis 20.00 Uhr.
- Um etwa 10.00 Uhr
- Ab etwa 16.30 Uhr
- individuelle Lösungen

2 Proportionale Zuordnungen

Seite 155

Einstiegsaufgabe

Katzenfutter in Dosen	1	2	5	10	20
Preis in €	0,60	1,20	3,00	6,00	12,00

Jogurt in Bechern	1	3	6	12	15
Preis in €	0,40	1,20	2,40	4,80	6,00

Hackfleisch in kg	$\frac{1}{5}$	$\frac{1}{2}$	1	1,5	2
Preis in €	0,60	1,50	3,00	4,50	6,00

→ Weil sich der Preis im gleichen Verhältnis wie die Menge ändert. Verdoppelt, verdreifacht, halbiert man die Menge, so verdoppelt, verdreifacht, halbiert sich der Preis.

Seite 156

1 a)

Gewicht in kg	Preis in €
8	16
·4 ⟨ 32	64 ⟩ ·4
:8 ⟨ 4	8 ⟩ :8
$\cdot\frac{1}{4}$ ⟨ 1	2 ⟩ $\cdot\frac{1}{4}$
·5 ⟨ 5	10 ⟩ ·5

b)

Zeit in h	Weg in km
6	24
·3 ⟨ 18	72 ⟩ ·3
:9 ⟨ 2	8 ⟩ :9
·5 ⟨ 10	40 ⟩ ·5
$\cdot\frac{1}{2}$ ⟨ 5	20 ⟩ $\cdot\frac{1}{2}$

2 a)

Zeit in h	3	9	1,5	4,5
Weg in km	12	36	6	18

Beispiel: gewanderte Strecke bei einer bestimmten Zeit

b)

Menge in l	4	20	40	64
Preis in €	6	30	60	96

Beispiel: Preis für eine bestimmte Menge an Benzin

c)

Zeit in min	7,5	15	60	135
Weg in km	2	4	16	36

Beispiel: zurückgelegte Strecke mit dem Rad in einer bestimmten Zeit

d)

Einzelpreis in €	1	2	2,5	5
Gesamtpreis in €	4	8	10	20

Beispiel: Gesamtpreis bei einem Kauf von vier Fahrkarten unterschiedlicher Preiskategorien

e)

Zeit in s	6	18	24	27
Anzahl der Umdrehungen	1	3	4	4,5

Beispiel: Anzahl der Umdrehungen eines Jahrmarktgerätes oder eines Rades in einer bestimmten Zeit

3

Anzahl in Flaschen	Volumen in l
5	3,5
3	2,1
(5 + 3 =) 8	5,6
(8 + 5 =) 13	9,1
(13 + 8 =) 21	14,7
(13 + 5 =) 18	12,6
(5 + 5 =) 10	7

Fahrrad

- Quotient aus Ritzel 1 und Kettenblatt = 1,5
Quotient aus Ritzel 2 und Kettenblatt = 2
Quotient aus Ritzel 3 und Kettenblatt = 2,25
Der Quotient eines Ritzels mit dem Kettenblatt
ist immer gleich.
Je größer der Quotient ist, umso schneller dreht
sich das Rad bei gleicher Trittfrequenz.
- Multipliziert man die Anzahl der Umdrehungen des Kettenblatts mit der Größe der Übersetzung, erhält man die Anzahl der Umdrehungen
des Ritzels.
-

Anzahl der Umdrehungen Kettenblatt	1	5	20	150
Anzahl der Umdrehungen Ritzel bei ü = 2	2	10	40	300
Anzahl der Umdrehungen Ritzel bei ü = 1,5	1,5	7,5	30	225
Anzahl der Umdrehungen Ritzel bei ü = 1,7	1,7	8,5	34	255
Anzahl der Umdrehungen Ritzel bei ü = 0,9	0,9	4,5	18	135

Seite 157

4 a) Der Quotient ist für alle Paare 20. Der Quotient gibt an, wie viel ein Ei kostet. Er gibt den
Faktor an, mit dessen Hilfe man die Kosten oder die
Anzahl der Eier berechnen kann.
b) individuelle Lösungen
- Weg in km/Zeit in Stunden: $12\frac{km}{h}$
Um den Weg auszurechnen, muss man die Zeit
mit 12 multiplizieren. Um die Zeit zu berechnen,
muss man den Weg durch 12 teilen.
- Kosten in Euro/Anzahl: $0{,}80\frac{€}{Stück}$
Um die Kosten auszurechnen, muss man die Anzahl mit 0,8 multiplizieren. Um die Anzahl zu berechnen, muss man die Kosten durch 0,8 teilen.

- Kosten in Euro/Menge in l: $2{,}5\frac{€}{l}$
Um die Kosten zu berechnen, muss man die Menge mit 2,5 multiplizieren. Um die Menge zu berechnen, muss man die Kosten durch 2,5 teilen.

5 Tabelle 1: keine proportionale Zuordnung, da
sich unterschiedliche Quotienten ergeben.
Tabelle 2: proportionale Zuordnung mit Quotient
$2{,}5\frac{€}{l}$
Tabelle 3: keine proportionale Zuordnung, da sich
unterschiedliche Quotienten ergeben
Tabelle 4: proportionale Zuordnung mit Quotient
$1{,}5\frac{s}{l}$

Rabatte

- Da das jeweils fünfte Heft gratis ist, kann für
Einzelhefte keine proportionale Zuordnung
vorliegen. Betrachtet man Fünferpacks, hat jeder
Fünferpack denselben Fixpreis. Vervielfacht man
die Anzahl, so vervielfacht sich im selben Maß
der Preis. Also liegt eine proportionale Zuordnung vor.
- 50 Kopien kosten 4 €; 150 Kopien kosten
10,50 €; 250 Kopien kosten 17,50 €; 350 Kopien
kosten 21 €
-

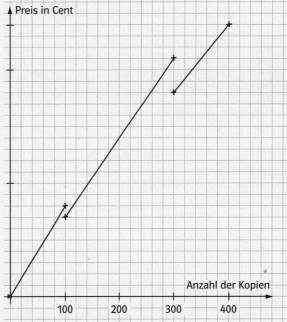

Es gibt keine durchgehende Gerade. Der zweite
bzw. dritte Geradenteil setzt etwas unterhalb des
ersten bzw. zweiten Teils an und verläuft flacher
als der vorhergehende.
- 100 Kopien kosten 7 €; 90 Kopien kosten
7,20 €.
- Ab 88 Kopien ist es günstiger 100 Kopien, ab
258 Kopien ist es günstiger 300 Kopien anfertigen zu lassen.

3 Schaubilder proportionaler Zuordnungen

Seite 158

Einstiegsaufgabe
➔ Das Wasser steht 4 cm hoch.
➔ Nach 4,5 Stunden.
➔ Kennt man die Zeit, fährt man von der Stunden-zahl parallel zur Hochachse bis zur roten Geraden. Man schaut nun, auf welcher Höhe man sich auf der Hochachse befindet und liest die Wasserstands-höhe ab.
Kennt man die Wasserstandshöhe, fährt man von der Höhe parallel zur Rechtsachse bis zur roten Geraden. Man schaut nun, wie viele Einheiten man von der Hochachse entfernt ist und liest die Zeit ab.

Seite 159

1 a)

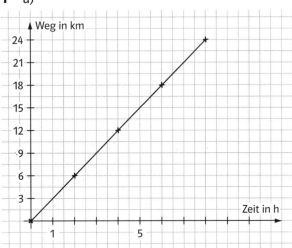

b)

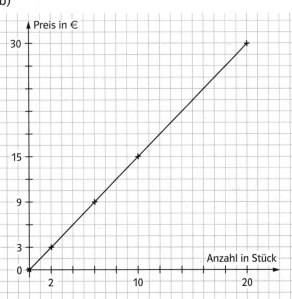

c)

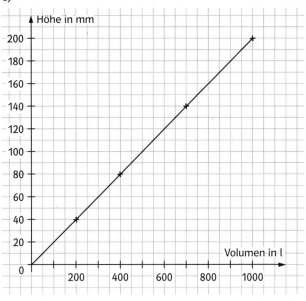

2 a)

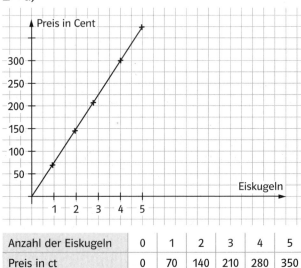

Anzahl der Eiskugeln	0	1	2	3	4	5
Preis in ct	0	70	140	210	280	350

b)

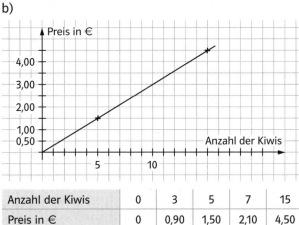

Anzahl der Kiwis	0	3	5	7	15
Preis in €	0	0,90	1,50	2,10	4,50

c)

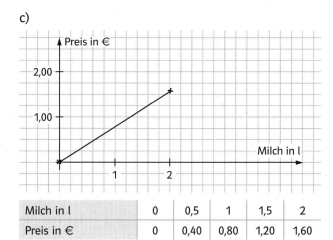

Milch in l	0	0,5	1	1,5	2
Preis in €	0	0,40	0,80	1,20	1,60

d)

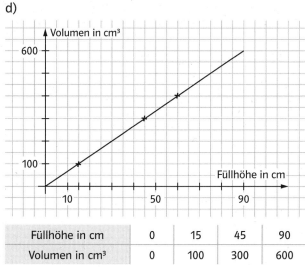

Füllhöhe in cm	0	15	45	90
Volumen in cm³	0	100	300	600

3   a)

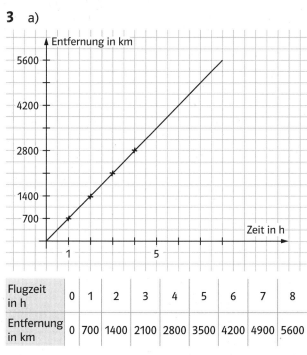

Flugzeit in h	0	1	2	3	4	5	6	7	8
Entfernung in km	0	700	1400	2100	2800	3500	4200	4900	5600

b)

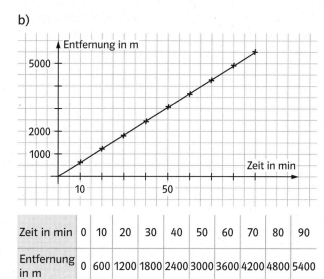

Zeit in min	0	10	20	30	40	50	60	70	80	90
Entfernung in m	0	600	1200	1800	2400	3000	3600	4200	4800	5400

4

Rechtsachse	0	1	3	6	9
Hochachse	0	$\frac{2}{3}$	2	4	6

Rechtsachse	2	4	6	8	10
Hochachse	1	2	3	4	5

5   a) Proportionale Zuordnung, da die Wertepaare auf einer Geraden durch den Punkt (0|0) liegen.
b) Keine proportionale Zuordnung, da die Wertepaare nicht auf einer Geraden liegen.
c) Keine proportionale Zuordnung, da die Wertepaare nicht auf einer Geraden liegen.

6

Gallons	5	6	10	16	19	25
Liter	20	23	37	60	71	98

Seite 160

Randspalte
Nein, beide Firmen haben den gleichen Umsatz. Lediglich die Skalierung auf der Hochachse unterscheidet sich.

7

Äpfel in kg	0	0,5	1	1,5	2	2,5	3
Preis in €	0	0,80	1,60	2,40	3,20	4,00	4,80

Trauben in kg	0	0,5	1	1,5	2	2,5	3
Preis in €	0	1,40	2,80	4,20	5,60	7,00	8,40

Orangen in kg	0	0,5	1	1,5	2	2,5	3
Preis in €	0	0,60	1,20	1,80	2,40	3,00	3,60

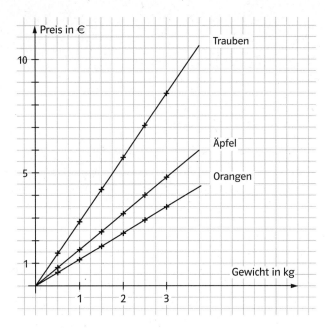

8 a) Den geringsten Verbrauch hat das Auto mit dem Schaubild oben rechts (5 l/100 km). Den höchsten Verbrauch hat das Auto mit dem Schaubild unten links (20 l/100 km).

b)

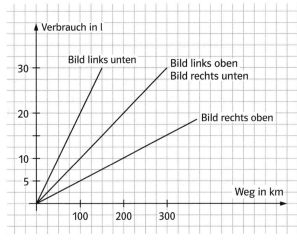

9 a)

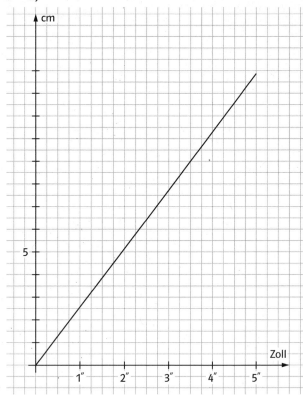

b) 0,5″ = 1,27 cm   2″ = 5,08 cm
4 cm = 1,57″   7,5 cm = 2,95″
3,5″ = 8,89 cm   4″ = 10,16 cm
11 cm = 4,33″

10 a) 150 cm³ Aluminium wiegen 450 g.
150 cm³ Wasser wiegen 150 g.
150 cm³ Kork wiegen 50 g.
b) 200 g Aluminium haben ein Volumen von 66 cm³.
200 g Wasser haben ein Volumen von 200 cm³.
200 g Kork haben ein Volumen von 600 cm³.
c) 300 cm³ Kork sind so schwer wie 100 cm³ Wasser.

Vorsicht Steigung

- auf 2 km: 260 m   auf 0,8 km: 104 m
  auf 7 km: 910 m   auf 4,5 km: 585 m
  auf 6,3 km: 819 m
-

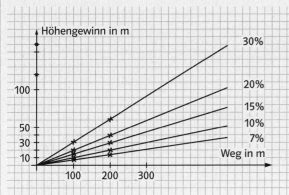

- Bei 100 %: 100 m Steigung auf 100 m,
  bei 150 %: 150 m Steigung auf 100 m.
  Theoretisch ist also auch eine Steigung von
  150 % oder 300 % möglich.

4 Dreisatz

Seite 161

Einstiegsaufgabe
→ Jedes Heft kostet 0,70 €. Fünf Hefte kosten also
3,50 €. Pia hat dann noch 1,50 € übrig.

1 a) 16 €   b) 10 €   c) 50 km   d) 75 €

2 a)

Entfernung in km	Zeit in min
12	30
:3 ↖ 4	10 ↗ :3
·5 ↖ 20	50 ↗ ·5

b)

Tankfüllung in l	Entfernung in km
50	650
:5 ↖ 10	130 ↗ :5
·2 ↖ 20	260 ↗ ·2

c)

Zeit in h	Entfernung in km
4	480
:4 ↖ 1	120 ↗ :4
·1,5 ↖ 1,5	180 ↗ ·1,5

Seite 162

3 a) ungefähr 36 Minuten
b) 15 Kilometer

4 a) Sie arbeitet 5 h (Stundenlohn 7 €) und erhält
dafür 35 €.
b) Normal erhält sie für 15 Stunden 105 €. In dieser
Woche erhält sie nur 77 €.
c) Er muss den Stundenlohn auf 8 € erhöhen.

5 a)

27 h	90 km
9 h	30 km
36 h	120 km

b)

24 km/h	63 km
8 km/h	21 km
32 km/h	84 km

c)

15 l	70 €
3 l	14 €
24 l	112 €

d)

75 m	12,9 s
25 m	4,3 s
100 m	17,2 s

e)

180 cm	360 cm³
30 cm	60 cm³
150 cm	300 cm³

f)

72 km	24 min
12 km	4 min
120 km	40 min

7 a) In der Natur ist der Weg 6 km lang.
b) Die Entfernung ist 380 Kilometer.
c) In Realität ist es 40 000 cm = 4 km lang.
d) Das Verhältnis entspricht der zweiten Zeile.

8 a) 3 Stunden
b) Er benötigt pro Kilometer 24 : 5 = 4,8 Minuten.
Für 12 Kilometer würde er dann 57,6 Minuten benötigen, das bedeutet, dass er die Strecke in 60 Minuten schafft.

Näherungsweise proportional

- In Baden-Württemberg leben ungefähr
  800 000 Katzen und 570 000 Hunde.
- In Ludwigsburg leben ungefähr 42 500 Katzen
  und 30 000 Hunde.
- individuelle Lösungen

Randspalte
Auch sechs Eier brauchen vier Minuten.
Auch vier Musiker brauchen drei Minuten.

Seite 163

Renovierung

- Um das Wohnzimmer zu tapezieren, müssten die Millers 5 Dreierpackungen für insgesamt 70 € kaufen. Dies ist günstiger, als 13 einzelne Rollen à 6,00 € für insgesamt 78 € zu kaufen.
- Jede Rolle kostet 8 €. Sie erhalten also 16 € zurück.
- Eine Tapetenrolle hat eine Fläche von 5,4 m². 20 Rollen haben also eine Fläche von 108 m². Da jede 200-g-Packung für 40 m² reicht, benötigt man drei Packungen. Sie kosten 7,50 €.
- Man benötigt für die Küche 9,2 Liter Farbe. Man muss also 4 Eimer kaufen.
- Man benötigt 450 ml Pastellfarbe (9 Liter Farbe und 450 ml Abtönfarbe sind ausreichend). Man muss also zwei 250-ml-Flaschen kaufen.

9 a) Die Kühe geben 108 Liter Milch mehr, also insgesamt 468 Liter.
b) Jedes Huhn legt durchschnittlich 2,5 Eier. Herr Reinartz hat deshalb 50 Eier weniger.
c) Das Weideland hat eine Seitenlänge von 18 m, also eine Fläche von 324 m². Jedes Schaf hat 2 m². Herr Reinartz benötigt zusätzlich 76 m². Die Weide muss eine Fläche von 400 m² haben. Die Seitenlänge des Zauns beträgt 20 m. Insgesamt benötigt der Herr Reinartz 80 m. Er muss noch 8 m kaufen.

10 a) G01: Fläche: 420 m², Quadratmeterpreis: 130 €
G02: Fläche: 450 m², Quadratmeterpreis: 120 €
b) 58 500 Euro

11 Im Schatten entspricht 1,5 m Größe
Straßenlaterne: 3 m   Funkturm: 63 m
Wohnhaus: 9 m   Zaunpfosten: 90 cm
Eiche: 15 m

Üben • Anwenden • Nachdenken

Seite 165

1 a)

b)

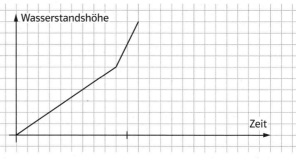

c)

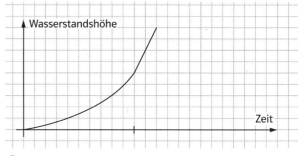

d)

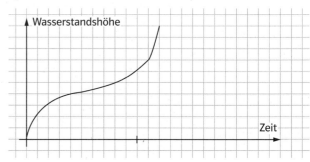

2 a) 21 Minuten   b) 105 Sekunden

3 a) zu $\frac{3}{4}$
b) 9 Stunden und 36 Minuten
c) Es ist zu $\frac{15}{16}$ gefüllt.

4 Die Kerze brennt in einer Stunde um 2 cm herunter.
a) 6 cm
b) 18 Uhr
c) 19.15 Uhr
d) 20.00 Uhr
e)

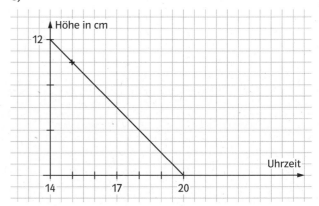

5 Brennt die Kerze 40 Minuten, sinkt der Ölstand um 0,4 cm, in 30 Minuten sinkt er um 0,3 cm.
(Es gilt: 3,6 ml = 3,6 cm³.)

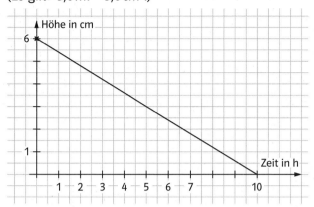

Tiere unterwegs

- Die Vögel fliegen zwischen 8,3 km/h und 250 km/h. Ein Durchzug kann also über 3 h dauern.
-

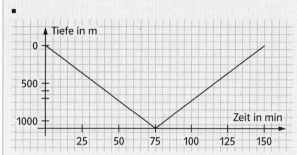

- individuelle Lösungen. Das Körpergewicht muss mit 0,8 multipliziert werden.
- 18 000 km

Doppelskalen *i*

-

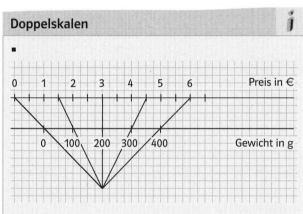

Die roten Strecken schneiden sich in einem Punkt.

-

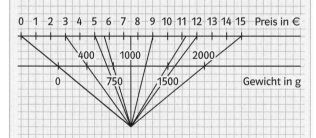

abgelesene Werte:

Preis in €	3	5,6	11,3	15	5	9	12
Gewicht in g	400	750	1500	2000	660	1200	1600

-

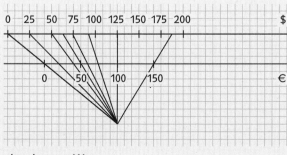

abgelesene Werte:

$	25	50	75	62	94	188
€	20	40	60	50	75	150

6
a)   b)

Verbrauch pro Person	für die ganze Fahrt	pro Tag	Für 12 Tage/ 400 Personen
Fisch	1,5 kg	150 g	720 kg
Fleisch	3,5 kg	350 g	1680 kg
Gemüse	8 kg	800 g	3840 kg
Obst	8,5 kg	850 g	4080 kg
Kuchen	27 Stücke	2,7 Stücke	12 960 Stücke
Cola/Limo	0,9 l	90 ml	432 l
Weißwein	2,2 l	220 ml	1056 l
Rotwein	2,5 l	250 ml	1200 l
Fassbier	1,6 l	160 ml	768 l
Wasser	2,1 l	210 ml	1008 l

7 a) 1 l Benzin kostet 1,10 €. Auf 100 km werden 3 l Benzin verbraucht. Also entstehen auf 100 km Benzinkosten von 3,30 €.

Fahrstrecke in km	100	200	300	400	500
Kosten in €	3,30	6,60	9,90	13,20	16,50

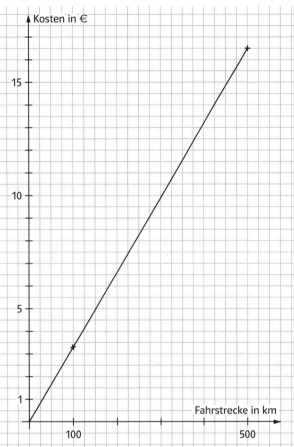

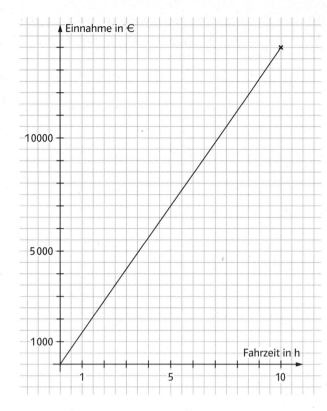

8 Die Paare liegen alle auf derselben Geraden, d.h. die Kilometerzahl ändert sich im gleichen Maß wie die Zeit. In einer Stunde werden 15 Kilometer zurückgelegt. In zwei Stunden werden 30 Kilometer zurückgelegt.

Das Verhältnis Hochwert/Rechtswert = 15 km/h

b) Der Fahrpreis pro Person beträgt 3,50 €.
In einer Stunde fahren 400 Personen mit dem Karussell. Also betragen die Einnahmen pro Stunde 400 · 3,50 = 1400 €.

Fahrzeit in h	0	1	2	3	4	5
Einnahmen in €	0	1400	2800	4200	5600	7000
Fahrzeit in h		6	7	8	9	10
Einnahmen in €		8400	9800	11200	12600	14000

9 Daten erfassen und auswerten

Auftaktseite: Tag für Tag

Seiten 168 bis 169

Tagesablauf
individuelle Lösungen

Wochenplan
Man kann vergleichen, wie viel Zeit man im Vergleich für verschiedene Tätigkeiten benötigt, ob und wie sich der Zeitaufwand am Wochenende ändert, ...
individuelle Lösungen

Schulweg
Es wurde eine Strichliste angefertigt, da man bei der Erhebung der Daten leicht die Meldungen eintragen kann. Die Gesamtanzahl der Meldungen lässt sich dann sehr leicht ablesen. Es ist auffällig, dass im mittleren Bereich vergleichsweise wenige Schülermeldungen auftauchen.
Mögliches Diagramm

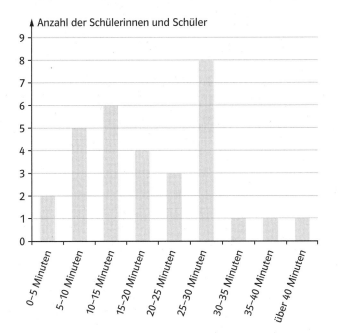

1 Daten erfassen

Seite 170

Einstiegsaufgabe
→ Man kann die Schilder sortieren und zählen oder eine Strichliste erstellen.

1 Die Jungen möchten mehrheitlich einen Lehrer, die Mädchen mehrheitlich eine Klassenlehrerin.

Neun Schülerinnen und Schülern ist es egal. Insgesamt möchten mehr Kinder eine Lehrerin.

Seite 171

2 a) Insgesamt wurden 131-mal Spielgeräte ausgeliehen.
b) Am beliebtesten ist das Springseil und dann das Pedalo. Am unbeliebtesten sind Indiaca und Stelzenlaufen.

3 a) Die meisten Kinder haben einen Bruder oder eine Schwester. Nur wenige Kinder haben drei oder mehr Geschwister.
b)

Anzahl der Geschwister	0	1	2	3	mehr
Häufigkeit	6	13	7	3	1

c) individuelle Lösungen

4 a) Der Tag wäre sinnvoll, da etwa ein Viertel der Schüler sich ungesund verhält (64 von 233 Schülerinnen und Schülern).
b) individuelle Lösungen

5 a)

	6a	6b	6c	6d
Hund	6	10	7	7
Katze	8	5	4	5
Pferd	7	7	10	7
Vogel	3	3	1	2
Hase	0	1	0	3
Hamster	1	0	3	2
Maus	1	0	3	0
Meerschweinchen	2	3	0	1
Fisch	2	1	0	0

b) Am liebsten mögen die Schülerinnen und Schüler Hunde und Pferde, wobei in der 6b Hunde und in der 6a und in der 6c Pferde beliebter sind. In der 6d haben Hunde und Pferde gleich viele Stimmen erhalten. Fische sind generell nicht sehr beliebt. In der Klasse 6a werden Hasen überhaupt nicht genannt, ... und weitere individuelle Aussagen.
c) individuelle Lösungen

6 a) zum Beispiel ein Bus oder ein Traktor
b) Sie zählten 34 Zweiräder.
c) 126 PKWs; 48 LKWs; 42 Motorräder; 66 Motorroller; 96 Fahrräder; 6 sonstige Fahrzeuge; insgesamt also 384 Fahrzeuge

2 Daten darstellen

Seite 172

Einstiegsaufgabe

→ Jede Figur steht für zwei Stimmen. Jutta hat also 14, Tim zehn und Annika sechs Stimmen erhalten.

→ Man erhält schnell einen Überblick über relativ genaue Zahlen. Die Anzahl lässt sich schnell ermitteln und man kann mit den Symbolen Inhalte andeuten. Durch die Symbole entsteht aber auch eine gewisse Ungenauigkeit. Man muss halbe oder viertel Symbole zeichnen, weil ein Symbol ja für eine bestimmte Anzahl steht.

→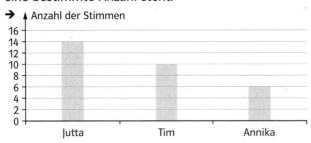

In Säulen-, Balken- oder Bilddiagramm kann man die einzelnen Werte sehr genau ablesen. Sie lassen sich sehr einfach zeichnen. Ein Nachteil ist, dass man den Anteil an der Gesamtmenge nicht so gut ablesen kann. Dafür ist ein Kreis- oder Streifendiagramm geeigneter:

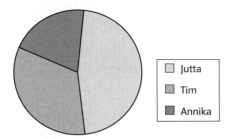

An Streifen- oder Kreisdiagramme kann man sehr schnell die Anteile oder Mehrheiten überblicken. Genaue Werte lassen sich jedoch schwieriger bestimmen.

→ individuelle Lösungen

Seite 173

1 a) 15 Schülerinnen und Schüler
b) 5 Schülerinnen und Schüler
c) bei 9 Schülerinnen und Schülern

2

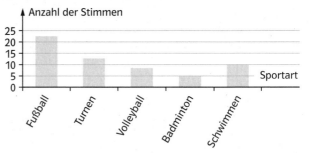

3 a) ungefähr 150 Taschen
b)

Gewicht in kg	unter 3,0	3,0–3,5	3,5–4,0	Über 4,0
Anzahl (etwa)	15	60	55	20

Seite 174

4 a) Etwa $\frac{2}{3}$ der Schülerinnen und Schüler fehlen aus Krankheitsgründen. Das zweithäufigste Argument sind familiäre Gründe. Genauso oft wie wegen Behördengängen fehlen sie aus sehr individuellen Gründen. Man kann nur Anteile und keine Anzahl bestimmen.
b) Der Streifen ist 5 cm lang,
davon: Krankheit: 3 cm = 60 %;
          Behördengänge: 0,5 cm = 10 %;
          familiäre Gründe: 1 cm = 20 %;
          Sonstiges: 0,5 cm = 10 %

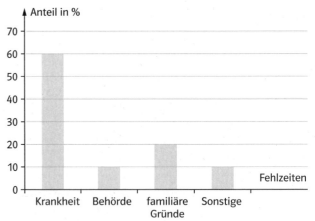

5 a) 536 Jugendliche
b)

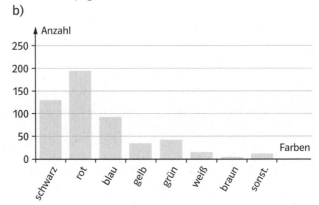

c)

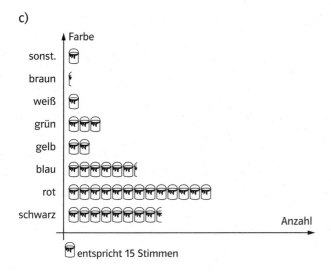

entspricht 15 Stimmen

6

Person	Claudia	Petra	Ali	Markus
Anzahl	12	14	20	9

7 a) Ein Bild- oder ein Balkendiagramm eignen sich gut, Kreis- und Streifendiagramm eignen sich nicht besonders, da die Beanstandungen nicht unbedingt 100% entsprechen.
b) Dass die Beanstandungen 100% entsprechen.
c)

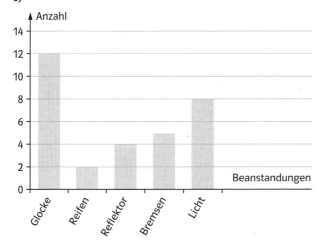

Seite 175

Arbeiten mit dem Computer

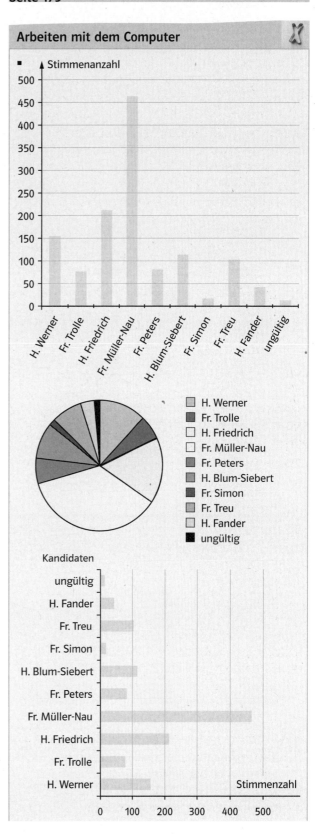

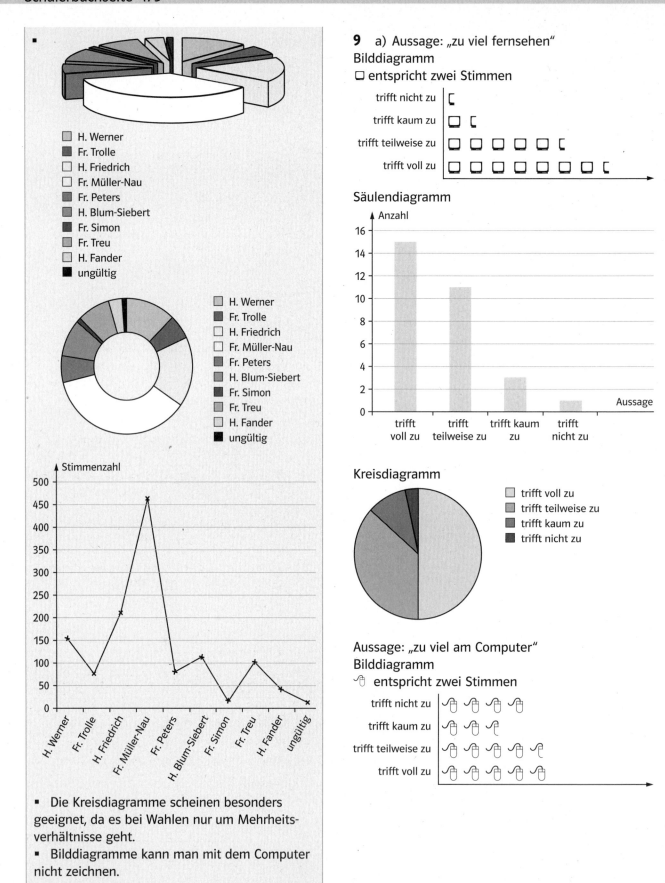

9 a) Aussage: „zu viel fernsehen"
Bilddiagramm
☐ entspricht zwei Stimmen

trifft nicht zu	
trifft kaum zu	
trifft teilweise zu	
trifft voll zu	

Säulendiagramm

Kreisdiagramm

- trifft voll zu
- trifft teilweise zu
- trifft kaum zu
- trifft nicht zu

Aussage: „zu viel am Computer"
Bilddiagramm
🖱 entspricht zwei Stimmen

| trifft nicht zu |
| trifft kaum zu |
| trifft teilweise zu |
| trifft voll zu |

- Die Kreisdiagramme scheinen besonders geeignet, da es bei Wahlen nur um Mehrheitsverhältnisse geht.
- Bilddiagramme kann man mit dem Computer nicht zeichnen.

8 individuelle Lösungen

Säulendiagramm

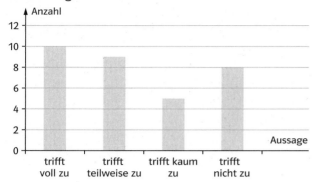

Kreisdiagramm

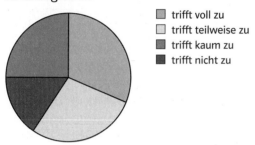

Kreisdiagramm

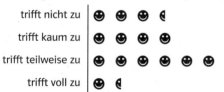

Aussage: „zu viele Hobbys"
Bilddiagramm
☻ entspricht zwei Stimmen

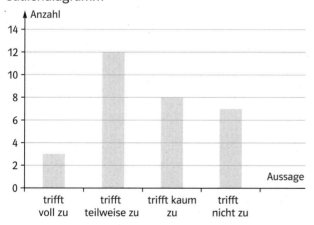

Säulendiagramm

Kreisdiagramm

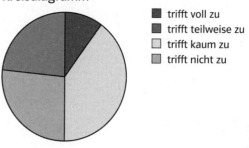

- trifft voll zu
- trifft teilweise zu
- trifft kaum zu
- trifft nicht zu

Die Diagramme zu den anderen Zeilen werden in analoger Weise erstellt.
b) individuelle Lösungen

3 Daten auswerten

Seite 176

Einstiegsaufgabe
→ Florian hat am meisten gesammelt, Olga hat am wenigsten gesammelt.
→ Jeder hätte 16 € sammeln müssen.
→ individuelle Lösungen

Seite 177

1

	Spannweite	Mittelwert
a)	9	55 : 10 = 5,5
b)	9	155 : 10 = 15,5
c)	18	110 : 10 = 11
d)	45	275 : 10 = 27,5
e)	4,5	27,5 : 10 = 2,7

2

	Minimum	Maximum	Spannweite
a)	37 m	312 m	275 m
b)	8,7 kg	44,3 kg	35,6 kg
c)	5,3 dm	4,36 m	38,3 dm
d)	50 min	2 h 15 min	1 h 25 min

3

	Mittelwert	Spannweite
Liste 1	66 : 6 = 11	21
Liste 2	66 : 6 = 11	19
Liste 3	66 : 6 = 11	9

Obwohl der Mittelwert für alle Listen gleich groß ist, kann die Spannweite stark variieren.

4

	Mittelwert	Spannweite
Liste 1	96 : 8 = 12	15
Liste 2	256 : 8 = 32	15
Liste 3	81 : 9 = 9	15

Obwohl die Spannweite für alle Listen gleich groß ist, kann der Mittelwert stark variieren.

5 a) 25 b) 38 c) 7

6 a) 10 b) 9 c) 14

7 a) individuelle Lösungen
b) individuelle Lösungen

8 a) Minimum: 6 °C Das Minimum gibt die Tiefsttemperatur an.
Maximum: 15 °C Das Maximum gibt die Höchsttemperatur an.
Spannweite: 9 °C Die Spannweite gibt an, wie groß die Temperaturdifferenz war.
Mittelwert: 10 °C Der Mittelwert gibt die durchschnittliche Temperatur an.
b) 11,6 °C

Seite 178

9 a) Der Mittelwert beträgt 26 000 Zuschauer.
b) Das Maximum ist 95 Tage.
c) Eine deutsche Familie hat im Durchschnitt (Mittelwert) 1,2 Kinder.
d) Die Spannweite ist 6 m.
e) Der Mittelwert ist 8,6 l/100 km.
f) Die minimale Schülerzahl (Minimum) ist 20 Schüler.
g) Die Spannweite beträgt 2000 €.
h) Der Mittelwert der Noten betrug 3,1.

10 a) die Spannweite b) der Mittelwert

11 a) Der Mittelwert drückt aus, wie viele Stunden eine Person durchschnittlich an einem Tag fern sieht. Um eine sichere Aussage machen zu können, sollte man die Fernsehdauer über einen längeren Zeitraum als eine Woche beobachten. Es wäre auch spannend zu erfahren, wie viel der freien Zeit (außerhalb der Schule oder des Berufslebens) diese Person vor dem Fernseher verbringt.
b) Der Mittelwert drückt aus, wie häufig eine Person im Durchschnitt in den Monaten, in denen das Schwimmbad geöffnet war, das Freibad besucht hat. Es wäre aber beispielsweise auch interessant zu wissen, in welchen Monaten wie viele Besuche stattfanden (das ist am Mittelwert nicht mehr abzulesen) und inwieweit andere Personen einen ähn-

lichen Schnitt erreichen. Man sollte also für solche Erhebungen immer mehr als eine Person befragen und die Ergebnisse dann im Hinblick auf die äußeren Bedingungen hinterfragen.
c) Der Mittelwert drückt aus, wie viele Schultage ein Monat im Schnitt hat. Aber erst ein Vergleich des deutschen Mittelwertes mit dem anderer Länder füllt diesen Wert mit Inhalt.

12 Minimum: 5 €; Maximum: 50 €;
Spannweite: 45 €; Mittelwert: 24,67 €

13 a) Mädchen:
Minimum: 12 m; Maximum: 32 m;
Spannweite: 20 m; Mittelwert: 20,45 m
Jungen:
Minimum: 9 m; Maximum: 40 m;
Spannweite: 31 m; Mittelwert: 23,65 m
Welche Gruppe man für die bessere hält, hängt davon ab, ob man einzelne Spitzen oder „Ausrutscher" oder eine durchschnittliche Leistung für besser hält.
b) Das Minimum ist das kleinere der beiden Minima: 9 m.
Das Maximum ist das größere der beiden Maxima: 40 m.
Die Spannweite muss neu berechnet werden: 31 m.
Der Mittelwert muss neu berechnet werden: 22,39 m
c) individuelle Lösungen

14 a) individuelle Lösungen
b) individuelle Lösungen

Seite 179

Häufigster Wert

- Schülerbuchseite 177
Aufgabe 1: Es gibt für die einzelnen Aufgabenteile keinen häufigsten Wert und auch insgesamt gibt es mehrere Werte, die mit gleicher Häufigkeit vorkommen.
Aufgabe 2: a) 189 m b) 12,0 kg;
c)/d) kein häufigster Wert
Aufgabe 3: 1. Liste: kein häufigster Wert;
2. Liste: 13; 3. Liste: 7
Aufgabe 4: 1. Liste: 10; 2. Liste/3. Liste: kein häufigster Wert
Aufgabe 8: kein häufigster Wert

15 a) Das Minimum = 10, das Maximum = 14 und der Mittelwert = 11,9 können sinnvoll sein.
b) Es gibt keinen sinnvollen Kennwert.
c) Falls es die Werte eines Turners sind, ist der Mittelwert = 8,7 interessant. Handelt es sich um Werte

unterschiedlicher Turner, ist das Maximum = 9,5 entscheidend.
d) Der häufigste Wert ist sinnvoll.
e) Kein Kennwert ist sinnvoll.
f) Das Maximum = 4,8 und der Mittelwert = 3,7 sind sinnvoll.
g) Die Suche nach dem häufigsten Wert ist sinnvoll. Demnach sind Hunde die beliebtesten Tiere.

16 a) Weil eine sehr gute oder eine sehr schlechte Wertung den Mittelwert stark beeinflussen können.
b) 5,3   c) 5,1

Üben • Anwenden • Nachdenken

Seite 181

1 a) (viele Ferientage) TR; F; GB = I; E; D (wenige Ferientage)
b) Die Türkei hat die meisten, Deutschland die wenigsten Ferientage. Der Unterschied beträgt etwa 45 Tage.
c) Alle genannten Länder haben mehr Ferientage als Deutschland.
d) Der Mittelwert ist 80. Deutschland liegt etwa 17 Tage unter dem Mittelwert.

2 Das Minimum der Ausbildungskosten beträgt 4000 € an Berufsschulen, das Maximum liegt bei 19 900 € an Sonderschulen. Die Spannweite ist 15 900 €. Der Mittelwert der Kosten beträgt 9887,50 €. In dieser letzten Zahl ist jedoch die prozentuale Verteilung der Schülerinnen und Schüler in den einzelnen Schulformen nicht berücksichtigt.

3 a)

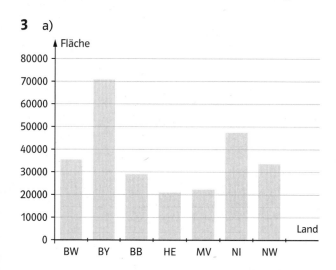

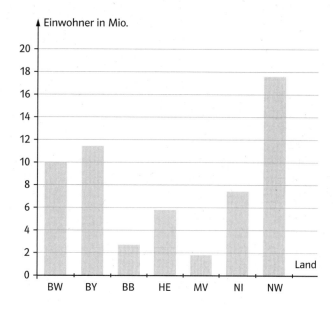

b) größte Fläche: BY; NI; BW; NW; BB; MV; HE
höchste Einwohnerzahl: NW; BY; BW; NI; HE; BB; MV
Die Länder mit der höchsten Einwohnerzahl haben nicht auch die größte Fläche.

4

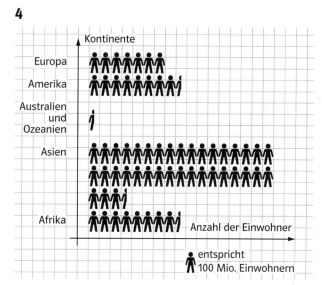

5

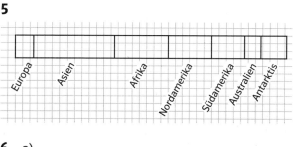

6 a)

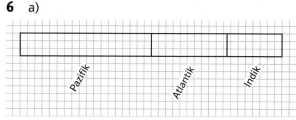

b) Weil die Zahlen insgesamt 360 ergeben.

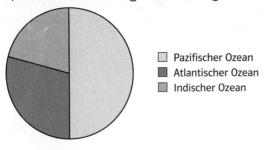

- ☐ Pazifischer Ozean
- ■ Atlantischer Ozean
- ▨ Indischer Ozean

Seite 182

7 a)

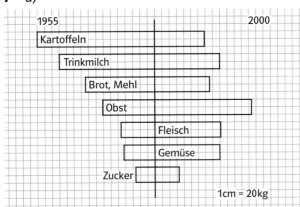

b)

8 Weißbrot hat einen hohen Kohlenhydratanteil und eignet sich für eine fettarme Ernährung.

9 a) mittlere jährliche Niederschlagsmenge: 151 mm
b) mittlere Niederschlagsmenge Jan.–März: 3 mm
mittlere Niederschlagsmenge Apr.–Juni: 168 mm
mittlere Niederschlagsmenge Juli–Sept.: 407 mm
mittlere Niederschlagsmenge Okt.–Dez.: 27 mm
mittlere jährliche Niederschlagsmenge: 151 mm;
man erhält denselben Wert wie in a)

10 a) 40 Gänseblümchen.
b) Jedes Feld hat eine Größe von
2500 cm² = 0,25 m². Auf der gesamten Wiese wachsen also 6000 · 40 = 240 000. Es sind etwa fünfundzwanzigmal so viele Gänseblümchen auf der Wiese.

11 a) Der Mittelwert ist 11.
b) Der Mittelwert ist dann 9. Dieser Wert entspricht den tatsächlichen Werten besser. Am 8. Tag waren möglicherweise verschiedene Schüler und Schülerinnen auf einem Ausflug.
c) Der häufigste Wert ist 8. Er ist kleiner als beide Mittelwerte.